"十三五"国家重点出版物出版规划项目

高等教育网络空间安全规划教材

计算机网络安全教程

第3版

梁亚声　汪永益　刘京菊　汪 生　王永杰 编著

机械工业出版社

本书系统地介绍了计算机网络安全的体系结构、基础理论、技术原理和实现方法。主要内容包括计算机网络的物理安全、信息加密与 PKI 技术、防火墙技术、入侵检测技术、操作系统与数据库安全技术、网络安全检测与评估技术、计算机病毒与恶意代码防范技术、数据备份技术、无线网络安全、云计算安全及网络安全解决方案。本书涵盖了计算机网络安全的技术和管理，在内容安排上将理论知识和工程技术应用有机结合，并介绍了许多计算机网络安全技术的典型应用方案。

本书可作为计算机、网络工程和信息安全等专业本科生的教科书，也可作为网络工程技术人员、网络管理人员和信息安全管理人员的技术参考书。

本书配有授课电子课件，需要的教师可登录 www.cmpedu.com 免费注册，审核通过后下载，或联系编辑索取（微信：15910938545，电话：010-88379739）。

图书在版编目（CIP）数据

计算机网络安全教程 / 梁亚声等编著. —3 版. —北京：机械工业出版社，2016.4（2023.3 重印）

"十三五"国家重点出版物出版规划项目　高等教育网络空间安全规划教材

ISBN 978-7-111-53752-6

Ⅰ. ①计…　Ⅱ. ①梁…　Ⅲ. ①计算机网络－安全技术－高等学校－教材

Ⅳ. ①TP393.08

中国版本图书馆 CIP 数据核字（2016）第 103913 号

机械工业出版社（北京市百万庄大街 22 号　邮政编码 100037）

责任编辑：郝建伟　　　责任校对：张艳霞

责任印制：单爱军

北京虎彩文化传播有限公司印刷

2023 年 3 月第 3 版·第 8 次印刷

184mm×260mm·22 印张·540 千字

标准书号：ISBN 978-7-111-53752-6

定价：59.00 元

电话服务

客服电话：010-88361066
　　　　　010-88379833
　　　　　010-68326294

封底无防伪标均为盗版

网络服务

机　工　官　网：www.cmpbook.com

机　工　官　博：weibo.com/cmp1952

金　书　网：www.golden-book.com

机工教育服务网：www.cmpedu.com

高等教育网络空间安全规划教材
编委会成员名单

前　言

随着计算机网络的广泛应用，人类面临着信息安全的巨大挑战。如何保证个人、企业及国家的机密信息不被黑客和间谍窃取，如何保证计算机网络不间断地工作，是国家和企业信息化建设必须考虑的重要问题。然而，计算机网络安全问题错综复杂，涉及面非常广，有技术因素，也有管理因素；有自然因素，也有人为因素；有外部的安全威胁，还有内部的安全隐患。

本书紧密结合计算机网络安全技术的最新发展，不断更新内容，在操作系统、无线网络和云计算等方面，对《计算机网络安全教程》（第2版）进行了调整、补充和完善。

本书共12章，第1章主要介绍计算机网络的相关概念和计算机网络的安全体系结构。第2章主要介绍计算机网络的物理安全，从计算机机房、通信线路、设备和电源等方面介绍计算机网络物理层的安全技术。第3章主要介绍信息加密与PKI技术，包括密码学基础、加密体制、古典密码/单钥加密/双钥加密/同态加密等加密算法、信息加密技术应用、数字签名技术和身份认证技术，以及公开密钥基础设施（PKI）。第4章主要介绍防火墙技术，包括防火墙体系结构、包过滤、应用代理、状态检测、NAT等防火墙技术，以及防火墙的应用和个人防火墙。第5章主要介绍入侵检测技术，包括入侵检测的基本原理、系统结构、系统分类、技术实现、分布式入侵检测、入侵检测系统的标准、入侵防护系统和入侵检测系统的应用。第6章主要介绍操作系统和数据库安全技术，包括访问控制技术、操作系统的安全技术、UNIX/Linux/Windows 7系统安全技术、数据库安全机制及安全技术。第7章主要介绍网络安全检测与评估技术，包括网络安全漏洞的分类和检测技术、网络安全评估标准和方法，以及网络安全评估系统。第8章主要介绍计算机病毒与恶意代码防范技术，包括计算机病毒的工作原理和分类、计算机病毒的检测和防范技术，以及恶意代码的防范技术。第9章主要介绍数据备份技术，包括磁盘备份、双机备份、网络备份技术、数据备份方案、数据备份与恢复策略，以及备份软件。第10章主要介绍无线网络的安全技术，包括Wi-Fi和无线局域网安全、移动终端安全、无线安全技术及应用。第11章主要介绍云计算安全，包括云安全威胁和安全需求、云计算安全架构和云计算安全技术。第12章主要介绍网络安全解决方案，包括网络安全体系结构，以及企业和单机用户网络安全解决方案。

本书具有以下主要特点。

1）在内容安排上具有全面性和系统性，本书从计算机网络安全的体系结构、软硬件安全、安全设计和管理等方面，系统地介绍了计算机网络完全的基础理论、技术原理和实现方法，使读者对计算机网络安全有一个系统、全面的了解。

2）在介绍技术时注重理论性和实用性，对于每种网络安全技术，首先介绍技术的理论基础和原理，再通过具体的实例介绍安全技术的应用和操作方法。

3）在章节编排上具有独立性和完整性，虽然本书涉及的内容十分广泛，但通过合理安排章节，使各章节内容相对独立，在实施教学时可结合教学对象和实际情况，进行适当的选取和编排。

本书由梁亚声编写第1章并统稿，汪永益编写第4、8、9章，刘京菊编写第2、7、12章，汪生编写第3、5、6章，王永杰编写第10、11章。

由于作者水平有限，书中难免存在不妥之处，敬请广大读者批评指正。

编　者

目　录

第1章 绪 论

在信息化时代，互联网在全球范围掀起一场影响人类所有层面的深刻变革，实现了基于企业内部网（Intranet）、企业外部网（Extranet）、全球互联网（Internet）的世界范围内的信息共享和业务处理。随着政府上网、企业上网、教育上网、家庭上网等的普及，计算机网络在经济、军事和文教等诸多领域得到广泛应用。

计算机网络在为人们提供便利、带来效益的同时，也使人类面临着信息安全的巨大挑战。计算机网络存储、传输和处理着政府宏观调控决策、商业经济、银行资金转账、股票证券、能源资源、国防和科研等大量关系国计民生的重要信息，许多重要信息直接关系到国家的安全。如何保护个人、企业和国家的机密信息不受黑客和间谍的入侵，如何保证网络系统安全地、不间断地工作，是国家和单位信息化建设必须考虑的重要问题。

有关计算机安全技术的研究始于 20 世纪 60 年代。当时，计算机系统的脆弱性已日益为美国政府和一些私营机构所认识。但是，由于当时计算机的速度和性能还比较落后，使用的范围也不广，再加上美国政府把它当作敏感问题而施加控制。因此，有关计算机安全的研究一直局限在比较小的范围内。

进入 20 世纪 80 年代后，计算机的性能得到了成百上千倍的提高，应用的范围也在不断扩大，计算机几乎遍及世界各个角落。并且，人们利用通信网络把孤立的单机系统连接起来相互通信和共享资源，随之而来的计算机网络的安全问题就日益严峻，成为信息技术中最重要的问题之一。

1.1 计算机网络面临的主要威胁

计算机网络是颇具诱惑力的攻击目标，无论是个人、企业，还是政府机构，只要使用计算机网络，都会感受到网络安全问题带来的威胁。无论是局域网还是广域网，都存在着自然和人为等诸多脆弱性和潜在威胁。

1.1.1 计算机网络实体面临的威胁

实体是指计算机网络中的关键设备，包括各类计算机（服务器、工作站等）、网络和通信设备（路由器、交换机、集线器、调制解调器和加密机等）、存放数据的媒体（磁带、磁盘和光盘等）、传输线路、供配电系统，以及防雷系统和抗电磁干扰系统等。这些设备不管哪一个环节出现问题，都会影响网络的正常运行，甚至给整个网络带来灾难性的后果。

1.1.2 计算机网络系统面临的威胁

1986～1989 年，原西德黑客团伙"汉诺威集团"试图进入美国军事计算机网络刺探机密，这一事件于 1989 年 3 月 2 日在德国电视上曝光。1990 年 1 月 15 日又发生了 AT&T "一·一五"大瘫痪事件。从而使美国意识到黑客对计算机网络系统的严重威胁，1990 年在美国全国范围内掀起了一场"扫黑大行动"。2014 年 4 月爆出了 Heartbleed（心脏出血）漏洞，涉及各大网银、门户网站等，该漏洞可被用于窃取服务器敏感信息，实时抓取用户的账号密码。在漏洞被公开后到系统被修复前这段时间内，该漏洞已经被利用，有些网站用户信息或许已经被黑客非法获取。2014 年 12 月，索尼影业公司被黑客攻击，摄制计划、明星隐私及未发表的剧本等敏感数据都被黑客窃取，并逐步公布在网络上，预计索尼影业损失高达 1 亿美元。

计算机网络系统的安全威胁主要表现在主机可能会受到非法入侵者的攻击，网络中的敏感数据有可能泄露或被修改，从内部网向公共网传送的信息可能被他人窃听或篡改等。表 1-1 所示为典型的网络安全威胁。

表 1-1　典型的网络安全威胁

威　胁	描　　述
窃听	网络中传输的敏感信息被窃听
重传	攻击者事先获得部分或全部信息，以后将此信息发送给接收者
伪造	攻击者将伪造的信息发送给接收者
篡改	攻击者对合法用户之间的通信信息进行修改、删除或插入后，再发送给接收者
非授权访问	通过假冒、身份攻击或系统漏洞等手段，获取系统访问权，从而使非法用户进入网络系统读取、删除、修改或插入信息等
拒绝服务攻击	攻击者通过某种方法使系统响应减慢甚至瘫痪，阻止合法用户获得服务
行为否认	通信实体否认已经发生的行为
旁路控制	攻击者发掘系统的缺陷或安全脆弱性
电磁/射频截获	攻击者从电子或机电设备所发出的无线射频或其他电磁辐射中提取信息
APT（Advanced Persistent Threat，高级持续性威胁）攻击	利用先进的攻击手段对特定目标进行长期持续性网络攻击的攻击形式。APT 在发动攻击之前对攻击对象的业务流程和目标系统进行精确的收集，挖掘被攻击对象受信系统和应用程序的漏洞，利用 0day 漏洞进行攻击
人员疏忽	授权的人为了利益或由于粗心将信息泄露给未授权人

1.1.3　恶意程序的威胁

以计算机病毒、网络蠕虫、间谍软件和木马程序等为代表的恶意程序时刻都威胁着计算机网络的安全。

1988 年 11 月发生了互联网络蠕虫（worm）事件，也称莫里斯蠕虫案。22 岁的罗伯特·泰潘·莫里斯是美国康奈尔大学计算机系研究生，其父鲍勃·莫里斯是美国安全局的首席安全专家。罗伯特从小喜爱计算机，非常熟悉 UNIX 系统。在恶作剧心态的操纵下，罗伯特利用 UNIX 系统中 Sendmail、Finger 和 FTP 的安全漏洞，编写了一个蠕虫病毒程序。11 月 2 日晚，罗伯特将病毒程序安放在与 ARPANET（国际互联网 Internet 的前身）联网的麻省理工学院的网络上。由于病毒程序中一个参数设置错误，该病毒迅速在与 ARPANET 联网的几乎所有计算机中扩散，并被疯狂复制，大量侵蚀计算机资源，使得美国成千上万台计算机一夜之间陷入瘫痪。

1999 年 4 月 26 日，CIH 病毒爆发，俄罗斯 10 多万台计算机瘫痪，韩国 24 万多台计算机受影响，马来西亚 12 个股票交易所受到侵害。

计算机病毒可以严重破坏程序和数据，使网络的效率和作用大大降低，使许多功能无法正常使用，导致计算机系统的瘫痪。据统计，计算机病毒所造成的损失占网络经济损失的76%，仅"爱虫"发作在全球所造成的损失就高达 96 亿美元。虽然至今尚未出现灾难性的后果，但各种各样的计算机病毒层出不穷，并活跃在各个角落。

1.1.4 计算机网络威胁的潜在对手和动机

对网络进行攻击的潜在对手有怀有恶意的，也有非恶意的。网络威胁的潜在对手举例如表 1-2 所示。

表 1-2 潜在的对手举例

对手		描　述
恶意攻击	国家	国家经营，组织精良，并得到很好的财政资助，收集别国的机密或关键信息
	黑客	寻找网络系统的脆弱性及其缺陷，进而攻击网络
	恐怖分子/计算机恐怖分子	各种恐怖分子或极端势力的个人或团体，以强迫、恐吓政府或社会以满足其需要为目的
	有组织的计算机犯罪	有组织和财政资助的协同犯罪
	其他犯罪成员	犯罪群体的其他部分，通常由少量成员构成，或是单独行动的个人
	国际新闻社	收集和发布消息（有时是非法的），并将其服务出售给出版社和娱乐媒体的组织。其行为包括在任何指定时间收集关于任何人和事的情报
	工业竞争	在竞争市场中营运的国内或外国公司，它们经常以商业间谍的形式，从竞争对手或外国政府那里非法收集情报
	不满的雇员	具有访问系统的条件，能够对系统实施内部威胁
非恶意	粗心或未受良好训练的工作人员	缺乏训练，或者粗心大意导致信息系统损坏

对计算机网络进行恶意破坏的目的多种多样，主要是为了获取商业、军事或个人情报，影响计算机系统正常运行。

通常，从事这些行为的人被称为黑客。黑客的范围很广，从没有经验的职员、大学生或新手到具有高技术能力的人员。大多数黑客以他们的技术为荣，寻求简单方法获得对系统的访问权（而非破坏）。

黑客刺探特定目标的通常动机如下。
- 获取机密或敏感数据的访问权。
- 跟踪或监视目标系统的运行（跟踪分析）。
- 扰乱目标系统的正常运行。
- 窃取钱物或服务。
- 免费使用资源（如计算机资源或用网络）。
- 向安全机制进行技术挑战。

从信息系统方面看，这些动机具有以下 3 个基本目标。
- 访问信息。
- 修改或破坏信息或系统。
- 使系统拒绝服务。

在攻击信息处理系统时，面临着一定风险，这些风险包括以下几个。

- 暴露其攻击能力。
- 打草惊蛇，使对手有所防范，从而增加未来进一步成功攻击的难度。
- 遭受惩罚（如罚款或入狱等）。
- 危及生命安全。

1.2 计算机网络的不安全因素

一般来说，计算机网络本身的脆弱性和通信设施脆弱性共同构成了计算机网络的潜在威胁。一方面，计算机网络的硬件和通信设施极易受到自然环境的影响（如温度、湿度、灰尘度和电磁场等），以及自然灾害（如洪水，地震等）和人为（故意破坏和非故意破坏）的物理破坏；另一方面，计算机网络的软件资源和数据信息易受到非法的窃取、复制、篡改和毁坏；再有，计算机网络硬件的自然损耗和自然失效，以及软件的逻辑错误，同样会影响系统的正常工作，造成计算机网络系统内信息的损坏、丢失和安全事故。

1.2.1 不安全的主要因素

对计算机网络安全构成威胁的因素很多，综合起来包括以下三个方面。

- **偶发因素**：如电源故障、设备的机能失常、软件开发过程中留下的漏洞或逻辑错误等。
- **自然灾害**：各种自然灾害（如地震、风暴、泥石流和建筑物破坏等）对计算机系统构成严重的威胁。此外，火灾、水灾和空气污染也对计算机网络构成严重威胁。
- **人为因素**：不法之徒利用计算机网络或潜入计算机房，篡改系统数据、窃用系统资源、非法获取机密数据和信息、破坏硬件设备或编制计算机病毒等。此外，管理不好、规章制度不健全、有章不循、安全管理水平低、人员素质差、操作失误，以及渎职行为等都会对计算机网络造成威胁。

人为因素对计算机网络的破坏也称为人对计算机网络的攻击，可分为下列几个方面。

1. 被动攻击

这类攻击主要是监视公共媒体（如无线电、卫星、微波和公共交换网）上传送的信息，典型的被动攻击如表 1-3 所示。抵抗这类攻击的对策主要包括：使用虚拟专用网 VPN、加密被保护网络，以及使用加保护的分布式网络。

表1-3 典型被动攻击举例

攻　击	描　述
监视明文	监视网络，获取未加密的信息
解密通信数据	通过密码分析，破解网络中传输的加密数据
口令嗅探	使用协议分析工具，捕获用于各类系统访问的口令
通信量分析	不对加密数据进行解密，而是通过对外部通信模式的观察获取关键信息。例如，通信模式的改变可以暗示紧急行动

2. 主动攻击

主动攻击主要是避开或突破安全防护、引入恶意代码（如计算机病毒），以及破坏数据和系统的完整性，典型的主动攻击如表1-4所示。抵抗这类攻击的对策主要包括：增强内部网络的保护（如防火墙和边界护卫）、采用基于身份认证的访问控制、远程访问保护、质量安全管理、自动病毒检测、审计和入侵检测等技术。

表1-4 典型主动攻击举例

攻　　击	描　　述
修改传输中的数据	截获并修改网络中传输的数据，例如修改电子交易数据，从而改变交易的数量或者将交易转移到别的账户
重放	将旧的消息重新反复发送，造成网络效率降低
会话拦截	未授权使用一个已经建立的会话
伪装成授权的用户或服务器	这类攻击者将自己伪装成他人，从而未授权访问资源和信息。一般过程是，先利用嗅探或其他手段获得用户/管理员信息，然后作为一个授权用户登录。这类攻击也包括用于获取敏感数据的欺骗服务器，通过与未产生怀疑的用户建立信任服务关系来实施攻击
利用系统软件的漏洞	攻击者探求以系统权限运行的软件中存在的脆弱性。几乎每天都能发现软件和硬件平台中新的脆弱性
利用主机或网络信任	攻击者通过操纵文件，使虚拟/远方主机提供服务，从而获得信任。典型的攻击有rhost和rlogin
利用恶意代码	攻击者通过系统的脆弱性进入用户系统，并向系统内植入恶意代码；或者是，将恶意代码植入看起来无害的供下载的软件或电子邮件中，从而使用户去执行恶意代码
利用协议或基础设施的系统缺陷	攻击者利用协议中的缺陷来欺骗用户或重定向通信量。这类攻击包括：哄骗域名服务器以进行未授权远程登录，使用ICMP炸弹使某个机器离线，源路由伪装成信任主机源，TCP序列号猜测获得访问权，为截获合法连接而进行TCP组合等
拒绝服务	攻击者有很多实施拒绝服务的攻击方法，包括：有效地将一个路由器从网络中脱离的ICMP炸弹，在网络中扩散垃圾包，以及向邮件中心发送垃圾邮件等

3. 邻近攻击

邻近攻击是指未授权者可物理上接近网络、系统或设备，从而可以修改、收集信息，或使系统拒绝访问，典型的临近攻击如表1-5所示。接近网络可以是秘密进入或公开，也可以是两者都有。

表1-5 邻近攻击举例

攻　　击	描　　述
修改数据或收集信息	攻击者获取系统管理权，从而修改或窃取信息，如IP地址、登录的用户名和口令等
系统干涉	攻击者获取系统访问权，从而干涉系统的正常运行
物理破坏	该攻击获取系统物理设备访问权，从而对设备进行物理破坏

4. 内部人员攻击

内部工作人员具有对系统的直接访问权，可轻易地对系统实施攻击。内部人员攻击分为恶意和非恶意（不小心或无知行为）两种。非恶意行为也会导致安全事件，因此，非恶意破坏也被认为是一种攻击，典型的内部人员攻击如表1-6所示。

1）内部人员的恶意攻击：根据美国联邦调查局的评估，80%的攻击和入侵来自内部。内部人员知道系统的布局、有价值的数据在何处，以及系统所采用的安全防范措施。而且，内部人员的攻击通常是最难以检测和防范的。

2）内部人员的非恶意攻击：这类攻击并非故意破坏信息或信息处理系统，而是由于无意的行为对系统产生了破坏，这些破坏一般是由于缺乏知识或不小心所致。

典型对策包括：加强安全意识和技术培训，对系统的关键数据和服务采取特殊的访问控制机制，采用审计、入侵检测等技术。

表1-6 内部人员攻击举例

攻 击		描 述
恶意	修改数据或安全机制	内部人员直接使用网络，具有系统的访问权。因此，内部人员攻击者比较容易实施未授权操作或破坏数据
	擅自连接网络	对涉密网络具有物理访问能力的人员，擅自将机密网络与密级较低的网络或公共网络连接，违背涉密网络的安全策略和保密规定
	隐通道	隐通道是未授权的通信路径，用于从本地网向远程站点传输盗取的信息
	物理损坏或破坏	对系统具有物理访问权限的工作人员对系统故意破坏或损坏
非恶意	修改数据	由于缺乏知识或粗心大意，修改或破坏数据或系统信息
	物理损坏或破坏	由于渎职或违反操作规程，对系统的物理设备造成意外损坏或破坏

5. 分发攻击

分发攻击是指在软件和硬件开发出来后和安装之前，当它从一个地方送到另一个地方时，攻击者恶意地修改软件或硬件，典型的分发攻击如表1-7所示。可以通过受控分发，以及由最终用户检验软件签名和访问控制来消除分发攻击威胁。

表1-7 分发攻击举例

攻 击	描 述
在设备生产时修改软、硬件	当软件和硬件在生产线上时，通过修改软、硬件配置来实施这类攻击
在产品分发时修改软、硬件	在产品分发期内修改软、硬件配置（如安装窃听设备）

1.2.2 不安全的主要原因

计算机网络系统安全的脆弱性是伴随计算机网络一同产生的，换句话说，安全脆弱是计算机网络与生俱来的致命弱点。在网络建设中，网络特性决定了不可能无条件、无限制地提高其安全性能。既要使网络方便快捷，又要保证网络安全，这是一个非常棘手的"两难选择"，而网络安全只能在"两难选择"所允许的范围内寻找平衡点。因此，可以说任何一个计算机网络都不是绝对安全的。

1. 互联网具有不安全性

最初，互联网用于科研和学术目的，它的技术基础存在不安全性。互联网是对全世界所有国家开放的网络，任何团体或个人都可以在网上方便地传送和获取各种各样的信息，具有开放性、国际性和自由性，这就对安全提出了更高的要求，主要表现在以下三个方面。

● **开放性的网络**：导致网络的技术全开放，使得网络所面临的破坏和攻击来自多方面。可能来自物理传输线路的攻击，也可能来自对网络通信协议的攻击，以及对软件和硬件实施的攻击。

● **国际性的网络**：意味着网络的攻击不仅来自本地网络的用户，而且可以来自互联网上的任何一台计算机，也就是说，网络安全面临的是国际化的挑战。

● **自由性的网络**：意味着网络最初对用户的使用并没有提供任何技术约束，用户可以自由地访问网络，自由地使用和发布各种类型的信息。

另外，互联网使用的 TCP/IP（传输控制协议/网际协议），以及 FTP（文件传输协议）、

E-mail（电子邮件）、RPC（远程程序通信规则）和 NFS（网络文件系统）等都包含许多不安全的因素，存在许多安全漏洞。

2. 操作系统存在的安全问题

操作系统软件自身的不安全性，以及系统设计时的疏忽或考虑不周而留下的"破绽"，都给危害网络安全的人留下了许多"后门"。

操作系统体系结构造成的不安全隐患是计算机系统不安全的根本原因之一。操作系统的程序是可以动态连接的，如 I/O 的驱动程序和系统服务，这些程序和服务可以通过打"补丁"的方式进行动态连接。许多 UNIX 操作系统的版本升级和开发都是采用打补丁的方式进行的。这种动态连接的方法容易被黑客利用，而且还是计算机病毒产生的好环境。另外，操作系统的一些功能也带来不安全因素，例如，支持在网络上传输可以执行的文件映像，以及网络加载程序的功能等。

操作系统不安全的另一原因在于它可以创建进程，支持进程的远程创建与激活，支持被创建的进程继承创建进程的权利，这些机制提供了在远端服务器上安装间谍软件的条件。若将间谍软件以打补丁的方式"打"在一个合法的用户上，尤其"打"在一个特权用户上，黑客或间谍软件就可以使系统进程与作业的监视程序都监测不到它的存在。

操作系统的无口令入口及隐蔽通道（原是为系统开发人员提供的便捷入口），也都成为黑客入侵的通道。

3. 数据的安全问题

在网络中，数据存放在数据库中，供不同的用户共享。然而，数据库存在着许多不安全性，例如，授权用户超出了访问权限进行数据的更改活动；非法用户绕过安全内核，窃取信息资源等。对于数据库的安全而言，要保证数据的安全可靠和正确有效，即确保数据的安全性、完整性和并发控制。数据的安全性就是防止数据库被故意破坏和非法存取；数据的完整性是防止数据库中存在不符合语义的数据，以及防止由于错误信息的输入、输出而造成无效操作和错误结果；并发控制就是在多个用户程序并行地存取数据库时，保证数据库的一致性。

4. 传输线路安全问题

尽管在光缆、同轴电缆、微波和卫星通信中窃听其中指定一路的信息是很困难的，但是从安全的角度来说，没有绝对安全的通信线路。

5. 网络应用存在的安全问题

伴随着互联网更加开放，用户开展的业务也更加丰富多彩，终端智能普遍使用，数据中心和各种云的建设应用，网络的安全问题也出现了新的形式及特点，应用安全问题已经成为移动互联网网络推广的主要问题。

6. 网络安全管理问题

网络系统缺少安全管理人员，缺少安全管理的技术规范，缺少定期的安全测试与检查，缺少安全监控，是网络最大的安全问题之一。

1.3 计算机网络安全的概念

计算机网络安全是一门涉及计算机科学、网络技术、通信技术、密码技术、信息安全技术、应用数学、数论和信息论等多种学科的综合性学科。

1.3.1　计算机网络安全的定义

计算机网络安全是指利用管理控制和技术措施，保证在一个网络环境里，信息数据的机密性、完整性及可使用性受到保护。要做到这一点，必须保证网络的系统软件、应用软件和数据库系统具有一定的安全保护功能，并保证网络部件（如终端、调制解调器和数据链路等）的功能只能被授权的人们访问。网络的安全问题实际上包括两方面的内容，一是网络的系统安全，二是网络的信息安全，而保护网络的信息安全是最终目的。

从广义来说，凡是涉及网络上信息的保密性、完整性、可用性、不可否认性和可控性的相关技术和理论都是网络安全的研究领域。

网络安全的具体含义会随着"角度"的变化而变化。从用户（个人、企业等）的角度来说，希望涉及个人隐私或商业利益的信息在网络上传输时受到机密性、完整性和不可否认性的保护，避免其他人或对手利用窃听、冒充、篡改和抵赖等手段侵犯，即用户的利益和隐私不被非法窃取和破坏。从网络运行和管理者角度来说，希望其网络的访问、读写等操作受到保护和控制，避免出现"后门"、病毒、非法存取、拒绝服务，以及网络资源被非法占用和非法控制等威胁，制止和防御黑客的攻击。对安全保密部门来说，希望对非法的、有害的或涉及国家机密的信息进行过滤和防堵，避免机要信息泄露，避免对社会造成危害，避免给国家造成巨大损失。从社会教育和意识形态角度来讲，网络上不健康的内容会对社会的稳定和人类的发展造成阻碍，必须对其进行控制。

1.3.2　计算机网络安全的目标

从计算机网络安全定义中可以看出，计算机网络安全应达到以下几个目标。

1．保密性

保密性是指网络中的保密信息只能供经过允许的人员，以经过允许的方式使用，信息不泄露给非授权用户、实体或过程，或供其利用。从技术上说，任何传输线路，包括电缆（双绞或同轴）、光缆、微波和卫星，都是可能被窃听的。提供保密性安全服务取决以下若干因素。

- **需保护数据的位置**：数据可能存放在 PC 或服务器、局域网的线路上，或其他流通机制（如磁带、U 盘和光盘等）上，也可能流经一个完全公开的媒体（如经过互联网或通信卫星）。
- **需保护数据的类型**：数据元素可以是本地文件（如口令或密钥）、网络协议所携带的数据和网络协议的信息交换（如一个协议数据单元）。
- **需保护数据的数量或部分**：保护整个数据元素、部分数据单元或协议数据单元。
- **需保护数据的价值**：被保护数据的敏感性，以及数据对用户的价值。

保密性的要素如下。

- **数据保护**：防止信息内容的泄露。
- **数据隔离**：提供隔离路径或采用过程隔离。
- **通信流保护**：数据的特征，包括：频率、数量和通信流的目的地等，通信流保护是指对通信的特征信息及推断信息（如命令结构等）进行保护。

2．完整性

完整性是指网络中的信息安全、精确与有效，不因种种不安全因素而改变信息原有的内容、形式与流向，确保信息在存储或传输过程中不被修改、不被破坏和不丢失。

破坏信息的完整性既有人为因素，也有非人为因素。非人为因素是指通信传输中的干扰噪声、系统硬件或软件的差错等。人为因素包括有意和无意两种，有意危害是指非法分子对计算机的侵入、合法用户越权对数据进行处理，以及隐藏破坏性程序（如计算机病毒、时间炸弹和逻辑陷阱等）等；无意危害是指操作失误或使用不当。完整性被破坏是计算机网络安全的主要威胁。另外，信息完整性是一个很广泛的问题。例如，分布式数据库中并发性操作或者对多个数据副本的更新所引起的数据一致性问题；又如，由于系统的设计不完善造成使用不当或操作失误所引起的数据完整性问题等。

提供完整性服务的要求与保密性服务的要求相似，包括需要保护数据的位置、类型、数量及内容。

3．可用性

可用性是指网络资源在需要时即可使用，不因系统故障或误操作等使资源丢失或妨碍对资源的使用，是被授权实体按需求访问的特性。在网络环境下，拒绝服务、破坏网络和系统的正常运行等都属于对可用性的攻击。

网络可用性还包括在某些不正常条件下继续运行的能力。对网络可用性的破坏，包括合法用户不能正常访问网络资源和有严格时间要求的服务不能得到及时响应。影响网络可用性的因素包括人为与非人为两种。前者是指非法占用网络资源、切断或阻塞网络通信、降低网络性能、甚至使网络瘫痪等；后者是指灾害事故（如火、水和雷击等）、系统死锁和系统故障等。

保证可用性的最有效的方法是提供一个具有普遍安全服务的安全网络环境。通过使用访问控制阻止未授权资源访问，利用完整性和保密性服务来防止可用性攻击。访问控制、完整性和保密性成为协助支持可用性安全服务的机制。

- **避免受到攻击**：一些基于网络的攻击旨在破坏、降级或摧毁网络资源。解决办法是加强这些资源的安全防护，使其不受攻击。免受攻击的方法包括：关闭操作系统和网络配置中的安全漏洞，控制授权实体对资源的访问，以及防止路由表等敏感网络数据的泄露。
- **避免未授权使用**：当资源被使用、占用和过载时，其可用性就会受到限制。如果未授权用户占用了有限的资源（如处理能力、网络带宽和调制解调器连接等），则这些资源对授权用户就是不可用的，通过访问控制可以限制未授权使用。
- **防止进程失败**：操作失误和设备故障也会导致系统可用性降低。解决方法是使用高可靠性设备、提供设备冗余和提供多路径的网络连接等。

4．不可否认性

"否认"是指参与通信的实体拒绝承认它参加了通信，不可否认是保证信息行为人不能否认其信息行为。不可否认性安全服务提供了向第三方证明该实体确实参与了通信的能力。

- 数据的接收者提供数据发送者身份及原始发送时间的证据。
- 数据的发送者提供数据已交付接收者（某些情况下还包括接收时间）的证据。
- 审计服务提供信息交换中各涉及方的可审计性，这种可审计性记录了可用来跟踪某些人的相关事件，这些人应对其行为负责。

不可否认性服务主要由应用层提供。通常用户最关心的是应用程序数据（如电子邮件和文件）的不可否认性。在低层提供不可否认性功能，仅能证明产生过的连接，而无法将流经该连接的数据同特定的实体相绑定。

5．可控性

可控性是指对信息的传播及内容具有控制能力，保证信息和信息系统的授权认证和监控管理，确保某个实体（人或系统）身份的真实性，也可以确保执法者对社会的执法管理行为。

1.3.3 计算机网络安全的层次

根据网络安全措施作用位置的不同，可以将网络安全划分为 4 个层次，分别为物理安全、逻辑安全、操作系统安全和联网安全。

1. 物理安全

物理安全主要包括防盗、防火、防静电、防雷击、防电磁泄露和物理隔离等方面。关于物理安全的具体内容将在第 2 章中详细介绍。

2. 逻辑安全

计算机系统的逻辑安全主要通过口令密码、权限控制等方法来实现。例如，可以限制连续登录的次数或限制连续登录的时间间隔；可以用加密软件保护存储在计算机系统中的信息；通过身份验证技术限制对存储于计算机系统中文件的访问。此外，可以通过一些安全软件跟踪可疑、未授权的访问企图。

3. 操作系统安全

操作系统是计算机中最基本、最重要的软件，是计算机系统安全的基础。操作系统安全主要包括用户权限控制、安全漏洞修复等内容。

4. 联网安全

联网安全主要通过以下安全措施来实现。

- 访问控制：用来保护计算机和网络资源不被非授权使用。
- 通信安全：用来保证数据的保密性和完整性，以及各通信方的可信赖性。

1.3.4 计算机网络安全所涉及的内容

网络安全研究的主要内容包括以下几个方面。

- 网络安全体系结构。
- 网络攻击手段与防范措施。
- 网络安全设计。
- 网络安全标准、安全评测及认证。
- 网络安全检测技术。
- 网络安全设备。
- 网络安全管理和安全审计。
- 网络犯罪侦查。
- 网络安全理论与政策。
- 网络安全教育。
- 网络安全法律。

概括起来，网络安全包括下列 3 个重要部分。

- **先进的技术**：先进的安全技术是网络安全的根本保障，用户通过风险评估来决定所需的安全服务种类，选择相应的安全机制，集成先进的安全技术。
- **严格的管理**：使用网络的机构、企业和单位建立相宜的信息安全管理办法，加强内部管理，建立审计和跟踪体系，提高整体信息安全意识。
- **威严的法律**：安全的基石是社会法律、法规与手段，通过建立与信息安全相关的法律、法规，使非法分子慑于法律，不敢轻举妄动。

1.4　计算机网络安全体系结构

研究计算机网络安全的体系结构，就是研究如何从管理和技术上保证网络的安全得以完整、准确的实现，网络安全需求得以全面准确的满足。

1.4.1　网络安全模型

网络安全的基本模型如图 1-1 所示。通信双方在网络上传输信息时，首先需要在收、发方之间建立一条逻辑通道。为此，就要先确定从发送方到接收方的路由，并选择该路由上使用的通信协议，如 TCP/IP 等。

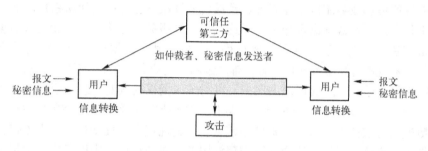

图 1-1　网络安全模型

为了在开放式的网络环境中安全地传输信息，需要为信息提供安全机制和安全服务。信息的安全传输包含两个方面的内容：一是对发送的信息进行安全转换，如进行加密，以实现信息的保密性，或附加一些特征码，以实现对发送方身份的验证等；二是收、发方共享的某些秘密信息，如加密密钥等，除了对可信任的第三方外，对其他用户都是保密的。

为了使信息安全地进行传输，通常需要一个可信任的第三方，其作用是负责向通信双方分发秘密信息，以及在双方发生争执时进行仲裁。

一个安全的网络通信方案必须考虑以下内容。

● 实现与安全相关的信息转换的规则或算法。
● 用于信息转换的秘密信息（如密钥）。
● 秘密信息的分发和共享。
● 利用信息转换算法和秘密信息获取安全服务所需的协议。

1.4.2　OSI 安全体系结构

OSI 安全体系结构的研究始于 1982 年，当时 OSI 基本参考模型刚刚确立。这项工作由 ISO/IEC JTCl/SC21 完成，于 1988 年结束，其成果标志是 ISO 发布了 ISO 7498—2 标准，作为 OSI 基本参考模型的新补充。1990 年，ITU 决定采用 ISO7498—2 作为它的 X.800 推荐标准，我国的国标 GB/T 9387.2—1995《信息处理系统 开放系统互连 基本参考模型　第 2 部分：安全体系结构》等同于 ISO/IEC 7498—2。

OSI 安全体系结构不是能实现的标准，而是如何设计标准的标准。因此，具体产品不应声称自己遵从这一标准。OSI 安全体系结构定义了许多术语和概念，还建立了一些重要的结构性准则。它们中有一部分已经过时，仍然有用的部分主要是术语、安全服务和安全机制的定义。

1. 术语

OSI 安全体系结构给出了标准族中的部分术语的正式定义，其所定义的术语只限于 OSI 体系结构，在其他标准中对某些术语采用了更广的定义。

2. 安全服务

OSI 安全体系结构中定义了五大类安全服务，也称为安全防护措施。

- **鉴别服务**：提供对通信中对等实体和数据来源的鉴别。对等实体鉴别提供对实体本身的身份进行鉴别；数据源鉴别提供对数据项是否来自某个特定实体进行鉴别。
- **访问控制服务**：对资源提供保护，以对抗非授权使用和操纵。
- **数据机密性服务**：保护信息不被泄露或暴露给未授权的实体。机密性服务又分为数据机密性服务和业务流机密性服务。数据机密性服务包括：连接机密性服务，对某个连接上传输的所有数据进行加密；无连接机密性服务，对构成一个无连接数据单元的所有数据进行加密；选择字段机密性服务，仅对某个数据单元中所指定的字段进行加密。业务流机密性服务使攻击者很难通过网络的业务流来获得敏感信息。
- **数据完整性服务**：对数据提供保护，以对抗未授权的改变、删除或替代。完整性服务有 3 种类型：连接完整性服务，对连接上传输的所有数据进行完整性保护，确保收到的数据没有被插入、篡改、重排序或延迟；无连接完整性服务，对无连接数据单元的数据进行完整性保护；选择字段完整性服务，对数据单元中所指定的字段进行完整性保护。

  完整性服务还分为具有恢复功能和不具有恢复功能两种类型。仅能检测和报告信息的完整性是否被破坏，而不采取进一步措施的服务为不具有恢复功能的完整性服务；能检测到信息的完整性是否被破坏，并能将信息正确恢复的服务为具有恢复功能的完整性服务。
- **抗抵赖性服务**：防止参与通信的任何一方事后否认本次通信或通信内容。抗抵赖服务可分为两种形式：数据原发证明的抗抵赖，使发送者不承认曾经发送过这些数据或否认其内容的企图不能得逞；交付证明的抗抵赖，使接收者不承认曾收到这些数据或否认其内容的企图不能得逞。

表 1-8 给出了对付典型网络威胁的安全服务，表 1-9 给出了网络各层提供的安全服务。

表 1-8　对付典型网络威胁的安全服务

安 全 威 胁	安 全 服 务
假冒攻击	鉴别服务
非授权侵犯	访问控制服务
窃听攻击	数据机密性服务
完整性破坏	数据完整性服务
服务否认	抗抵赖服务
拒绝服务	鉴别服务、访问控制服务和数据完整性服务等

表1-9 网络各层提供的安全服务

安全服务	网络层次	物理层	数据链路层	网络层	传输层	会话层	表示层	应用层
鉴别	对等实体鉴别			√	√			√
	数据原发鉴别			√	√			√
访问控制				√	√			√
数据机密性	连接机密性	√	√	√	√		√	√
	无连接机密性		√	√	√		√	√
	选择字段机密性						√	√
	业务机密性	√		√				√
数据完整性	可恢复的连接完整性				√			√
	不可恢复的连接完整性			√	√			√
	选择字段的连接完整性							√
	无连接完整性			√	√			√
	选择字段的无连接完整性							√
抗抵赖性	数据原发证明的抗抵赖							√
	交付证明的抗抵赖							√

3. 安全机制

OSI 安全体系结构没有详细说明安全服务应该如何来实现。作为指南，它给出了一系列可用来实现这些安全服务的安全机制，基本的机制如图 1-2 所示，包括加密机制、数字签名机制、访问控制机制、数据完整性机制、鉴别交换机制、通信业务流填充机制、路由控制和公证机制（把数据向可信第三方注册，以便使人相信数据的内容、来源、时间和传递过程）。

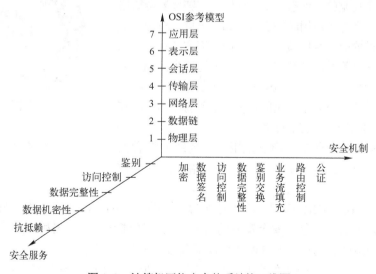

图 1-2 计算机网络安全体系结构三维图

安全服务与安全机制的关系如表 1-10 所示。

表 1-10　安全服务与安全机制的关系

安全服务 ＼ 协议层		加密	数字签名	访问控制	数据完整性	认证交换	业务流填充	公证
鉴别	对等实体鉴别	√	√			√		
	数据原发鉴别	√	√					
访问控制				√				
数据机密性	连接机密性	√					√	
	无连接机密性	√						
	选择字段机密性	√						
	业务机密性	√				√	√	
数据完整性	可恢复的连接完整性	√			√			
	不可恢复的连接完整性	√			√			
	选择字段的连接完整性	√			√			
	无连接完整性	√	√		√			
	选择字段的无连接完整性	√	√		√			
抗抵赖性	数据原发证明的抗抵赖	√	√		√			√
	交付证明的抗抵赖	√	√		√			√

1.4.3　P2DR 模型

P2DR 模型是一种常用的网络安全模型，如图 1-3 所示。P2DR 模型包含 4 个主要部分：Policy（安全策略）、Protection（防护）、Detection（检测）和 Response（响应）。防护、检测和响应组成了一个完整的、动态的安全循环。在整体安全策略的控制和指导下，在综合运用防护工具（如防火墙、身份认证和加密等手段）的同时，利用检测工具（如网络安全评估、入侵检测等系统）掌握系统的安全状态，然后通过适当的响应将网络系统调整到"最安全"或"风险最低"的状态。该模型认为：安全技术措施是围绕安全策略的具体需求而有序地组织在一起，构成一个动态的安全防范体系。

图 1-3　P2DR 模型示意图

- Protection：防护通常是通过采用一些传统的静态安全技术及方法来实现的，主要有防火墙、加密和认证等方法。
- Detection：在 P2DR 模型，检测是非常重要的一个环节，检测是动态响应和加强防护的依据，也是强制落实安全策略的有力工具，通过不断地检测和监控网络和系统，来发现新的威胁和弱点，通过循环反馈来及时做出有效的响应。
- Response：响应在安全系统中占有最重要的地位，是解决潜在安全问题的最有效办法。从某种意义上讲，安全问题就是要解决响应和异常处理问题。要解决好响应问题，就要制定好响应的方案，做好响应方案中的一切准备工作。

● Policy：安全策略是整个网络安全的依据。不同的网络需要不同的策略，在制定策略以前，需要全面考虑局域网中如何在网络层实现安全性，如何控制远程用户访问的安全性，在广域网上的数据传输实现安全加密传输和用户的认证等问题。对这些问题做出详细回答，并确定相应的防护手段和实施办法，就是针对网络系统的一份完整的安全策略。策略一旦制定，就应当作为整个网络系统安全行为的准则。

P2DR 模型有一套完整的理论体系，以数学模型作为其论述基础——基于时间的安全理论（time based security）。该理论的基本思想是认为与信息安全有关的所有活动，包括攻击行为、防护行为、检测行为和响应行为等都要消耗时间，可以用时间来衡量一个体系的安全性和安全能力。

作为一个防护体系，当入侵者要发起攻击时，每一步都需要花费时间。攻击成功花费的时间就是安全体系提供的防护时间 Pt。在入侵发生的同时，检测系统也在发挥作用，检测到入侵行为所要花费的时间就是检测时间 Dt；在检测到入侵后，系统会做出应有的响应动作，该过程所要花费的时间就是响应时间 Rt。

P2DR 模型通过一些典型的数学公式来表达安全的要求。

$$Pt>Dt+Rt \tag{1-1}$$

Pt：系统为了保护安全目标设置各种保护后的防护时间；或者理解为在这样的保护方式下，黑客（入侵者）攻击安全目标所花费的时间。

Dt：从入侵者开始发动入侵开始，系统能够检测到入侵行为所花费的时间。

Rt：从发现入侵行为开始，系统能够做出足够的响应，将系统调整到正常状态的时间。

那么，针对需要保护的安全目标，如果上述数学公式满足，防护时间大于检测时间加上响应时间，则在入侵者危害安全目标之前就能够检测到并及时处理。

$$Et=Dt+Rt \tag{1-2}$$

如果 Pt=0，公式的前提是假设防护时间为 0。这种假设对 Web Server 这样的系统可以成立。

Dt：从入侵者破坏了安全目标系统开始，系统能够检测到破坏行为所花费的时间。

Rt：从发现遭到破坏开始，系统能够做出足够的响应，将系统调整到正常状态的时间。比如，对 Web Server 被破坏的页面进行恢复。

那么，Dt 与 Rt 的和就是该安全目标系统的暴露时间 Et。针对需要保护的安全目标，Et 越小，系统就越安全。

通过上面两个公式的描述，实际上对安全给出了一个全新的定义："及时的检测和响应就是安全"和"及时的检测和恢复就是安全"。

而且，这样的定义为安全问题的解决给出了明确的方向：提高系统的防护时间 Pt，降低检测时间 Dt 和响应时间 Rt。

P2DR 理论给人们提出了新的安全概念，安全不能依靠单纯的静态防护，也不能依靠单纯的技术手段来解决。网络安全理论和技术还将随着网络技术和应用技术的发展而发展。未来的网络安全具有以下趋势。

一方面，高度灵活和自动化的网络安全管理辅助工具将成为企业信息安全主管的首选，它能帮助管理相当庞大的网络，通过对安全数据进行自动的多维分析和汇总，使人从海量的安全数据中解脱出来，根据它提交的决策报告进行安全策略的制定和安全决策。

另一方面，由于网络安全问题的复杂性，网络安全管理将与较成熟的网络管理集成，在统一的平台上实现网络管理和安全管理。

另外，检测技术将更加细化，针对各种新的应用程序的漏洞评估和入侵监控技术将会产生，还将有攻击追踪技术应用到网络安全管理的环节当中。

P2DR 安全模型也存在一个明显的弱点，就是忽略了内在的变化因素，如人员的流动、人员素质的差异和安全策略贯彻执行的不完全等。实际上，安全问题牵涉的面非常广，不仅包括防护、检测和响应，还包括系统本身安全能力的增强、系统结构的优化和人员素质的提升等，而这些方面都是 P2DR 安全模型没有考虑到的。

1.4.4 网络安全技术

本节将分析网络安全的典型技术。

1. 物理安全措施

物理安全是保护计算机网络设备、设施，以及其他媒体免遭地震、水灾、火灾等环境因素，人为操作失误，以及各种计算机犯罪行为导致的破坏过程。它主要包括 3 个方面。

- **环境安全**：对系统所在环境的安全保护措施，如区域保护和灾难保护。
- **设备安全**：设备的防盗、防毁、防电磁信息辐射泄露、防止线路截获、抗电磁干扰及电源保护技术和措施等。
- **媒体安全**：媒体数据的安全，以及媒体本身的安全技术和措施。

为保证计算机网络的物理安全，除了网络规划和场地、环境等要求之外，还要防止信息在空间的扩散。因为，计算机网络辐射的电磁信号可在几百甚至上千米以外截获，重要的政府、军队和金融机构在建信息中心时都要考虑电磁信息泄露。

2. 数据传输安全技术

为保障数据传输的安全，通常采用数据传输加密技术、数据完整性鉴别技术及防抵赖技术。数据传输加密技术就是对传输中的数据流进行加密，以防止通信线路上的窃听、泄露、篡改和破坏。如果以加密实现的通信层次来区分，加密可以在通信的 3 个不同层次来实现，即链路加密（位于 OSI 网络层以下的加密）、结点加密和端到端加密（传输前对文件加密，位于 OSI 网络层以上的加密）。一般常用的是链路加密和端到端加密这两种方式。链路加密侧重于在通信链路上而不考虑信源和信宿，对保密信息通过各链路采用不同的加密密钥提供安全保护。链路加密是面向结点的，对于网络高层主体是透明的，对高层的协议信息（地址、检错、帧头帧尾）都加密，数据在传输中是密文，但在中央结点必须解密得到路由信息。端到端加密是指信息由发送端进行加密，打入 TCP/IP 数据包封装，然后作为不可阅读和不可识别的数据穿过网络，这些信息一旦到达目的地后，将自动重组、解密，成为可读数据。端到端加密是面向网络高层主体，不对下层协议进行信息加密，协议信息以明文形式传输，用户数据在交换结点无须解密。

防抵赖技术包括对数据源和目的地双方的证明，常用的方法是数字签名，数字签名采用一定的数据交换协议，使得通信双方能够满足两个条件：接收方能够鉴别发送方所宣称的身份；发送方不能否认发送过数据的事实。比如，通信的双方采用公钥体制，发送方使用接收方的公钥和自己的私钥加密信息，只有接收方凭借自己的私钥和发送方的公钥解密之后才能读懂，而对于接收方的回执也是同样道理。

3．内外网隔离技术

采用防火墙技术可以将内部网络与外部网络进行隔离，对内部网络进行保护。并且，还可以防止影响一个网段的问题在整个网络传播。防火墙技术是实现内外网的隔离与访问控制，保护内部网安全的最主要、最有效、最经济的措施。

4．入侵检测技术

利用防火墙技术，通常能够在内外网之间提供安全的网络保护，降低网络的安全风险。但是，仅利用防火墙，网络安全还远远不够，例如，入侵者会寻找防火墙背后可能敞开的后门、入侵者可能就在防火墙内等。

入侵检测的目的就是提供实时的检测及采取相应的防护手段，以便对进出各级局域网的常见操作进行实时检查、监控、报警和阻断，从而防止针对网络的攻击与犯罪行为，阻止黑客的入侵。

5．访问控制技术

访问控制是维护计算机网络系统安全、保护计算机资源的重要手段，是保证网络安全最重要的核心策略之一。访问控制就是给用户和用户组赋予一定的权限，控制用户和用户组对目录、子目录、文件和其他资源的访问，以及指定用户对这些文件、目录及设备能够执行的操作。受托者指派和继承权限屏蔽是实现访问控制的两种方式。受托者指派控制用户和用户组如何使用网络服务器的目录、文件和设备；继承权限屏蔽相当于一个过滤器，可以限制子目录从父目录那里继承哪些权限。根据访问权限将用户分为以下几类：①特殊用户，即系统管理员；②一般用户，系统管理员根据用户的实际需要为他们分配操作权限；③审计用户，负责网络的安全控制与资源使用情况的审计。用户对网络资源的访问权限可以用访问控制表来描述。

6．审计技术

审计技术是记录用户使用计算机网络系统进行所有活动的过程，记录系统产生的各类事件。审计技术是提高安全性的重要方法，它不仅能够识别谁访问了系统，还能指出系统正被怎样使用。对系统事件进行记录，能够更迅速和系统地识别系统出现的问题，为事故处理提供重要依据。另外，通过对安全事件的不断收集与积累，并且加以分析，以及有选择地对其中的某些用户进行审计跟踪，可以发现并为证明其破坏性行为提供有力的证据。

7．安全性检测技术

网络系统的安全性取决于网络系统中最薄弱的环节。如何及时发现网络系统中最薄弱的环节？如何最大限度地保证网络系统的安全？最有效的方法是定期对网络系统进行安全分析，及时发现并修正存在的弱点和漏洞。

网络安全检测（漏洞检测）是对网络的安全性进行评估分析，通过实践性的方法扫描分析网络系统，检查系统存在的弱点和漏洞，提出补救措施和安全策略的建议，达到增强网络安全性的目的。

8．防病毒技术

在网络环境下，计算机病毒有不可估量的威胁和破坏力，计算机病毒的防范是网络安全建设中重要的一环。网络反病毒技术包括预防病毒、检测病毒和消除病毒 3 种。

9．备份技术

采用备份技术可以尽可能快地全面恢复运行计算机网络所需的数据和系统信息。根据系统安全需求可选择的备份机制有：场地内高速度、大容量自动的数据存储、备份与恢复；场地外的数据存储、备份与恢复。备份不仅能在网络系统硬件故障或人为失误时起到保护作用，而且，在入侵者非授权访问，数据完整性面临破坏时起到保护作用，同时是系统灾难恢复的前提之一。

10. 终端安全技术

终端安全技术主要解决终端的安全保护问题，一般的安全功能有：基于口令或（和）密码算法的身份验证，防止非法使用终端；自主和强制存取控制，防止非法访问文件；多级权限管理，防止越权操作；存储设备安全管理，防止非法 U 盘复制和硬盘启动；数据和程序代码加密存储，防止信息被窃；预防病毒，防止病毒侵袭；严格的审计跟踪，便于追查责任事故。苹果发布了 iOS 系统安全技术指南，提供一个针对病毒、恶意软件，以及其他一些漏洞的安全防护。Android 保留和继承了 Linux 操作系统的安全机制，而且其系统架构的各个层次都有独特的安全特性。

1.5 计算机网络安全管理

面对网络安全的脆弱性，除了采用各种网络安全技术和完善系统的安全保密措施外，还必须加强网络的安全管理，诸多的不安全因素恰恰存在于组织管理方面。据权威机构统计表明：信息安全大约 60%以上的问题是由管理造成的，也就是说，解决信息安全问题不应仅从技术方面着手，同时更应加强信息安全的管理工作。

1.5.1 网络安全管理的法律法规

网络（信息）安全标准是信息安全保障体系的重要组成部分，是政府进行宏观管理的重要依据。信息安全标准不仅关系到国家安全，同时也是保护国家利益的一种重要手段，并且，有利于保证网络安全产品的可信性、实现产品的互联和互操作性，以支持计算机网络系统的互联、更新和可扩展性，支持系统安全的测评与评估，保障计算机网络系统的安全可靠。

英国标准协会（BSI）于 1995 年制定了信息安全管理体系标准——BS 7799。目前，我国有章可循的国际国内信息安全标准有 100 多个，如《信息处理 64bit 分组密码算法的工作方式》《计算站场地技术条件》和《计算机机房用活动地板技术条件》等。

1.5.2 计算机网络安全评价标准

计算机网络安全评价标准是一种技术性法规。在信息安全这一特殊领域，如果没有这一标准，与此相关的立法和执法就会有失偏颇，最终会给国家的信息安全带来严重后果。由于信息安全产品和系统的安全评价事关国家的安全利益，因此，许多国家都在充分借鉴国际标准的前提下，积极制定本国的计算机安全评价认证标准。

1.6 计算机网络安全技术发展趋势

随着网络的普及，以及越来越多的人掌握了网络知识，网上攻击事件也越来越多，网络受到的安全威胁也越发严重，网络用户为了保护自己的信息安全开始关注各类网络防护措施。据调查，企业局域网用户最关心网络安全的占了 66%。

1.6.1 网络安全威胁发展趋势

美国基础设施保护中心（NIPC）做了一个统计，近几年，平均每个月出现 10 个以上新的攻击手段。CNNS 特地组织安全专家对近 3 年的信息安全威胁，尤其是最近出现的新攻击手段进行分析，发现基于各种攻击机制的各种现成攻击工具越来越智能化，也越来越傻瓜化。虽然大多数的攻击手法都非常相似，无非是蠕虫、后门、rootkits、DoS 和 sniffer 等，但这些手段都体现了惊人的威力。攻击手段的新变种，与以前出现的相比，更加智能化，攻击目标直指互联网基础协议和操作系统层次。同时，黑客工具应用起来也越来越简单，很多新手也能轻易使用。

病毒技术与黑客技术的结合对信息安全造成更大的威胁。近年来，流行的计算机病毒无一例外地与网络结合，并具有多种传播方法和攻击手段，一经爆发即在网络上快速传播，难以遏制，加之与黑客技术的融合，潜在的威胁和损失更巨大。从发展趋势来看，现在的病毒已经由从前的单一传播、单种行为，变成依赖互联网传播，集电子邮件、文件传染等多种传播方式，融黑客、木马等多种攻击手段为一身的广义的"新病毒"。今后恶意代码、网络安全威胁和攻击机制的发展将具有以下特点。

1）与 Internet 更加紧密地结合，利用一切可以利用的方式（如邮件、局域网、远程管理和即时通信工具等）进行传播。

2）所有的病毒都具有混合型特征，集文件传染、蠕虫、木马和黑客程序的特点于一身，破坏性大大增强。

3）扩散极快，且更加注重欺骗性。

4）利用系统漏洞将成为病毒有力的传播方式。

5）无线网络技术的发展使远程网络攻击的可能性加大。

6）各种境外情报和谍报人员将越来越多地通过信息网络渠道收集情报和窃取资料。

7）各种病毒、蠕虫和后门技术越来越智能化，并出现整合趋势，形成混合性威胁。

8）各种攻击技术的隐秘性增强，常规防范手段难以识别。

9）分布式计算技术用于攻击的趋势增强，威胁高强度密码的安全性。

10）一些政府部门的超级计算机资源将成为攻击者利用的跳板。

11）网络管理安全问题日益突出。

1.6.2 网络安全主要实用技术的发展

网络安全技术的发展是多维的、全方面的，主要有以下几种。

1. 物理隔离

物理隔离的思想是不安全就不联网，要绝对保证安全。在物理隔离的条件下，如果需要进行数据交换，就如同两台完全不相连的计算机，必须通过移动硬盘、U 盘等媒介，从一台计算机向另一台计算机复制数据，这也被形象地称为"数据摆渡"。由于两台计算机没有直接连接，就不会有基于网络的攻击威胁。

2. 逻辑隔离

在技术上，实现逻辑隔离的方式多种多样，但主要还是采用防火墙。防火墙在体系结构上有不同的类型：双网口、多网口、DMZ 和 SSN。不同类型的防火墙在 OSI 的 7 层模型上的工作机理有明显的不同。防火墙的发展主要是提高性能、安全性和功能。实际上，这三者是相互矛盾、相互制约的。功能多、安全性好的技术往往性能受影响；功能多也影响到系统的安全。

3. 防御来自网络的攻击

主要是抗击 DoS 等拒绝服务攻击，其技术是识别正常服务的包，将攻击包分离出来。目前 DDoS（分布式 DoS）的攻击能力可达到 10 万以上的并发攻击，因此，抗攻击网关的防御能力必须达到抗击 10 万以上并发的分布式 DoS 攻击。

4. 防御网络上的病毒

传统的病毒检测和杀病毒是在客户端完成的。但是这种方式存在致命的缺点，如果某台计算机发现病毒，说明病毒已经感染了单位内部几乎所有的计算机。在单位内部的计算机网络和互联网的连接处放置防病毒网关，一旦出现新病毒，更新防病毒网关就可清除每个终端的病毒。

5. 身份认证

一般认为，鉴别、授权和管理（AAA）系统是一个非常庞大的安全体系，主要用于大的网络运营商。实际上单位内部网同样需要一套强大的 AAA 系统。根据 IDC 的报告，单位内部的 AAA 系统是目前网络安全应用增长最快的部分。

6. 加密通信和虚拟专用网

移动办公、单位和合作伙伴之间、分支机构之间通过公用的互联网通信是必不可少的。加密通信和虚拟专用网（VPN）有很大的需求。IPSec 已成为主流和标准，VPN 的另外一个方向是向轻量级方向发展。

7. 入侵检测和主动防卫（IDS）

互联网的发展已经暴露出易被攻击的弱点。针对黑客的攻击，有必要采用入侵检测和主动防卫（IDS），实时交互监测和主动防卫的手段。

8. 网管、审计和取证

网络安全越完善，体系架构就越复杂，最好的方式是采用集中网管技术。审计和取证功能变得越来越重要。审计功能不仅可以检查安全问题，而且还可以对数据进行系统的挖掘，从而了解内部人员使用网络的情况，了解用户的兴趣和需求等。

9. 网络行为安全监管技术

网络行为监控是网络安全的重要方面，研究的范围包括网络事件分析、网络流量分析、网络内容分析，以及相应的响应策略与响应方式。

10. 容灾与应急处理技术

容灾与应急响应是一个非常复杂的网络安全技术领域，涉及众多网络安全关键技术，需要多个技术产品的支持。主要技术包含应急响应体系的整体架构、应急响应体系的标准制定和应急响应的工具开发。

11. 可信计算技术

通过增强现有的 PC 终端体系结构的安全性来保证整个计算机网络的安全，在计算机网络中搭建一个诚信体系，每个终端都具有合法的网络身份，并能够被认可；而且终端对恶意代码，如病毒、木马等有免疫能力。在这样的可信计算环境中，任何终端出现问题，都能保证合理取证，方便监控和管理。

1.7 小结

随着计算机网络广泛应用于经济、军事和教育等各领域，计算机网络安全成为涉及个人、单位、社会和国家信息安全的重大问题。计算机网络实体和软件系统面临的不安全因素有：偶然发生的故障、自然灾害，以及人为破坏。人为对计算机网络的破坏可分为被动攻击、主动攻击、邻近攻击、内部人员攻击和分发攻击等 5 种形式。

造成计算机网络不安全的主要原因首先来自互联网本身，由于互联网的开放性、国际性和自由性，使其不可避免地会受到黑客的攻击。操作系统和数据库存在的安全缺陷是造成网络系统安全受到威胁的最重要原因。另外，传输线路的安全，以及网络的安全管理不当都直接影响着网络的安全性。

计算机网络安全要达到的目标就是确保信息系统的保密性、完整性、可用性、不可否认性和可控性。要确保计算机网络的安全，就必须依靠先进的技术、严格的管理和配套的法律。OSI 安全体系结构中定义了鉴别、访问控制、数据机密性、数据完整性和抗抵赖 5 种网络安全服务，以及加密机制、数字签名机制、访问控制机制、数据完整性机制、鉴别交换机制、通信业务流填充机制、路由控制和公证机制 8 种基本的安全机制。

1.8　习题

1. 计算机网络面临的典型安全威胁有哪些？
2. 分析计算机网络的脆弱性和安全缺陷。
3. 分析计算机网络的安全需求。
4. 计算机网络安全的内涵和外延分别是什么？
5. 论述 OSI 安全体系结构。
6. 简述 P2DR 安全模型的结构。
7. 简述计算机网络安全技术及其应用。
8. 简述网络安全管理的意义和主要内容。

第2章 物理安全

物理安全是整个计算机网络系统安全的前提。物理安全是保护计算机网络设备、设施及其他媒体免遭地震、水灾、火灾等环境事故、人为操作失误或各种计算机犯罪行为导致的破坏过程。物理安全主要考虑的问题是环境、场地和设备的安全，以及物理访问控制和应急处置计划等。物理安全技术主要是指对计算机及网络系统的环境、场地、设备和人员等采取的安全技术措施。物理安全在整个计算机网络信息系统安全中占有重要地位。它主要包括以下几个方面。

- 机房环境安全：计算机网络系统机房环境的安全特点是：可控性强，损失也大。对计算机网络系统所在环境的安全保护，如区域保护和灾难保护的相关标准，可参见有关国家标准。机房环境安全主要包括机房防火与防盗、防雷与接地、防尘与防静电、防地震等自然灾害等。
- 通信线路安全：通信线路安全主要包含通信线路的防窃听技术。
- 设备安全：设备安全主要包括防电磁信息辐射泄露、防止线路截获、抗电磁干扰及电源保护等。硬盘损坏、设备使用寿命到期等的物理损坏，停电、电磁干扰和意外事故等引起的设备故障，也是保障设备安全的重要内容。
- 电源安全：电源是机房内所有电子设备正常工作的能量源泉，在机房安全中占有重要地位。电源安全主要包括电力能源供应、输电线路安全和保持电源的稳定性等。

对于任何计算机网络系统，物理安全都是必须考虑的重要问题，物理安全措施包括安全制度、数据备份、辐射防护、屏幕口令保护、隐藏销毁、状态检测、报警确认、应急恢复、加强机房管理、运行管理、安全组织和人事管理等手段。物理安全是相对的，在设计物理安全方案时，要综合考虑需要保护的硬件、软件及其信息价值，从而采用适当的物理保护措施。

2.1 机房安全

机房安全技术涵盖的范围非常广泛，机房从里到外，从设备设施到管理制度都属于机房安全技术研究的范围。从这个意义上讲，下面几节的内容都是机房安全技术在某些方面的具体实现。

计算机机房的安全保卫技术是机房安全技术的重要一环，主要的安全技术措施包括防盗报警、实时监控和安全门禁等。计算机机房的温度、湿度等环境条件保持技术可以通过加装通风设备、排烟设备和专业空调设备来实现。计算机机房的用电安全技术也是机房安全技术的重要环节，主要包括不同用途电源分离技术、电源和设备有效接地技术、电源过载保护技术，以及防雷击技术等。计算机机房安全管理技术是指制定严格的计算机机房工作管理制度，并要求所有进入机房的人员严格遵守管理制度，将制度落到实处。

机房的安全等级分为 A 类、B 类和 C 类 3 个基本类别。

- A 类：对计算机机房的安全有严格的要求，有完善的计算机机房安全措施。

- B 类：对计算机机房的安全有较严格的要求，有较完善的计算机机房安全措施。
- C 类：对计算机机房的安全有基本的要求，有基本的计算机机房安全措施。

计算机机房的安全要求的详细情况如表 2-1 所示。

表 2-1　计算机机房安全要求

安全项目　　　　　安全类别	A 类机房	B 类机房	C 类机房
场地选择	－	－	－
防火	－	－	－
内部装修	＋	－	－
供配电系统	＋	－	－
空调系统	＋	－	－
火灾报警和消防设施	＋	－	－
防水	＋	－	－
防静电	＋	－	－
防雷击	＋	－	－
防鼠害	＋	－	－
防电磁泄露	－	－	－

表中符号说明：＋表示要求，－表示有要求或增加要求。

1．机房的安全要求

如何减少无关人员进入机房的机会是计算机机房设计时首先要考虑的问题。为此，计算机机房在选址时应避免靠近公共区域，避免窗户直接临街，此外在机房布局上应使工作区在内，生活辅助区域在外。在一个大的建筑内，计算机机房最好不要安排在底层或顶层，这是因为底层一般较潮湿，而顶层有漏雨、穿窗而入的危险。在较大的楼层内，计算机机房应靠近楼层的一边安排布局。这样既便于安全警卫，又利于发生火灾险情时及时转移撤离。

应当保证所有进出计算机机房的人都必须在管理人员的监控之下。外来人员一般不允许进入机房内部，特殊需要进入机房内部的，应办理相关手续，并对来访者的随身物品进行相应的检查。

计算机机房所在建筑物的结构从安全的角度还应该考虑以下几个问题。

1）电梯和楼梯不能直接进入机房。

2）建筑物周围应有足够亮度的照明设施和防止非法进入的设施。

3）外部容易接近的进出口，如风道口、排风口、窗户和应急门等应有栅栏或监控措施，而周边应有物理屏障（隔墙、带刺铁丝网等）和监视报警系统，窗口应采取防范措施，必要时安装自动报警设备。

4）机房进出口必须设置应急电话。

5）机房供电系统应将动力照明用电与计算机系统供电线路分开，机房及疏散通道要安装应急照明装置。

6）机房建筑物方圆 100m 内不能有危险建筑物。危险建筑物主要指易燃、易爆或有害气体等的存放场所，如加油站、煤气站、天然气煤气管道和散发强烈腐蚀气体的设施、工厂等。

7）机房内应设置更衣室和换鞋处，机房的门窗要具有良好的封闭性能。

8）机房内的照明应达到规定标准。

2. 机房的防盗要求

众所周知，计算机网络系统的大部分设备都是放置在计算机机房中的，重要的应用软件和业务数据也都是存放在服务器计算机系统的磁盘或光盘上的。此外，机房内的某些设备可能是用来进行机密信息处理的，这类设备本身及其内部存储的信息都非常重要，一旦丢失或被盗，将产生极其严重的后果。因此，对重要的设备和存储媒体（磁盘等）应采取严格的防盗措施。

早期主要采取增加质量和胶粘的防盗措施，即将重要的计算机网络设备永久地固定或粘接在某个位置上。虽然该方法增强了设备的防盗能力，但给设备的移动或调整位置带来了不便。随后，又出现了将设备与固定底盘用锁连接的防盗方法，只有将锁打开才可移动设备。现在某些笔记本计算机还在采用机壳加锁扣的防盗方法。

国外一家公司发明了一种通过光纤电缆保护重要设备的方法。该方法是将每台重要的设备通过光纤电缆串接起来，并使光束沿光纤传输，如果光束传输受阻，则自动报警。该保护装置比较简便，一套装置可保护机房内的所有重要设备，并且不影响设备的可移动性。

一种更方便的防护措施类似于图书馆和超市使用的防盗系统。首先在需要保护的重要设备、存储媒体和硬件上贴上特殊标签（如磁性标签），当非法携带这些重要设备或物品外出时，检测器就会发出报警信号。

视频监视系统是一种更为可靠的防盗设备，能实时地对计算机网络系统的外围环境和操作环境进行全程监控。对重要的机房，还应采取特别的防盗措施，如值班守卫、出入口安装金属探测装置等。

3. 机房的三度要求

温度、湿度和洁净度并称为三度，为保证计算机网络系统的正常运行，对机房内的三度都有明确的要求。为使机房内的三度达到规定的要求，空调系统、去湿机和除尘器是必不可少的设备。重要的计算机系统安放处还应配备专用的空调系统，它比公用的空调系统在加湿、除尘等方面有更高的要求。

（1）温度

计算机系统内有许多元器件，不仅发热量大而且对环境温度敏感。温度过低会导致硬盘无法启动，温度过高会使元器件性能发生变化，耐压性降低，导致工作不正常。总之，环境温度过高或过低都容易引起硬件损坏。统计数据表明：温度超过规定范围时，每升高 10℃，机器可靠性下降 25%。机房温度一般应控制在 18～22℃。

（2）湿度

湿度也是影响计算机网络系统正常运转的重要因素，机房内相对湿度过高会加速金属器件的腐蚀，引起电气部分绝缘性能下降，耐潮性能不良，同时湿度过大还会使灰尘的导电性能增强，电子器件失效的可能性也随之增大；而相对湿度过低则会导致计算机网络设备中的某些器件龟裂，印制电路板变形，特别是静电感应增加，会使计算机内存储的信息丢失或异常，严重时还会导致芯片损坏，严重危害计算机系统。机房内的相对湿度一般控制在 40%～60% 为宜。湿度控制与温度控制最好都与空调联系在一起，由空调系统集中控制。机房内应安装温、湿度显示仪，随时观察和监测。

（3）洁净度

洁净度要求机房尘埃颗粒直径小于 0.5μm，平均每升空气含尘量小于 1 万颗。

灰尘会造成接插件的接触不良、发热元件的散热效率降低、电气元件的绝缘性能下降；

灰尘还会增加机械磨损，尤其对驱动器和盘片，灰尘不仅会使磁盘数据的读写出现错误，而且可能划伤盘片，甚至导致磁头损坏。因此，计算机机房必须有除尘、防尘的设备和措施，保持清洁卫生，以保证设备的正常工作。

4．防静电措施

不同物体间的相互摩擦或接触就会产生静电。如果静电不能及时释放而保留在物体内，就会产生能量不大但非常高的电位，而且静电在放电时还可能发生火花，容易造成火灾或损坏芯片等意外事故。计算机系统的 CPU、ROM 和 RAM 等关键部件大都是采用 MOS 工艺的大规模集成电路，对静电极为敏感，容易因静电而损坏。

静电对电子设备的损害具有如下特点。

● **隐蔽性**：人体不能直接感知静电，除非发生静电放电，但是发生静电放电人体也不一定能有电击的感觉，这是因为人体感知的静电放电电压为 2～3kV，所以静电具有隐蔽性。

● **潜在性**：有些电子元器件受到静电损伤后的性能没有明显的下降，但多次累加放电会给器件造成内伤而形成隐患。因此静电对器件的损伤具有潜在性。

● **随机性**：从一个电子元件生产出来以后，一直到它损坏以前，时刻都受到静电的威胁，而这些静电的产生也具有随机性，其损坏过程也具有随机性。

● **复杂性**：静电放电损伤的失效分析工作，因电子产品的精、细、微小的结构特点而费时、费事、费钱，要求较高的技术并往往需要使用扫描电镜等高精密仪器。即使如此，有些静电损伤现象也难以与其他原因造成的损伤加以区别，使人误把静电损伤失效当做其他失效。这在对静电放电损害未充分认识之前，常常归因于早期失效或情况不明的失效，从而不自觉地掩盖了失效的真正原因。所以静电对电子器件损伤的分析具有复杂性。

机房的内装修材料一般应避免使用挂毯、地毯等吸尘、容易产生静电的材料，而应采用乙烯材料。为了防静电，机房一般要安装防静电地板，并将地板和设备接地以便将设备内积聚的静电迅速释放到大地。机房内的专用工作台或重要的操作台应有接地平板。此外，工作人员的服装和鞋最好用低阻值的材料制作，机房内应保持一定的湿度，特别是在干燥季节应适当增加空气湿度，以免因干燥而产生静电。

5．接地与防雷要求

接地与防雷是保护计算机网络系统和工作场所安全的重要安全措施。接地是指整个计算机网络系统中各处电位均以大地电位为零参考电位。接地可以为计算机系统的数字电路提供一个稳定的 0V 参考电位，从而可以保证设备和人身的安全，同时也是防止电磁信息泄露的有效手段。

（1）地线种类

1）保护地。计算机系统内的所有电气设备，包括辅助设备，外壳均应接地。如果电子设备的电源线绝缘层损坏而漏电时，设备的外壳可能带电，将造成人身和设备事故。因而必须将外壳接地，以使外壳上积聚的电荷迅速释放到大地。

要求良好接地的设备有：各种计算机外围设备、多相位变压器的中性线、电缆外套管、电子报警系统、隔离变压器、电源和信号滤波器，以及通信设备等。

配电室的变压器中点要求接大地。但从配电室到计算机机房如果有较长的输电距离，则应在计算机机房附近将中性线重复接地，这是因为零线上过高的电势会影响设备的正常工作。

保护地一般是为大电流泄放而接地。我国规定，机房内保护地的接地电阻≤4Ω。保护地在插头上有专门的一条芯线，由电缆线连接到设备外壳，插座上对应的芯线（地）引出与大地相连。

保护地线应连接可靠，一般不用焊接，而采用机械压紧连接。地线导线应足够粗，至少应为 4 号 AWG 铜线，或为金属带线。

2）直流地。直流地又称逻辑地，是计算机系统的逻辑参考地，即计算机中数字电路的低电位参考地。数字电路只有 1 和 0 两种状态，其电位差一般为 3～5V。随着超大规模集成电路技术的发展，电位差越来越小，对逻辑地的接地要求也越来越高。因为逻辑地（0）的电位变化直接影响到数据的准确性。直流地的接地电阻一般要求≤2Ω。

3）屏蔽地。为避免计算机网络系统各种设备间的电磁干扰，防止电磁信息泄露，重要的设备和重要的机房都要采取适当的屏蔽措施，即用金属体来屏蔽设备或整个机房。金属体称为屏蔽机柜或屏蔽室。屏蔽体需与大地相连，形成电气通路，为屏蔽体上的电荷提供一条低阻抗的泄放通路。屏蔽效果的好坏与屏蔽体的接地密切相关，一般屏蔽地的接地电阻要求≤4Ω。

4）静电地。机房内人体本身、人体在机房内的运动，以及设备的运行等均可能产生静电。人体静电有时可达上千伏，人体与设备或元器件导电部分直接接触极易造成设备损坏。而设备运行中产生的静电干扰则会引起设备的运行故障。为消除静电可能带来的不良影响，除采取如测试人体静电、接触设备前先触摸地线、泄放电荷、保持室内一定的温度和湿度等管理方面的措施外，还应采取防静电地板等措施，即将地板金属基体与地线相连，以使设备运行中产生的静电随时释放掉。

5）雷击地。雷电具有很大的能量，雷击产生的瞬时电压可高达 10MV 以上。单独建设的机房或机房所在的建筑物必须设置专门的雷击保护地（简称雷击地），以防止雷击产生的巨大能量和高压对设备和人身带来的危害。应将具有良好导电性能和一定机械强度的避雷针安置在建筑物的最高处，引下导线接到地网或地桩上，形成一条最短的、牢固的对地通路，即雷击地线。防雷击地线地网和接地桩应与其他地线系统保持一定的距离，至少应在 10m 以上。

（2）接地系统

计算机机房的接地系统是指计算机系统本身和场地的各种地线系统的设计和具体实施。

1）各自独立的接地系统。这种接地系统主要考虑直流地、交流地、保护地、屏蔽地和雷击地等的各自作用，为避免相互干扰，分别单独通过地网或接地桩接到大地。这种方案虽然理论上可行，但实施起来难度很大。

2）交、直流分开的接地系统。这种接地系统将计算机的逻辑地和雷击地单独接地，其他地共地。这既可使计算机工作可靠，又可减少一些地线。但这样仍需 3 个单独的接地体，无论从接地体的埋设场地考虑，还是从投资和施工难度考虑，都是很难承受的。

3）共地接地系统。共地接地系统的出发点是除雷击地外，另建一个接地体，此接地体的地阻要小，以保证泄放电荷迅速排放到大地。而计算机系统的直流地、保护地和屏蔽地等在机房内单独接到各自的接地母线，自成系统，再分别接到室外的接地体上。

这种接地系统的优点是减少了接地体的建设，各地之间独立，不会产生相互干扰。缺点是直流地（逻辑地）与其他地线共用，易受其他信号干扰影响。

4）直流地、保护地共用地线系统。这种接地系统的直流地和保护地共用接地体，屏蔽地、交流地和雷击地单独埋没。该接地方案的出发点是许多计算机系统内部已将直流地和保护地连在一起，对外只有一条引线，在此情况下，直流地与保护地分开已无实际意义。由于直流地与交流地分开，使计算机系统仍具有较好的抗干扰能力。

5）建筑物内共地系统。随着城市高层建筑群的不断增多，建筑物内各种设备、供电系统和通信系统的接地问题越来越突出。一方面，建筑高层化、密集化，接地设备多、要求高；另一方面高层建筑附近又不可能有足够的场地构造地线接地体。高层建筑目前基础施工都是光打桩，整栋建筑从下到上都有钢筋基础。由于这些钢筋很多，且连成一体，深入到地下漏水层，同时各楼层钢筋均与地下钢筋相连，作为地线地阻很小（经实际测量可小于0.2Ω）。由于地阻很小，可将计算机机房及各种设备的地线共用建筑地，从理论上讲不会产生相互干扰，从实际应用看也是可行的。它具有投资少、占地少、阻值稳定等特点，符合城市建筑的发展趋势。

（3）接地体

接地体的埋设是接地系统好坏的关键。通常使用的接地体有地桩、水平栅网、金属接地板和建筑物基础钢筋等。

1）地桩。垂直打入地下的接地金属棒或金属管，是常用的接地体。它用在土壤层超过3m 厚的地方。金属棒的材料为钢或铜，直径一般应为 15mm 以上。为防止腐蚀、增大接触面积并承受打击力，地桩通常采用较粗的镀锌钢管。

金属棒做地桩形成的地阻主要与金属棒的长度和土壤情况有关，受直径的影响不大。金属棒的长度一般选择 3m 以上。由于单根接地桩地阻较大，在实际使用中常将多根接地桩连成环形或网格形，每两根地桩间的距离一般要大于地桩长度的两倍。

土壤的含水率和含盐量的多少决定了土壤的电阻率，而土壤电阻率是决定地线地阻的重要因素。为降低大地电阻率，常需采取水分保持和化学盐化措施。

在地网表层土壤适当种植草类或豆类植物，可保持土壤中的水分，又不致出现盐分流失的现象。此外，在接地桩周围土壤中要添加一些产生离子的化学物品，以提高土壤的电导率。这些化学物品有硫酸镁、硝酸钾和氯化钠等。其中硫酸镁是一种较好的降阻材料，它成本低，电导率高，对接地电极和附近的金属物体腐蚀作用弱。在土壤中添加硫酸镁时，可在地桩周围挖一条 0.3m 深的沟，在沟内填满硫酸镁，用土覆盖。这样硫酸镁不与地桩直接接触，以使其分布最佳而腐蚀作用又最小。另一种方法是用一个 0.6m 长的套管套在地桩外面，套管内填充硫酸镁至距地面 0.3m，套管与地面持平并用木盖盖住管口。这样，套管内的硫酸镁会随着雨水均匀地潜入到地桩周围。

化学盐化并不能永久地改变接地电阻。化学材料会随着雨水逐渐流失，一般有效期为 3年，随着时间的延长应适当补充化学材料。

2）水平栅网。在土质情况较差，特别是岩层接近地表面无法打桩的情况下，可采用水平埋设金属条带和电缆的方法。金属条带应埋在地下 0.5～1m 深处，水平方向构成星形或栅格网形，在每个交叉处，条带应焊接在一起，且带间距离大于1m。

水平铺设金属条带的方法同样要求采取保持水平和增加化学盐分的方法，使土壤的电阻率降低。

3）金属接地板。这种方法是将金属板与地面垂直埋在地下，与土壤形成至少 $0.2m^2$ 的双面接触。深度要求在永久性潮土壤以下 30cm，一般至少在地下埋 1.5m 深。金属板的材料通常为铜板，也可为铁板或钢板。

这种方法占地面积小，但为获得较好的效果，必须埋设多个金属板，使埋设难度和造价增高。因此，除特殊情况外，近年来已逐渐为地桩所代替。

4）建筑物基础钢筋。如前所述，现代高层建筑的基础桩深入地下几十米，基础钢筋在地下形成很大的地网并从地下延伸至顶层，每层均可接地线。这种接地体节省场地，经济、适用，是城市建设机房地线的发展方向。

（4）防雷措施

机房的外部防雷应使用接闪器、引下线和接地装置吸引雷电流，并为其泄放提供一条低阻值通道。

机器设备应有专用地线，机房本身应有避雷设施，包括通信设备和电源设备有防雷击的技术设施，机房的内部防雷主要采取屏蔽、等电位连接、合理布线或防闪器、过电压保护等技术措施，以及拦截、屏蔽、均压、分流和接地等方法，从而达到防雷的目的。机房的设备本身也应有避雷装置和设施。

6. 机房的防火、防水措施

计算机机房的火灾一般是由电气原因、人为事故或外部火灾蔓延引起的。电气原因主要是指电气设备和线路的短路、过载、接触不良、绝缘层破损或静电等原因导致电打火而引起的火灾。人为事故是指由于操作人员不慎、吸烟或乱扔烟头等，使充满易燃物质（如纸片、磁带和胶片等）的机房起火。外部火灾蔓延是因外部房间或其他建筑物起火而蔓延到机房，从而引起机房起火。

计算机机房的水灾一般是由于机房内有渗水、漏水等原因引起的。

机房内应有防火、防水措施。如机房内应有火灾、水灾自动报警系统，如果机房上层有用水设施，需加防水层；机房内应放置适用于计算机机房的灭火器，并建立应急计划和防火制度等。

为避免火灾和水灾，应采取如下具体措施。

（1）隔离

建筑物内的计算机机房四周应设计一个隔离带，以便外部的火灾至少可隔离一个小时。系统中特别重要的设备，应尽量与人员频繁出入的地区和堆积易燃物（如打印纸）的区域隔离。所有机房门应为防火门，外层应有金属蒙皮。计算机机房内部应用阻燃材料装修。

机房内应有排水装置，机房上部应有防水层，下部应有防漏层，以避免出现渗水、漏水现象。

（2）火灾报警系统

火灾报警系统的作用是在火灾初期就能检测到并及时发出警报。

火灾报警系统按传感器的不同，分为烟报警和温度报警两种类型。烟报警器可在火灾开始的发烟阶段就检测出，并发出警报。它的动作快，可使火灾及时被发觉。而热敏式温度报警器是在火焰发生、温度升高后发出报警信号。近年来还开发出一种新型的 CO 探测报警器，它可在发烟初期即可探测到火灾的发生，避免损失，且可避免人员因缺氧而死亡。

为安全起见，机房应配备多种火灾自动报警系统，并保证在断电后 24 小时之内仍可发出警报。报警器可采用音响或灯光报警，一般安放在值班室或人员集中处，以便工作人员及时发现并向消防部门报告，组织人员疏散等。

（3）灭火设施

机房应配置适用于计算机机房的灭火器材，机房所在楼层应有防火栓，以及必要的灭火器材和工具，这些设施应具有明显的标记，且需定期检查。主要的消防器材和工具包括以下两类。

1）灭火器。虽然机房建筑内要求有自动喷水、供水系统和各种灭火器，但并不是任何机房火灾都要自动喷水，因为有时对设备的二次破坏比火灾本身造成的损坏更为严重。因此，灭火器材最好使用气体灭火器，推荐使用不会造成二次污染的卤代烷 1211 或 1301 灭火器，如无条件，也可使用 CO_2 灭火器。一般每 4m² 至少应配置一个灭火器，还应有手持式灭火器，用于大设备灭火。

2）灭火工具及辅助设备。如液压千斤顶、手提式锯、铁锨、镐、榔头和应急灯等。

（4）管理措施

机房应制订完善的应急计划和相关制度，并严格执行计算机机房环境和设备维护的各项规章制度。加强对火灾隐患部位的检查，如电源线路要经常检查是否有短路处，防止出现火花引起火灾。要制订灭火的应急计划并对所属人员进行培训。此外，还应定期对防火设施和工作人员的掌握情况进行测试。

2.2 通信线路安全

如果所有的计算机系统都锁在室内，并且所有连接计算机系统的网络设备和接到计算机系统上的终端设备也都锁在同一室内，则通信与计算机系统一样安全（假定不存在对外连接的Modem）。但是当有计算机网络系统的通信线路连接到室外时，问题就产生了。

尽管从网络通信线路上提取信息所需的技术比直接从通信终端获取数据的技术要高几个数量级，以目前的技术水平也是完全有可能实现的。

用一种简单（但很昂贵）的高技术加压电缆可以获得通信线路上的物理安全，这一技术是若干年前为美国国家电话系统而开发的。通信电缆密封在塑料套管中，并在线缆的两端充气加压。线上连接了带有报警器的监视器，用来测量压力。如果压力下降，则意味着电缆可能被破坏了，技术人员还可以进一步检测出破坏点的位置，以便及时进行修复。

电缆加压技术提供了安全的通信线。将加压电缆架设于整座楼中，每寸电缆都将暴露在外。如果任何人企图割电缆，监视器会启动报警器，通知安全保卫人员电缆已被破坏。假设任何人成功地在电缆上接了自己的通信线，在安全人员定期检查电缆的总长度时，就可以发现电缆拼接处。加压电缆是包裹在波纹铝钢丝网中的，几乎没有电磁发射，从而大大增强了通过通信线路窃听的难度。

光纤通信线曾被认为是不可搭线窃听的，其断破处立即就会被检测到，拼接处的传输速度会非常缓慢，令人难以忍耐。光纤没有电磁辐射，所以也不能用电磁感应窃密。不幸的是光纤的最大长度有限制，目前网络覆盖范围半径约 100km，长于这一长度的光纤系统必须定期地放大（复制）信号。这就需要将信号转换成电脉冲，然后再恢复成光脉冲，继续通过另一条线传送。完成这一操作的设备（复制器）是光纤通信系统的安全薄弱环节，因为信号可能在这一环节被搭线窃听。有两个办法可解决这一问题：距离大于最大长度限制的系统之间，不采用光纤通信；或加强复制器的安全，如用加压电缆、警报系统和加强警卫等措施。

对于任何可以直接存取而不加安全防护措施的系统，通信是特别严重的安全薄弱环节。当允许用户通过拨号连接到 Modem 访问计算机网络系统时，则计算机网络系统的安全程度将被大大削弱，因为有电话和 Modem 的任何人就可能非法进入该系统。因此，应当避免这一情况的发生，要确保 Modem 的电话号码不被列于电话簿上，并且最好将电话号码放在不同于本单位普通电话号码所在的交换机上。总之，不要假设没人知道自己的拨入号码，大多数攻击者都能使用自动拨号软件通过一个 Modem 整天依次调用拨号码，记录下连接上的 Modem 的号码。如果可能，安装一个局域 PBX，使得对外界的拨号产生 1 秒钟的拨号蜂音，并且必须输入一个与 Modem 相关联的扩展号码，就可有效提高系统的安全性。

2.3 设备安全

设备安全是一个比较宽泛的概念，包括设备的维护与管理、设备的电磁兼容和电磁辐射防护，以及信息存储媒体的安全管理等内容。

2.3.1 硬件设备的维护和管理

计算机网络系统的硬件设备一般价格昂贵，一旦损坏而又不能及时修复，不仅会造成经济损失，而且可能导致整个网络系统瘫痪，产生严重的不良影响。因此，必须加强对计算机网络系统硬件设备的使用管理，坚持做好硬件设备的日常维护和保养工作。

1. 硬件设备的使用管理

1）要根据硬件设备的具体配置情况，制定切实可行的硬件设备的操作使用规程，并严格按照操作规程进行操作。

2）建立设备使用情况日志，并严格登记使用过程的情况。

3）建立硬件设备故障情况登记表，详细记录故障性质和修复情况。

4）坚持对设备进行例行维护和保养，并指定专人负责。

2. 常用硬件设备的维护和保养

常用硬件设备的维护和保养包括主机、显示器、打印机和硬盘的维护保养；网络设备如HUB、交换机、路由器、MODEM、RJ-45 接头和网络线缆等的维护保养；还要定期检查供电系统的各种保护装置及地线是否正常。

所有的计算机网络设备都应当置于上锁且有空调的房间里。同时还要注意，电源插座附近清扫的工作人员或粗心的使用人员都可能使设备掉电。同时还要将对设备的物理访问权限限制在最小。

2.3.2 电磁兼容和电磁辐射的防护

1. 电磁兼容和电磁辐射

计算机网络系统的各种设备都属于电子设备，在工作时都不可避免地会向外辐射电磁波，同时也会受到其他电子设备的电磁波干扰，当电磁干扰达到一定的程度时就会影响设备的正常工作。

电磁干扰可通过电磁辐射和传导两条途径影响电子设备的工作。一条是电子设备辐射的电磁波通过电路耦合到另一台电子设备中引起干扰；另一条是通过连接的导线、电源线和信号线等耦合而引起相互之间的干扰。

电子设备及其元器件都不是孤立存在的，而是在一定的电磁干扰环境下工作。电磁兼容性就是电子设备或系统在一定的电磁环境下互相兼顾、相容的能力。

电磁兼容问题由来已久。1831 年法拉第发现电磁感应现象，总结出电磁感应定律；1881年英国科学家希维思德发表了"论干扰"的文章；1888 年赫兹通过试验演示了电磁干扰现象。20 世纪以来，特别是在第二次世界大战中，电磁兼容理论进一步发展，逐步形成了一门独立的学科。电磁兼容设计已成为军用武器装备和电子设备研制中必须严格遵守的原则，电磁兼容性成为产品可靠性保证的重要组成部分。如果设备的电磁兼容性很差，在电磁干扰的环境中就不能正常工作。我国已将电磁兼容性作为强制性的标准来执行。

1985 年在法国举办的"计算机与通信安全"国际会议上，荷兰的一位工程师现场演示了用一套稍加改装的黑白电视机还原 1km 以外机房内计算机显示屏上的信息。这说明计算机的电磁辐射造成信息泄露的危险是真实存在的。尤其是在微电子技术和卫星通信技术飞速发展的今天，各种信息窃取手段日趋先进，电磁辐射泄密的危险也越来越大。

美国、俄罗斯等发达国家已对电磁辐射泄密问题进行了多年研究，并逐渐形成了一种专门的技术——抑制信息处理设备的噪声泄露技术，简称信息泄露防护技术（Tempest 技术）。

Tempest 技术是一项综合性非常强的技术，包括泄露信息的分析、预测、接收、识别、复原、防护、测试和安全评估等技术，涉及多个学科领域。Tempest 技术基本上是在传统的电磁兼容理论的基础上发展起来的，但比传统的抑制电磁干扰的要求要高得多，在技术实现上也更复杂。一般认为显示器的视频信号、打印机打印头的驱动信号、磁头读/写信号、键盘输入信号，以及信号线上的输入/输出信号等为需要重点防护的对象。美国政府规定，凡属高度机密部门所使用的计算机等信息处理设备，其电磁泄露发射必须达到 Tempest 标准规定的要求。

2．电磁辐射防护的措施

为保证计算机网络系统的物理安全，除在网络规划、场地和环境等方面进行防护之外，还要防止数据信息在空间中的扩散。计算机系统通过电磁辐射使信息被截获而失密的案例已经很多，在理论和技术支持下的验证工作也证实这种截取距离在几百米甚至可达千米的复原显示给计算机系统信息的保密工作带来了极大的威胁。为了防止计算机系统中的数据信息在空间中的扩散，通常是在物理上采取一定的防护措施，以减少或干扰扩散到空间中的电磁信号。这对政府、军队及金融机构在构建信息中心时都将成为首先要解决的问题。

目前防护措施主要有两类：一类是对传导发射的防护，主要是对电源线和信号线加装性能良好的滤波器，减小传输阻抗和导线间的交叉耦合；另一类是对辐射的防护，这类防护措施又可分为以下两种：一种是采用各种电磁屏蔽措施，如对设备的金属屏蔽和各种接插件的屏蔽，同时对机房的下水管、暖气管和金属门窗进行屏蔽和隔离；另一种是干扰的防护措施，即在计算机系统工作的同时，利用干扰装置产生一种与计算机系统辐射相关的伪噪声向空间辐射来掩盖计算机系统的工作频率和信息特征。

为提高电子设备的抗干扰能力，除在芯片和部件上提高抗干扰能力外，主要的措施有屏蔽、隔离、滤波、吸波和接地等，其中屏蔽是应用最多的方法。

（1）屏蔽

电磁波经封闭的金属板之后，大部分能量被吸收、反射和再反射，再传到板内的能量已很小，从而保护内部的设备或电路免受强电磁干扰。

（2）滤波

滤波是另一种重要的方法。滤波电路是一种无源网络，它可让一定频率范围内的电信号通过而阻止其他频率的电信号，从而起到滤波作用。在有导线连接或阻抗耦合的情况下，进出线采用滤波器可使强干扰被阻止。

还有一种吸波作用，是采用铁氧体等吸波材料，在空间很小的情况下起到类似滤波器的作用。

（3）隔离

隔离是将系统内的电路采用隔离的方法分别处理，将强辐射源、信号处理单元等隔离开，单独处理，从而减弱系统内部和系统向外的电磁辐射。

（4）接地

接地对电磁兼容来说十分重要，它不仅可起到保护作用，而且可使屏蔽体、滤波器等集聚的电荷迅速排放到大地，从而减小干扰。用于电磁兼容的地线最好单独埋放，对其地阻、接地点等均有很高的要求。

电磁防护层主要是通过上述种种措施，提高计算机的电磁兼容性，提高设备的抗干扰能力。使计算机能抵抗强电磁干扰；同时将计算机的电磁泄露发射降到最低，使之不致将有用的信息泄露出去。

2.3.3 信息存储媒体的安全管理

计算机网络系统的信息要存储在某种媒体上，常用的存储媒体有硬盘、磁盘、磁带、打印纸和光盘等。对存储媒体的安全管理主要包括以下几个方面。

1）存放有业务数据或程序的磁盘、磁带或光盘，应视同文字记录妥善保管。必须注意防磁、防潮、防火、防盗，必须垂直放置。

2）对硬盘上的数据，要建立有效的级别和权限，并严格管理，必要时要对数据进行加密，以确保硬盘数据的安全。

3）存放业务数据或程序的磁盘、磁带或光盘，管理必须落实到人，并分类建立登记簿，记录编号、名称、用途、规格、制作日期、有效期、使用者和批准者等信息。

4）对存放有重要信息的磁盘、磁带和光盘，要备份两份并分两处保管。

5）打印有业务数据或程序的打印纸，要视同档案进行管理。

6）凡超过数据保存期的磁盘、磁带和光盘，必须经过特殊的数据清除处理。

7）凡不能正常记录数据的磁盘、磁带和光盘，必须经测试确认后由专人进行销毁，并做好登记工作。

8）对需要长期保存的有效数据，应在磁盘、磁带和光盘的质量保证期内进行转储，转储时应确保内容正确。

2.4 电源系统安全

电源是计算机网络系统的命脉，电源系统的稳定可靠是计算机网络系统正常运行的先决条件，电源系统电压的波动、浪涌电流和突然断电等意外情况的发生还可能引起计算机系统存储信息的丢失、存储设备的损坏等情况的发生。电源系统的安全是计算机网络系统物理安全的一个重要组成部分。国内外关于电源的相关标准主要有以下两个。

- **直流电源的相关标准。** 国际电工委员会（IEC）制定了直流稳定电源标准：IEC478.1－1974《直流输出稳定电源术语》；IEC478.2－1986《直流输出稳定电源额定值和性能》；IEC478.3－1989《直流输出稳定电源传导电磁干扰的基准电平和测量》；IEC478.4－1976《直流输出稳定电源除射频干扰外的试验方法》；IEC478.5－1993《直流输出稳定电源电抗性近场磁场分量的测量》。这一套标准颁布实施的时间较早，而国内相应的国家标准尚未颁布。国内颁布的有关直流稳定电源的电子行业标准有 SJ2811.1－87《通用直流稳定电源术语及定义、性能与额定值》和 SJ2811.2－87《通用直流稳定电源测试方法》。

- **交流电源的相关标准。** 国际电工委员会（IEC）于 1980 年颁布了 IEC686－80《交流输出稳定电源》。1994 年，原电子工业部颁布了电子行业标准 SJ/T10541－94《抗干扰型交流稳压电源通用技术条件》和 SJ/T10542－94《抗干扰型交流稳压电源测试方法》。

在国标 GB2887－2011 和 GB9361－2011 中也对机房安全供电做了明确的要求。国标

GB2887－2011 将供电方式分为了 3 类。

- **一类供电：** 需建立不间断供电系统。
- **二类供电：** 需建立带备用的供电系统。
- **三类供电：** 按一般用户供电考虑。

GB9361－2011 中也提出 A、B 类安全机房应符合如下要求。

- 计算站应设专用可靠的供电线路。
- 计算机系统的电源设备应提供稳定可靠的电源。
- 供电电源设备的容量应具有一定的余量。
- 计算机系统的供电电源技术指标应按 GB2887－2011《计算站场地技术要求》 中的第 9 章的规定执行。
- 计算机系统独立配电时，宜采用干式变压器。安装油浸式变压器时应符合 GBJ232－82《电气装置安装工程规范》中的规定。
- 从电源室到计算机电源系统的分电盘使用的电缆，除应符合 GB232－2010 中配线工程中的规定外，载流量应减少 50%。
- 计算机系统用的分电盘应设置在计算机机房内，并应采取防触电措施。
- 从分电盘到计算机系统的各种设备的电缆应为耐燃铜芯屏蔽的电缆。
- 计算机系统的各设备走线不得与空调设备、电源设备的无电磁屏蔽的走线平行。交叉时，应尽量以接近于垂直的角度交叉，并采取防延燃措施。
- 计算机系统应选用铜芯电缆，严禁铜、铝混用，若不能避免时，应采用铜、铝过渡头连接。
- 计算机电源系统的所有接点均应进行镀铅锡处理，冷压连接。
- 在计算机机房出入口处或值班室，应设置应急电话和应急断电装置。
- 计算站场地宜采用封闭式蓄电池。
- 使用半封闭式或开启式蓄电池时，应设专用房间。房间墙壁和地板表面应做防腐蚀处理，并设置防爆灯、防爆开关和排风装置。
- 计算机系统接地应采用专用地线。专用地线的引线应和大楼的钢筋网及各种金属管道绝缘。
- 计算机系统的几种接地技术要求及诸地之间的相互关系应符合 GB2887－2011 中的规定。
- 计算机机房应设置应急照明和安全口的指示灯。

C 类安全机房应满足 GB2887－2011 中规定的三类供电要求。

电源系统安全不仅包括外部供电线路的安全，更重要的是指室内电源设备的安全。下面将从电力能源的可靠供应和影响电源设备安全的潜在威胁等方面展开论述。

1. 电力能源的可靠供应

为了确保电力能源的可靠供应，以防外部供电线路发生意外故障，必须有详细的应急预案和可靠的应急设备。应急设备主要包括备用发电机、大容量蓄电池和 UPS 等。除了要求这些应急电源设备具有高可靠性外，还要求它们具有较高的自动化程度和良好的可管理性，以便在意外情况发生时保证电源的可靠供应。

2. 电源对用电设备安全的潜在威胁

（1）脉动与噪声

理想的直流电源应提供纯净的直流，然而总有一些干扰存在，比如在开关电源（SMPS）输出端口叠加的脉动电流和高频振荡。这两种干扰再加上电源本身产生的尖峰噪声，使电源出现断续和随意的漂移（PARD）。

（2）电磁干扰

电磁干扰会产生电磁兼容性问题，目前这方面的标准有美国的 FCC 标准，FCC 分为 A 和 B 两个级别。国内相应的标准为 China Compulsory Certification 认证标准，即 3C 认证。FCC-A 级指工业标准，FCC-B 级指家用电器标准，只有达到 B 级的电源才被认为是安全无害的。当电源的电磁干扰比较强时，其产生的电磁场就会影响到硬盘等磁性存储介质，久而久之就会使存储的数据受到损害。

在电磁兼容性方面，国标 GB9254—2008：《信息技术设备的无线电干扰极限值和测量方法》对电磁干扰的极限值和测量方法都做了明确的规定。

GB9254—2008 将信息设备按安全性分为两级，即 A 级和 B 级，具体要求如下。

- A 级设备保护距离为 30m，通常用于工业环境中。
- B 级设备的保护距离为 10m，可用于住宅区、商业区、商务区、公共娱乐场所、户外场所和轻工业区等。

电磁骚扰可以通过设备的电源端子传导发射，造成电网的污染。因此，电磁兼容标准中对电源端子的传导骚扰发射进行了限制，这就是电源端子传导发射限值。表 2-2 给出了 A 级和 B 级电源端子的传导骚扰限值。

表 2-2　电源端子的传导骚扰限值

频率范围/MHz	A 级 限值/dBμV		频率范围/MHz	B 级 限值/dBμV	
	准峰值	平均值		准峰值	平均值
0.15～0.50	79	66	0.15～0.50	66 ～ 56	56 ～ 46
0.50～50	78	60	0.50～5	56	46
			5～30	60	50

电缆上的共模电流会产生很强的电磁辐射，大部分设备在不连接电信电缆时能够顺利通过有关的标准，而连接上电缆后就不再满足标准的要求，这就是由于电缆中共模电流产生了共模辐射。因此本项对电信端口的共模传导发射提出了限制。表 2-3 给出了 A 级和 B 级电信端口的共模传导骚扰限值。

表 2-3　电信端口的共模传导骚扰限值

频率范围/MHz	A 级 电压限值/dBμV		电流限值/dBμA		B 级 电压限值/dBμV		电流限值/dBμA	
	准峰值	平均值	准峰值	平均值	准峰值	平均值	准峰值	平均值
0.15～0.5	97～87	84～74	53～43	40～30	84～74	74～64	40～30	30～20
0.5～30	87	74	43	30	74	64	30	20

信息设备在工作时会向空间辐射电磁波，这构成了对其他设备的骚扰，特别是对无线接收设备的影响很大。因此，本项对设备辐射的电磁波强度提出了限制。表 2-4 给出了 A 级和 B 级辐射骚扰限值。

表 2-4 辐射骚扰限值

频率范围/MHz	准峰值/（dBμV/m）	
	A 级	B 级
30～230	40	30
230～1000	47	37

此外，当电源纹波系数过大时，电源所输出的直流电压中掺杂了过多的交流成分，就会使主板、内存和显卡等半导体器件不能正常工作，而且当市电有较大波动时，电源输出电压产生大的变化，还有可能导致计算机和网络设备重新启动或不能正常工作。

2.5 小结

物理安全在整个计算机网络信息系统安全体系中占有重要地位，也是其他安全措施得以实施并发挥正常作用的基础和前提条件。计算机网络系统物理安全的内涵是保护计算机网络设备、设施及其他媒体免遭地震、水灾、火灾等环境事故，以及人为操作失误或错误及各种计算机犯罪行为导致的破坏。主要内容为机房安全技术、通信线路安全技术和计算机网络系统设备安全技术等。机房安全主要是从机房场地、机房防盗、机房三度、防静电和防雷击等方面进行讨论。通信线路安全主要着重介绍加压电缆和光纤等通信线路的防窃听技术。计算机网络系统设备安全应采取的主要手段有计算机网络系统设备的安全管理和维护、信息存储媒体的管理和计算机网络系统设备的电磁兼容技术。电源系统安全应该注意电源电流或电压的波动可能会对计算机网络系统造成的危害。

2.6 习题

1. 简述物理安全在计算机网络信息系统安全中的意义。
2. 物理安全主要包含哪些方面的内容？
3. 计算机机房安全等级的划分标准是什么？
4. 计算机机房安全技术主要包含哪些方面的内容？
5. 保障通信线路安全的主要技术措施有哪些？
6. 电磁辐射对网络通信安全的影响主要体现在哪些方面，防护措施有哪些？
7. 保障信息存储安全的主要措施有哪些？
8. 简述各类计算机机房对电源系统的要求。

第3章　信息加密与PKI

　　加密技术是保障信息安全的基石，它以很小的代价，对信息提供一种强有力的安全保护。长期以来，密码技术广泛应用于政治、经济、军事、外交和情报等重要部门。近年来随着计算机网络和通信技术的发展，密码学得到了前所未有的重视并迅速普及，同时其应用领域也广为拓展，如今密码技术不仅服务于信息的加密和解密，还是身份认证、访问控制和数字签名等多种安全机制的基础。

　　在理论上，信息加密是利用密码学的原理与方法对传输数据提供保护，它以数学计算为基础，信息论和复杂性理论是其两个重要组成部分。其中，信息论主要包括 Shannon 关于保密系统的信息理论和 Simmoms 关于认证系统的信息理论。密码学复杂性理论主要讨论算法复杂性和问题复杂性两方面的内容。在构成上，密码技术主要由密码编码技术和密码分析技术两个既相互对立又相互依存的分支组成，密码编码技术主要解决产生安全有效的密码算法问题，实现对信息的加密或认证；密码分析技术主要解决破译密码或伪造认证码问题，从而窃取保密信息或进行破坏活动。

3.1　密码学概述

　　为方便学习本章后续内容，先对密码学的发展历程、一些基本概念，以及单钥密码体制和双钥密码体制的原理进行概要性介绍。

3.1.1　密码学的发展

　　密码学是一门古老而深奥的科学，它以认识密码变换为本质，以加密与解密的基本规律为研究对象。密码学的发展历程大致经历了 3 个阶段：古代加密方法、古典密码和近代密码。

1. 古代加密方法

　　应用需求是催生古代加密方法起源和进步的直接动力。据石刻及有关史料记载，许多古代文明，如埃及人、希伯来人等都是在实践中逐步发明并使用了密码系统。从某种意义上说，战争是科学技术进步的催化剂，自从有了战争，人类就面临着安全通信需求。研究表明，古代加密方法大约起源于公元前 440 年出现在古希腊战争中的隐写术。当时为了安全传送军事情报，奴隶主将奴隶的头发剃光，把情报写在奴隶的光头上，待头发长长后将奴隶送到另一个部落，再次剃光头发，原有的信息复现出来，从而实现两个部落间的秘密通信。

　　另一个将密码学用于通信的记录是，斯巴达人于公元前 400 年将 Scytale 加密工具用于军官间传递秘密信息。Scytale 实际上是一个锥形指挥棒，周围环绕一张羊皮纸，将要保密的信息写在羊皮纸上。解下羊皮纸，上面的消息杂乱无章、无法理解，但将它绕在另一个同等尺寸的棒子上后，就能看到原始的消息。

　　我国古代也早就出现以藏头诗、藏尾诗、漏格诗及绘画等形式，将需表达的消息或"密语"隐藏在诗文或画卷中特定位置的记载，若只注意诗或画的表面意境，则很难发现其中隐藏的"话外之音"。

总而言之，虽然这些古代加密方法只能限定在局部范围内使用，但其体现了密码学的若干典型特征。

2．古典密码

相比于古代加密方法，古典密码系统已变得较为复杂，并初步显现出近代密码系统的雏形，文字置换是其主要加密思想，一般通过手工或借助机械变换方式实现加密。古典密码的密码体制主要有单表代替密码、多表代替密码及转轮密码。例如，Caesar 密码就是一种典型的单表加密体制，多表代替密码有 Vigenere 密码、Hill 密码等。20 世纪 20 年代，随着机械和机电技术的逐步成熟，以及电报和无线电应用的出现，引起了密码设备方面的一场革命——发明了转轮密码机（简称转轮机，Rotor）。转轮机的出现是密码学发展的重要标志之一，由此传统密码学有了长足的进展，利用机械转轮人们开发出了许多极其复杂的加密系统，密码加密速度也大大提高。在第二次世界大战中，盟军破获的德军 Enigma 密码就是转轮密码的著名实例。由于转轮机的密钥量有限，二战中后期曾引发了一场加密与破译的对抗。

二战结束后，电子学开始被引入到密码机之中，第一个电子密码机也仅仅是一个转轮机，只是转轮被电子器件取代而已。这些电子转轮机的唯一优势在于其操作速度，但它们仍受制于机械式转轮密码机固有弱点（如密码周期有限、制造费用高等）的影响。

3．近代密码

20 世纪 70 年代，由于计算机科学的蓬勃发展，快速电子计算机和现代数学方法为加密技术提供了新的概念和工具，当然也给破译者提供了有力的武器。新技术的到来给密码设计者带来了前所未有的自由，他们可以轻易地摆脱原先用铅笔和纸张进行手工设计时易犯的错误，也不用为机械方式实现密码机的高额费用而发愁，从而可以设计出更为复杂的密码系统。

1949 年 Claude Shannon 发表了《保密系统的通信理论》（The Communication Theory of Secrecy Systems），这篇论文作为近代密码学的理论基础之一，直至 30 年之后才显示出它的价值。1976 年 Diffie 和 Hellman 发表了《密码学的新方向》（New Directions in Cryptography）一文，提出了适用于网络保密通信的公钥密码思想，开辟了公开密钥密码学的新领域，掀起了公钥密码研究的序幕。在这些思想的启迪下，各种公钥密码体制相继被提出，特别是 RSA 公钥密码体制的提出，是密码学史上的一个重要里程碑。可以说，没有公钥密码的研究就没有近代密码学。与此同时，美国国家标准局（NBS，即现在的国家标准与技术研究所 NIST）正式公布实施了美国的数据加密标准（Data Encryption Standard，DES）及其加密算法，并将之用于政府等非机密单位及商业领域的保密通信。上述两篇重要论文和美国数据加密标准 DES 的实施，标志着密码学理论与技术的划时代变革，宣布了近代密码学的开始。

近代密码学与计算机技术、电子通信技术紧密相关。在这一阶段，密码理论蓬勃发展，密码算法设计与分析互相促进，出现了大量的密码算法和各种攻击方法。另外，密码使用的范围也在不断扩大，而且出现了许多通用的加密标准。当然，密码学在飞速发展的同时，也出现了一些新的课题和方向。例如，在分组密码领域，由于 DES 已经无法满足高保密性的要求，美国于 1997 年开始征集新一代数据加密标准，即高级数据加密标准（Advanced Encryption Standard，AES），AES 征集活动使国际密码学界掀起了分组密码研究的新高潮。2006 年，高级数据加密标准已成为对称密钥加密中最流行的算法之一。

在公开密钥密码领域，椭圆曲线密码体制由于其安全性高、计算速度快等优点引起了人们的普遍关注。此外，由于嵌入式系统的发展和智能卡的应用，这些设备上所使用的密码算法由于系统本身资源的限制，要求密码算法以较小的资源快速实现，这样，公开密钥密码的快速实现就成为一个新的研究热点。随着相关技术的发展，一些具有潜在密码应用价值的技术也得到了密码学家的高度重视，一些新的密码技术如混沌密码、量子密码等，正在逐步走向实用化。

3.1.2 密码学基本概念

密码学（cryptology）：密码学作为数学的一个分支，是研究信息系统安全保密的科学，是密码编码学和密码分析学的统称。

密码编码学（cryptography）：是使消息保密的技术和科学。密码编码学是密码体制的设计学，即怎样编码，采用什么样的密码体制保证信息被安全地加密。从事此行业的人员称为密码编码者（cryptographer）。

密码分析学（cryptanalysis）：是与密码编码学对应的技术和科学，即研究如何破译密文的科学和技术。密码分析学是在未知密钥的情况下从密文推演出明文或密钥的技术。密码分析者（cryptanalyst）是从事密码分析的专业人员。

在密码学中，有一个五元组：{明文，密文，密钥，加密算法，解密算法}，对应的加密方案称为密码体制（或密码）。

明文（Plaintext）：是作为加密输入的原始信息，即消息的原始形式，通常用 m 或 p 表示。所有可能明文的有限集称为明文空间，通常用 M 或 P 来表示。

密文（Ciphertext）：是明文经加密变换后的结果，即消息被加密处理后的形式，通常用 c 表示。所有可能密文的有限集称为密文空间，通常用 C 来表示。

密钥（Key）：是参与密码变换的参数，通常用 k 表示。一切可能的密钥构成的有限集称为密钥空间，通常用 K 表示。

加密算法（Encryption Algorithm）：是将明文变换为密文的变换函数，相应的变换过程称为加密，即编码的过程（通常用 E 表示，即 $c=E_k(p)$）。

解密算法（Decryption Algorithm）：是将密文恢复为明文的变换函数，相应的变换过程称为解密，即解码的过程（通常用 D 表示，即 $p=D_k(c)$）。

对于有实用意义的密码体制而言，总是要求它满足：$p=D_k(E_k(p))$，即用加密算法得到的密文总是能用一定的解密算法恢复出原始的明文来。而密文消息的获取同时依赖于初始明文和密钥的值。

一般地，密码系统的模型可用图 3-1 表示。

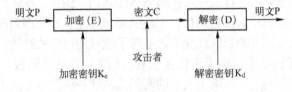

图 3-1 一般密码系统示意图

3.1.3 密码体制分类

密码体制从原理上可分为两大类，即单钥或对称密码体制（One-Key or Symmetric Cryptosystem）、双钥或非对称密码体制（Two-Key or Asymmetric Cryptosystem）。

1. 单钥密码体制

单钥密码体制的本质特征是所用的加密密钥和解密密钥相同，或实质上等同，从一个可以推出另外一个。单钥体制不仅可用于数据加密，也可用于消息的认证，最有影响的单钥密码是 1977 年美国国家标准局颁布的 DES 算法。系统的保密性主要取决于密钥的安全性，因此必须通过安全可靠的途径（如信使递送）将密钥送至收端。这种如何将密钥安全、可靠地分配给通信对方，包括密钥产生、分配、存储和销毁等多方面的问题统称为密钥管理（Key Management），是影响系统安全的关键因素。古典密码作为密码学的源头，其多种方法充分体现了单钥加密的思想，典型方法如代码加密、代替加密、变位加密和一次性密码簿加密等。

单钥密码体制的基本元素包括原始的明文、加密算法、密钥、密文及攻击者。单钥系统对数据进行加解密的过程如图 3-2 所示。

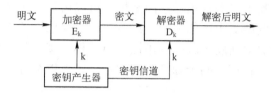

图 3-2　单钥密钥体制示意图

发送方的明文消息 $P = [P_1, P_2, \cdots, P_M]$，$P$ 的 M 个元素是某个语言集中的字母，如 26 个英文字母，现在最常见的是二进制字母表 {0,1} 中元素组成的二进制串。加密之前先产生一个形如 $K = [K_1, K_2, \cdots, K_J]$ 的密钥作为密码变换的输入参数之一。该密钥或者由消息发送方生成，然后通过安全的渠道送到接收方；或者由可信的第三方生成，然后通过安全渠道分发给发送方和接收方。

发送方通过加密算法根据输入的消息 P 和密钥 K 生成密文 $C = [C_1, C_2, \cdots, C_N]$，即：

$$C = E_K(P) \tag{3-1}$$

接收方通过解密算法根据输入的密文 C 和密钥 K 恢复明文 $P = [P_1, P_2, \cdots, P_M]$，即：

$$P = D_K(C) \tag{3-2}$$

一个攻击者（密码分析者）能够基于不安全的公开信道观察密文 C，但不能接触到明文 P 或密钥 K，他可以试图恢复明文 P 或密钥 K。假定他知道加密算法 E 和解密算法 D，只对当前这个特定的消息感兴趣，则努力的焦点是通过产生一个明文的估计值 P′ 来恢复明文 P。如果他也对读取未来的消息感兴趣，他就需要试图通过产生一个密钥的估计值 K′ 来恢复密钥 K，这是一个密码分析的过程。

单钥密码体制的安全性主要取决于两个因素：①加密算法必须足够安全，使得不必为算法保密，仅根据密文就能破译出消息是不可行的；②密钥的安全性，密钥必须保密并保证有足够大的密钥空间，单钥密码体制要求基于密文和加密/解密算法的知识能破译出消息的做法是不可行的。

单钥密码算法的优点主要体现在其加密、解密处理速度快、保密度高等，其缺点主要体现在以下几个方面。

1）密钥是保密通信安全的关键，发信方必须安全、妥善地把密钥护送到收信方，不能泄露其内容。如何才能把密钥安全地送到收信方，是单钥密码算法的突出问题。单钥密码算法的密钥分发过程十分复杂，所花代价高。

2）多人通信时密钥组合的数量会出现爆炸性膨胀，使密钥分发更加复杂化，N 个人进行两两通信，总共需要的密钥数为 N(N−1)/2 个。

3）通信双方必须统一密钥，才能发送保密的信息。如果发信者与收信人素不相识，这就无法向对方发送秘密信息了。

4）除了密钥管理与分发问题，单钥密码算法还存在数字签名困难问题（通信双方拥有同样的消息，接收方可以伪造签名，发送方也可以否认发送过某消息）。

2. 双钥密码体制

双钥体制是由 Diffie 和 Hellman 于 1976 年提出的，采用双钥密码体制（又称为公钥密码体制或非对称密码体制）的主要特点是将加密和解密能力分开，因而可以实现多个用户加密的消息只能由一个用户解读，或只能由一个用户加密消息而使多个用户可以解读。

双钥密码体制的原理是加密密钥与解密密钥不同，而且从一个难以推出另一个。两个密钥形成一个密钥对，用其中一个密钥加密的结果，可以用另一个密钥来解密。双钥密码体制的发展是整个密码学发展史上最伟大的一次革命，它与以前的密码体制完全不同。这是因为双钥密码算法基于数学问题求解的困难性，而不再是基于代替和换位方法；另外，双钥密码体制是非对称的，它使用两个独立的密钥，一个可以公开，称为公钥，另一个不能公开，称为私钥。

双钥密码体制的产生主要基于以下两个原因：一是为了解决常规密钥密码体制的密钥管理与分配的问题；二是为了满足对数字签名的需求。因此，双钥密码体制在消息的保密性、密钥分配和认证领域有着重要的意义。

在双钥密码体制中，公开密钥是可以公开的信息，而私有密钥是需要保密的。加密算法 E 和解密算法 D 也都是公开的。用公开密钥对明文加密后，仅能用与之对应的私有密钥解密才能恢复出明文，反之亦然。

在使用双钥体制时，每个用户都有一对选定的密钥：一个是可以公开的，用 k_1 表示，另一个则是秘密的，用 k_2 表示，公开的密钥 k_1 可以像电话号码一样进行注册公布，因此双钥体制又称为公钥体制（Public Key System）。双钥密码体制既可用于实现公共通信网的保密通信，也可用于认证系统中对消息进行数字签名。为了同时实现保密性和对消息进行确认，且加密、解密运算次序可换，即 $E_{k1}(D_{k2}(m)) = D_{k2}(E_{k1}(m)) = m$ 时，可采用双钥密码体制实现双重加、解密功能，如图 3-3 所示。例如，用户 A 要向用户 B 传送具有认证性的机密消息 m，可按图 3-3 的顺序进行变换。这样，A 发送给 B 的密文为 $c = E_{kB1}(D_{kA2}(m))$，B 恢复明文的运算过程如下。

$$m = E_{kA1}(D_{kB2}(c)) = E_{kA1}(D_{kB2}(E_{kB1}(D_{kA2}(m)))) = E_{kA1}(D_{kA2}(m))。$$

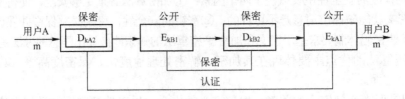

图 3-3　双钥保密和认证体制示意图

双钥密码体制的优点是可以公开加密密钥，适应网络的开放性要求，且仅需保密解密密钥，所以密钥管理问题比较简单。此外，双钥密码可以用于数字签名等新功能。最有名的双钥密码体系是 1977 年由 Rivest、Shamir 和 Adleman 等人提出的 RSA 密码体制。双钥密码的缺点是双钥密码算法一般比较复杂，加解密速度慢。因此，实际网络中的加密多采用双钥和单钥密码相结合的混合加密体制，即加解密时采用单钥密码，密钥传送时则采用双钥密码。这样既解决了密钥管理的困难问题，又解决了加解密速度的问题。

3.2　加密算法

加密算法就其发展而言，共经历了古典密码、对称密钥密码（单钥密码体制）和公开密钥密码（双钥密码体制）3 个发展阶段。其中，古典密码是基于字符替换的密码，现在已很少使用，但其代表了密码的起源，仍在使用的有对位进行变换的密码算法。按密钥管理方式来区分，上述加密算法可以分为两大类，即对称密钥算法与公开密钥算法。这里，对称密钥算法的加密和解密密钥相同，也称单钥算法。按加密模式来分，对称算法还可分为序列密码和分组密码两大类。序列密码每次加密一位或一字节的明文，也称为流密码，序列密码是手工和机械密码时代的主流方式；分组密码将明文分成固定长度的组，用同一密钥和算法对每一块加密，输出也是固定长度的密文。公开密钥算法也称双钥加密算法，它使用完全不同但又是完全匹配的一对钥匙——公钥和私钥；在公开密钥算法加密文件时，只有使用匹配的一对公钥和私钥，才能完成对明文的加密和解密过程。

此外，随着云计算、电子商务等迅速发展，近年来，人们越来越重视同态加密的研究与应用。

3.2.1　古典密码算法

古典密码大都比较简单，可用手工或机械操作实现加解密，虽然现在很少采用，但研究这些密码算法的原理，对于理解、构造和分析现代密码是十分有益的。古典密码算法主要有代码加密、代替加密、变位加密和一次性密码簿加密等几种算法。代码加密是一种比较简单的加密方法，它使用通信双方预先设定的一组有确切含义的代码，如日常词汇、专有名词或特殊用语等来发送消息，一般只能用于传送一组预先约定的消息。代替加密是将明文中的每个字母或每组字母替换成另一个或一组字母，这种方法可用来传送任何信息，但安全性不及代码加密。变位加密不隐藏明文的字符，即明文的字母保持相同，但其顺序被打乱重新排列成另一种不同的格式，由于密文字符与明文字符相同，密文中字母的出现频率与明文中字母的出现频率相同，密码分析者可以很容易地由此进行判别。虽然许多现代密码也使用换位，但由于它对存储要求很大，有时还要求消息为某个特定的长度，因而比较少用。一次性密码簿加密具有代码加密的可靠性，又保持了代替加密的灵活性，密码簿的每一页都是不同的代码表，可用一页上的代码来加密一些词，用后销毁，再用另一页加密另一些词，直到全部明文完成加密。破译的唯一方法就是获取一份相同的密码簿。该方法可操作性不强，因此也很少使用。下面，介绍代替加密的几种算法实现。

1. 简单代替密码或单字母密码

简单代替密码就是将明文字母表 M 中的每个字母用密文字母表 C 中的相应字母来代替。这一类密码包括移位密码、替换密码、仿射密码、乘数密码、多项式代替密码和密钥短语密码等。

1）移位密码是最简单的一类代替密码，将字母表的字母右移 k 个位置，并对字母表长度做模运算，其形式为：$e_k(m)=(k+m)=c \bmod q$，解密变换为：$d_k(c)=(c-k)=m \bmod q$。其中，q 为字母表 M 的长度，m 既代表字母表 M 中的位置，也代表该字母在 M 中的位置。c 既代表字母表 C 中的位置，也代表该字母在 C 中的位置。凯撒（Caesar）密码是对英文 26 个字母进行移位代替的密码，其 q=26。这种密码之所以称为凯撒密码，是因为凯撒使用过 k=3 的这种密码。使用凯撒密码，若明文为：

　　　　M=Caesar cipher is a shift substitution

则密文为：

C=Fdvhvdu flskhu lv d vkliw vxevwlwxwlrq。

2）在替换密码中，可对明文字母表进行 q 个字符的所有可能置换得到密文字母表。移位密码是替换密码算法的一个特例。

3）乘数密码也是一种替换密码，它将每个字母乘以一个密钥 k，即 $e_k(m)=km \bmod q$，其中，k 和 q 互素，这样字母表中的字母会产生一个复杂的剩余集合；若 k 和 q 不互素，则会有一些明文字母被加密成相同的密文字母，且不是所有的字母都会出现在密文字母表中。

4）替换密码的另一个特例就是仿射密码，其加密的形式为 $e_k(m)=(k_1m+k_2)=c \bmod q$，其中，$k_1$ 和 q 互素。

简单代替密码由于使用从明文到密文的单一映射，所以明文字母的单字母出现频率分布与密文中相同，可以很容易地通过使用字母频率分析法进行唯密文攻击。

2. 多名或同音代替

该方法与简单代替密码类似，区别在于映射为一对多关系，每个明文字母可以加密成多个密文字母。同音代替密码比简单代替密码更难破译，尤其是当对字母的赋值个数与字母出现频率成比例时，这是因为密文符号的相关分布会近似于平的，可以挫败频率分析。若明文字母的其他统计信息在密文中仍很明显，同音代替密码仍然是可破译的。

3. 多表代替

由于单字母出现的频率分布与密文中相同，因此多表代替密码使用从明文字母到密文字母的多个映射来隐藏单字母出现的频率分布，每个映射是简单代替密码中的一对一映射。

维吉尼亚（Vigenere）密码和博福特（Beaufort）密码均是多表代替密码的实例。多表代替密码有多个单字母密钥，每一个密钥被用来加密一个明文字母。第一个密钥加密明文的第一个字母，第二个密钥加密明文的第二个字母……所有密钥用完后，密钥再循环使用。维吉尼亚密码是1858 年法国密码学家 Blaise de Vegenere 所发明，其算法可简述为：设密钥为 k，明文为 m，加密为 c，则有加密变换 $e_k(m)=c_1c_2\cdots c_n$，其中，$c_i = m_i+k_i \bmod q$。密钥 k 可以通过周期性地延长，反复进行以至无穷。博福特密码是按 mod q 减法运算的一种周期代替密码，它的加密变换与维吉尼亚密码类似，只是密文字母表为英文字母表（若 q=26）逆序排列进行循环右移 k_i+1 次而成。

4. 多字母或多码代替

不同于前面介绍的代替密码都是每次加密一个明文字母，多字母代替密码将明文字符划分为长度相同的消息单元，称为明文组，对字符块成组进行代替，这样一来使密码分析更加困难。多字母代替的优点是容易将字母的自然频度隐蔽或均匀化，从而有利于抗击统计分析。Playfair 密码、Hill 密码等都是这一类型的密码。

3.2.2 单钥加密算法

单钥密钥体制的加密密钥与解密密钥相同或等价，其加密模式主要有序列密码（也称流密码）和分组密码两种方式。流密码（Stream Cipher）是将明文划分成字符（如单个字母）或其编码的基本单元（如 0、1 数字），字符分别与密钥流作用进行加密，解密时以同步产生的同样的密钥流解密。流密码的强度完全依赖于密钥流序列的随机性和不可预测性，其核心问题是密钥流生成器的设计，流密码主要应用于政府和军事等要害部门。根据密钥流是否依赖于明文流，可将流密码分为同步流密码和自同步流密码，目前，同步流密码较为多见。由于自同步流密码系统一般需要密文反馈，因而使得分析工作复杂化，但其具有抵抗密文搜索攻击和认证功能等优点，所以这种流密码也是值得关注的方式。流密码的设计方法有信息论方法、系统论方法、复杂性理论方法及随机化方法等。

分组密码（Block Cipher）是将明文消息编码表示后的数字序列 $x_1, x_2, \cdots, x_i, \cdots$，划分为长为 m 的组 $x=(x_0, x_1, \cdots, x_{m-1})$，各组（长为 m 的矢量）分别在密钥 $k=(k_0, k_1, \cdots, k_{l-1})$ 控制下变换成等长的输出数字序列 $y=(y_0, y_1, \cdots, y_{n-1})$（长为 n 的矢量），其加密函数 E：$V_n \times K \to V_n$，$V_n$ 是 n 维矢量空间，K 为密钥空间，如图 3-4 所示。在相同密钥条件下，分组密码对长为 m 的输入明文组所实施的变换是等同的，所以只需关注对任一组明文数字的变换规则。这种密码实质上是字长为 m 的数字序列的代替密码。通常取 n＝m，若 n＞m，则为有数据扩展的分组密码；若 n＜m，则为有数据压缩的分组密码。

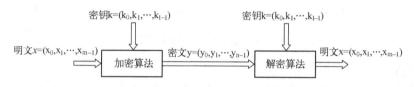

图 3-4　分组密码原理框图

围绕单钥密钥体制，密码学工作者已经开发了众多行之有效的单钥加密算法，并且对基于这些算法的软硬件实现进行了大量的工作，下面介绍其中的典型代表算法 DES 和 IDEA。

1. 数据加密标准 DES

DES 即数据加密标准（Data Encryption Standard），它于 1977 年由美国国家标准局公布，是 IBM 公司研制的一种对二元数据进行加密的分组密码，数据分组长度为 64bit（8B），密文分组长度也是 64bit，没有数据扩展。密钥长度为 64bit，其中有效密钥长度为 56bit，其余 8bit 为奇偶校验。DES 的整个体制是公开的，系统的安全性主要依赖于密钥的保密，其算法主要由初始置换 IP、16 轮迭代的乘积变换、逆初始置换 IP^{-1}，以及 16 个子密钥产生器构成，如图 3-5 所示。

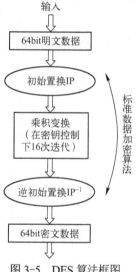

图 3-5　DES 算法框图

下面介绍各个组成部分的功能。设明文 m 是 0 和 1 组成的长度为 64bit 的符号串，$\tilde{m}$ 为经初始置换的置换码组，密钥 k 也为 64bit 长度的 0、1 字符串。令 $m=m_1m_2\cdots m_{64}$，$k=k_1k_2\cdots k_{64}$，其中 m_i, $k_i=0$ 或 1，$i=1, 2, \cdots, 64$。这里，密钥 k 中第 8、16、24、32、40、48、56、64 共 8 位是奇偶校验位，在算法中不起作用。DES 的加密过程可表示为：

$$DES(m) = IP^{-1} \cdot T_{16} \cdot T_{15} \cdots T_2 \cdot T_1 \cdot IP(m)。$$

（1）初始置换 IP 及其逆初始置换 IP^{-1}

初始置换 IP 是将 64bit 明文的位置进行置换，得到一个乱序的 64bit 明文组，而后分为左右两个 32bit 的分段，以 L_0 和 R_0 表示，为随后进行的乘积变换做准备。逆初始置换 IP^{-1} 是将 16 轮迭代后给出的 64bit 组进行置换，得到输出的密文组。初始置换和逆初始置换在密码意义中作用不大，它们主要用于打乱输入明文码字的划分关系，并将分布在明文不同位置的 8 位校验位作为初始置换输出的一个字节。

如图 3-6 所示，64bit 下标序号依次为 1～64 的明文输入，经过初始置换后，其下标依次为 58，50，…，15，7，即 $m \to IP \to \tilde{m}$ 置换后，$\tilde{m}_1 = m_{58}$，$\tilde{m}_2 = m_{50}$，…，$\tilde{m}_{64} = m_7$，$\tilde{m} = m_{58}m_{50}m_{42}\cdots m_{23}m_{15}m_7$。对于逆置换 IP^{-1} 来说，满足性质 $IP \cdot IP^{-1} = IP^{-1} \cdot IP = I$，经过 $\tilde{m} \to IP^{-1} \to m$ 置换后，有 $m = \tilde{m}_{40}\tilde{m}_8\tilde{m}_{48}\cdots\tilde{m}_{17}\tilde{m}_{57}\tilde{m}_{25}$。

	58	50	42	34	26	18	10	2		40	8	48	16	56	24	64	32
	60	52	44	36	28	20	12	4		39	7	47	15	55	23	63	31
	62	54	46	38	30	22	14	6		38	6	46	14	54	22	62	30
IP:	64	56	48	40	32	24	16	8	IP^{-1}:	37	5	45	13	53	21	61	29
	57	49	41	33	25	17	9	1		36	4	44	12	52	20	60	28
	59	51	43	35	27	19	11	3		35	3	43	11	51	19	59	27
	61	53	45	37	29	21	13	5		34	2	42	10	50	18	58	26
	63	55	47	39	31	23	15	7		33	1	41	9	49	17	57	25

图 3-6　初始置换和逆初始置换

（2）乘积变换

乘积变换是 DES 算法的核心部分，主要完成 DES 的迭代运算过程，它将经过 IP 置换后的数据分成 32bit 的左右两组，在迭代过程中左右交换位置。每次迭代时只对右边的 32bit 进行一系列的加密变换，在此轮迭代快结束时，将左边的 32bit 与右边得到的 32bit 逐位模 2 运算，作为下一轮迭代时右边的分段，并将原来右边未经变换的段直接送到左边的寄存器中作为下一轮迭代时左边的段，如图 3-7 所示。

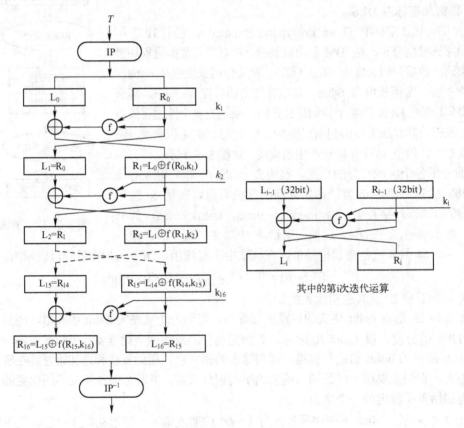

图 3-7　DES 迭代过程

图 3-7 的右侧为 DES 第 i 次迭代运算的操作，这里 i=1，2，…，16，L_{i-1} 和 R_{i-1} 分别为第 i-1 次迭代结果的左右两个部分，均为 32bit。易知 $L_i=R_{i-1}$，$R_i=L_{i-1} \oplus f(R_{i-1}, k_i)$，$L_0$ 和 R_0 是输入明文经过初始置换 IP 后的运算结果，$\oplus$ 是按位模 2 相加运算符。k_i 是由 64bit 密钥产生的子密钥，其长度为 48bit，子密钥的产生过程如图 3-8 所示，它将 64bit 初始密钥经过置换选择 PC1、循环移位置换、置换选择 PC2 得到迭代加密用的子密钥 k_i。具体过程为：将 64bit 中的 56 位有效密钥位送入置换选择 PC1、经过坐标置换后分成两组，每级为 28bit，分别送入 C 寄存器和 D 寄存器中，在每次迭代运算中，C 和 D 寄存器分别将所存数据进行左循环移位置换，置换选择 PC2 将 C 寄存器中第 9、18、22、25 位和 D 寄存器中第 7、9、15、26 位删去，并将其余数字置换位置后送出 48bit 数字作为第 i 次迭代时所用的子密钥 k_i，置换选择 PC1、PC2，以及左循环移位置换的次数均如图 3-8 所示。

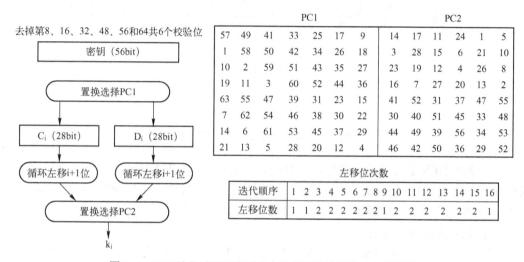

图 3-8　DES 迭代过程子密钥的产生及置换选择和左移位次数

（3）选择扩展运算、选择压缩运算和置换运算

由图 3-7 可知，DES 的关键在于 $f(R_{i-1}, k_i)$ 的功能，f 是将 32bit 的输入转化为 32bit 的输出，其中需要进行选择扩展运算 E、密钥加密运算和选择压缩运算 S，以及置换运算 P，具体转化过程如图 3-9 所示。

选择扩展运算 E 是将输入的 32bit R_{i-1} 扩展成 48bit 的输出。选择压缩运算 S 是将密钥加密运算得到的 48bit 数据自左至右分成 8 组，每组 6 个 bit，而后并行送入 8 个 S 盒中，每个 S 盒为一非线性代换网络，有 4 个输出。这样，8 个 S 盒输出的 32bit 数据可以进行坐标置换运算 P。这几种运算作为 DES 加密过程的重要组成部分涉及的计算比较复杂，其详细说明可参阅专业论著。

（4）DES 安全性分析及其变形

DES 的出现是密码学上的一个创举，由于其公开了密码体制及其设计细节，因此其安全性完全依赖于其所用的密钥，关于 DES 的安全问题，学术界有过激烈的争论，普遍的印象是密钥仅有 56bit 有点偏短。Diffie 和 Hellman 曾设想花千万美元来制造一台专用机，希望一天内找到 DES 的一个密钥，其基本思想是穷举，即强行攻击。此外，1990 年 Eli Biham 和 Adi Shamir 提出用"微分分析法"对 DES 进行攻击，但其也只有理论上的价值。后来，有人提出一种明文攻击法——"线性逼近法"，它需要 $2^{43}=4.398\times10^{12}$ 对明文-密文对，在这样强的要求条件下，要 10 多台工作站协同工作数天才能完成攻击。总之，随着各种针对 DES 新攻击手法的不断出现，DES 已感觉到面临的实际威胁。尽管如此，自 DES 正式成为美国标准以来，已有许多公司设计并推广了实现 DES 算法的产品，有的设计专用 LSI 器件或芯片，有的用现成微处理器实现，有的只限于实现 DES 算法，有的则可运行各种工作模式。

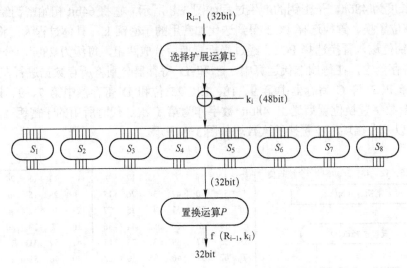

图 3-9　DES 的 $f(R_{i-1}, k_i)$ 转化过程

为了解决 DES 存在的安全问题，同时也为了适应不同情况的需求，人们设计了多种应用 DES 的方式，即 DES 变形，主要有独立子密钥方式、DESX、CRYPT（3）、S 盒可变的 DES、RDES、$S^n DES_i$、$xDES_i$，以及 GDES 等，这里不再赘述。

2. 国际数据加密算法 IDEA

近年来新的分组加密算法不断出现，IDEA 就是其中的杰出代表。IDEA 是 International Data Encryption Algorithm 的缩写，即国际数据加密算法。它是根据中国学者朱学嘉博士与著名密码学家 James Massey 于 1990 年联合提出的建议标准算法 PES（Proposed Encryption Standard）改进而来的。它的明文与密文块都是 64bit，密钥长度为 128bit，作为单钥体制的密码，其加密与解密过程相似，只是密钥存在差异，IDEA 无论是采用软件还是硬件实现都比较容易，而且加解密的速度很快。IDEA 算法的加密过程如图 3-10 所示。

64bit 的数据块分成 4 个子块，每一子块为 16bit，令这 4 个子块为 X_1、X_2、X_3 和 X_4，作为迭代第 1 轮的输入，全部共 8 轮迭代运算。每轮迭代都是 4 个子块彼此间以及 16bit 的子密钥进行异或，$\bmod 2^{16}$ 做加法运算，$\bmod(2^{16}+1)$ 做乘法运算。任何一轮迭代第 2 和第 3 子块互换，每一轮迭代运算步骤如下。

1）X_1 和第 1 个子密钥块做乘法运算。

2）X_2 和第 2 个子密钥块做加法运算。

3）X_3 和第 3 个子密钥块做加法运算。

4）X_4 和第 4 个子密钥块做乘法运算。

5）1）和 3）的结果做异或运算。

6）2）和 4）的结果做异或运算。

7）5）的结果与第 5 个子密钥块做乘法运算。

8）6）和7）的结果做加法运算。

9）8）的结果与第6个子密钥块做乘法运算。

10）7）和9）的结果做加法运算。

11）1）和9）的结果做异或运算。

12）3）和9）的结果做异或运算。

13）2）和10）的结果做异或运算。

14）4）和10）的结果做异或运算。

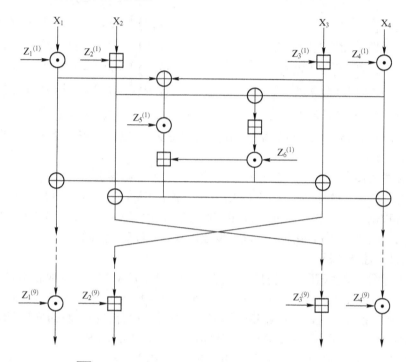

表示16bit的整数做mod 2^{16}的加法运算

表示16bit子块间诸位做异或运算

表示16bit的整数做mod($2^{16}+1$)的乘法运算

图3-10 IDEA加密算法原理框图

结果输出为11）、13）、12）、14），除最后一轮外，第2和第3块交换。第8轮结束后，最后输出变换如下。

1）X_1和第1个子密钥块做乘法运算。

2）X_2和第2个子密钥块做加法运算。

3）X_3和第3个子密钥块做加法运算。

4）X_4和第4个子密钥块做乘法运算。

子密钥块的产生过程也比较简单。子密钥块每轮输出6个，最后输出变换4个，共52个。首先将128bit的密钥分成8个子密钥，每个子密钥16bit。这8个子密钥正好是第1轮的6个及第2轮的前两个。再将密钥左旋转25bit，再将它分成8个子密钥。前4个是第2轮的子密钥，后4个是第3轮的子密钥。将密钥再向左旋转25bit，产生后8个子密钥。以此类推，直至算法结束。

解密密钥和加密密钥的对应关系如下所示。

轮次	加密子密钥块	解密子密钥块
1	$Z_1^{(1)} Z_2^{(1)} Z_3^{(1)} Z_4^{(1)} Z_5^{(1)} Z_6^{(1)}$	$(Z_1^{(9)})^{-1} -Z_2^{(9)} -Z_3^{(9)} (Z_4^{(9)})^{-1} Z_5^{(8)} Z_6^{(8)}$
2	$Z_1^{(2)} Z_2^{(2)} Z_3^{(2)} Z_4^{(2)} Z_5^{(2)} Z_6^{(2)}$	$(Z_1^{(8)})^{-1} -Z_2^{(8)} -Z_3^{(8)} (Z_4^{(8)})^{-1} Z_5^{(7)} Z_6^{(7)}$
3	$Z_1^{(3)} Z_2^{(3)} Z_3^{(3)} Z_4^{(3)} Z_5^{(3)} Z_6^{(3)}$	$(Z_1^{(7)})^{-1} -Z_2^{(7)} -Z_3^{(7)} (Z_4^{(7)})^{-1} Z_5^{(6)} Z_6^{(6)}$
4	$Z_1^{(4)} Z_2^{(4)} Z_3^{(4)} Z_4^{(4)} Z_5^{(4)} Z_6^{(4)}$	$(Z_1^{(6)})^{-1} -Z_2^{(6)} -Z_3^{(6)} (Z_4^{(6)})^{-1} Z_5^{(5)} Z_6^{(5)}$
5	$Z_1^{(5)} Z_2^{(5)} Z_3^{(5)} Z_4^{(5)} Z_5^{(5)} Z_6^{(5)}$	$(Z_1^{(5)})^{-1} -Z_2^{(5)} -Z_3^{(5)} (Z_4^{(5)})^{-1} Z_5^{(4)} Z_6^{(4)}$
6	$Z_1^{(6)} Z_2^{(6)} Z_3^{(6)} Z_4^{(6)} Z_5^{(6)} Z_6^{(6)}$	$(Z_1^{(4)})^{-1} -Z_2^{(4)} -Z_3^{(4)} (Z_4^{(4)})^{-1} Z_5^{(3)} Z_6^{(3)}$
7	$Z_1^{(7)} Z_2^{(7)} Z_3^{(7)} Z_4^{(7)} Z_5^{(7)} Z_6^{(7)}$	$(Z_1^{(3)})^{-1} -Z_2^{(3)} -Z_3^{(3)} (Z_4^{(3)})^{-1} Z_5^{(2)} Z_6^{(2)}$
8	$Z_1^{(8)} Z_2^{(8)} Z_3^{(8)} Z_4^{(8)} Z_5^{(8)} Z_6^{(8)}$	$(Z_1^{(2)})^{-1} -Z_2^{(2)} -Z_3^{(2)} (Z_4^{(2)})^{-1} Z_5^{(1)} Z_6^{(1)}$
输出变换	$Z_1^{(9)} Z_2^{(9)} Z_3^{(9)} Z_4^{(9)}$	$(Z_1^{(1)})^{-1} -Z_2^{(1)} -Z_3^{(1)} (Z_4^{(1)})^{-1}$

这里 Z^{-1} 表示 $Z \bmod (2^{16}+1)$ 乘法的逆，即 $Z \odot Z^{-1}=1$。$-Z$ 表示 $Z \bmod 2^{16}$ 加法运算的逆，即 $Z \oplus (-Z)=0$。

IDEA 的密钥长为 128bit，若采用穷搜索进行破译，则需要进行 $2^{128}=34028 \times 10^{38}$ 次尝试，这将是用同样方法对付 DES 的 $2^{72}=4.7 \times 10^{21}$ 倍工作量，有关学者进行分析表明 IDEA 对于线性和差分攻击是安全的。此外，将 IDEA 的字长由 16bit 加长为 32bit，密钥相应长为 256bit，采用 2^{32} 模加，$2^{32}+1$ 模乘，可进一步强化 IDEA 的安全性能。

3. 单钥算法性能分析

前面重点介绍了单钥密码体制的典型代表 DES 和 IDEA 算法，类似的算法还有 SAFER K-64（Secure And Fast Encryption Routine）、GOST、RC-4、RC-5、Blowfish 和 CAST-128 等。为了提高单钥密码的安全性，人们还将分组密码算法通过组合以得到新的分组密码算法，但这种组合密码的安全性必须经仔细检验后才能付诸实用，如二重 DES 加密、三重 DES 加密等。

各种加密算法的具体实现互不相同，其性能也存在较大差异，表 3-1 对单钥密码体制的主要算法在总体实现、速度、安全性能和改进措施等方面进行了比较，并基于比较结果给出了各算法合适的应用场合。

表 3-1 单钥算法性能比较表

名　称	实现方式	运算速度	安　全　性	改进措施	应　用　场　合
DES	40～56bit 密钥	一般	完全依赖于密钥，易受穷举攻击	双重、三重 DES，AES	适用于硬件实现
IDEA	128bit 密钥、8 轮迭代	较慢	军事级，可抗差值分析和相关分析，没有 DES 意义下的弱密钥	加长字长为 32bit、密钥为 256bit，采用 2^{32} 模加、$2^{32}+1$ 模乘	适用于 ASIC 设计
GOST	256bit 密钥、32 轮迭代	较快	军事级	以长密钥 S 盒代换盒、加大迭代轮数	S 盒可随机秘密选择，便于软件实现
Blowfish	256～448bit 密钥、16 轮迭代	最快	军事级、可通过改变密钥长度调整安全性		适合固定密钥场合，不适合常换密钥场合和智能卡
RC4	密钥长度可变	快 DES 10 倍	对差分攻击和线性攻击具免疫能力，无短循环且具有高度非线性	密钥长度放宽到 64bit	算法简单，易于编程实现

名　称	实现方式	运算速度	安　全　性	改进措施	应用场合
RC5	密钥长度和迭代轮数均可变	速度可根据 3 个参数的取值进行选择	6 轮以上时即可抗线性攻击，通过调整字长、密钥长度和迭代轮数可以在安全性和速度上取得折中	引入数据相倚旋转	适用于不同字长的微处理器
CAST128	密钥长度可变、16 轮迭代	较快	强度取决于 S 盒、抗线性和差分攻击，具有 SAC 和 BIC，没有弱密钥和半弱密钥等特性	增加密钥长、形成 CAST256	适用于 PC 和 UNIX 工作站

3.2.3　双钥加密算法

双钥密码体制的加密密钥和解密密钥不相同，它们的值不等，属性也不同，一个是可公开的公钥，另一个则是需要保密的私钥。双钥密码体制的特点是加密能力和解密能力是分开的，即加密与解密的密钥不同，很难由一个推出另一个。其应用模式有两种，一是多个用户用公钥加密的消息可由一个用户用私钥解读，二是一个用户用私钥加密的消息可被多个用户用公钥解读。对于前者，可用于在公共网络中实现保密通信，后者则可用于认证系统对消息进行数字签名。

双钥密码体制大大简化了复杂的密钥分配管理问题，但公钥算法要比私钥算法慢得多。因此，在实际通信中，双钥密码体制主要用于认证（如数字签名、身份识别）和密钥管理等，而消息加密仍采用私钥密码体制。下面先介绍双钥密码体制的杰出代表 RSA 加密算法。

1. RSA 算法

RSA 体制是由 R. L. Rivest、A. Shamir 和 L. Adleman 共同提出的，它既可用于加密，也可用于数字签名。国际标准化组织 ISO、ITU 及 SWIFT 等均已接受 RSA 体制作为标准。在 Internet 中所采用的 PGP（Pretty Good Privacy）也将 RSA 作为传送会话密钥和数字签名的标准算法。RSA 算法的安全性建立在数论中"大数分解和素数检测"的理论基础上，能够抵抗到目前为止已知的绝大多数密码攻击。

（1）大数分解

双钥密码体制算法按由公钥推算出密钥的途径可分为两类：一类是基于素数因子分解问题（如 RSA 算法），其安全性基于 100 位十进制数以上的所谓"大数"的素数因子分解难题，这是一个至今尚无有效快速算法的数学难题；另一类是基于离散对数问题（如 ElGamal 算法），其安全性基于计算离散对数的困难性，离散对数问题是指模指数运算的逆问题，即找出一个数的离散对数。一般地，计算离散对数是非常困难的。

（2）RSA 算法表述

假定用户 A 要传送消息 m 给用户 B，则 RSA 算法的加/解密过程如下。

1）首先用户 B 产生两个大素数 p 和 q（p、q 是保密的）。

2）B 计算 $n = pq$ 和 $\varphi(n) = (p-1)(q-1)$（$\varphi(n)$ 是保密的）。

3）B 选择一个随机数 e（$0 < e < \varphi(n)$），使得 $(e, \varphi(n)) = 1$，即 e 和 φ 互素。

4）B 通过计算得出 d，使得 $de \bmod \varphi(n) \equiv 1$（即在与 n 互素的数中选取与 $\varphi(n)$ 互素的数，可以通过 Euclidean 算法得出。d 是 B 自留且保密的，用做解密密钥）。

5）B 将 n 及 e 作为公钥公开。

6）用户 A 通过公开渠道查到 n 和 e。

7）对 m 施行加密变换，即 $E_B(m) = m^e \bmod n = c$。

8）用户 B 收到密文 c 后，施行解密变换。

$$D_B(c) = c^d \bmod n = (m^e \bmod n)^d \bmod n = m^{ed} \bmod n = m \bmod n \text{ 。}$$

下面举一个简单的实例来说明这个过程：令 26 个英文字母对应于 0～25 的整数，即 a→00，b→01，…，y→24，z→25。设 m = public，则 m 的十进制数编码为：m = 15 20 01 11 08 02。设 n = 3×11 =33，p =3，q =11，φ(n) = 2×10 = 20。取 e = 3，则 d =7。B 将 n = 33 和 e = 3 公开，保留 d = 7。

A 查到 n 和 e 后，将消息 m 加密。

$E_B(p) = 15^3 = 9 \bmod 33$，

$E_B(u) = 20^3 = 14 \bmod 33$，

$E_B(b) = 1^3 = 1 \bmod 33$，

$E_B(l) = 11^3 = 11 \bmod 33$，

$E_B(i) = 8^3 = 17 \bmod 33$，

$E_B(c) = 2^3 = 8 \bmod 33$，

则 c = E_B(m) = 09 14 01 11 17 08，它对应的密文为 c =joblri。

当 B 接到密文 c 后施行解密变换。

$D_B(j) = 09^7 = 15 \bmod 33$，即明文 p，

$D_B(o) = 14^7 = 20 \bmod 33$，即明文 u，

$D_B(b) = 01^7 = 01 \bmod 33$，即明文 b，

$D_B(l) = 11^7 = 11 \bmod 33$，即明文 l，

$D_B(r) = 17^7 = 08 \bmod 33$，即明文 i，

$D_B(i) = 08^7 = 02 \bmod 33$，即明文 c。

（3）RSA 安全性分析

在理论上，RSA 的安全性取决于模 n 分解的困难性，但数学上至今还未证明分解模就是攻击 RSA 的最佳方法，也未证明分解大整数就是 NP 问题。尽管如此，人们还是从消息破译、密钥空间选择等角度提出了针对 RSA 的其他攻击方法，如迭代攻击法、选择明文攻击法、公用模攻击、低加密指数攻击和定时攻击法等，但其攻击成功的概率微乎其微。有关 RSA 安全性的全面评述，可参阅 Kaliski 和 Robshaw 于 1995 年发表的论文 The secure use of RSA。

2. ElGamal 算法

RSA 算法是基于素数因子分解的双钥密码，ElGamal 算法则是基于离散对数问题的另一种类型的双钥密钥，它既可用于加密，也可用于签名。

（1）ElGamal 算法方案

令 z_p 是一个有 p 个元素的有限域，p 是素数，令 g 是 z_p^*（z_p 中除去 0 元素）中的一个本原元或其生成元。明文集 m 为 z_p^*，密文集 e 为 $z_p^* \times z_p^*$。

公钥为：选定 p（g < p 的生成元），计算公钥 $\beta \equiv g^a \bmod p$；

私钥为：$\alpha < p$。

（2）ElGamal 加解密及其安全性

选择随机数 $k \in z_{p-1}$，且 $(k, p-1) = 1$，计算：$y_1 = gk \bmod p$（随机数 k 被加密），$y_2 = M\beta^k \bmod p$，这里，M 是发送明文组。密文则由 y_1 和 y_2 级连构成，即密文 $C = y_1 \| y_2$。这种加密方式的特点是，密文由明文和所选随机数 k 来决定，因而是非确定性加密，一般称之

为随机化加密，对同一明文由于不同时刻的随机数 k 不同而给出不同的密文，这样做的代价是使数据扩展一倍。

在收到密文组 C 后，ElGamal 的解密是通过下列计算得到明文的。

$$M = \frac{y_2}{y_1^\alpha} = \frac{M\beta^k}{g^{k\alpha}} = \frac{Mg^{\alpha k}}{g^{k\alpha}} \bmod p。$$

例如，选 p=2579，g=2，$\alpha = 765$，计算出 $\beta = g^{765} \bmod 2579 = 949$。若明文组为 M=1299，现在选择随机数 k=853，可算出 $y_1 \equiv 2^{853} \bmod 2579 = 435$ 及 $y_2 \equiv 1299 \times 949^{853} \bmod 2579 = 2396$。密文 $C = (435,2396)$。解密时由 C 可算出消息组 $M = 2396/(435)^{765} \bmod 2579 = 1299$。

ElGamal 算法的安全性是基于 z_p^* 中有限群上的离散对数的困难性。研究表明，mod p 生成的离散对数密码可能存在陷门，这会造成有些"弱"素数 p 下的离散对数较容易求解，但密码学家也发现可以较容易地找到这类陷门，以免选用可能会产生脆弱性的这些素数。

3. 双钥算法性能分析

双钥密钥体制因其密钥管理和分配较为简单，进而可以方便地用于数字签名和认证，尽管其算法都较为复杂、运算量大，但仍不失为一种非常有前途的加密体制，它的出现是密码学发展史上的划时代事件。前面分析了双钥密码体制的典型代表 RSA 和 ElGamal 算法，类似的算法还有 LUC 密码、Rabin 密码及 DSA 密码等。

对于 RSA 体制，可以将其推广为有多个密钥的双钥体制，即在多个密钥中选用一部分密钥作为加密密钥，而另一些作为解密密钥。同样地，RSA 还可以推广为多签名体制，例如有 k_1、k_2 和 k_3 共 3 个密钥，可将 k_1 作为 A 的签名私密钥，k_2 作为 B 的签名私密钥，k_3 作为公开的验证签名用密钥，实现这种多签名体制需要一个可信赖中心对 A 和 B 分配秘密签名密钥。近年来，人们还提出了一些新的双钥密钥体制，如隐含域方程和多项式同构等，但有的方案并没有达到其宣称的安全水平。

表 3-2 对双钥密码体制的主要算法在总体实现、速度、安全性能和改进措施等方面进行了比较，并基于比较结果给出了各算法合适的应用场合。

表 3-2 双钥算法性能比较表

算法名称	运算速度	安全性	改进措施	适用场合
RSA	很慢，RSA 最快时也比 DES 慢 100 倍	安全性完全依赖大数分解，产生密钥麻烦，n 至少要为 600bit 以上	改用 2048bit 长度的密钥	只用于少量数据加密
ElGamal	较慢	主要基于 z_p^* 中的有限群上的离散对数求解的困难性	将 ElGamal 方案推广到 z_n^* 上的单元群	适用于加密密钥，或单重或多重签名
LUC	较慢	由求 d 和 P 的难度决定，比 RSA 难破译	采用各种置换多项式取代指数运算	适用于少量数据加密场合
Rabin	最快	其安全性相当于分解大整数，在选择明文攻击下不安全	用 M^3 代替 M^2，即 williams 体制	可用于签名系统
DSA	比 RSA 慢，有预计算时远快于 RSA	基于整数有限域离散对数难题，安全性与 RSA 接近	密钥加长到 512～1024 中可被 64 除尽的数	可用于数字签名中，以及电子邮件、电子转账等认证系统中

3.2.4 同态加密算法

随着互联网的发展和云计算概念的诞生，以及人们在密文搜索、电子投票、移动代码和多方计算等方面的需求日益增加，同态加密（Homomorphic Encryption）变得更加重要。同态加密是一类具有特殊自然属性的加密方法，此概念是 Rivest 等人在 20 世纪 70 年代首先提出的，与一般加密算法相比，同态加密除了能实现基本的加密操作之外，还能实现密文间的多种计算功能，即先计算后解密可等价于先解密后计算。这个特性对于保护信息的安全具有重要意义，利用同态加密技术可以先对多个密文进行计算之后再解密，不必对每一个密文解密而花费高昂的计算代价；利用同态加密技术可以实现无密钥方对密文的计算，密文计算无须经过密钥方，既可以减少通信代价，又可以转移计算任务，由此可平衡各方的计算代价；利用同态加密技术可以实现让解密方只能获知最后的结果，而无法获得每一个密文的消息，可以提高信息的安全性。正是由于同态加密技术在计算复杂性、通信复杂性与安全性上的优势，越来越多的研究力量投入到其理论和应用的探索中。近年来，云计算受到广泛关注，而它在实现中遇到的问题之一即是如何保证数据的私密性，同态加密可以在一定程度上解决这个技术难题。

本质上，同态加密是指这样一种加密函数，对明文进行环上的加法和乘法运算再加密，与加密后对密文进行相应的运算，结果是等价的。由于这个良好的性质，人们可以委托第三方对数据进行处理而不泄露信息。具有同态性质的加密函数是指两个明文 a、b 满足 $Dec(En(a) \otimes En(b)) = a \oplus b$ 的加密函数，其中 En 是加密运算，Dec 是解密运算，$\otimes$、$\oplus$ 分别对应明文和密文域上的运算。当 $\oplus$ 代表加法时，称该加密为加同态加密；当 $\otimes$ 代表乘法时，称该加密为乘同态加密。

全同态加密是指同时满足加同态和乘同态性质，可以进行任意多次加和乘运算的加密函数。用数学公式来表达，即 $Dec(f(En(m_1), En(m_2), \cdots, En(m_k))) = f(m_1, m_2, \cdots, m_k)$，或写成：$f(En(m_1), En(m_2), \cdots, En(m_k)) = En(f(m_1, m_2, \cdots, m_k))$，如果 f 是任意函数，称为全同态加密。

直到 2009 年，IBM 的研究人员 Gentry 首次设计出一个真正的全同态加密体制，即可以在不解密的条件下对加密数据进行任何可以在明文上进行的运算，使得对加密信息仍能进行深入和无限的分析，而不会影响其保密性。经过这一突破，存储他人机密电子数据的服务提供商就能受用户委托来充分分析数据，不用频繁地与用户交互，也不必看到任何隐私数据。同态加密技术允许公司将敏感的信息储存在远程服务器里，既避免从当地的主机端发生泄密，又依然保证了信息的使用和搜索；用户也得以使用搜索引擎进行查询并获取结果，而不用担心搜索引擎会留下自己的查询记录。为提高全同态加密的效率，密码学界对其研究与探索仍在不断推进，这将使得全同态加密越来越向实用化靠近。

3.3　信息加密技术应用

在网络安全领域，网络数据加密是解决通信网中信息安全的有效方法。有关密码算法的知识已在本章前面内容中加以介绍，这里主要讨论通信网中对数据进行加密的应用方式。常见的网络数据加密应用主要有链路加密、结点加密、端到端加密和同态加密等。

3.3.1　链路加密

链路加密（又称在线加密）是对网络中两个相邻结点之间传输的数据进行加密保护，如图 3-11 所示。对于链路加密，所有消息在被传输之前进行加密，在每一个结点对接收到的消息进行解密后，先使用下一个链路的密钥对消息进行加密，再进行传输。在到达目的地之前，一条消息可能要经过多条通信链路的传输。

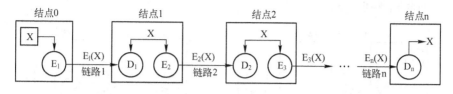

图 3-11　链路加密

由于在每一个中间传输结点消息均被解密后重新进行加密，因此包括路由信息在内的链路上的所有数据均以密文形式出现。这样，链路加密就掩盖了被传输消息的源点与终点。由于填充技术的使用，以及填充字符在不需要传输数据的情况下就可以进行加密，使得消息的频率和长度特性得以掩盖，从而可以防止对通信业务进行分析。

尽管链路加密在计算机网络环境中广泛使用，但也存在一些问题。链路加密通常用在点对点的同步或异步线路上，它要求先对在链路两端的加密设备进行同步，然后使用一种链模式对链路上传输的数据进行加密，这就给网络的性能和可管理性带来了副作用。在线路信号连通性不好的海外或卫星网络中，链路上的加密设备需要频繁地进行同步，带来的后果是数据丢失或重传。因此，即使一小部分数据需要进行加密，也会使得所有传输数据需要重新加密。

在一个网络结点，链路加密仅在通信链路上提供安全性，消息以明文形式存在，因此所有结点在物理上必须是安全的，否则就会泄露明文内容。在传统的单钥加密算法中，解密密钥与加密密钥是相同的，该密钥必须被秘密保存，并按一定规则进行变化。这样，密钥分配在链路加密系统中就成了一个问题，每一个结点必须存储与其相连接的所有链路的加密密钥，这就需要对密钥进行物理传送或者建立专用网络设施。网络结点地理分布的广阔性使得这一过程变得复杂，同时增加了密钥连续分配时的代价。

3.3.2　结点加密

结点加密是指在信息传输路过的结点处进行解密和加密。尽管结点加密能给网络数据提供较高的安全性，但它在操作方式上与链路加密是类似的，两者均在通信链路上为传输的消息提供安全性，都在中间结点先对消息进行解密，然后进行加密。因为要对所有传输的数据进行加密，所以加密过程对用户是透明的。与链路加密不同的是，结点加密不允许消息在网络结点以明文形式存在，它先把收到的消息进行解密，然后采用另一个不同的密钥进行加密，这一过程是在结点上的一个安全模块中进行的。

结点加密要求报头和路由信息以明文形式传输，以便中间结点能得到如何处理消息的信息，这种方法对于防止攻击者分析通信业务是脆弱的。

3.3.3　端到端加密

端到端加密是指对一对用户之间的数据连续地提供保护，如图 3-12 所示。端到端加密允许数据在从源点到终点的传输过程中始终以密文形式存在。采用端到端加密（又称脱线加密或包加密），消息在被传输时到达终点之前不进行解密，因为消息在整个传输过程中均受到保护，所以即使有结点被损坏也不会使消息泄露。

端到端加密系统的价格便宜，且与链路加密和结点加密相比更可靠，更容易设计、实现和维护。端到端加密还避免了其他加密系统所固有的同步问题，因为每个报文包均是独立被加密的，所以一个报文包所发生的传输错误不会影响后续的报文包。此外，从用户对安全需求的直觉上讲，端到端加密更自然。

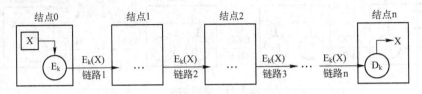

图 3-12　端到端加密

　　端到端加密系统通常不允许对消息目的地址进行加密，这是因为每一个消息所经过的结点都要用此地址来确定如何传输消息。由于这种加密方法不能掩盖被传输消息的源点与终点，因此它对于防止攻击者分析通信业务也是脆弱的。

3.3.4　同态加密应用

1．应用于云计算

　　云存储安全是云计算领域的重要安全问题之一，为解决数据隐私保护的问题，常见的方法是由用户对数据进行加密，把加密后的密文信息存储在服务端。但当用户需要服务器提供数据搜索、分析和处理等功能时，传统加密方案难以实现，同态加密为之提供了实现的可能。

　　（1）云计算中的加密数据检索

　　随着云计算技术的广泛应用，服务器端存储的加密数据必将成爆炸式增加，对加密数据的检索成为一个迫切需要解决的问题。现有的加密数据检索算法包括线性搜索、公钥搜索和安全索引等，这些算法可以快速地检索出所需信息，但是只适用于小规模数据的检索，而且代价很高。基于全同态加密技术的数据检索方法可以直接对加密的数据进行检索，不但能保证被检索的数据不被统计分析，还能对被检索的数据进行简单的运算，同时保持对应的明文顺序。

　　数据检索有多种方法，如向量空间模型等。首先对文档进行分词和词干化，即从文档中抽取出能表征文档主要内容特征和形式特征的检索词，以形成文档的向量表示，然后将得到的检索词和待检索文档进行加密，并储存至云服务器。采用了全同态加密方案后，当服务器需要检索加密文档时，可直接提交加密后的检索词，此时每个文档都可根据所提交的关键词进行权重向量表示，对用全同态加密后的词频和倒排文档频率进行操作可以得到权重。该权重反映了关键词与文档的相关度，因而可以根据大小进行排序，筛选出用户需要的文档，用户得到加密文档后，用私钥对文档解密即可得到原始文档。

　　（2）云计算中的加密数据处理

　　云计算中的加密数据处理与数据检索的思路类似，首先对待处理的关键数据进行加密和特殊标记，以与普通加密数据区分开来，然后再上传到服务器，服务器会直接对密文数据进行操作来完成用户的需求，并将处理后的密文返回给用户。

　　在医疗应用中，人们提出了一种医疗记录云存储系统（病人控制加密），医疗服务提供者先对病人的医疗记录进行加密，然后传输到云存储系统，病人通过与某个服务提供者分享私钥，共享其医疗记录，然而，该系统只提供云搜索服务（关键词匹配或者其他的一些搜索方法），并没有提供云计算服务。利用全同态加密体制，该系统可以对加密的医疗记录进行计算，为病人提供云计算服务。随着科技的发展，基于无线局域网的监视器或者其他设备将能够代替病人连续不断地向云端服务器传输加密数据。利用全同态加密体制，云端服务器可以对加密数据进行计算，并根据具体的计算结果，返回给病人一些警告或者建议等。在这个方案中，可能需要计算平均值、标准差和最小二乘法等统计函数，加密输入可能包括血压、心率等实时信息，以及体重、性别等病人的基本信息，而加密用的函数则可以公开。

在金融行业中，全同态加密也有着潜在的应用，一些数据和进行加密的函数是需要保密的，例如公司的数据、股票价格、绩效和存货清单等信息都与投资决策有关，是制定交易策略的关键信息。全同态加密体制可以使一些函数能够被秘密地计算，用户可以将函数的加密形式和敏感数据的密文分别上传到云端服务器（或许它们分别来自不同的用户）；第三方的管理者可利用这些函数的加密形式对加密数据进行处理，在处理完成后，云端服务器把处理的结果以密文的形式发送给用户，用户解密后则可得到处理后的敏感数据。

2．应用于电子投票

电子投票在计票的快捷准确、人力和开支的节省，以及投票的便利性等方面有着传统投票方式无法企及的优越性，而设计安全的电子选举系统是全同态加密的一个典型应用。这里，以一个简单的电子选举方案为例进行说明。若有同态函数 $Enc_k(x_1+x_2)=Enc_k(x_1) \times Enc_k(x_2)$，选民将自己的选票进行加密 $C_i=Enc_k(M_i)$，其中 $M_i \in \{0，1\}$；投票中心收集同态加密后的选民选票 C_i；投票中心基于全同态加密方案的同态性质对加密后的选票 C_i 进行计票 $C=C_1 \times C_2 \times \cdots \times C_n$，得到经过同态加密后的选举结果 $C=Enc_k(M_1+M_2+\cdots+M_n)$；只有拥有解密密钥的某个可信机构才能够对加密后的选举结果进行解密，公布选举结果。在上述过程中，选票收集与计票完全对加密后的选票数据进行操作，不需要使用任何解密密钥，因此，任何一个主体或机构都可以完成计票员的职责，无论其是否可信。

3．应用于数字水印

数字水印技术是指用信号处理的方法在数字化的多媒体数据中嵌入隐蔽的标记，这种标记通常是不可见的，只有通过专用的检测器或阅读器才能提取，如何应对复杂网络环境下数据隐藏与数字水印系统的安全挑战，是目前需要迫切解决的问题。针对数字水印的一种主要的安全性攻击手段是非授权检测攻击，即攻击者在未经授权的情况下对含有水印的载体进行检测，以确定水印是否存在，进而猜测或破译水印的含义，甚至去除载体中的水印并嵌入一个伪造的水印。将全同态加密技术应用于数字水印可以有效地抵抗这种攻击。首先利用全同态加密体制对水印信号与原始载体进行加密，然后将加密后的水印嵌入到原始载体中，在用户检测水印之前，必须对含有水印的载体进行同态解密，从而保证解密后的水印信号与含水印的载体之间没有明显的相关性，在解密含水印的载体之后，可以通过计算解密后的载体与水印信号之间的相关度，判断水印的存在性，进而提取水印。

3.3.5　其他应用

除上述应用之外，加密技术还在电子商务、移动通信和 VPN 等其他领域发挥着作用，这里就以虚拟专用网 VPN（Virtual Private Network）为例来说明远程访问中的加密应用。

当前，越来越多的公司走向国际化，一个公司可能在多个国家或地区驻有办事机构或销售中心，每一个机构都有自己的局域网 LAN（Local Area Network），为将这些分布在不同地域的 LAN 连接在一起构成一个公司广域网，可以在 Internet 环境中构建 VPN。VPN 是专用网络在公共网络如 Internet 上的扩展，它通过运用私有隧道技术在公共网络上虚拟一条点到点的专线来达到数据安全传输的目的。VPN 属于远程访问技术，为保证利用公网链路架设私有网络时数据的安全，VPN 服务器和客户机之间的通信数据都进行了加密处理。有了数据加密，就可认为数据是在一条专用的数据链路上进行安全传输，如同架设了一个专用网络，因此 VPN 实质上就是利用加密技术在公网上封装出一个数据通信隧道。有了 VPN 技术，用户无论是在外地出差还是在家中办公，只要能上互联网就能利用 VPN 非常方便地访问公司的内网资源。

VPN 主要采用隧道（Tunneling）、加解密、密钥管理，以及用户与设备身份认证等技术来保证用户数据的安全。用户依托 VPN 传输数据过程中，数据离开发送者所在的局域网时，将首先被用户端连接到互联网上的路由器进行硬件加密，而后数据在互联网上以加密形式进行传送，当到达目的 LAN 路由器时，该路由器将对数据进行解密，这样目的 LAN 中的用户就可以看到正确的数据信息。

3.4 认证技术

如前所述，数据加密是密码技术应用的重要领域，而在认证技术中密码技术也同样作用明显，但两者的应用目的不同。加密是为了隐蔽消息内容，认证是防止不法分子实施主动信息攻击的一种重要技术，其应用目的包括 3 个方面：一是消息完整性认证，验证信息在传送或存储过程中是否被篡改；二是身份认证，验证消息的收发者是否持有正确的身份认证符，如口令、密钥等；三是消息的序号和操作时间（时间性）等认证，目的是防止消息重放或会话劫持等攻击。

3.4.1 认证技术分层模型

如图 3-13 所示，认证技术可以分为 3 个层次：安全管理协议、认证体制和密码体制。安全管理协议的主要任务是在安全体制的支持下，建立、强化和实施整个网络系统的安全策略；认证体制在安全管理协议的控制和密码体制的支持下，完成各种认证功能；密码体制是认证技术的基础，它为认证体制提供数学方法支持。

典型的安全管理协议有公用管理信息协议 CMIP、简单网络管理协议 SNMP 和分布式安全管理协议 DSM。典型的认证体制有 Kerberos 体制、X.509 体制和 Light Kryptonight 体制。密码体制已在本章前面内容中介绍过。这里将主要介绍认证体制层的有关技术。

图 3-13　认证技术层次模型

3.4.2 认证体制要求与模型

一个安全的认证体制应该至少满足以下要求。

1）指定的接收者能够检验和证实消息的合法性、真实性和完整性。

2）消息的发送者对所发的消息不能抵赖，有时也要求消息的接收者不能否认收到的消息。

3）除了合法的消息发送者外，其他人不能伪造发送消息。

认证体制的基本模型（又称纯认证系统模型）如图 3-14 所示。

在这个模型中，发送者通过一个公开的无扰信道将消息送给接收者。接收者不仅得到消息本身，而且还要验证消息是否来自合法的发送者及消息是否经过篡改。攻击者不仅可截收和分析信道中传送的密报，而且可能伪造密文送给接收者进行欺诈等主动攻击。认证体制中通常存在一个可信中心或可信第三方（如认证机构 CA），用于仲裁、颁发证书或管理某些机密信息。

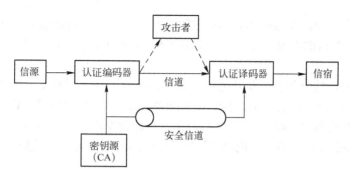

图 3-14　纯认证系统模型

3.4.3　数字签名技术

数字签名技术是一种实现消息完整性认证和身份认证的重要技术。

一个数字签名方案由安全参数、消息空间、签名、密钥生成算法、签名算法和验证算法等成分构成。根据接收者验证签名的方式可将数字签名分为真数字签名和公证数字签名两类。在真数字签名中（见图 3-15），签名者直接把签名消息传送给接收者，接收者无须求助于第三方就能验证签名。而在公证数字签名中（见图 3-16），签名者把签名消息通过被称为公证者的可信第三方发送给接收者，接收者不能直接验证签名，签名的合法性是通过公证者作为媒介来保证的，也就是说接收者要验证签名必须同公证者合作。

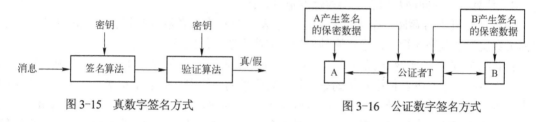

图 3-15　真数字签名方式　　　　　　图 3-16　公证数字签名方式

数字签名算法可分为普通数字签名算法、不可否认数字签名算法、Fail-Stop 数字签名算法、盲数字签名算法和群数字签名算法等。普通数字签名算法包括 RSA 数字签名算法、ElGamal 数字签名算法、Fiat-Shamir 数字签名算法和 Guillou-Quisquarter 数字签名算法等。数字签名与手写签名的主要区别在于：一是手写签名是不变的，而数字签名对不同的消息是不同的，即手写签名因人而异，数字签名因消息而异；二是手写签名是易被模拟的，无论哪种文字的手写签名，伪造者都容易模仿，而数字签名是在密钥控制下产生的，在没有密钥的情况下，模仿者几乎无法模仿出数字签名。

3.4.4　身份认证技术

身份认证的目的是验证信息收发方是否持有合法的身份认证符（口令、密钥和实物证件等）。从认证机制上讲，身份认证技术可分为两类：一类是专门进行身份认证的直接身份认证技术，另一类是在消息签名和加密认证过程中，通过检验收发方是否持有合法的密钥进行的认证，称为间接身份认证技术。下面着重介绍直接身份认证技术。

在用户接入（或登录）系统时，直接身份认证技术要首先验证他是否持有合法的身份认证符（口令或实物证件等）。如果他有合法的身份认证符，就允许他接入系统中，进行允许的收发等操作，否则就拒绝其接入系统。通信和数据系统的安全性常常取决于能否正确识别通信用户或终端的个人身份，如银行的自动取款机（ATM）系统可将现金发放给经它正确识别的账号持卡人。对计算机的访问和使用，以及安全地区的出入放行等都是以准确的身份认证作为基础的。

进入信息社会，传统的身份认证方法，如户籍管理、身份证制度以及单位机构的证件和图章等，都已不能适应时代的要求。虽然有不少学者试图电子化生物唯一识别信息（如指纹、掌纹、声纹、视网膜和脸形等），但由于代价高、传输效率低，只能作为辅助措施应用。使用密码技术，特别是公钥密码技术，能够设计出安全性高的识别协议。下面介绍一些常用的身份认证技术。

1. 身份认证方式

身份认证常用的方式主要有两种：通行字（口令）方式和持证方式。

通行字方式是使用最广泛的一种身份认证方式。比如我国古代调兵用的虎符、现代通信网的接入协议等。通行字一般为数字、字母和特殊字符等组成的长字符串，通行字识别的方法是：被认证者先输入他的通行字，然后计算机确定其正确性。被认证者和计算机都知道这个秘密的通行字，每次登录时计算机都要求输入通行字，这样就要求计算机存储通行字，一旦通行字文件暴露，攻击者就有机可乘。为此，人们采用单向函数来克服这种缺陷，此时，计算机存储通行字的单向函数值而不是存储通行字本身，其认证过程如下。

1）被认证者将他的通行字输入计算机。

2）计算机完成通行字的单向函数值计算。

3）计算机把单向函数值和机器存储的值进行比较。

由于计算机不再存储每个人的有效通行字表，即使攻击者侵入计算机也无法从通行字的单向函数值表中获得通行字，当然这种保护对字典式攻击是比较脆弱的。

持证方式是一种实物认证方式。持证（token）是一种个人持有物，它的作用类似于钥匙，用于启动电子设备。使用较多的是一种嵌有磁条的塑料卡，磁条上记录有用于机器识别的个人识别号（PIN）。这类卡易于伪造，因此产生了一种被称为"智能卡"（smart card）的集成电路卡来代替普通的磁卡，智能卡已经成为身份认证的一种更有效、更安全的方法。但智能卡仅为身份认证提供一个硬件基础，要想得到安全的识别，还需要与安全协议配套使用。

2. 身份认证协议

目前，认证协议大多数为询问—应答式协议，其基本工作过程是：认证者提出问题（通常为口令、图像识别或验证码等），由被认证者回答，然后认证者验证其身份的真实性。询问—应答式协议可分为两类：一类是基于私钥密码体制，在这类协议中认证者知道被认证者的秘密；另一类是基于公钥密码体制，在这类协议中认证者不知道被认证者的秘密，因此，又称为零知识身份认证协议。

下面介绍著名的 Feige-Fiat-Shamir 零知识身份认证协议。在该协议中，可信赖的 CA（认证机构）选定一个随机数 m 作为模数，并把 m 分发给认证双方（用户 A 和 B）。CA 产生随机数 v，使 $x^2 = v \bmod m$（v 为模 m 的平方剩余），且存在 v 的逆元 v^{-1}（即 $v * v^{-1} = 1 \bmod m$）。以 v 作为公钥分发给用户。然后后计算最小的整数 s，$s = \sqrt{1/v} \bmod m$，并把 s 作为私钥分发给用户 A。实施身份证明的协议如下。

1）用户 A 取随机数 r（r < m），计算 $x = r^2 \bmod m$ 送给 B。

2）B 将一个随机位数 b 送给 A。

3）若 b = 0，则 A 将 r 送给 B；若 b = 1，则 A 将 y = rs 送给 B。

4）若 b = 0，则 B 证实 $x = r^2 \bmod m$，从而证明 A 知道 $\sqrt{x}$；若 b = 1，则 B 证实 $x = y^2 * v \bmod m$，从而证实 A 知道 s。

这是一次鉴定，A 和 B 可重复 t 次鉴定，每次采用不同的 r 和 b，直到 B 相信 A 知道 s 为止。该协议的安全性分析如下。

1）A 欺骗 B 的可能性。A 不知道 s，他也可取 r，送 $x = r^2 \bmod m$ 给 B，B 送 b 给 A，A 可将 r 送出。当 b=0 时，则 B 可通过检验而受骗，当 b=1 时，则 B 可发现 A 不知 s，B 受骗的概率为 1/2，但连续重复 t 次受骗的概率仅为 2^{-t}。

2）B 伪装 A 的可能性。B 和其他被认证者 c 开始一个协议，第一步他可使用 A 用过的随机数 r，若 c 所选的 b 值恰好与以前发给 A 的一样，则 B 可将在协议第 3 步所发的数值重发给 c，从而成功地伪装 A，但 c 随机选 b 为 0 或 1，故这种攻击的成功概率仅为 1/2。但重复执行 t 次后，攻击成功概率降为 2^{-t}。

3.4.5 消息认证技术

消息认证是指通过对消息或消息相关信息进行加密或签名变换进行的认证，其目的包括消息内容认证（即消息完整性认证）、消息的源和宿认证（即身份认证），以及消息的序号和操作时间认证等。

1. 消息内容认证

在介绍消息内容认证方法之前，首先介绍一下杂凑函数。

（1）杂凑函数

杂凑（Hash）函数是将任意长的数字串 M 映射成一个较短的定长数字串 H 的函数，以 h 表示，h(M)易于计算，称 H=h(M)为 M 的杂凑值，也称杂凑码、杂凑结果等。这个 H 无疑打上了输入数字串的烙印，因此又称其为输入 M 的数字指纹（Digital Fingerprinting）或数据摘要（Message Digest）。h 是多对一映射，因此无法从 H 求原来的 M，但可以验证任意给定序列 M′ 是否与 M 有相同的杂凑值。

若杂凑函数 h 为单向函数，则称其为单向杂凑函数。用于消息认证的杂凑函数都是单向杂凑函数。单向杂凑函数按其是否有密钥控制划分为两大类：一类有密钥控制，以 h(k,M)表示，为密码杂凑函数；另一类无密钥控制，为一般杂凑函数。无密钥控制的单向杂凑函数，其杂凑值只是输入字串的函数，任何人都可以计算，因而不具备身份认证功能，只用于检测接收数据的完整性。而有密钥控制的单向杂凑函数要满足各种安全要求，其杂凑值不仅与输入有关，而且与密钥有关，只有持此密钥的人能够计算出相应的杂凑值，因此具有身份验证功能。杂凑函数在实际工作中有着广泛的应用，在密码学和数据安全技术中，它是实现有效、安全可靠数字签名和认证的重要工具，是安全认证协议中的重要模块。由于杂凑函数应用的多样性和其本身的特点而有很多不同的名称，其含义也有差别，如压缩（Compression）函数、紧缩（Contraction）函数、数据认证码、消息摘要、数字指纹、数据完整性校验（Data Integrity Check）、密码检验和（Cryptographic Check Sum）、消息认证码 MAC（Message Authentication Code）和窜改检测码 MDC（Manipulation Detection Code）等。

构造杂凑函数的方法有两种，一是直接构造，比如由美国麻省理工学院 Rivest 设计的 MD5 杂凑算法，可以将任意长度的明文转换为 128 位的数据摘要；美国国家标准局（NIST）

为配合数字签名标准于 1993 年对外公布的安全杂凑函数（SHA），可对任意长度的明文产生 160 位的数据摘要。另一种是间接构造，主要是利用现有的分组加密算法，如 DES、AES 等，对其稍加修改，采用它们加密的非线性变换构造杂凑函数。如 Rabin 在 1978 年利用 DES 提出了一种简单快速的杂凑函数，其方法是：首先将明文分成长度为 64 位的明文组 m_1、m_2，…，m_N，采用 DES 的非线性变换对每一明文组依次进行变换，即令 $h_0 =$ 初始值，$h_i = E_{mi}[h_{i-1}]$，最后输出的 h_N 就是明文的杂凑值。

杂凑函数必须满足密码学的安全性要求。显然，对于一个单向杂凑函数 h，由 M 计算 H = h(M)是容易的，但要产生一个 M′ 使 h(M′)等于给定的杂凑值 H 则非常困难，这正是应用密码所希望的，否则对手就会用 M′ 代替 M，窜改消息内容。若单向杂凑函数 h 对任意给定 M 的杂凑值 H = h(M)，找一个 M′ 使 h(M′) = H 在计算上可行，则称 h 为弱单向杂凑函数；若要找任意一对输入$(M_1, M_2: M_1 \neq M_2)$，使 $h(M_1) = h(M_2)$在计算上不可行，则称 h 为强单向杂凑函数。

杂凑函数的安全性取决于其抗击各种攻击的能力，攻击者的目标是找到两个不同消息可映射为同一杂凑值。一般假定攻击者知道杂凑算法，采用选择明文攻击法。强杂凑函数是基于生日攻击法定义的。所谓"生日攻击"，是指在一个会场参加会议的人中，找一个人与某人生日相同的概率超过 0.5 时，所需参加会议人员为 183 人。但要使参会人员至少有两个生日相同的概率超过 0.5 的参会人数仅为 23 人。即在一定元素所组成的集合中，给定 M 找与 M 匹配的 M′ 概率要比从集合中任意取出一对相同元素（M=M′）的概率小得多。弱单向杂凑函数考察的是任意元素与特定元素的无碰撞性（Collision-free）；而强单向杂凑函数考察的是输入集中任意两个元素的无碰撞性。因此，就无碰撞性而言，对强单向杂凑函数的要求比对弱单向杂凑函数的要求高。为了抵抗生日攻击及其他杂凑函数的攻击法，根据目前的计算技术，杂凑函数值至少为 128 位长。

目前已研制出适合各种用途的杂凑算法，这些算法都是伪随机函数，任何杂凑值都是等可能的，输出并不以可辨别的方式依赖于输入。在任何输入串中单个位的变化，将会导致输出位串中大约一半的位发生变化。

总之，为了抵抗各种攻击，所采用的杂凑函数应满足单向性、伪随机性、非线性性及杂凑速率的高效性等密码学性质。

（2）消息内容认证

消息内容认证的常用方法是：消息发送者在消息中加入一个鉴别码（MAC、MDC 等），经加密后发送给接收者（有时只需加密鉴别码即可），接收者利用约定的算法对解密后的消息进行鉴别运算，若获得的鉴别码与原鉴别码相等则接收，否则拒绝接收。

2. 消息的源和宿认证

在消息认证中，消息源和宿认证的常用方法有两种：一种是通信双方事先约定发送消息的数据加密密钥，接收者只需证实发送来的消息是否能用该密钥还原成明文就能鉴别发送者，如果双方使用同一个数据加密密钥，那么只需在消息中嵌入发送者识别符即可。另一种是通信双方事先约定用于各自发送消息的通行字，发送消息时将通行字一并进行加密，接收者只需判别消息中解密的通行字是否与约定通行字相符就可鉴别发送者。为安全起见，通行字应该是可变的。

3. 消息的序号和操作时间认证

消息的序号和操作时间的认证主要用于阻止消息的重放攻击，常用的方法有消息的流水作业、链接认证符随机数认证法和时戳等。

3.4.6 数字签名与消息认证

杂凑函数产生的杂凑值（鉴别码）可直接用于消息认证，也可通过数字签名方法间接用于消息认证。一般地，对长度较大的明文直接进行数字签名需要的运算量和传输开销也较大，而杂凑值就是明文的"指纹"或"摘要"，因而对杂凑值进行数字签名可以视为对其明文进行数字签名。实际应用中，通常也是对明文杂凑值而非明文本身进行数字签名，目的就在于提高数字签名效率。

数字签名与消息认证的区别是，消息认证可以帮助接收方验证消息发送者的身份，以及消息是否被篡改。当收发者之间没有利害冲突时，这种方式对于防止第三者破坏是有效的，但当收发者之间存在利害冲突时，单纯采用消息认证技术就无法解决纠纷，这时就需要借助于数字签名技术来辅助进行更有效的消息认证。

3.5 公开密钥基础设施（PKI）

随着互联网技术的迅速推广和普及，各种网络应用如电子商务、电子政务、网上银行和网上证券交易等也在迅猛发展。互联网以其开放性、易接入、信息丰富及成本低廉等优点获得了人们的广泛认可。同时，其安全问题也成为人们担心的焦点，网络非法入侵、网上诈骗等案件造成的损失已逐年上升。因此，解决网络信息安全问题已成为发展网络通信的重要任务。

在信息安全技术领域，特别是网络安全技术方向，公开密钥加密技术（即前面介绍的双钥加密技术）近年来发展很快，这主要是由公钥体制本身的特点所决定的。公钥体制采用了两个密钥，一个公钥作为加密密钥，一个私钥作为用户专有的解密密钥，通信双方无须交换专用密钥，这就避免了在网上传递私钥这样的敏感信息，进而可以实现保密通信。

在这项技术基础上形成和发展起来的 PKI（Public Key Infrastructure，公钥基础设施）很好地适应了互联网的特点，为互联网及类似网络应用提供了全面的安全服务，如安全认证、密钥管理、数据完整性检验和不可否认性等。可以说，今天互联网的安全应用已经离不开 PKI 的有力支持。

从参与电子政务与电子商务的用户实体出发，网络应用常规的安全需求主要包括以下几个。

1）认证需求：提供某个实体（人或系统）的身份保证。

2）访问控制需求：保护资源，防止被非法使用和操作。

3）保密需求：保护信息不被泄露或暴露给非授权的实体。

4）数据完整性需求：保护数据，防止未经授权的增删、修改和替代。

5）不可否认需求：防止参与某次通信交换的一方事后否认交换行为。

针对电子政务和电子商务的这些安全需求，以公钥加密技术为基础的 PKI 应运而生。

3.5.1 PKI 的基本概念

所谓安全基础设施，就是为整体网络应用系统提供的安全基本框架，它应该可以被系统中的任何用户按需使用。安全基础设施的本质必须是统一的、便于使用的，只有这样，那些需要基础设施支撑的对象在使用安全服务时才不会遇到困难。因此，PKI 首先是适用于多种环境的框架，这个框架避免了零碎的、点对点的、特别是那些没有互操作性的解决方案，它引入了可管理的机制，以及跨越多个应用和多种计算平台的一致安全性。

PKI 是一个用公钥密码算法原理和技术来提供安全服务的通用性基础平台，用户可利用

PKI 平台提供的安全服务进行安全通信。PKI 采用标准的密钥管理规则，能够为所有应用透明地提供加密和数字签名等服务需要的密钥和证书管理。

1．认证机构

使用公钥技术实现安全通信面临的一个基本问题是，通信发送方如何可靠地获得接收方的真实公钥。如果发送方获得的不是接收方的真实公钥，那么，接收方就不能解密发送方加密的信息。更严重的是，如果接收方获得的是由窃密者提供的假冒公钥，则窃密者就可以解密该信息，并利用它进行其他破坏活动。PKI 通过使用公钥证书来解决这一问题，公钥证书是用户（接收方）的身份标识与其持有公钥的结合，在生成公钥证书之前，由一个可信任的权威机构 CA（认证机构或认证中心）来证实用户的身份，然后 CA 对由该用户身份标识及对应公钥组成的证书进行数字签名，以证明公钥的有效性。因此，CA 是 PKI 的核心部分，它是数字证书的签发机构。PKI 首先必须具有可信任的权威 CA，然后在公钥加密技术基础上，实现证书的产生、管理、存档及作废管理等功能。

2．身份识别

为了启动一个应用系统，简单的做法是本地安全登录，其操作过程是用户输入身份标识符（用户 ID）及认证口令，计算机通过检查这两个输入验证用户身份，确认是否为合法登录。这种身份识别方法较为简单，其假设前提是除合法用户之外，无人能获取该用户口令。当系统要求用户远程登录时，口令在未受保护的网络上传送，很容易被截取或监听，即使口令被加密也无法防范重放攻击，因此这种简单识别带来的问题是明显的。

PKI 采用公钥技术、高级通信协议和数字签名等方式进行远程登录，既不需要事先建立共享密钥，也不必在网上传递口令等敏感信息。因此，口令的保密性较高，机器对用户身份识别的可靠性高。与简单的身份识别机制相比，PKI 的身份识别机制称为强识别。

3．透明性

作为一种基础设施，PKI 对终端用户的操作是透明的，即所有安全操作在后台自动进行，无须用户干预，也不应由于用户的错误操作对安全造成危害。总之，安全不应该成为用户完成其他任务的障碍。除初始登录操作之外，PKI 对用户是完全透明的。

4．一致性

作为安全基础设施，PKI 的最大优势是在整个应用环境中使用单一可信的安全技术，如公钥技术，它能保证数目不受限制的应用程序、设备和服务器无缝地协调工作，安全地传输、存储和检验数据，安全地进行事务处理等。电子邮件、Web 服务、防火墙、远程访问设备、应用服务器、文件服务器、数据库及其他应用等，都能够采用统一的方式理解和使用安全服务基础设施，PKI 是使系统达到全面安全性的一个重要机制。

5．相关的标准

（1）X.509

X.509 是 ISO 和 CCITT/ITU-T 的 X.500 标准系列中的一部分，在 PKI 概念由小的封闭式网络试验环境发展到大的开放式分布环境的过程中，X.509 标准的作用不可或缺。从发展的角度来看，X.509 标准是 PKI 的雏形，PKI 源于 X.509 标准并标准化了一个通用的证书格式。X.509 被广泛应用，其实用性来源于其版本 3（V3 版）中证书撤销列表定义的强有力的扩展机制，这一机制是很通用的，并且指示了认证者如何在认证过程中校验这些扩展。

（2）X.500

ISO/ITU-T 中有关目录的标准族通常称为 X.500 规范系列。X.500 目录服务是一个高度复杂的信息存储机制，包括客户机—目录服务器访问协议、服务器—服务器通信协议、完全或部分的目录数据复制、服务器对查询的响应，以及复杂搜寻的过滤功能等。X.500 对 PKI 有着特别重要的作用，它定义了一种方案，即在实体目录访问入口处使用标准化方法，完成证书和证书撤销列表数据结构的存储访问。

（3）LDAP

LDAP（Lightweight Directory Access Protocol，轻量级目录访问协议）最初被视为 X.500 目录访问协议（DAP）中那些容易被描述、易于执行的功能子集。后来其功能逐渐增强扩展，进而可以适应不同环境的需求，这些环境都采用 LDAP 作为存储器的访问协议。

3.5.2 PKI 认证技术的组成

公钥基础设施在组成上主要包括认证机构 CA、证书库、密钥备份（即恢复系统）、证书作废处理系统和 PKI 应用接口系统等。

1. CA

CA 作为数字证书签发机构是 PKI 的核心，是 PKI 应用中权威的、可信任的、公正的第三方机构。

由于公钥需在网上公开传输，PKI 服务系统的关键问题是如何实现公钥的管理，因而引入证书机制至关重要。证书是公开密钥体制的一种密钥管理媒介，是一种权威的电子文档，形同网络计算环境中的一种身份证，用于证明某一主体（如用户、服务器等）的身份及其公开密钥的合法性。在使用公钥体制的网络环境中，必须向公钥使用者证明公钥的真实合法性。因此，必须有一个可信的机构来对任何一个主体的公钥进行公证，证明主体的身份及其与公钥的匹配关系。CA 正是这样的机构，其职责有以下几个。

- 验证并标识证书申请者的身份。
- 确保用于签名证书的非对称密钥的质量。
- 确保整个鉴证过程中的安全性，确保签名私钥的安全性。
- 证书资料信息（包括公钥证书序列号、CA 标识等）的管理。
- 确保并检查证书的有效期限。
- 发布并维护作废证书列表。
- 对整个证书签发过程做日志记录。
- 向申请人发出通知。

其中，最重要的是 CA 自己的一对密钥的管理，它必须确保其高度的机密性，防止他人伪造证书。CA 公钥在网上公开，整个网络系统必须保证完整性。CA 的数字签名保证了证书（实质是持有者的公钥）的合法性和权威性。主体（用户）的公钥有两种产生方式。

1）用户自己生成密钥对，然后将公钥以安全的方式传送给 CA，该过程必须保证用户公钥的可验证性和完整性。

2）CA 替用户生成密钥对，然后将其以安全的方式传送给用户，该过程必须确保密钥对的机密性、完整性和可验证性。由于这里的用户私钥为 CA 所产生，故对 CA 的可信性要求更高，CA 必须在事后有效地销毁用户的私钥。

用户 A 在网上可通过两种方式获取用户 B 的证书和公钥，一种是由 B 将证书随同发送的正文信息一起传送给 A，一种是所有的证书集中存放于一个证书库中，用户 A 通过网络从该库中获取 B 的证书。

前面提到，公钥不仅可以用于加密信息，还可以用于数字签名。相应地，系统中需要配置用于数字签名/验证的密钥对和用于数据加密/解密的密钥对，它们分别被称为签名密钥对和加密密钥对，这两对密钥对之于密钥管理有不同的要求。

（1）签名密钥对

签名密钥对由签名私钥和验证公钥组成。为保持其唯一性，签名私钥不能存档备份，丢失后需重新生成新的密钥对，原来的签名可以使用旧公钥的备份来验证，所以验证公钥需要存档备份，以用于验证旧的数字签名。

（2）加密密钥对

加密密钥对由公钥和脱密私钥组成。为防止密钥丢失时不能脱密数据，脱密私钥应该进行存档备份，以便能在任何时候脱密密文数据，加密公钥无须存档备份，加密公钥丢失时，需要重新产生密钥对。

显然，这两对密钥对的管理要求存在互相冲突的地方，因此系统必须针对不同的用途使用不同的密钥对。若加密和签名采用同一对密钥，那是不安全的。

2. 证书库

证书库是 CA 颁发证书和撤销证书的集中存放地，是网上的一种公共信息库，供广大用户进行开放式查询。

证书及证书撤销信息的分发办法是发布（Publication），其思想是将 PKI 的信息放在一个广为人知的、公开且易于访问的地点，这对广大用户群体来说十分重要，因为即使属于同一群体中的人也难以互相认识。

到证书库访问查询，可以得到想要与之通信的实体的公钥。若甲想与乙进行保密通信，就必须找到乙的公钥，而证书签发机构事先已将乙的身份与其公钥捆绑，进行了数字签名，发布在证书库中。甲可以通过某种可靠的、安全的方式从证书库中找到乙的证书，从而得到其公钥。

由于证书的不可伪造性，因此，可以在数据库中公布，而无须其他的安全措施来保护这些证书。现在，通常的做法是将证书和证书撤销信息发布到一个数据库（证书库或目录服务器）中，它采用 LDAP 目录访问协议，其格式符合 X.500 标准，客户端可以通过多种访问协议从证书库中实时查询证书和证书撤销信息。

证书库支持分布式存放，当 PKI 所支持的环境扩充到几十万或上百万用户时，PKI 信息的及时和强有力的分布机制就显得非常关键，如目录服务器的分布式存放，这是任何一个大规模 PKI 系统成功实施的基本需求，也是创建一个有效认证机构 CA 的关键技术之一。

3. 证书撤销

认证机构 CA 通过签发证书来为用户的身份和公钥进行捆绑，但同时还必须存在一种机制来撤销这种捆绑关系，将现行的证书撤销。比如，在用户身份姓名改变、私钥被窃或泄露、用户与其所属单位关系变更时，就需要一种方法警告其他用户不要再使用其原来的公钥。在 PKI 中，这种警告机制被称为证书撤销，它所使用的手段为证书撤销列表（CRL）。

证书撤销信息的更新和发布频率是非常重要的，一定要确定合适的间隔频率来发布证书撤销信息，并且要将这些信息及时地散发给那些正在使用这些证书的用户。通常，两次证书撤销信息之间的间隔被称为撤销延迟。

证书撤销的实现方法有多种，一种方法是利用周期性的发布机制，如 CRL，这是常用方法，另一种方法是在线查询机制，如在线证书状态协议 OCSP。

（1）CRL

CRL 的结构是按 X.509 证书标准定义的，其结构如图 3-17 所示。

事实上，CRL 是一种包含撤销证书列表的签名数据结构，CRL 的完整性和可靠性由其自身的数字签名来保证。CRL 的签名者一般也就是颁发证书的签名者。

版 本 号	签 名	颁 发 者	本次更新	下次更新	撤销的证书列表	扩 展 域

① 版本号——指出CRL的版本号。
② 签名——计算本CRL的数字签名所用的算法的对象标识符。
③ 颁发者——CRL颁发者（即CRL的签名者）的可识别名（DN），本字段必须写出且唯一。
④ 本次更新——本CRL的发布时间，以UTC Time或Generalized Time的形式表示。
⑤ 下次更新——属可选项，下一个CRL的发布时间，其表示形式与本次更新字段一样。
⑥ 撤销的证书——撤销的证书的列表，每个证书对应一个唯一的标识符。
⑦ 扩展域——有 4 个定义可用于每项的扩展。
　理由代码——证书撤销理由，包括密钥损坏、CA损坏、关系变动、取代、操作终止、证书控制、
　　　　　　从CRL的去除，以及未指明的理由。
　证书颁发者——证书颁发者的名字。
　控制指示代码——用于证书的临时冻结。
　无效日期——本证书不再有效的时间。

图 3-17　CRL 结构

（2）在线查询机制

对证书撤销信息的查询，也可利用在线查询机制，即要求用户无论检索证书撤销与否都必须与数据库保持在线状态。

目前，最普遍的在线撤销机制就是在线证书状态协议（OCSP），这是一种相对简单的请求/响应协议。一个OCSP请求由协议版本号、服务请求类型，以及一个或多个证书标识符组成。

响应信息由证书标识符、证书状态（"正常"、"撤销"等），以及对应于原请求中具体证书标识符的验证响应时间组成。响应信息必须经过数字签名，以保证其源于可信任方并且在传输过程中未被篡改。签名密钥一般属于颁发证书的 CA，是一个可信任的第三方。因此，在任何情况下，用户必须信任这个响应信息。

关于证书撤销信息查询问题，有多种技术来实现，但不同的技术适用于不同的环境，PKI应提供多种选择，进而构成最佳的撤销方案。

4. 密钥备份和恢复

为避免解密密钥丢失带来的不便，PKI 提供了密钥备份与解密密钥的恢复机制，即密钥备份与恢复系统，它由可信任的 CA 来完成。值得注意的是，密钥备份与恢复只针对解密密钥，签名密钥是不能做备份的。

一个证书的生命周期主要包括 3 个阶段，即证书初始化注册阶段、颁发阶段和取消阶段。而证书密钥的备份与恢复就发生在初始化注册阶段和颁发阶段。

（1）密钥/证书生命周期

密钥/证书的生命周期可分为初始化、颁发和取消 3 个阶段，如图 3-18 所示。

初始化阶段指的是终端用户在使用 PKI 服务之前，必须经过初始化程序进入 PKI，由以下几步组成。

● 终端实体注册。

● 密钥对产生。

● 证书创建和密钥/证书分发。

● 密钥备份。

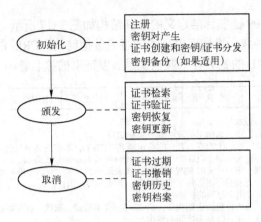

图 3-18　密钥/证书生命周期管理

颁发阶段包括以下几个。

- 证书检索——远程数据库的证书检索。
- 证书验证——确定一个证书的有效性。
- 密钥恢复——不能正常解读加密文件时，从 CA 中恢复。
- 密钥更新——当一个合法的密钥对将要过期时，新的公/私密钥对会自动产生并颁发。

取消阶段是密钥/证书生命周期管理的结束，主要步骤包括以下几个。

- 证书过期——证书的自然过期。
- 证书撤销——宣布一个合法证书（及相关密钥）不再生效。
- 密钥历史——维护一个有关密钥资料的连续记录，以便以后过期的密钥所加密的数据可以被解密。
- 密钥档案——为了密钥历史恢复、审计和解决争议的目的，密钥历史档案由 CA 储存。

由此可见，密钥备份与恢复贯穿证书的整个生命周期。

（2）密钥备份

用户在申请证书的初始阶段，如果声明公/私密钥对是用于数据加密的，则 CA 对该用户的密钥和证书进行备份，备份设备的位置可以从一个 PKI 域变到另一个 PKI 域。

（3）密钥恢复

密钥恢复功能发生在颁发阶段，其功能是将终端用户丢失的加密密钥予以恢复，这种恢复由可信任的密钥恢复中心或 CA 完成。密钥恢复的手段可以从远程设备恢复，也可由本地设备恢复。考虑到可扩展性并将 PKI 管理员和终端用户的负担减到最小，恢复过程必须尽可能地自动化和透明化。此外，任何综合的生命周期管理协议都必须具有对这个能力的支持。

密钥恢复和密钥备份一样，只适用于用户的加密密钥，签名密钥或私钥不应备份，因为这样将影响提供不可否认性的能力。

5. 自动更新密钥

一个证书的有效期是有限的，这样规定既有理论原因，又有实际操作因素。因此，在很多 PKI 环境中，一个已颁发的证书需要有过期的措施，以便更换新的证书。为避免密钥更新的复杂性和人工操作的烦琐，PKI 支持自动密钥或证书更新。其指导思想是，无论用户的证书用于何种目的，认证时都会在线自动检查有效期，在失效日期到来之前的某段时间内，自动启动更新程序，生成一个新的证书来代替旧证书，新旧证书的序列号也不相同。

（1）密钥更新

密钥更新发生在证书的颁发阶段。当证书"接近"过期时，必须颁发一个新的公/私密钥和相关证书，这称为密钥更新。所谓"接近"过期，一般是指在证书到达有效期之前的时间"提前量"，通常规定这个提前量为整个密钥生存期的 20%左右。实践证明，这是一个合理的转变时间，可以防止证书过期而得不到安全服务。源于扩展性的要求，这个更新过程必须自动进行，对终端用户而言，也应该是透明的。

（2）证书更新与证书恢复

证书更新与证书恢复是两个不同的概念，证书恢复是保持最初的公钥/私钥对，密钥证书更新是在证书中产生了一个新的公钥/私钥对。证书之所以能够恢复，取决于最初颁发证书的环境没有变化，并且还认为这个公/私钥对仍是可信的。

6．密钥历史档案

从密钥更新的概念可知，在经过一段时间之后，每个用户都会形成多个"旧"证书和至少一个"当前"证书，这一系列旧证书和相应的私钥就组成了用户密钥和证书的历史档案。

记录整个密钥历史是一件十分重要的事情。例如，甲 5 年前加密的数据或他人用甲的公钥加密的数据无法用现在的私钥解密，那么，甲就需要从其密钥历史档案中找到正确的解密密钥来解密数据。以此类推，有时也需要从密钥历史档案中找到合适的证书验证甲 5 年前的数字签名。与密钥更新相同，管理密钥历史档案也应由 PKI 自动完成，密钥历史档案发生在密钥/证书生命周期的取消阶段。

（1）密钥历史

即使密钥资料已过期，可靠和安全地存储加密密钥也是必需的。在 PKI 中，存储加密密钥的数据库称为密钥历史。一定程度上，密钥历史主要是为保证数据的机密性服务的。具体而言，就是用做解密的私有密钥资料被存储，以便将来对已加密数据进行恢复。对于那些用于数字签名目的的密钥，只能通过密钥档案适当地满足这种需求。

（2）密钥档案

与密钥历史不同，密钥档案主要在审计和交易争端时使用。密钥历史一般直接与终端实体相结合，以便在访问已过期密钥加密的数据时，快捷地提供过期密钥资料。密钥档案一般则是由第三方提供服务，其提供的服务包括公证和时间戳服务、跟踪审计，以及终端实体的密钥历史恢复等。当局部密钥历史丢失或遭破坏后，密钥档案服务就显得相当重要。一个给定终端实体的密钥历史可以由密钥档案设备存储起来，以便将来响应来自密钥历史所有者的请求，或者其他无终端实体但已被授权访问该密钥资料者的请求。

另外，当试图验证一个已过期的密钥资料所创建的数字签名时，密钥档案设备可能是必需的，因为在这种情况下，需要恢复对该数字签名有用的公钥证书。

7．交叉认证

在全球范围内建立一个容纳所有用户的单一 PKI 是不太可能实现的，可行的模型是建立多个 PKI 域，进行独立的运行和操作，为不同环境和不同行业的用户团体服务。

为在不同 PKI 之间建立信任关系，"交叉认证"的概念应运而生。在没有统一的全球 PKI 的环境下，交叉认证是一个可以接受的机制，因为它能够保证一个 PKI 团体的用户验证另一个团体的用户证书。总之，交叉认证是一种把以前无关的 CA 连接在一起的机制，从而使得它们在各自主体群间实现安全通信。

交叉认证方式以 CA 所在的域为标准，可分为域内交叉认证和域间交叉认证两种形式。如果两个 CA 属于相同的域，即在一个组织的 CA 层次结构中，某一层的 CA 认证下一层的 CA，这种处理方式被称为域内交叉认证。如果两个 CA 属于不同的域，即在一个公司中的 CA 认证在另一家公司中的 CA，这种处理方式被称为域间交叉认证。

交叉认证既可以是单向的，也可以是双向的。所谓单向认证，是指 CA1 可以交叉认证 CA2，但 CA2 却无法交叉认证 CA1。双向认证则是指 CA1 与 CA2 可以互相交叉认证，这种相互交叉认证需要两个不同的交叉证书。

在 X.509 标准中，对于交叉认证给出的定义是：从 CA1 的观点来看，把它当作主体，由其他 CA 来颁发证书，被称为"正向交叉证书"，被 CA1 颁发的证书则称为"反向交叉证书"。如果一个 X.500 目录被用作证书资料库，则正确的正向和反向交叉证书可以被存储在每个相关的 CA 目录项中的交叉证书对结构中，这个结构可以构造证书路径，如图 3-19 所示。

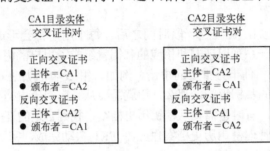

图 3-19　CA1 与 CA2 之间的相互交叉认证证书对

交叉认证的目的在于，在不同的群体中扩展信任，其方法有 3 类。

1）一个给定的 CA 可承认另一个 CA 在其所控制的范围内被授权颁发的证书。

2）允许不同的 PKI 域建立互操作路径。

3）交换根 CA 的密钥，并用外部域的根 CA 的密钥填充每个终端实体的软、硬件。

现举例说明如何使交叉认证能在不同的证书群体中扩展信任。假设：甲已被 CA1 认证，并持有一份可信的 CA1 的公钥，并且乙已经被 CA2 认证，也持有一份可信的 CA2 的公钥。最初，甲只信任其证书是由 CA1 签发的实体，因为甲能够验证这些证书。此时甲尚不能验证乙的证书，因为甲此时还没有持有一份可信的 CA2 的公钥。类似地，此时乙也不能验证甲的证书。然而，在 CA1 和 CA2 交叉认证之后，甲的信任能够扩展到 CA2 的包括乙在内的主体群，这是因为甲能够用其可信的 CA1 的公钥验证 CA2 的证书，然后用其现在信任的 CA2 的公钥验证乙的证书。

8. 不可否认性

PKI 的不可否认性适用于从技术上保证实体对他们行为的不可否认性，即他们对自己发送和接收数据这个事实的不可抵赖性。如甲签发了某份文件，一段时间后他不能否认他对该文件进行了数字签名。

从数字签名的角度来说，一个公司或机构若需要用 PKI 支持不可否认性，则维护多密钥对和多个证书就非常必要。要真正支持不可否认性需要一个必要条件，那就是用户用于不可否认性操作的私钥不能被包括可信任实体 CA 在内的任何其他人知道。否则，实体就会随便地宣布这个操作不是本人所为，某些情况下这种私钥只能装载在防篡改的硬件加密模块中。

另一方面，不是用于不可否认性的密钥，如加密密钥，可备份在一个可信任机构（如

CA）中，甚至可以存放在软件里。正是由于这种冲突，一个 PKI 实体一般需要拥有两对或三对不同的密钥对及相关证书，一对用于加密和解密，一对用于普通的签名和认证，一对用于不可否认性的签名和认证。

9．时间戳

时间戳也称安全时间戳，是一个可信的时间权威用一段可认证的完整数据表示的时间戳（以格林尼治时间为标准的 32 位值）。重要的不是时间本身的精确性，而是相关日期时间的安全性。支持不可否认性服务的一个关键措施就是在 PKI 中使用时间戳，即时间源是可信的，它赋予的时间值必须被安全地传送。

PKI 中必须存在用户可信任的权威时间源，权威时间源的时间并不需要准确，重在为用户指明"参照"时间，以便完成基于 PKI 的事务处理。一般地，PKI 中都设置一个时钟系统，以便统一 PKI 的时间。当然，也可用世界官方时间源所提供的时间，甚至是网络上权威时间源发布的时间。当实体需要在数据上盖上时间戳时，就可向 PKI 权威时间源提出请求，一份文档的时间戳实质上就是文档内容和时间的杂凑值（Hash 值），即数字签名，它可为数据的真实性和完整性验证提供依据。

10．客户端软件

客户端软件是一个全功能、可操作 PKI 的必要组成部分。与常见的客户/服务器应用相同，只有客户端提出请求服务，服务器端才会对此请求做相应处理，这个原理同样适用于 PKI。客户端软件的主要功能有以下几个。

1）询问证书和相关的撤销信息。

2）在一定时刻为文档请求时间戳。

3）作为安全通信的接收点。

4）进行传输加密或数字签名。

5）执行取消操作。

6）证书路径处理。

客户端软件独立于所有应用程序，应用程序应通过标准接入点与客户端软件连接。

对 PKI 而言，这些应用程序是指客户端应用程序、协议引擎、数据库和操作系统等，它们都需要诸如认证、完整性、机密性和不可否认性等安全服务。为了在应用程序之间获得一致的安全性，客户端软件必须被置于一个单一的应用程序之外，可以被应用程序调用。

3.5.3 PKI 的特点

PKI 的主要特点包括以下几个。

1）节省费用。在一个大型的应用系统中，实现统一的安全解决方案，比起实施多个有限的解决方案，费用要少得多。

2）互操作性。在一个系统内部，实施多个点对点的解决方案，无法实现互操作性。在 PKI 中，每个用户程序和设备都以相同的方式访问和使用安全服务功能。

3）开放性。任何先进技术的早期设计，都希望在将来能与其他系统实现互操作，而一个专有的点对点技术方案不能处理多域间的复杂性，不具有开放性。

4）一致的解决方案。一致的解决方案在一个系统内更易于安装、管理和维护，并且开销小。

5）可验证性。PKI 在所有应用系统和设备之间所采用的交互处理方式都是统一的，因此，它的操作和交互都可以被验证是否正确。

6）可选择性。PKI 为管理员和用户提供了许多可选择性。

3.6　常用加密软件介绍

在日常工作和学习过程中，PGP（Pretty Good Privacy）软件及其免费代替产品 GnuPG 软件是两款常见的加密产品，下面主要介绍其功能、主要技术特点及使用方法。

3.6.1　PGP

1．PGP 简介

PGP 是一款基于 RSA 公钥加密体系的邮件加密软件，提出了公共钥匙或不对称文件加密和数字签名的方法。该软件的创始人是美国的 Phil Zimmermann，他创造性地把 RSA 公钥体系的方便和传统加密体系的高速结合起来，并且在数字签名和密钥认证管理机制上有巧妙的设计，因此 PGP 几乎成为目前最流行的公钥加密软件包。

由于美国对信息加密产品有严格的法律约束，特别是向美国、加拿大以外的其他国家散播、出售和发布该类软件的约束更为严格，因而限制了 PGP 的一些发展和普及，现在该软件的主要使用对象为情报机构、政府机构和信息安全工作者。PGP 最初的设计主要是用于邮件加密，如今已经发展到了可以加密整个硬盘、分区、文件及文件夹，甚至可以对 ICQ 等即时通信软件的聊天信息实时加密。

PGP 不是一种完全的非对称加密体系，它是一个混合加密算法，由一个对称加密算法（IDEA）、一个非对称加密算法（RSA）、一个单向散列算法（MD5）及一个随机数产生器（从用户击键频率产生伪随机数序列的种子）组成，每种算法都是 PGP 不可分割的组成部分。PGP 之所以流行，并得到广泛认可，最主要的就是它集成了几种加密算法的优点，使它们彼此得到互补。

2．PGP 的功能与使用

PGP 软件原来是美国 PGP 公司的产品，后来被 Symantec 公司收购，并更名为 Symantec Encryption Desktop，目前版本是 10.3，下面就以 Symantec Encryption Desktop 10.3 为例对其功能进行介绍。

Symantec Encryption Desktop 10.3 的主操作界面如图 3-20 所示，主要包括 PGP Keys、PGP Messaging、PGP Zip、PGP Disk、PGP Viewer 和 File Share Encryption 等几个功能模块。

其中，PGP Keys 模块主要负责密钥的生成与管理，PGP Messaging 模块主要完成邮件、即时消息等的加解密，PGP Zip 模块主要用来创建和查看压缩包，PGP Disk 模块主要用来创建和管理虚拟磁盘、加密磁盘或分区，PGP Viewer 模块主要完成加密邮件消息的解密与查看，File Share Encryption 模块主要完成文件或目录的加密分享。此外，Symantec Encryption Desktop 的 Shred Files 和 Shred Free Space 模块可以实现文件和磁盘空闲空间的安全擦除。下面仅对密钥创建和 PGP Disk 创建虚拟磁盘进行介绍，其他功能的使用可以参考该软件的帮助文档。

（1）创建 PGP Key

要使用 PGP 加密系统，首先要创建一对 PGP Key，方法是在 PGP Desktop 主界面上选择 File→New PGP Key 命令，在弹出对话框中按提示执行下一步操作，进入如图 3-21 所示的界面，输入用户名和邮件地址。此时可以通过单击 Advanced 按钮进一步设置密钥的类型、加密算法和密钥长度等信息。

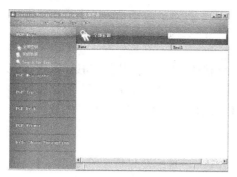

图 3-20　PGP 的操作界面

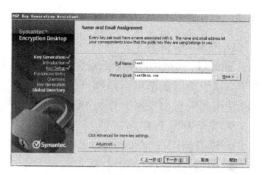

图 3-21　创建 PGP Key 的用户信息

单击"下一步"按钮，进入设置私钥保护密码界面，如图 3-22 所示。

根据提示执行余下操作即可以完成 PGP Key 的创建，如图 3-23 所示。在创建了 PGP Key 后，就可以利用该 PGP Key 进行各种加解密操作。

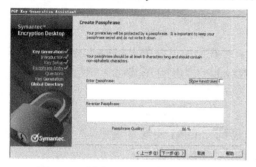

图 3-22　创建 PGP Key 的密码信息

图 3-23　创建的 PGP Key

（2）创建 PGP Disk

创建 PGP Disk 的方法是在 PGP Desktop 主界面左侧功能导航栏中选择 New Virtual Disk，图 3-24 给出了创建的界面，其中要设置的内容主要包括虚拟盘的文件名、存储路径、挂载虚拟盘符、容量、分区格式、加密级别和选用密钥等信息。设置了所需信息后单击 Create 按钮，即可以完成 PGP Disk 的创建。

在创建完成 PGP Disk 后，会在图 3-24 指定目录下创建 New PGP Disk1.pgd 文件，在如图 3-25 所示的界面中，先选中创建的 New PGP Disk1.pgd，然后单击 mount 按钮，即可进行虚拟磁盘的加载，同时 mount 按钮变为 unmount 按钮，单击该按钮就可以卸载虚拟磁盘。在进行加载时会提示输入私钥的保护密码。

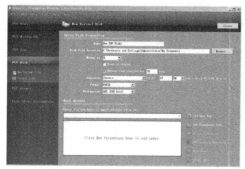

图 3-24　创建 PGP Disk

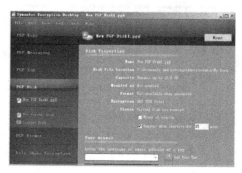

图 3-25　使用 PGP Disk

3.6.2 GnuPG

1. GnuPG 简介

GnuPG（http://www.gnupg.org）是 PGP 的免费代替软件。PGP 使用了 IDEA 等许多专利算法，属于美国加密出口限制产品。GnuPG 是 GPL 软件，并且没有使用任何专利加密算法，所以使用起来自由很多。作为 PGP 的替代产品，GnuPG 的技术特点主要包括以下几个。

- 完全兼容 PGP。
- 没有使用任何专利算法，无专利问题。
- 遵循 GNU 公共许可证。
- 支持多种加密算法。
- 支持扩展模块。
- 用户标识遵循标准结构。
- 多语言支持（包括简体中文）。
- 在线帮助系统。
- 拥有众多的 GUI 界面支持。

GnuPG 最初是运行在 UNIX 系列操作系统之上，现在已经可以在 Windows 系列操作系统上运行，目前的最新版本是 2.1.9。下面以 Windows 版本 GnuPG 为例介绍其功能和使用方法。

2. GnuPG 的功能与使用

（1）GnuPG 的安装

在 Windows 系统上安装 GnuPG 非常简单，只需到 GnuPG 网站下载并运行最新的安装包（目前为 gnupg-w32-2.1.9_20151009），然后按照提示即可完成安装过程。

（2）GnuPG 的主要功能

GnuPG 的主要功能可以通过在命令行窗口中执行 gpg –h 命令来查看。该命令的执行结果如下。

```
gpg –h
gpg (GnuPG) 2.1.9
libgcrypt 1.6.4
Copyright (C) 2015 Free Software Foundation, Inc.
License GPLv3+: GNU GPL version 3 or later <http://gnu.org/licenses/gpl.html>
This is free software: you are free to change and redistribute it.
There is NO WARRANTY, to the extent permitted by law.

Home：C:\Documents and Settings\Administrator\Application Data\gnupg
Supported algorithms:
Pubkey：RSA，ELG，DSA，ECDH，ECDSA，EDDSA
Cipher：IDEA，3DES，CAST5，BLOWFISH，AES，AES192，AES256，TWOFISH，
CAMELLIA128，CAMELLIA192，CAMELLIA256
Hash：SHA1，RIPEMD160，SHA256，SHA384，SHA512，SHA224
Compression：Uncompressed，ZIP，ZLIB，BZIP2

Syntax: gpg [options] [files]
Sign, check, encrypt or decrypt
Default operation depends on the input data

Commands:
```

```
-s, --sign                    make a signature
     --clearsign              make a clear text signature
-b, --detach-sign             make a detached signature
-e, --encrypt                 encrypt data
-c, --symmetric               encryption only with symmetric cipher
-d, --decrypt                 decrypt data (default)
     --verify                 verify a signature
-k, --list-keys               list keys
     --list-sigs              list keys and signatures
     --check-sigs             list and check key signatures
     --fingerprint            list keys and fingerprints
-K, --list-secret-keys        list secret keys
     --gen-key                generate a new key pair
     --quick-gen-key          quickly generate a new key pair
     --quick-adduid           quickly add a new user-id
     --full-gen-key           full featured key pair generation
     --gen-revoke             generate a revocation certificate
     --delete-keys            remove keys from the public keyring
     --delete-secret-keys     remove keys from the secret keyring
     --quick-sign-key         quickly sign a key
     --quick-lsign-key        quickly sign a key locally
     --sign-key               sign a key
     --lsign-key              sign a key locally
     --edit-key               sign or edit a key
     --passwd                 change a passphrase
     --export                 export keys
     --send-keys              export keys to a key server
     --recv-keys              import keys from a key server
     --search-keys            search for keys on a key server
     --refresh-keys           update all keys from a keyserver
     --import                 import/merge keys
     --card-status            print the card status
     --card-edit              change data on a card
     --change-pin             change a card's PIN
     --update-trustdb         update the trust database
     --print-md               print message digests
     --server                 run in server mode

Options:
 -a, --armor                  create ascii armored output
 -r, --recipient USER-ID      encrypt for USER-ID
 -u, --local-user USER-ID     use USER-ID to sign or decrypt
 -z N                         set compress level to N (0 disables)
     --textmode               use canonical text mode
 -o, --output FILE            write output to FILE
 -v, --verbose                verbose
 -n, --dry-run                do not make any changes
 -i, --interactive            prompt before overwriting
     --openpgp                use strict OpenPGP behavior
```

```
Examples:
 -se -r Bob [file]               sign and encrypt for user Bob
 --clearsign [file]              make a clear text signature
 --detach-sign [file]            make a detached signature
 --list-keys [names]             show keys
 --fingerprint [names]           show fingerprints
```

（3）生成密钥对

要生成密钥对，只需在命令行下执行 gpg --gen-key 命令，然后根据提示选择相应的选项即可完成。图 3-26 给出了一个生成名为 hacker 的密钥的过程。

图 3-26　生成 GnuPG 密钥

可以通过 gpg --list-keys 命令查看当前的密钥列表，如图 3-27 所示。

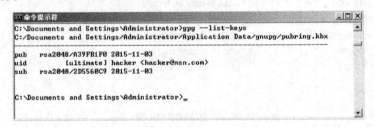

图 3-27　查看 GnuPG 密钥

（4）加密与解密

加密和解密一个文件非常容易，这里以密钥 hacker <hacker@msn.com>为例来进行说明，操作过程如图 3-28 所示。在测试前，首先创建一个内容为"GnuPG 测试"的文本文件 sn.txt。

其中，命令 gpg -ea -r hacker sn.txt 的功能是用 hacker 的公钥对 sn.txt 进行加密，并将密文以 ASCII 的方式输出到 sn.txt.asc。命令 gpg -d sn.txt.asc 对信息原文进行加密，此过程中会要求输入加密者 hacker 的私钥保护密码。其中，原文 sn.txt 与密文 sn.txt.asc 的内容如图 3-29 所示。

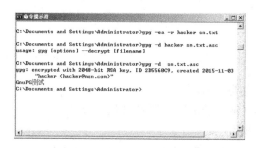

图 3-28　GnuPG 加密与解密

图 3-29　原文与密文

3.7　小结

信息加密是保障信息安全最核心的技术措施和理论基础，它采用密码学的原理与方法对信息进行可逆的数学变换，从而使非法接入者无法理解信息的真正含义，达到保证信息机密性的目的。信息加密算法共经历了古典密码、单钥密码体制（对称密钥密码）和双钥密码体制（公开密钥密码）3 个阶段，近年来云计算、电子商务等迅速发展，人们对同态加密的研究与应用日益重视。

古典密码是密码学的源头，常见的算法有：简单代替密码或单字母密码、多名或同音代替、多表代替，以及多字母或多码代替等。现代密码按照使用密钥方式的不同，可分为单钥密码体制和双钥密码体制两类。按照加密模式的差异，单钥密码体制有序列密码（也称流密码）和分组密码两种方式，它不仅可用于数据加密，还可用于消息认证，其中，最有影响的单钥密码是 DES 算法和 IDEA 算法。双钥密码体制的加密密钥和解密密钥不同，在网络通信中，主要用于认证（如数字签名、身份识别等）和密钥管理等，其杰出的算法有基于素数因子分解问题的 RSA 算法和基于离散对数问题的 ElGamal 算法。同态加密是一类具有特殊自然属性的加密方法，与一般加密算法相比，同态加密除了能实现基本的加密操作之外，还能实现密文间的多种计算功能，即先计算后解密等价于先解密后计算。

在网络安全领域，网络数据加密是解决通信网中信息安全的有效方法，网络数据加密常见的方式有链路加密、结点加密和端到端加密，以及一些同态加密典型应用等。其中，链路加密是对网络中两个相邻结点之间传输的数据进行加密保护，结点加密是指在信息传输路过的结点处进行解密和加密，端到端加密是指对一对用户之间的数据连续地提供保护。同态加密可对密文数据进行直接运算，而不会破坏对应明文信息的完整性和保密性，对密文的操作等价于对明文实施相应操作之后再加密。

在认证技术领域，通过使用密码手段，一般可实现 3 个目标，即消息完整性认证、身份认证，以及消息的序号和操作时间（时间性）等认证。认证技术模型在结构上由安全管理协议、认证体制和密码体制 3 层组成。

PKI 是一个采用公钥密码算法原理和技术来提供安全服务的通用性基础平台，用户可利用 PKI 平台提供的安全服务进行安全通信，PKI 采用标准的密钥管理规则，能够为所有应用透明地提供采用加密和数字签名等密码服务所需要的密钥和证书管理。PKI 在组成上主要包括认证机构 CA、证书库、密钥备份、证书作废处理系统和 PKI 应用接口系统等。

PGP 和 GnuPG 是两个常用的公钥加密软件，PGP 软件被 Symantec 公司收购后，已经融入其产品体系，形成了 Symantec Encryption 解决方案，GnuPG 作为 PGP 的代替软件，属于开源免费软件，可以自由使用。

3.8 习题

1. 简述信息加密技术对于保障信息安全的重要作用。
2. 简述加密技术的基本原理，并指出有哪些常用的加密体制及其代表算法。
3. 试分析古典密码对于构造现代密码有哪些启示。
4. 选择凯撒（Caesar）密码系统的密钥 k=6，若明文为 Caesar，密文是什么？
5. DES 加密过程有哪几个基本步骤，试分析其安全性能。
6. 在本章 RSA 实例的基础上，试给出 m=student 的加解密过程。
7. RSA 签名方法与 RSA 加密方法对密钥的使用有什么不同？
8. 试简述网络数据加密中的链路加密、结点加密和端到端加密方式。
9. 试简述同态加密技术在云计算中的典型应用方式。
10. 认证的目的是什么？试简述认证技术相互间的区别。
11. 什么是 PKI？其用途有哪些？
12. 简述 PKI 的功能模块组成。
13. 通过学习，你认为密码技术在网络安全实践中还有哪些重要应用领域，请举例说明。

第4章　防火墙技术

防火墙（Firewall）是使用最为广泛的一种网络安全技术。在构建安全网络环境的过程中，防火墙作为第一道安全防线，正受到越来越多的关注。本章主要介绍防火墙的基本概念、功能、体系结构及主要关键技术，简单介绍由防火墙脆弱性可能引起的入侵及其防护对策，以及防火墙产品应用示例和个人防火墙，最后介绍防火墙技术发展的动态和趋势。

4.1　概述

防火墙是一种将内部网络和外部网络（如 Internet）分开的方法，是提供信息安全服务、实现网络和信息系统安全的重要基础设施，主要用于限制被保护的内部网络与外部网络之间进行的信息存取及信息传递等操作。防火墙可以作为不同网络或网络安全域之间信息的出入口，能根据安全策略控制出入网络的信息流，且本身具有较强的抗攻击能力。在逻辑上，防火墙是一个分离器、一个限制器，也是一个分析器，可有效地监控内部网络和外部网络之间的任何活动，保证内部网络的安全。

4.1.1　防火墙的概念

防火墙的本意是指古时候人们在住所之间修建的墙，这道墙可以在火灾发生时防止火势蔓延到其他住所。

在计算机网络上，如果一个内部网络与 Internet 连接，内部网络就可以访问外部网络并与之通信。但同时，外部网络同样也可以访问该网络并与之交互。为安全起见，人们就希望在内部网络和 Internet 之间设置一个安全屏障，其作用是阻断来自外部网络对内部网络的威胁和入侵，提供扼守本网络的安全和审计的第一道关卡。由于这样的安全屏障的作用与古代的防火墙类似，因此人们习惯性地将其称为"防火墙"。

防火墙是位于被保护网络和外部网络之间执行访问控制策略的一个或一组系统，包括硬件和软件，构成一道屏障，以防止发生对被保护网络的不可预测的、潜在破坏性的侵扰。它对两个网络之间的通信进行控制，通过强制实施统一的安全策略，限制外界用户对内部网络的访问，管理内部用户访问外部网络，防止对重要信息资源的非法存取和访问，以达到保护内部网络系统安全的目的。

防火墙配置在不同网络（如可信任的单位内部网络和不可信的公共网络）或网络安全域之间，本质上它遵循的是一种允许或阻止业务来往的网络通信安全机制，也就是提供可控的过滤网络通信，只允许授权的通信，能根据单位的安全政策控制（允许、拒绝、监测）出入网络的信息流，尽可能地对外部屏蔽网络内部的信息、结构和运行状况，以此来实现内部网络的运行安全。

4.1.2　防火墙的功能

防火墙是网络安全政策的有机组成部分，它通过控制和监测网络之间的信息交换和访问行为来实现对网络安全的有效管理。从基本要求上看，防火墙还是在两个网络之间执行控制策略的系统（包括硬件和软件），目的是不被非法用户侵入。它遵循的是一种允许或禁止业务来往的网络通信安全机制，也就是提供可控的过滤网络通信，只允许授权的通信。因此，对数据和访问的控制，以及对网络活动的记录，是防火墙发挥作用的根本和关键。

无论何种类型的防火墙，从总体上看，都应具有以下五大基本功能：过滤进、出网络的数据，管理进、出网络的访问行为，封堵某些禁止的业务，记录通过防火墙的信息内容和活动，以及对网络攻击的检测和告警。

1．过滤进、出网络的数据

防火墙是任何信息进、出网络的必经之路，它检查所有数据的细节，并根据事先定义好的策略允许或禁止这些数据进行通信。这种强制性的集中实施安全策略的方法，更多的是考虑内部网络的整体安全共性，一般不为网络中的某一台计算机提供特殊的安全保护，简化了管理，提高了效率。

2．管理进、出网络的访问行为

网络数据的传输更多的是通过不同的网络访问服务而获取的，只要对这些网络访问服务加以限制，包括禁止存在安全脆弱性的服务进、出网络，也能够达到安全目的。即通过将动态的、应用层的过滤能力和认证相结合，实现 HTTP、FTP 和 Telnet 等广泛的服务支持。

3．封堵某些禁止的业务

传统的内部网络系统与外界相连后，往往把自己的一些本身并不安全的服务，比如 NFS 和 NIS 等完全暴露在外，使它们成为外界主机侦探和攻击的主要目标，可利用防火墙对相应的服务进行封堵。

4．记录通过防火墙的信息内容和活动

对一个内部网络已经连接到外部网络上的机构来说，重要的问题并不是网络是否会受到攻击，而是何时会受到攻击。网络管理员必须审计并记录所有通过防火墙的重要信息。如果网络管理员不能及时响应报警并审查常规记录，防火墙就形同虚设。

5．对网络攻击进行检测和告警

如果一个单位没有设置传达室和门卫，任何人都可以长驱直入地到各房间中去，特别是当单位规模较大时，更难以保证每个房间都有较高的安全度。况且，随着失误变得越来越普遍，很多"入侵"是由于配置或密码错误造成的，而不是故意和复杂的攻击。而防火墙的作用就是提高主机整体的安全性，主要包括以下 5 点。

（1）控制不安全的服务

防火墙可以控制不安全的服务，因为只有授权的协议和服务才能通过防火墙，这就大大降低了内部网络的暴露度，提高了网络的安全度，从而使内部网络免于遭受来自外界的基于某协议或某服务的攻击。防火墙还能防止基于路由的攻击策略，拒绝这种攻击试探并将情况通知系统管理员。

（2）站点访问控制

防火墙还提供了对站点的访问控制。比如，从外界可以访问某些主机，却不能非法地访问另一些主机，即在网络的边界上形成一道关卡。一般而言，一个站点应该对进来的外部访问有所选择，至于邮件服务和信息服务肯定是要开放的。如果一个用户很少提供网络服务，或几乎不跟别的站点打交道，防火墙就是他保护自己的最好选择。

（3）集中安全保护

如果一个内部网络中大部分需要维护的软件，尤其是安全软件能集中放在防火墙系统上，而不是分散到每个主机中，会使整体的安全保护相对集中，也相对便宜，简化网络的安全管理，提高网络的整体安全性。例如，对于密码口令系统或其他的身份认证软件等，放在防火墙系统中更是优于放在每个 Internet 能访问的计算机上。

（4）强化私有权

对一些站点而言，私有性是很重要的，因为，某些看似不甚重要的信息往往会成为攻击者灵感的源泉。使用防火墙系统，站点可以防止 finger 及 DNS 域名服务。finger 会列出当前使用者名单，他们上次登录的时间，以及是否读过邮件等。但 finger 同时会不经意地告诉攻击者该系统的使用频率，是否有用户正在使用，以及是否可能发动攻击而不被发现。防火墙也能封锁域名服务信息，从而使 Internet 外部主机无法获取站点名和 IP 地址。通过封锁这些信息，可以防止攻击者从中获得另一些有用信息。

（5）网络连接的日志记录及使用统计

通过防火墙可以很方便地监视网络的安全性，并产生报警信号。当防火墙系统被配置为所有内部网络与外部 Internet 连接均需经过的安全系统时，防火墙系统就能够对所有的访问进行日志记录。日志是对一些可能的攻击进行分析和防范的十分重要的信息。另外，防火墙系统也能够对正常的网络使用情况做出统计。通过对统计结果的分析，可以使网络资源得到更好的使用。网络管理员必须经常审查并记录所有通过防火墙的重要信息。

为实现防火墙系统的以上功能，在防火墙产品的开发中，人们广泛应用网络拓扑技术、计算机操作系统技术、路由技术、加密技术、访问控制技术和安全审计技术等。

虽然防火墙是保证内部网络安全的重要手段，但防火墙也有其局限性，市场上每个防火墙产品几乎每年都有安全脆弱点被发现。

4.1.3　防火墙的局限性

防火墙的局限性主要体现在以下几个方面。

1．网络的安全性通常是以网络服务的开放性和灵活性为代价

在网络系统中部署防火墙，通常会使网络系统的部分功能被削弱。

1）由于防火墙的隔离作用，在保护内部网络的同时使它与外部网络的信息交流受到阻碍。

2）由于在防火墙上附加各种信息服务的代理软件，增大了网络管理开销，还减慢了信息传输速率，在大量使用分布式应用的情况下，使用防火墙是不切实际的。

2．防火墙只是整个网络安全防护体系的一部分，而且防火墙并非万无一失

1）只能防范经过其本身的非法访问和攻击，对绕过防火墙的访问和攻击无能为力。

2）不能解决来自内部网络的攻击和安全问题。

3）不能防止受病毒感染的文件的传输。

4）不能防止策略配置不当或错误配置引起的安全威胁。

5）不能防止自然或人为的故意破坏。

6）不能防止本身安全漏洞的威胁。

4.2 防火墙体系结构

防火墙的目的在于实现安全访问控制，因此按照 OSI 模型的安全要求，防火墙可以在 OSI 七层中的五层设置。防火墙从功能上分，通常由几部分组成，如图 4-1 所示。

人机接口			
访问控制策略	审计	安全管理	数据加密
网络互连设备			

图 4-1　防火墙功能图

目前，防火墙的体系结构一般有以下几种。

- 双重宿主主机体系结构。
- 屏蔽主机体系结构。
- 屏蔽子网体系结构。

4.2.1　双重宿主主机体系结构

双重宿主主机体系结构是围绕具有双重宿主的主机计算机而构筑的，该计算机至少有两个网络接口。这样的主机可以充当与这些接口相连的网络之间的路由器；它能够从一个网络发送 IP 数据包到另一个网络。然而，实现双重宿主主机的防火墙体系结构禁止这种发送功能。因而，IP 数据包从一个网络（如互联网）并不是直接发送到其他网络（如内部的、被保护的网络）。防火墙内部的系统能与双重宿主主机通信，同时防火墙外部的系统能与双重宿主主机通信，但是这些系统不能直接互相通信。它们之间的 IP 通信被完全阻止。

双重宿主主机的防火墙体系结构是相当简单的：双重宿主主机位于两者之间，并且被连接到外部网络和内部网络。图 4-2 显示了这种体系结构。

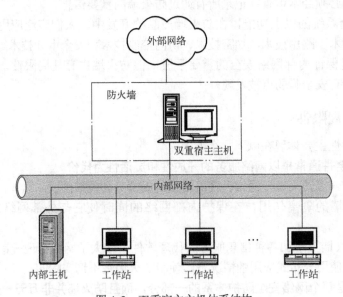

图 4-2　双重宿主主机体系结构

4.2.2　屏蔽主机体系结构

双重宿主主机体系结构是由一台同时连接内外部网络的双重宿主主机提供安全保障的，而屏蔽主机体系结构则不同，在屏蔽主机体系结构中，提供安全保护的主机仅仅与被保护的内部网络相连。屏蔽主机体系结构还使用一个单独的过滤路由器来提供主要安全，其结构如图 4-3 所示。

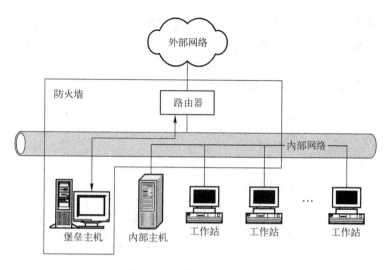

图 4-3　屏蔽主机体系结构

在图 4-3 中，堡垒主机位于内部的网络上，是外部网络上的主机连接到内部网络上的系统的桥梁（例如，传送进来的电子邮件）。即使这样，也仅有某些确定类型的连接被允许，任何外部的系统试图访问内部的系统或者服务将必须连接到这台堡垒主机上。因此，堡垒主机需要拥有高等级的安全。

数据包过滤也允许堡垒主机开放可允许的连接（什么是"可允许"将由用户站点的安全策略决定）到外部网络。

在该结构的路由器中数据包过滤配置可以按下列方法执行。

1）允许其他的内部主机为了某些服务与外部网上的主机连接（即允许那些已经由数据包过滤的服务）。

2）不允许来自内部主机的所有连接（强迫那些主机通过堡垒主机使用代理服务）。用户可以针对不同的服务混合使用这些手段；某些服务可以被允许直接通过数据包过滤，而其他服务可以被允许仅仅间接地经过代理。这完全取决于用户实行的安全策略。

因为这种体系结构允许数据包从外部网络向内部网络的移动，所以，它的设计比没有外部数据包能到达内部网络的双重宿主主机体系结构似乎更冒风险。但实际上双重宿主主机体系结构在防范数据包从外部网络穿过内部网络时，也容易产生失败（如黑客侵袭）。另外，保护路由器比保护主机较易实现，因为它提供的服务非常有限。多数情况下，屏蔽主机体系结构比双重宿主主机体系结构具有更好的安全性和可用性。

4.2.3　屏蔽子网体系结构

屏蔽子网体系结构添加额外的安全层到屏蔽主机体系结构，即通过添加周边网络更进一步把内部网络与外部网络隔离开。

堡垒主机是用户网络上最容易受侵袭的计算机。在屏蔽主机体系结构中，堡垒主机是非常诱人的攻击目标，因为它一旦被攻破，被保护的内部网络就会在外部入侵者面前门户洞开，在堡垒主机与内部网络的其他内部计算机之间没有其他的防御手段（除了它们可能有的通常非常少的主机安全之外）。如果有人成功地侵入屏蔽主机体系结构中的堡垒主机，那就毫无阻挡地进入了内部系统。

通过用周边网络隔离堡垒主机，能减少堡垒主机被入侵而造成的影响。可以说，它只给入侵者一些访问的机会，但不是全部。屏蔽子网体系结构的最简单形式为：两个屏蔽路由器的每一个都连接到周边网，一个位于周边网与被保护的内部网络之间，另一个位于周边网与外部网络之间（通常为 Internet）。其结构如图 4-4 所示。

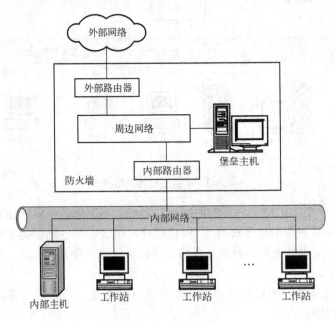

图 4-4 屏蔽子网体系结构

为了侵入用这种类型的体系结构保护的内部网络，入侵者必须通过两个路由器。即使入侵者设法侵入堡垒主机，他将仍然必须通过内部路由器。

下面介绍在这种结构里所采用的组件。

1. 周边网络

周边网络是另一个安全层，是在外部网络与用户的被保护的内部网络之间的附加网络。如果入侵者成功地侵入用户的防火墙的外层领域，周边网络能在入侵者与用户的内部系统之间提供一个附加的保护层。

对于周边网络的作用举例说明如下。

在许多网络设置中，用给定网络上的任何计算机来查看这个网络上的每一台计算机的通信是可能的，对大多数以以太网为基础的网络确实如此（而且以太网是当今使用最广泛的局域网技术）；对若干其他成熟的技术，诸如令牌环和 FDDI 也是如此。探听者可以成功获取那些在 Telnet、FTP 及 rlogin 会话期间使用过的口令信息。即使口令未被攻破，探听者仍然能偷看或访问他人的敏感文件的内容，或阅读他们感兴趣的电子邮件等；探听者能完全监视何人在使用网络。

对于周边网络，如果某人侵入周边网上的堡垒主机，他仅能探听到周边网上的通信。因为所有周边网上的通信仅通过周边网络来往于外部网络或堡垒主机。因为没有严格的内部通信（即在两台内部主机之间的通信，这通常是敏感的或者专有的）能越过周边网。所以，即使堡垒主机被损害，内部的通信也将是安全的。

一般来说，来往于堡垒主机或者外部世界的通信仍然是可监视的。防火墙设计工作的一部分就是确保上述信息流的暴露不至于影响到整个内部网络的安全。

2．堡垒主机

在屏蔽的子网体系结构中，用户把堡垒主机连接到周边网，这台主机便是接受来自外界连接的主要入口。它为内部网络服务的功能如下。

1）接收外来的电子邮件（SMTP），再分发给相应的站点。

2）接收外来的 FTP 连接，再转接到内部网的匿名 FTP 服务器。

3）接收外来的对有关内部网站点的域名服务（DNS）查询。

另一方面，这台堡垒主机向外（从内部网的客户向外部服务器）的服务功能按以下方法实施。

1）在外部和内部的路由器上设置数据包过滤来允许内部的客户端直接访问外部的服务器。

2）设置代理服务器在堡垒主机上运行，允许内部网的用户间接地访问外部网的服务器。也可以设置数据包过滤，允许内部网的用户与堡垒主机上的代理服务器进行交互，但是禁止内部网的用户直接与外部网进行通信。

3．内部路由器

内部路由器（在有关防火墙著作中有时被称为阻塞路由器）保护内部的网络免受外部网和周边网的侵犯。

内部路由器完成防火墙的大部分数据包过滤工作。它允许从内部网到外部网的有选择的外连服务。这些服务是根据内部网络的需要和安全规则选定的，如 Telnet、FTP 和 Gopher 等。

内部路由器可以设定，使周边网上的堡垒主机与内部网之间传递的各种服务不同于内部网和外部网之间传递的各种服务。限制堡垒主机和内部网之间服务的理由是减少在堡垒主机被入侵后而受到侵袭的内部网主机的数量。

4．外部路由器

在理论上，外部路由器（在有关防火墙著作中有时称为访问路由器）保护周边网和内部网免受来自外部网络的侵犯。实际上，外部路由器倾向于几乎让所有周边网的外出请求通过，通常只执行非常少的数据包过滤。保护内部计算机的数据包过滤规则在内部路由器和外部路由器上基本是一样的，如果在规则中有允许入侵者访问的错误，错误就可能出现在两个路由器上。

由于外部路由器一般由外界提供（例如，用户的因特网服务供应商——ISP），所以用户对外部路由器的访问是受限制的。ISP 可能愿意放入一些通用型数据包过滤规则来维护路由器，但是不愿意使用维护复杂或者频繁变化的过滤规则。因此，对于安全保障而言，不能像依靠内部路由器那样依靠外部路由器。

外部路由器能有效地执行的安全任务是：阻断从外部网络上伪造源地址进来的任何数据包。这样的数据包自称来自内部的网络，但实际上是来自外部网络。

4.2.4　防火墙体系结构的组合形式

建造防火墙时，一般很少采用单一的技术，通常是多种解决不同问题的技术的组合。这种组合主要取决于网管中心提供什么样的服务，以及网管中心能够接受什么等级的风险。采用哪种技术主要取决于经费、投资的大小或技术人员的技术、时间等因素。一般有以下一些形式。

● 使用多堡垒主机。

● 合并内部路由器与外部路由器。

- 合并堡垒主机与外部路由器。
- 合并堡垒主机与内部路由器。
- 使用多台内部路由器。
- 使用多台外部路由器。
- 使用多个周边网络。
- 使用双重宿主主机与屏蔽子网。

4.3 防火墙技术

从工作原理角度看，防火墙主要可以分为网络层防火墙和应用层防火墙。这两种类型防火墙的具体实现技术主要有包过滤技术、代理服务技术、状态检测技术和 NAT 技术等。

4.3.1 包过滤技术

包过滤防火墙工作在网络层，通常基于 IP 数据包的源地址、目的地址、源端口和目的端口进行过滤。它的优点是效率比较高，对用户来说是透明的，用户可能不会感觉到包过滤防火墙的存在，除非他是非法用户被拒绝了。缺点是对于大多数服务和协议不能提供安全保障，无法有效地区分同一IP 地址的不同用户，并且包过滤防火墙难以配置、监控和管理，不能提供足够的日志和报警。

数据包过滤（Packet Filtering）技术是在网络层对数据包进行选择，选择的依据是系统内设置的过滤逻辑，被称为访问控制列表（Access Control Table——ACL）。通过检查数据流中每个数据包的源地址、目的地址、所用的端口号和协议状态等因素或它们的组合，来确定是否允许该数据包通过。

数据包过滤防火墙逻辑简单，价格便宜，易于安装和使用，网络性能和透明性好，它通常安装在路由器上。路由器是内部网络与 Internet 连接必不可少的设备，因此在原有网络上增加这样的防火墙几乎不需要任何额外的费用。数据包过滤防火墙的缺点有两个：一是非法访问一旦突破防火墙，即可对主机上的软件和配置漏洞进行攻击；二是数据包的源地址、目的地址及 IP 的端口号都在数据包的头部，很有可能被窃听或假冒。分组过滤或包过滤是一种通用、廉价、有效的安全手段。之所以通用，是因为它不针对各个具体的网络服务采取特殊的处理方式；之所以廉价，是因为大多数路由器都提供分组过滤功能；之所以有效，是因为它能很大程度地满足企业的安全要求。过滤所根据的信息来源于 IP、TCP 或 UDP 包头。包过滤的优点是不用改动客户机和主机上的应用程序，因为它工作在网络层和传输层，与应用层无关。但其弱点也是明显的：用来过滤判别的只有网络层和传输层的有限信息，因而各种安全要求不可能充分满足；在许多过滤器中，过滤规则的数目是有限制的，且随着规则数目的增加，性能会受到很大的影响；由于缺少上下文关联信息，不能有效地过滤如 UDP 或 RPC 一类的协议；另外，大多数过滤器中缺少审计和报警机制，且管理方式和用户界面较差；对安全管理人员素质要求高，建立安全规则时，必须对协议本身及其在不同应用程序中的作用有较深入的理解。因此，过滤器通常是与应用网关配合使用，共同组成防火墙系统。

1. 包过滤模型

包过滤型防火墙一般有一个包检查模块，可以根据数据包头中的各项信息来控制站点与站点、站点与网络、网络与网络之间的相互访问，但不能控制传输的数据内容，因为内容是应用层数据。

包检查模块应该深入到操作系统的核心，在操作系统或路由器转发包之前拦截所有的数据包。当包过滤型防火墙安装在网关上之后，包过滤检查模块深入到系统的网络层和数据链路层之间，即 TCP 层和 IP 层之间。抢在操作系统或路由器的 TCP 层之前对 IP 包进行处理。因为数据链路层事实上就是网卡（NIC），网络层是第一层协议堆栈，所以包过滤型防火墙位于软件层次的最底层。包过滤模型如图 4-5 所示。

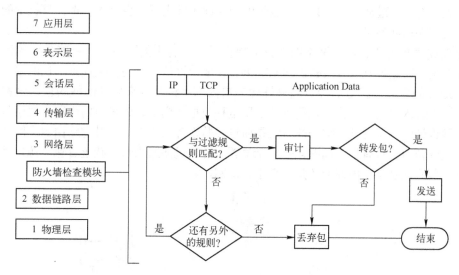

图 4-5　包过滤模型

通过检查模块，防火墙能拦截和检查所有进出的数据。防火墙检查模块首先验证这个数据包是否符合过滤规则。无论是否符合过滤规则，防火墙一般都要记录数据包情况，不符合规则的包要进行报警或通知管理员。对于丢弃的数据包，防火墙可以发给发送方一个消息，也可以不发，这取决于包过滤策略。如果返回一个消息，攻击者可能会根据拒绝包的类型猜测包过滤规则的大致情况。

2．包过滤的工作过程

数据包过滤技术可以允许或不允许某些数据包在网络上传输，主要依据如下。

● 数据包的源地址。

● 数据包的目的地址。

● 数据包的协议类型（TCP、UDP 和 ICMP 等）。

● TCP 或 UDP 的源端口。

● TCP 或 UDP 的目的端口。

● ICMP 消息类型。

大多数包过滤系统判断是否传送数据包时都不关心包的具体内容。包过滤系统只能进行类似以下情况的操作。

1）不让任何用户从外部网用 Telnet 登录。

2）允许任何用户使用 SMTP 向内部网发电子邮件。

3）只允许某台计算机通过 NNTP 向内部网发新闻。

但包过滤不允许如下操作。

1）允许某个用户从外部网用 Telnet 登录而不允许其他用户进行这种操作。

2）允许用户传送一些文件而不允许用户传送其他文件。

包过滤系统不能识别数据包中的用户信息，同样包过滤系统也不能识别数据包中的文件信息。包过滤系统的主要特点是可在一台计算机上提供对整个网络的保护。以 Telnet 为例，假定为了不让使用 Telnet 而将网络中所有计算机上的 Telnet 服务器关闭，即使这样做了，也不能保证在网络中新增计算机时，新计算机的 Telnet 服务器也被关闭或其他用户不重新安装 Telnet 服务器。如果有了包过滤系统，只要在包过滤中对此进行设置，也就无所谓计算机中的 Telnet 服务器是否存在的问题了。

包过滤路由器为所有进出网络的数据流提供了一个有用的阻塞点。有些类型的保护只能由放置在网络中特定位置的过滤路由器来提供。比如，设计这样的安全规则，让网络拒绝任何含有内部地址的包——就是那种看起来好像来自内部主机其实来自外部网的包，这种包经常被作为地址伪装入侵的一部分。入侵者总是用这种包把他们伪装成来自内部网。要用包过滤路由器来实现设计的安全规则，唯一的方法是通过参数设置网络上的包过滤路由器。图 4-6 说明了对这种包的防范。只有处在如图 4-6 所示位置上的包过滤路由器才能查看包的源地址，从而辨认出这个包到底是来自内部网还是来自于外部网。

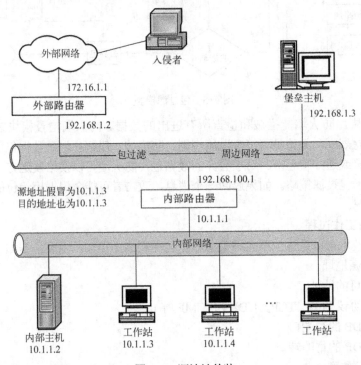

图 4-6　源地址伪装

包过滤方式有许多优点，其中之一是仅用一个放置在重要位置上的包过滤路由器即可保护整个网络。如果站点与外部网络间只有一台路由器，那么无论站点规模有多大，只要在这台路由器上设置合适的包过滤，站点就可获得很好的网络安全保护。

包过滤不需要用户软件的支持，也不要求对客户机做特别的设置，也没有必要对用户做任何培训。当包过滤路由器允许包通过时，它表现得和普通路由器没有任何区别。此时，用户甚至感觉不到包过滤功能的存在，只有在某些包被禁入或禁出时，用户才认识到它与普通路由器的不同。包过滤工作对用户来讲是透明的。这种透明就是可在不要求用户进行任何操作的前提下完成包过滤。

3. 包过滤路由器的配置

在配置包过滤路由器时，首先要确定哪些服务允许通过而哪些服务应被拒绝，并将这些规定翻译成有关的包过滤规则。对包的内容一般并不需要多加关心。比如：允许站点接收来自外部网的邮件，而不关心该邮件是用什么工具制作的。路由器只关注包中的一小部分内容。下面给出将有关服务翻译成包过滤规则时非常重要的几个概念。

1) 协议的双向性。协议总是双向的，协议包括一方发送一个请求而另一方返回一个应答。在制定包过滤规则时，要注意包是从两个方向来到路由器的，比如，只允许往外的 Telnet 包将键入信息送达远程主机，而不允许返回的显示信息包通过相同的连接，这种规则是不正确的，同时，拒绝半个连接往往也是不起作用的。在许多攻击中，入侵者向内部网发送包，他们甚至不用返回信息就可完成对内部网的攻击，因为他们能对返回信息加以推测。

2)"往内"与"往外"的含义。在制定包过滤规则时，必须准确理解"往内"与"往外"的包和"往内"与"往外"的服务这几个词的语义。一个往外的服务（如上面提到的 Telnet）同时包含往外的包（键入信息）和往内的包（返回的屏幕显示的信息）。虽然大多数人习惯于用"服务"来定义规定，但在制定包过滤规则时，一定要具体到每一种类型的包。在使用包过滤时也一定要弄清"往内"与"往外"的包和"往内"与"往外"的服务这几个词之间的区别。

3)"默认允许"与"默认拒绝"。网络的安全策略中有两种方法：默认拒绝（没有明确地被允许就应被拒绝）与默认允许（没有明确地被拒绝就应被允许）。从安全角度来看，用默认拒绝应该更合适。如前面讨论的，首先应从拒绝任何传输开始设置包过滤规则，然后再对某些应被允许传输的协议设置允许标志。这样做系统的安全性会更好一些。

4. 包过滤处理内核

过滤路由器可以利用包过滤作为手段来提高网络的安全性。许多商业路由器都可以通过编程来执行过滤功能。路由器制造商，如 Cisco、华为等提供的路由器都可以通过编写访问控制列表（ACL）来执行包过滤功能。

（1）网络安全策略

包过滤还可以用来实现大范围内的网络安全策略。网络安全策略必须清楚地说明被保护的网络和服务的类型、它们的重要程度，以及这些服务要保护的对象。

一般来说，网络安全策略主要集中在阻截入侵者，而不是试图警戒内部用户。其工作的重点是阻止外来用户的突然侵入和故意暴露敏感性数据，而不是阻止内部用户使用外部网络服务。这种类型的网络安全策略决定了过滤路由器应该放在哪里和怎样通过编程来执行包过滤。网络安全策略的一个目标就是要提供一个透明机制，保证这些策略不会对用户产生障碍。

（2）包过滤策略

包过滤器通常置于一个或多个网段之间。网络段区分为外部网段和内部网段。外部网段是通过网络将用户的计算机连接到外面的网络上，内部网段用来连接公司的主机和其他网络资源。

包过滤器设备的每一个端口都可用来完成网络安全策略，该策略描述了通过此端口可访问的网络服务类型。如果连在包过滤设备上的网络段的数目很大，那么包过滤所要完成的服务就会变得很复杂。一般来说，应当避免对网络安全问题采取过于复杂的解决方案，大多数情况下包过滤设备只连两个网段，即外部网段和内部网段。包过滤用来限制那些它拒绝的服务的网络流量。因为网络策略是应用于那些与外部主机有联系的内部用户的，所以过滤路由器端口两边的过滤器必须以不同的方式工作。

（3）包过滤器操作

几乎所有的包过滤设备（过滤路由器或包过滤网关）都按照以下方式工作。

1）包过滤标准必须由包过滤设备端口存储起来，这些包过滤标准称为包过滤规则。

2）当包到达端口时，对包的报头进行语法分析，大部分包过滤设备只检查 IP、TCP 或 UDP 报头中的字段，不检查数据的内容。

3）包过滤器规则以特殊的方式存储。

4）如果一条规则阻止包传输或接收，此包便不允许通过。

5）如果一条规则允许包传输或接收，该包可以继续处理。

6）如果一个包不满足任何一条规则，该包被丢弃。

过滤规则可以用图 4-7 来表示。从规则中可以看到，过滤规则的排列顺序是非常重要的。配置包过滤规则时，常犯的错误就是把规则的顺序放错了，如果包过滤器规则以错误的顺序放置，那么有效的服务也可能被拒绝了，而该拒绝的服务却允许了。另外，规则的排列次序不恰当，也影响数据包的处理效率。

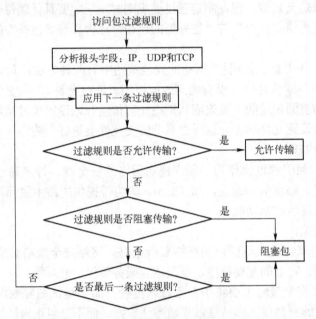

图 4-7　包过滤操作流程图

从方式 6）可以看到，在为网络安全设计过滤规则时，应该遵循自动防止故障的原理：未明确表示允许的便被禁止，此原理是为包过滤设计的。因此，随着网络应用的深入，会有新应用（服务）的增加，这样就需要为新服务调整过滤规则，否则新的服务就不能通过防火墙。

5. 包过滤技术的缺陷

虽然包过滤技术是一种通用、廉价的安全手段，许多路由器都可以充当包过滤防火墙，满足一般的安全性要求，但是它也有一些缺点及局限性。

（1）不能彻底防止地址欺骗

大多数包过滤路由器都是基于源 IP 地址和目的 IP 地址而进行过滤的。而数据包的源地址、目的地址及 IP 的端口号都在数据包的头部，很有可能被窃听或假冒（IP 地址的伪造是很容易、很普遍的），如果攻击者把自己主机的 IP 地址设成一个合法主机的 IP 地址，就可以很轻易地通过报文过滤器。所以，包过滤最主要的弱点是不能在用户级别上进行过滤，即不能识别不同的用户和防止 IP 地址的盗用。

过滤路由器在这点上大都无能为力。即使绑定 MAC 地址，也未必是可信的。对于一些安全性要求较高的网络，过滤路由器是不能胜任的。

（2）无法执行某些安全策略

有些安全规则是难以用包过滤系统来实施的。例如，在数据包中只有来自某台主机的信息而无来自某个用户的信息，因为包的报头信息只能说明数据包来自什么主机，而不是什么用户，若要过滤用户就不能用包过滤。再如，数据包只说明到什么端口，而不是到什么应用程序，这就存在着很大的安全隐患和管理控制漏洞。因此数据包过滤路由器上的信息不能完全满足用户对安全策略的需求。

（3）安全性较差

过滤判别的只有网络层和传输层的有限信息，因而各种安全要求不可能充分满足；在许多过滤器中，过滤规则的数目是有限制的，且随着规则数目的增加，性能会受到很大的影响；由于缺少上下文关联信息，不能有效地过滤如 UDP、RPC 一类的协议；非法访问一旦突破防火墙，即可对主机上的软件和配置漏洞进行攻击；大多数过滤器中缺少审计和报警机制，通常没有用户的使用记录，这样管理员就不能从访问记录中发现黑客的攻击记录。而攻击一个单纯的包过滤式的防火墙对黑客来说是比较容易的，他们在这一方面已经积累了大量的经验。

（4）一些应用协议不适合于数据包过滤

即使在系统中安装了比较完善的包过滤系统，也会发现对有些协议使用包过滤方式不太合适。比如，对 UNIX 的 r 系列命令（rsh、rlogin）和类似于 NFS 协议的 RPC，用包过滤系统就不太合适。

（5）管理功能弱

数据包过滤规则难以配置，管理方式和用户界面较差；对安全管理人员素质要求高；建立安全规则时，必须对协议本身及其在不同应用程序中的作用有较深入的理解。

从以上的分析可以看出，包过滤防火墙技术虽然能确保一定的安全保护，且也有许多优点，但毕竟是早期防火墙技术，本身存在较大缺陷，不能提供较高的安全性。因此，在实际应用中，很少把包过滤技术当做单独的安全解决方案，通常是把它与应用网关配合使用或与其他防火墙技术糅合在一起使用，共同组成防火墙系统。

4.3.2 代理服务技术

代理服务（Proxy）技术是一种比较新型的防火墙技术，它分为应用层网关和电路层网关。

1. 代理服务的原理

所谓代理服务器，是指代表客户处理连接请求的程序。当代理服务器得到一个客户的连接意图时，它将核实客户请求，并用特定的安全化的 Proxy 应用程序来处理连接请求，将处理后的请求传递到真实的服务器上，然后接收服务器应答，并做进一步处理后，将答复交给发出请求的最终客户。代理服务器在外部网络向内部网络申请服务时发挥了中间转接和隔离内、外部网络的作用，所以又称代理防火墙。

代理防火墙工作于应用层，且针对特定的应用层协议。代理防火墙通过编程来掌握用户应用层的流量，并能在用户层和应用协议层间提供访问控制，而且还可用来保持一个所有应用程序使用的记录。记录和控制所有进出流量的能力是应用层网关的主要优点之一。代理防火墙的工作原理如图 4-8 所示。

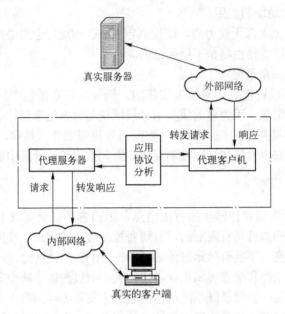

图 4-8　代理防火墙的工作方式

从图 4-8 中可以看出，代理服务器（Proxy Server）作为内部网络客户端的服务器，拦截住所有请求，也向客户端转发响应。代理客户机（Proxy Client）负责代表内部客户端向外部服务器发出请求，当然也向代理服务器转发响应。

2．应用层网关防火墙

（1）原理

应用层网关（Application Level Gateways）防火墙是传统代理型防火墙，它的核心技术就是代理服务器技术，它是基于软件的，通常安装在专用工作站系统上。这种防火墙通过代理技术参与到一个 TCP 连接的全过程，并在网络应用层上建立协议过滤和转发功能，所以被称为应用层网关。当某用户（无论是远程的还是本地的）想和一个运行代理的网络建立联系时，此代理（应用层网关）会阻塞这个连接，然后在过滤的同时对数据包进行必要的分析、登记和统计，形成检查报告。如果此连接请求符合预定的安全策略或规则，代理防火墙便会在用户和服务器之间建立一个"桥"，从而保证其通信。对不符合预定的安全规则的，则阻塞或抛弃。换句话说，"桥"上设置了很多控制。

同时，应用层网关将内部用户的请求确认后送到外部服务器，再将外部服务器的响应回送给用户。这种技术对 ISP 很常见，用于在 Web 服务器上高速缓存信息，并且扮演 Web 客户和 Web 服务器之间的中介角色。它主要保存 Internet 上那些最常用和最近访问过的内容，在 Web 上，代理首先试图在本地寻找数据，如果没有，再到远程服务器上去查找。应用层网关为用户提供了更快的访问速度，并且提高了网络安全性。应用层网关的工作原理如图 4-9 所示。

（2）优点

应用层网关防火墙最突出的优点就是安全，这种类型的防火墙被网络安全专家和媒体公认为是最安全的防火墙。由于每一个内外网络之间的连接都要通过 Proxy 的介入和转换，通过专门为特定的服务（如 HTTP）编写的安全化的应用程序进行处理，然后由防火墙本身提交请求和应答，不给内外网络的计算机任何直接会话的机会，从而避免了入侵者使用数据驱动类型的攻击方式入侵内部网络。从内部发出的数据包经过这样的防火墙处理后，就好像是源于防火墙外部网卡一样，从而可以达到隐藏内部网结构的作用。包过滤类型的防火墙是很难彻底避免这一漏洞的。

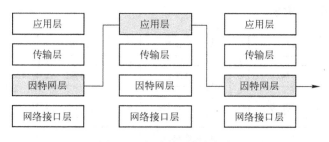

图 4-9　应用层网关防火墙

应用层网关防火墙同时也是内部网与外部网的隔离点，起着监视和隔绝应用层通信流的作用，它工作在 OSI 模型的最高层，掌握着应用系统中可用做安全决策的全部信息。

（3）缺点

代理防火墙的最大缺点就是速度相对比较慢，当用户对内外网络网关的吞吐量要求比较高时（如要求达到 75～100Mbit/s 时），代理防火墙就会成为内外网络之间的瓶颈。所幸的是，目前用户接入 Internet 的速度一般都远低于这个数字。在现实环境中，要考虑使用包过滤类型防火墙来满足速度要求的情况，大部分是高速网（ATM 或千兆位 Intranet 等）之间的防火墙。

3．电路层网关防火墙

另一种类型的代理技术称为电路层网关（Circuit Level Gateway）或 TCP 通道（TCP Tunnels）。这种防火墙不建立被保护的内部网和外部网的直接连接，而是通过电路层网关中继 TCP 连接。在电路层网关中，包被提交给用户应用层处理。电路层网关用来在两个通信的终点之间转换包，其原理如图 4-10 所示。

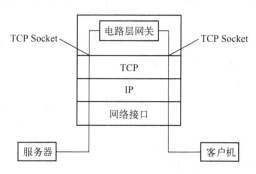

图 4-10　电路层网关

电路层网关是建立应用层网关的一个更加灵活的方法。它是针对数据包过滤和应用网关技术存在的缺点而引入的防火墙技术，一般采用自适应代理技术，也称为自适应代理防火墙。在电路层网关中，需要安装特殊的客户机软件。组成这种类型防火墙的基本要素有两个：自适应代理服务器（Adaptive Proxy Server）与动态包过滤器（Dynamic Packet Filter）。在自适应代理服务器与动态包过滤器之间存在一个控制通道。在对防火墙进行配置时，用户仅仅将所需要的服务类型和安全级别等信息通过相应 Proxy 的管理界面进行设置就可以了。然后，自适应代理服务器就可以根据用户的配置信息，决定是使用代理服务从应用层代理请求还是从网络层转发数据包。如果是后者，它将动态地通知包过滤器增减过滤规则，满足用户对速度和安全性的双重要求。所以，它结合了应用层网关防火墙的安全性和包过滤防火墙的高速度等优点，在毫不损失安全性的基础上将代理型防火墙的性能提高 10 倍以上。电路层网关防火墙的工作原理如图 4-11 所示。

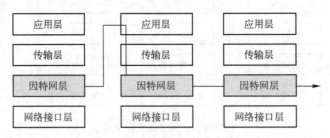

图 4-11　电路层网关防火墙

电路层网关防火墙的特点是将所有跨越防火墙的网络通信链路分为两段。防火墙内外计算机系统间应用层的"链接"由两个终止代理服务器上的"链接"来实现，外部计算机的网络链路只能到达代理服务器，从而起到了隔离防火墙内外计算机系统的作用。此外，代理服务也对过往的数据包进行分析、注册登记，形成报告，同时当发现被攻击迹象时会向网络管理员发出警报，并保留攻击痕迹。

4．代理技术的优点

（1）代理易于配置

代理因为是一个软件，所以它较过滤路由器更易配置，配置界面十分友好。如果代理实现得好，可以对配置协议要求较低，从而避免了配置错误。

（2）代理能生成各项记录

因代理工作在应用层，它检查各项数据，所以可以按一定准则让代理生成各项日志和记录。这些日志、记录对于流量分析、安全检验是十分重要和宝贵的。当然，也可以用于计费等应用。

（3）代理能灵活、完全地控制进出流量及内容

通过采取一定的措施，按照一定的规则，用户可以借助代理实现一整套的安全策略，如可以控制"谁"和"什么"，还有"时间"和"地点"。

（4）代理能过滤数据内容

用户可以把一些过滤规则应用于代理，让它在高层实现过滤功能，例如文本过滤、图像过滤（目前还未实现，但这是一个热点研究领域）、预防病毒或扫描病毒等。

（5）代理能为用户提供透明的加密机制

用户通过代理进出数据，可以让代理完成加解密的功能，从而方便用户，确保数据的机密性。这点在虚拟专用网中特别重要。代理可以广泛地用于企业外部网中，提供较高安全性的数据通信。

（6）代理可以方便地与其他安全手段集成

目前的安全问题解决方案很多，如认证（Authentication）、授权（Authorization）、审计（Accounting）、数据加密和安全协议（SSL）等。如果把代理与这些手段联合使用，将大大增加网络安全性。这也是近期网络安全的发展方向。

5. 代理技术的缺点

（1）代理速度较路由器慢

路由器只是简单查看 TCP/IP 报头，检查特定的几个域，不做详细分析和记录。而代理工作于应用层，要检查数据包的内容，按特定的应用协议（如 HTTP）进行审查，扫描数据包内容，并进行代理（转发请求或响应），故其速度较慢。

（2）代理对用户不透明

许多代理要求客户端做相应改动或安装定制客户端软件，这给用户增加了不透明度。由于硬件平台和操作系统都存在差异，要为庞大的互异网络的每一台内部主机安装和配置特定的应用程序既耗费时间，又容易出错。

（3）对于每项服务代理可能要求不同的服务器

可能需要为每项协议设置一个不同的代理服务器，因为代理服务器不得不理解协议以便判断什么是允许的，什么是不允许的，并且还扮演着一个对真实服务器来说是客户、对代理客户来说是服务器的角色。挑选、安装和配置所有这些不同的服务器也可能是一项较大的工作。

（4）代理服务不能保证免受所有协议弱点的限制

作为一个安全问题的解决方法，代理取决于对协议中哪些是安全操作的判断能力。每个应用层协议都或多或少存在一些安全问题，对于一个代理服务器来说，要彻底避免这些安全隐患几乎是不可能的，除非关掉这些服务。

代理取决于在客户端和真实服务器之间插入代理服务器的能力，这要求两者之间交流的相对直接性。而且有些服务的代理是相当复杂的。

（5）代理不能改进底层协议的安全性。

因为代理工作于 TCP/IP 之上，属于应用层，所以它就不能改善底层通信协议的能力，如 IP 欺骗、伪造 ICMP 消息和一些拒绝服务的攻击。而这些方面，对于一个网络的健壮性是相当重要的。

4.3.3 状态检测技术

1. 状态检测技术的工作原理

基于状态检测技术的防火墙是由 Check Point 软件技术有限公司率先提出的，也称为动态包过滤防火墙。基于状态检测技术的防火墙通过一个在网关处执行网络安全策略的检测引擎而获得非常好的安全特性。检测引擎在不影响网络正常运行的前提下，采用抽取有关数据的方法对网络通信的各层实施检测。它将抽取的状态信息动态地保存起来作为以后执行安全策略的参考。检测引擎维护一个动态的状态信息表并对后续的数据包进行检查，一旦发现某个连接的参数有意外变化，则立即将其终止。

状态检测防火墙监视和跟踪每一个有效连接的状态，并根据这些信息决定是否允许网络数据包通过防火墙。它在协议栈底层截取数据包，然后分析这些数据包的当前状态，并将其与前一时刻相应的状态信息进行对比，从而得到对该数据包的控制信息。

检测引擎支持多种协议和应用程序，并可以方便地实现应用和服务的扩充。当用户访问请求到达网关操作系统前，检测引擎通过状态监视器要收集有关状态信息，结合网络配置和安全规则做出接纳、拒绝、身份认证和报警等处理动作。一旦有某个访问违反了安全规则，该访问就会被拒绝，记录并报告有关状态信息。

状态检测防火墙试图跟踪通过防火墙的网络连接和包，这样防火墙就可以使用一组附加的标准，以确定是否允许和拒绝通信。它是在使用了基本包过滤防火墙的通信上应用一些技术来做到这点的。

在包过滤防火墙中，所有数据包都被认为是孤立存在的，不关心数据包的历史或未来，数据包的允许和拒绝的决定完全取决于包自身所包含的信息，如源地址、目的地址和端口号等。状态检测防火墙跟踪的则不仅仅是数据包中所包含的信息，还包括数据包的状态信息。为了跟踪数据包的状态，状态检测防火墙还记录有用的信息以帮助识别包，例如已有的网络连接、数据的传出请求等。

状态检测技术采用的是一种基于连接的状态检测机制，将属于同一连接的所有包作为一个整体的数据流看待，构成连接状态表，通过规则表与状态表的配合，对表中的各个连接状态因素加以识别。

2．状态检测防火墙可提供的额外服务

状态检测防火墙可提供的额外服务如下。

● 将某些类型的连接重定向到审核服务中去。例如，到专用 Web 服务器的连接，在 Web 服务器连接被允许之前，可能被发到审核服务器（用一次性口令来使用）。

● 拒绝携带某些数据的网络通信，如带有附加可执行程序的传入电子消息，或包含 ActiveX 程序的 Web 页面。

3．状态检测技术跟踪连接状态的方式

状态检测技术跟踪连接状态的方式取决于数据包的协议类型。

（1）TCP 包

当建立起一个 TCP 连接时，通过的第一个包被标上包的 SYN 标志。通常情况下，防火墙丢弃所有外部的连接企图，除非已经建立起某条特定规则来处理它们。对内部主机试图连到外部主机的数据包，防火墙标记该连接包，允许响应及随后在两个系统之间的数据包通过，直到连接结束为止。在这种方式下，传入的包只有在它是响应一个已建立的连接时，才允许通过。

（2）UDP 包

UDP 包比 TCP 包简单，因为它们不包含任何连接或序列信息。它们只包含源地址、目的地址、校验和携带的数据。这种信息的缺乏使得防火墙确定包的合法性很困难，因为没有打开的连接可利用，以测试传入的包是否应被允许通过。可是，如果防火墙跟踪包的状态，就可以确定。对传入的包，若它所使用的地址和 UDP 包携带的协议与传出的连接请求匹配，该包就被允许通过。和 TCP 包一样，没有传入的 UDP 包会被允许通过，除非它是响应传出的请求或已经建立了指定的规则来处理它。对其他种类的包，情况和 UDP 包类似。防火墙仔细地跟踪传出的请求，记录下所使用的地址、协议和包的类型，然后对照保存过的信息核对传入的包，以确保这些包是被请求的。

4．状态检测技术的特点

状态检测防火墙结合了包过滤防火墙和代理服务器防火墙的长处，克服了两者的不足，能够根据协议、端口，以及源地址和目的地址的具体情况决定数据包是否允许通过。

状态检测防火墙具有以下几个优点。

（1）高安全性

状态检测防火墙工作在数据链路层和网络层之间，它从这里截取数据包，因为数据链路层是网卡工作的真正位置，网络层是协议栈的第一层，这样防火墙就确保了截取和检查所有通过网络的原始数据包。

（2）高效性

状态检测防火墙工作在协议栈的较低层，通过防火墙的数据包都在低层处理，不需要协议栈的上层处理任何数据包，这样就减少了高层协议的开销，使执行效率提高了很多。

（3）可伸缩性和易扩展性

状态检测防火墙不像代理防火墙那样，每一个应用对应一个服务程序，这样所能提供的服务是有限的。状态检测防火墙不区分具体的应用，只是根据从数据包中提取的信息、对应的安全策略及过滤规则处理数据包，当有一个新的应用时，它能动态产生新规则，而不用另写代码。

（4）应用范围广

状态检测防火墙不仅支持基于 TCP 的应用，还支持无连接协议的应用，如 RPC 和 UDP 的应用。对于无连接协议，包过滤防火墙和应用代理要么不支持，要么开放一个大范围的 UDP 端口，这样就会暴露内部网，降低安全性。

在带来高安全性的同时，状态检测防火墙也存在着不足，主要体现在对大量状态信息的处理过程可能会造成网络连接的某种迟滞，特别是在同时有许多连接激活时，或者有大量的过滤网络通信的规则存在时。不过，随着硬件处理能力的不断提高，这个问题也变得越来越不易察觉。

4.3.4 NAT 技术

1．NAT 技术的工作原理

网络地址转换（Network Address Translation，NAT）是一个 Internet 工程任务组（Internet Engineering Task Force, IETF）的标准，允许一个整体机构以一个公用 IP 地址出现在互联网上。顾名思义，它是一种把内部私有 IP 地址翻译成合法网络 IP 地址的技术。

简单地说，NAT 就是在局域网内部网络中使用内部地址，而当内部结点要与外部网络进行通信时，就在网关处将内部地址替换成公用地址，从而在外部公网上正常使用，NAT 可以使多台计算机共享互联网连接，这一功能很好地解决了公共 IP 地址紧缺的问题。通过这种方法，可以只申请一个合法 IP 地址，就把整个局域网中的计算机接入互联网中。这时，NAT 屏蔽了内部网络，所有内部网络计算机对于公共网络来说是不可见的，而内部网络计算机用户通常不会意识到 NAT 的存在。

NAT 功能通常被集成到路由器、防火墙、ISDN 路由器或者单独的 NAT 设备中。比如 Cisco 路由器中已经加入这一功能，网络管理员只需在路由器的 IOS 中设置 NAT 功能，就可以实现对内部网络的屏蔽。再比如防火墙将 Web Server 的内部地址 192.168.1.1 映射为外部地址 202.96.23.11，外部访问 202.96.23.11 地址实际上就是访问内部地址 192.168.1.1。

2．NAT 技术的类型

NAT 有 3 种类型：静态 NAT（Static NAT）、动态 NAT（Pooled NAT）和网络地址端口转换 NAPT（Port－Level NAT）。

其中，静态 NAT 是设置起来最为简单和最容易实现的一种，内部网络中的每个主机都被永久映射成外部网络中的某个合法的地址。而动态 NAT 则是在外部网络中定义了一系列的合法地址，采用动态分配的方法映射到内部网络。NAPT 则是把内部地址映射到外部网络的一个 IP 地址的不同端口上。根据不同的需要，3 种 NAT 方案各有利弊。

动态 NAT 只是转换 IP 地址，它为每一个内部的 IP 地址分配一个临时的外部 IP 地址，主要应用于拨号，对于频繁的远程连接也可以采用动态 NAT。当远程用户连接上之后，动态 NAT 就会分配给他一个 IP 地址，用户断开时，这个 IP 地址就会被释放而留待以后使用。

网络地址端口转换 NAPT 是人们比较熟悉的一种转换方式。NAPT 普遍应用于接入设备中，它可以将中小型的网络隐藏在一个合法的 IP 地址后面。NAPT 与动态 NAT 不同，它将内部连接映射到外部网络中的一个单独的 IP 地址上，同时在该地址上加上一个由 NAT 设备选定的 TCP 端口号。

在互联网中使用 NAPT 时，所有不同的信息流看起来好像来源于同一个 IP 地址。这个优点在小型办公室内非常实用，通过从 ISP 处申请的一个 IP 地址，将多个连接通过 NAPT 接入互联网。

3. NAT 技术的特点

（1）NAT 技术的优点

- 所有内部的 IP 地址对外面的人来说都是隐蔽的。因为这个原因，网络之外没有人可以通过指定 IP 地址的方式直接对网络内的任何一台特定的计算机发起攻击。
- 如果因为某种原因公共 IP 地址资源比较短缺的话，NAT 技术可以使整个内部网络共享一个 IP 地址。
- 可以启用基本的包过滤防火墙安全机制，因为所有传入的数据包如果没有专门指定配置到 NAT，那么就会被丢弃。内部网络的计算机就不可能直接访问外部网络。

（2）NAT 技术的缺点

NAT 技术的缺点和包过滤防火墙的缺点类似，虽然可以保障内部网络的安全，但也存在一些类似的局限。此外，内部网络利用现在流传比较广泛的木马程序可以通过 NAT 进行外部连接，就像它可以穿过包过滤防火墙一样容易。

4.4 防火墙的安全防护技术

防火墙自开始部署以来，已保护无数的网络躲过窥探的眼睛和恶意的攻击者，然而它们还远远不是确保网络安全的灵丹妙药。每种防火墙产品几乎每年都有安全脆弱点被发现。更糟糕的是，大多数防火墙往往配置不当且无人维护和监视。

如果不犯错误，从设计到配置再到维护都做得很好的防火墙几乎是不可渗透的。事实上大多数的攻击者也知道这一点，因而他们往往通过发掘信任关系和最薄弱环节上的安全脆弱点来绕过防火墙，或者经由拨号账号实施攻击来避开防火墙。总之，大多数攻击者尽最大努力绕过强壮的防火墙，而防火墙的拥有者的目标是确保自己的防火墙强壮。

知道攻击者为绕过防火墙而采取的最初几个步骤，将有助于对攻击进行检测并做出反应。下面介绍现今的攻击者用于发现和侦察防火墙的典型技巧，并讨论他们试图绕过防火墙的一些方法。对于一些技巧，将讨论如何能够检测并预防相应的攻击。

4.4.1 防止防火墙标识被获取

几乎每种防火墙都会有其独特的电子特征。也就是说，凭借端口扫描和标识获取等技巧，攻击者能够有效地确定目标网络上几乎每个防火墙的类型、版本和规则。这种标识之所以重要，是因为一旦标识出目标网络的防火墙，攻击者就能确定它们的脆弱点所在，从而尝试攻击它们。

1. 防止通过直接扫描获取防火墙标识的对策

查找防火墙最容易的方法是对特定的默认端口执行扫描。市场上有些防火墙会在简单的端口扫描下独特地标识自己——只需知道应扫描哪些端口。例如，CheckPoint 的 Firewall-1 在 256、257 和 258 号 TCP 端口上监听，Microsoft 的 Proxy Server 则通常在 1080 和 1745 号 TCP 端口上监听。掌握这一点后，使用像 nmap 这样的端口扫描程序来搜索这些类型的防火墙就轻而易举了。

```
nmap –n –vv –p0 –p256,1080,1745 192.168.50.1 –60.254
```

只有愚蠢和鲁莽的攻击者才会以这种方式对目标网络执行大范围扫描，以此搜索这些防火墙。攻击者可使用多种技巧来躲避目标网络管理员的注意，包括对 Ping 探测分组、目标端口、目标地址和源端口进行随机编排，使用欺骗性源主机地址，以及执行分布式源扫描（Source Scan）等。

为防止来自外部网络的防火墙端口扫描，可以在防火墙前面的路由器上阻塞这些端口。例如使用以下 Cisco 路由器 ACL 规则显式地阻塞这些扫描。

```
access-list 101 deny tcp any any eq 256 log ! Block Firewall-1 scans
access-list 101 deny tcp any any eq 257 log ! Block Firewall-1 scans
access-list 101 deny tcp any any eq 258 log ! Block Firewall-1 scans
access-list 101 deny tcp any any eq 1080 log ! Block Socks scans
access-list 101 deny tcp any any eq 1745 log ! Block Winsock scans
```

当然，如果在边界路由器上阻塞了 CheckPoint 防火墙的端口（256 号～258 号），将不能通过外部网络（例如因特网）管理防火墙。

通过部署入侵检测系统（IDS）也能够检查出这些攻击者。但是大多数 IDS 默认情况下不能检测单个的端口扫描，因此在能够依赖它们进行检测之前，需调理它们的敏感性。要准确地检测使用随机处理和欺骗性主机的端口扫描，需要精心调整每个端口扫描检测特征。具体细节参见 IDS 厂家提供的文档。

2. 防止防火墙标志被获取的对策

许多流行的防火墙只要简单地连接它们就会声明自己的存在。举例来说，许多代理性质的防火墙会声明它们作为防火墙的功能，有的还通告自己的类型和版本。例如在 21 号端口（FTP）上使用 netcat 连接到一台可能是防火墙的主机时，会看到一些有意思的信息。

```
C:\>nc –v –n 192.168.51.129 21
(UNKNOWN) [192.168.51.129] 21 (?) open
220 Secure Gateway FTP server ready.
```

其中，Secure Gateway FTP server ready 标志是 Eagle Raptor 防火墙的特征标志。再连接到它的 23 号端口（telnet）证实了该防火墙名为 Eagle。

```
C:\>nc –v –n 192.168.51.129 23
(UNKNOWN) [192.168.51.129] 23 (?) open
Eagle Secure Gateway.
Hostname:
```

从上面的实例可以看出，标志信息在标识防火墙时能给攻击者提供有价值的信息。使用这些信息，就能发掘防火墙已知的脆弱点或常见的配置错误。

补救这种信息泄露脆弱点的办法就是限制给出标志信息。好的标志可能是包含合法性通告，警告说任何连接尝试都会被记录下来。修改默认标志的具体过程取决于所用的防火墙，需要跟其厂商联系确定。

3. 防止利用 nmap 进行简单推断获取防火墙标志的对策

nmap 在发现防火墙信息上是一个比较好的工具。使用 nmap 扫描一台主机时，它不仅告知哪些端口打开或关闭，还告知哪些端口被阻塞。从端口扫描取得的数据能够得出关于防火墙配置的一些信息。

使用 nmap 时被过滤掉的探测分组对应的端口表明以下 3 种事情之一。

- 没有接收到 SYN/ACK 分组。
- 没有接收到 RST/ACK 分组。
- 接收到类型为 3（Destination Unreachable，目的地不可达）且代码为 13（Communication Administratively Prohibited，通信由管理手段禁止）的 ICMP 分组。

nmap 将把所有这些条件合在一起作为"过滤掉的（filtered）"端口报告。例如，在扫描 www.mycompany.com 时，接收到两个 ICMP 分组，告知防火墙把系统阻塞在 23 号和 111 号端口之外。

```
[root] #nmap -p20,21,23,53,80,111 –p0 -vv 192.168.51.100
Starting nmap V.2.08 by Fyodor（fyodor@dhp.corn, www.insecure.org/nmap/）
Initiating TCP connect() scan against（192.168.51.100）
Adding TCP port 53（state Open）.
Adding TCP port 111（state Firewalled）.
Adding TCP port 80（state Open）.
Adding TCP port 23（state Firewalled）.
Interesting ports on（192.168.51.100）:
    Port        State           Protocol        Service
    23          filtered        tcp             telnet
    53          open            tcp             domain
    80          open            tcp             http
    111         filtered        tcp             sunrpc
```

其中的 Firewalled 状态是接收到类型为 3 代码为 13 的 ICMP 分组（Admin Prohibited Filter）的结果。

通过分析端口扫描报告可以分析出防火墙及其访问控制规则。

为了防止攻击者使用 nmap 技巧查找路由器和防火墙的 ACL 规则，应该禁止路由器响应类型为 3 代码为 13 的 ICMP 分组的能力。在 Cisco 路由器上通过阻止它们对 IP 不可到达消息做出响应可做到这一点，命令如下。

```
no ip unreachables
```

4.4.2 防止穿透防火墙进行扫描

穿透防火墙从而发现隐藏在防火墙后面的目标，这是网络黑客和网络入侵者梦寐以求的事情。下面将讨论一些黑客在防火墙附近徘徊的技巧，并汇集关于穿透和绕过防火墙的各种途径的一些关键信息。

1. 防止利用原始分组传送进行穿透防火墙扫描的对策

由 Salvatore Sanfilippo 编写的 hping 通过向一个目的端口发送 TCP 分组并报告由它引回的分组进行工作。依据多种条件，hping 返回各种各样的响应。每个分组部分全面地提供了防火墙具体访问控制的相当清晰的细节。例如，hping 可以发现打开、被阻塞、被丢弃或者被拒绝的分组。

在下面的实例中，hping 报告 80 号端口打开并准备好接收连接。这是从它接收到一个设置了 SA 标志的分组（SYN/ACK 分组）获悉的。

```
[root]# hping 192.168.51.101 –c2 –S –p80 -n
HPING www.yourcompany.com（eth0 172.30.1.20）： S set，40 data bytes
60 bytes from 172.30.1.20：flag=SA seq=0 ttl=242 id=65121 win=64240 time=144.4ms
```

现在知道了穿越防火墙到达目标系统的一个打开的端口，不过还不清楚防火墙在哪儿。下一个实例中，hping 报告从 192.168.70.2 接收到一个代码为 13 的 ICMP 不可达类型分组。ICMP 类型为 3 代码为 13 的分组是 ICMP Admin Prohibited Filter 分组，它通常是从某个分组过滤路由器发出的（例如 Cisco 的 IOS）。

```
[root]# hping 192.168.51.101 –c2 –S –p23 -n
HPING 192.168.51.101（eth0 172.30.1.20）： S set，40 data bytes
ICMP Unreachable type 13 from 192.168.70.2
```

现在证实 192.168.70.2 很可能是防火墙。因为它明确地阻塞了去往目标系统 23 号端口的探测分组。换句话说，如果它是一个 Cisco 路由器，那么其配置文件中也许有如下一行。

```
access-list 101 deny tcp any any 23 ！ telnet
```

在下一个实例中，接收到表示以下两件事情之一的一个返回的 RST/ACK 分组：①探测分组穿过了防火墙，不过目标主机不在那个端口上监听；②防火墙拒绝了探测分组（如 CheckPoint 的拒绝规则就是这样）。

```
[root]# hping 192.168.50.3 –c2 –S –p22 -n
HPING 192.168.50.3（eth0 192.168.50.3）：S set，40 date bytes
60 bytes from 192.168.50.3：flag=RA seq=0 ttl=59 id=0 win=0 time=0.3ms
```

既然早先接收过类型为 3 代码为 13 的 ICMP 分组，因此可以推断该防火墙（192.168.70.2）允许探测分组穿过防火墙，不过目标主机恰好没在那个端口上监听。

如果被穿透扫描的防火墙是 CheckPoint，那么 hping 会报告目标主机的源 IP 地址。然而该分组确实是从该 CheckPoint 防火墙的外部 NIC 上发送来的。CheckPoint 具有代表其内部系统做出响应的能力，而且所发送的响应分组冒用了目标主机的地址。

最后，当一个防火墙完全阻塞通达某个端口的分组时，往往会什么也收不到。

```
[root]# hping 192.168.50.3 –c2 –S –p22 -n
HPING 192.168.50.3（eth0 192.168.50.3）：S set，40 date bytes
```

这个 hping 结果表明有以下两种可能：①探测分组不能到达目的地，在中途丢失；②更可能的是，某个设备（也许是防火墙 192.168.70.2）作为其 ACL 规则的一部分丢弃了探测分组。

防止 hping 攻击比较困难。最好是简单地阻塞类型为 3 代码为 13 的 ICMP 消息（与前面讨论的 nmap 扫描的对策一样）。

2．防止利用源端口扫描进行穿透防火墙扫描的对策

传统的分组过滤（也称包过滤）防火墙，比如 Cisco 的 iOS，有一个主要的缺点：它们不能维持连接状态。如果防火墙不能维持连接状态，就不能分辨出连接是源于防火墙内还是外。换句话说，它不能完全控制一些传输。因此，就可以将源端口设置为通常允许通过的 TCP 53（区域传送）和 TCP 20 端口（FTP），从而可以扫描（或攻击）核心的内容。

为了发现防火墙是否允许通过源端口扫描（如 TCP 20、FTP 数据通道等），可以使用 nmap 的-g 特性。

```
nmap –sS –p0 –g 20 –p 139 10.1.1.1
```

如果端口是打开的，就很可能是碰到了一个比较脆弱的防火墙。如果发现防火墙不能保持连接状态，就可以利用这一点攻击防火墙后面脆弱的系统了。利用一个经修改的端口重定向工具，比如 Foundstone 的 Fpipe，就可以将源端口设为 20，在突破防火墙后可运行漏洞挖掘工具。

对此弱点的解决办法比较简单，但也不那么令人满意。要么是禁止那些需要多个端口组合（比如系统的 FTP）的通信，要么是切换到一个基于状态或应用的代理防火墙，从而对进、出的连接做更好的控制。

4.4.3 克服分组过滤的脆弱点

诸如 CheckPoint 的 Firewall-1、Cisco 的 PIX 和 Cisco 的 iOS（Cisco 的 IOS 也能设置成防火墙）之类的分组过滤防火墙依赖于 ACL 规则确定各个分组是否有权出入内部网络。大多数情况下，这些 ACL 规则是精心设计的，难以绕过。然而有些情况下会碰到 ACL 规则设计不完善的防火墙，允许某些分组不受约束地通过。

1．针对不严格的 ACL 规则的对策

不严格的 ACL 规则频繁光顾防火墙，因此在这里必须谈及。考虑一个机构可能希望自己的 ISP 执行区域传送的例子。"允许来自 53 号 TCP 源端口的所有活动"这样的不严格的 ACL 规则可能会被采用，而不是严格的"允许来自 ISP 的 DNS 服务器的源和目的端口号都为 53 的活动"。这些误配置造成的危险可能真正具有破坏性，允许攻击者从外部扫描整个目标网络。这些攻击大多数从扫描目标网络防火墙后一台主机并冒充 53 号 TCP 源端口（DNS 端口）开始。

确保自己的防火墙规则严格限制谁能连接到哪儿。例如，如果某个 ISP 要求区域传送能力，那就在规则中显式地说明，指明需要一个源 IP 地址和硬编码的目的 IP 地址（内部 DNS 服务器主机地址）。

如果使用的是 CheckPoint 防火墙，那么可以使用以下规则来限制只允许从 53 号源端口（DNS）到自己的 ISP 的 DNS 服务器的分组。例如，如果某个 ISP 的 DNS 服务器的主机地址为 172.30.140.1，其内部 DNS 服务器的主机地址为 192.168.66.2，那么可以使用以下规则。

Source	Destination	Service	Action	Track
192.168.66.2	172.30.140.1	domain-tcp	Accept	Short

2．针对 ICMP 和 UDP 隧道的对策

ICMP 隧道（ICMP tunneling）有能力在 ICMP 分组头部封装真正的数据。许多允许 ICMP 回射请求、ICMP 回射应答和 UDP 分组出入的路由器和防火墙会遭受这种攻击的侵害。与 CheckPoint 的 DNS 脆弱点很相似，ICMP 和 UDP 隧道攻击也依赖于防火墙之后已有一个受害的系统。

Jeremy Ranch 和 Mike Shiffman 把这种隧道概念付诸实施，编写了发掘它的工具 loki 和 lokid（分别是客户和服务器程序）。在允许 ICMP 回射请求和回射应答分组穿行的防火墙后面的某个系统上运行 lokid 服务器工具。它将允许攻击者运行 loki 客户工具，而 loki 把待执行的每个命令包裹在 ICMP 回射请求分组中发送给 lokid。lokid 解出命令后在本地运行它们，再把结果包裹在 ICMP 回射应答分组中返回给攻击者。使用这种技巧，攻击者就能完全绕过防火墙。

防止这种类型攻击的办法既可以是完全禁止通过防火墙的 ICMP 访问，也可以是对 ICMP 分组提供小粒度的访问控制。举例来说，Cisco 路由器上的以下 ACL 规则将因管理上的目的而禁止通过不是来往于 172.29.10.0 子网（DMZ 区域）的所有 ICMP 分组。

```
access-list 101 permit icmp any 172.29.10.0 0.255.255.255 8！echo
access-list 101 permit icmp any 172.29.10.0 0.255.255.255 0！echo-reply
access-list 102 deny ip any any log！deny and log all else
```

4.4.4 克服应用代理的脆弱点

总体来说，应用代理脆弱点极为少见。一旦加强了防火墙的安全并实施了稳固的代理规则，代理防火墙就难以绕过。然而不幸的是，误配置并不少见。

1. 针对主机名：localhost 的对策

用户在使用某些较早期的 UNIX 代理时，很容易忘了限制本地访问。尽管内部用户访问因特网时存在认证要求，却有可能获取防火墙本身的本地访问权。当然，这种攻击需要知道防火墙上的一个有效用户名和密码，然而有时候猜测起来又非常容易。要检查自己的代理防火墙是否存在这种脆弱点，可使用 netcat 工具，在收到登录提示符后，按下列步骤进行操作。

```
C：\>nc –v –n 192.168.51.129 23
（UNKNOWN）[192.168.51.129] 23（?）open
Eagle Secure Gateway.
Hostname
```

1）输入 localhost。

2）输入已知的或猜测的用户名和密码（可以猜测若干次）。

3）如果认证通过，就拥有了该防火墙的本地访问权，这时可运用一个本地的缓冲区溢出（例如 rdist）或类似的漏洞发掘获取 root 访问权。

这种误配置的预防措施很大程度上取决于特定的防火墙产品。总的来说，可以提供一个只允许从某个特定站点访问的限制规则。理想的对策是不允许本地主机（localhost）登录。如果需要本地主机登录，就需要根据 IP 地址限制允许连接的主机。

2. 针对未加认证的外部代理访问的对策

这种情形在应用透明代理的防火墙上较为常见，不过在其他防火墙上也不鲜见。防火墙管理员可能极大地加强了防火墙的安全，建立起了强壮的访问控制规则，但忘了阻止外部的访问。这种危险是两方面的：攻击者可能使用这样的代理服务器在外部网上（如因特网）匿名地跳来跳去，使用诸如 CGI 脆弱点和 Web 欺骗之类的基于 Web 的攻击手段攻击 Web 服务器；攻击者可能获取通达整个内部网的 Web 访问权。

通过把浏览器的代理设置改为指向有嫌疑的代理防火墙，就能检查它是否存在这种脆弱点。在 Internet Explorer（IE）中执行的步骤如下。

1）选择"工具"菜单。

2）选择"Internet 选项"命令。

3）在弹出的对话框中选择"连接"选项卡。

4）单击"局域网配置"按钮。

5）把有嫌疑的防火墙地址加到代理服务器地址中，并设置它的监听端口（通常是 80、81、8000 或 8080，但差异很大，应使用 nmap 或类似的工具扫描出正确的端口）。

6）把浏览器指向某个偏爱的 Web 网站，留意状态栏上的活动。

如果该浏览器的状态栏显示所设置的代理服务器被访问了，并且所访问网页也出来了，那么它有可能是一个未加认证的代理服务器。

如果有某个内部 Web 网站的 IP 地址（不管该地址是否能够路由到），就可以接着以同样的方式尝试访问。这种内部 IP 地址有时可通过查看 HTTP 源代码取得。Web 设计人员往往会在网页的 HREF 中硬编码主机名和 IP 地址。

预防攻击这种脆弱点的措施是禁止从防火墙的外部接口进行代理访问。既然这么做的方法高度依赖于厂家，一般应该与防火墙厂家联系以获取更深入的信息。

这种攻击的网络解决办法是在边界路由器上限制外来的访问代理的分组。在这些路由器上使用一些坚固的 ACL 规则就能很容易地做到这一点。

总之，现实世界中配置得当的防火墙要想绕过可能非常困难，然而使用诸如 traceroute、hping 和 nmap 之类的信息汇集工具，攻击者可以发现（或者至少能够推断）经由目标站点的路由器和防火墙的访问通路，并确定所用防火墙的类型。当前发现的许多脆弱点的根源在于防火墙的误配置和缺乏管理性监视。然而这两种条件一旦被发掘，所导致的后果可能是毁灭性的。

代理和分组过滤这两种防火墙中都存在一些特定的脆弱点，包括未加认证的 Web 和 Telnet 访问，以及本地主机登录。对于其中大多数脆弱点，可采取相应的对策防止对它们的发掘，然而有些脆弱点却只能检测是否有人在发掘它们而已。

4.5　防火墙应用示例

最近几年，国内许多公司纷纷推出国产防火墙产品，其中比较知名的有天融信"猎豹"系列防火墙、启明星辰防火墙和联想网御防火墙等。下面对"猎豹 III"系列中的 TG-470C 防火墙的使用进行简单介绍。

4.5.1　TG-470C 防火墙系统组成

TG-470C 防火墙系统由一套专用硬件设备（Firewall）搭载其自主知识产权的安全操作系统 TOS（Topsec Operating System）及一次性用户口令客户端软件（otp.exe）组成。

● 防火墙设备（硬件）：是一个基于安全的操作系统平台的自主版权系统。它是专用软、硬件设备，具备丰富的扩展插槽，可扩展不同子卡，最多可支持 26 个端口。用户可结合自身业务需要，选配不同的接口模块。管理员通过一次性口令认证，对防火墙进行配置、管理和审计。

● 一次性口令用户客户端（软件）：是一个安装于客户主机上的登录软件，运行于 Windows 环境下。凡是需要对其身份进行认证的用户都需要使用该软件，例如，管理者需要通过 WWW 页面管理防火墙时，必须先进行一次性口令认证。

防火墙在网络环境中的逻辑位置依据安全要求来确定，物理位置根据网络的实际情况确定。目前常用的配置方式是采用 WebUI 方式进行防火墙配置。

4.5.2　WebUI 方式配置示例

某企业的网络结构示意图如图 4-12 所示。

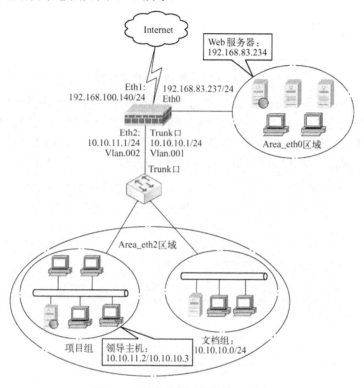

图 4-12　某企业的网络结构示意图

1. 用户要求

1）内网 area_eth2 区域的文档组（10.10.10.0/24）可以上网；允许项目组领导（10.10.11.2 和 10.10.11.3）上网，禁止项目组普通员工上网。

2）外网和 area_eth0 区域的机器不能访问研发部门内网。

3）仅允许外网用户访问 area_eth0 区域的 Web 服务器：真实 IP 为 202.99.27.201，虚拟 IP 为 192.168.100.143。内网用户不允许访问 Web 服务器。

2. 配置要点

1）设置地址对象。

2）设置区域对象的默认访问权限：area_eth0、area_eth2 为禁止访问，area_eth1 为允许访问。

3）定义源地址转换规则，保证内网用户能够访问外网；定义目的地址转换规则，使得外网用户可以访问 area_eth0 区域的 Web 服务器。

4）定义访问控制规则，禁止项目组除领导外的普通员工上网。

5）定义访问控制规则，允许用户访问 area_eth0 区域的 Web 服务器。

3. 配置步骤

1）定义主机和子网地址对象。

① 选择"资源管理"→"地址"命令,选择"主机"选项卡,定义主机地址资源。定义完成后的界面如图 4-13 所示。

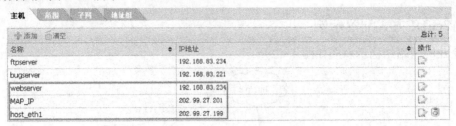

图 4-13 定义主机和子网地址对象

其中,webserver 表示 Web 服务器,IP 为 192.168.83.234;MAP_IP 表示 Web 服务器的公网 IP 地址对象,IP 为 202.99.27.201;host_eth1 表示接口主机地址对象,IP 为 202.99.27.199。

② 选择"资源管理"→"地址"命令,选择"子网"选项卡,单击"添加"按钮,定义子网地址资源 rd_group,表示项目组除了领导以外的普通员工,如图 4-14 所示。

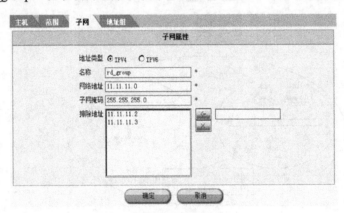

图 4-14 定义子网资源

2)定义区域资源的访问权限(整个区域是否允许访问)。

选择"资源管理"→"区域"命令,设定外网区域 area_eth1 的默认属性为"允许"访问,内网区域 area_eth0 和 area_eth2 的默认属性为"禁止"访问。以 area_eth0 为例,设置界面如图 4-15 所示。

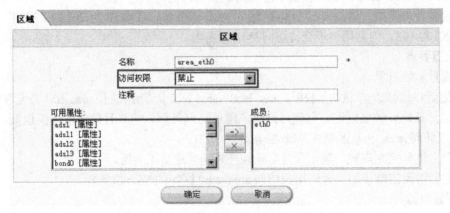

图 4-15 设置内网区域 area_eth0 的访问权限

设置完成后的界面如图 4-16 所示。

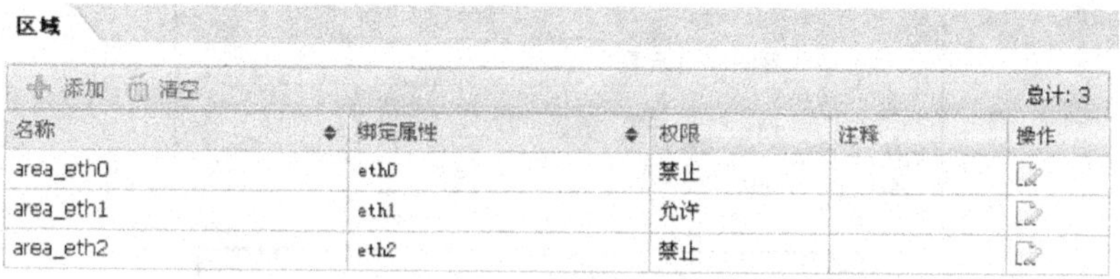

名称	绑定属性	权限	注释	操作
area_eth0	eth0	禁止		
area_eth1	eth1	允许		
area_eth2	eth2	禁止		

图 4-16　区域资源的访问权限设置完成后的界面

3）选择"防火墙"→"地址转换"命令，定义地址转换规则。

① 定义源地址转换规则，使得内网用户能够访问外网，如图 4-17 所示。

② 定义目的地址转换规则，使得 area_eth1 区域的外网用户可以通过访问公网 IP：202.99.27.201，访问 area_eth0 区域的 Web 服务器，如图 4-18 所示。

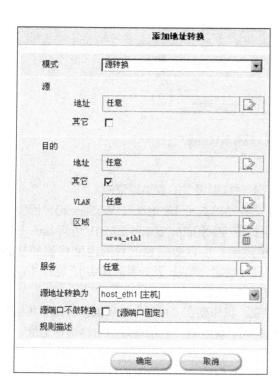

图 4-17　源地址转换规则设置 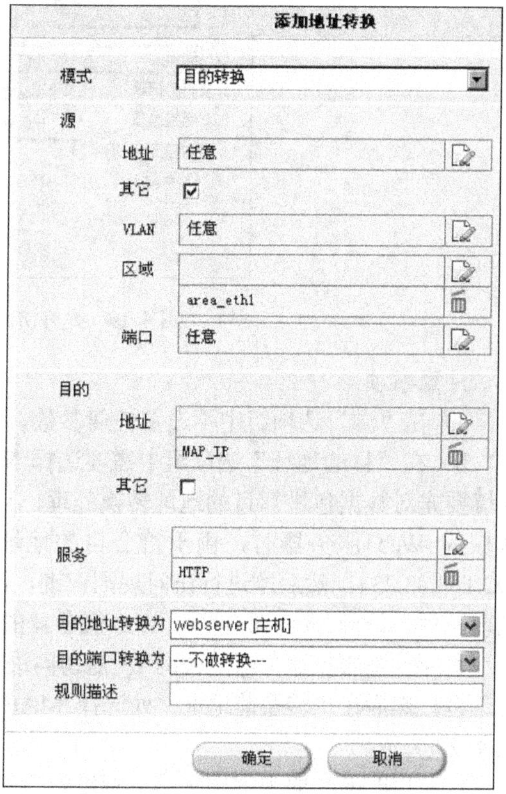　　　　图 4-18　目的地址转换规则设置

4）选择"防火墙"→"访问控制"命令，单击"添加策略"按钮，定义访问控制规则。

① 配置规则允许访问 WEB 服务器。

由于 Web 服务器所在的 area_eth0 区域禁止访问，所以要允许用户访问 Web 服务器，需要定义访问控制规则，如图 4-19 所示。

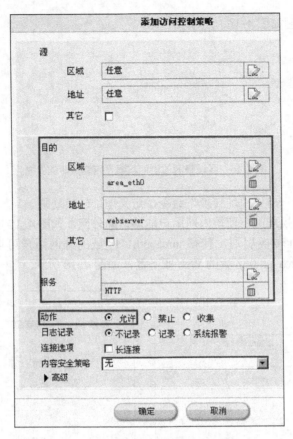

图 4-19　允许访问 Web 服务器规则设置

注意事项:

a) 在"源"选项组中不设置任何参数，表示不对数据报文的源加以限制。

b) 在"目的地址"选项组中需要选择 Web 服务器的真实 IP 地址（WebServer），因为防火墙要先对数据包进行目的地址转换处理，当内网用户利用 http://202.99.27.201 访问 area_eth0 区域的 Web 服务器时，由于符合目的地址转换规则，所以数据包的目的地址将被转换为 192.168.83.234。然后才进行访问规则查询，此时只有设定为 Web 服务器的真实 IP 地址才能达到内网用户访问 area_eth0 区域 Web 服务器的目的。

如果需要根据服务器的公网 IP 对访问进行控制，只需要在"目的"选项组中选择"其他"复选框，然后在"转换前地址"处选择 MAP_IP 即可。无须在"目的地址"中再选择地址，如图 4-20 所示。

c) 如果 Web 服务器中采用非标准端口提供 HTTP 服务，只需要添加自定义服务资源，然后在图 4-9 中的"服务"处选择自定义的服务对象即可。

② 禁止项目组领导以外的普通员工访问外网。

由于外网区域 area_eth1 允许访问，所以需要添加禁止访问外网的规则如图 4-21 所示。

注意事项:

a) 如果要求用户只能使用特殊源端口访问 Web 服务器，不能使用其他端口，只需在"源"选项组的"端口"处选择定义好的"自定义服务对象"即可。

b）如果只要求指定角色的用户可以使用某些资源，需要配置"用户角色"，并在访问控制规则的"源"选项组的"角色"处引用该角色，并开放认证相关的服务，即可实现基于角色的访问控制。

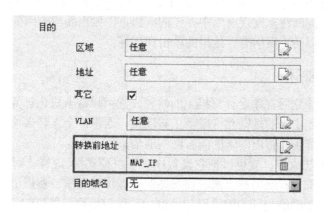

图 4-20　根据服务器的公网 IP 对访问进行控制

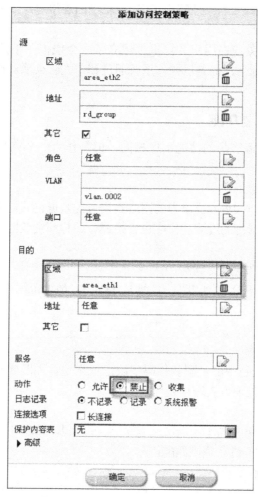

图 4-21　禁止访问外网的规则设置

4.6 个人防火墙

个人防火墙其本身是在单台计算机上使用的防火墙软件，它不但可以监视计算机在网络上的通信状况，而且同时注重发现网络中存在的威胁，以做出相应的判断，并根据其所设计的安全规则加以匹配，以防止网络有害数据的攻击和破坏。

4.6.1 个人防火墙概述

个人防火墙是一个运行在单台计算机上的软件，它可以截取进出计算机的 TCP/IP 网络连接数据包，并使用预先定义的规则允许或禁止其连接。通常，个人防火墙安装在计算机网络接口的较低级别上，监视传入传出网卡的所有网络通信。

一旦安装上个人防火墙，就可以把它设置成"学习模式"，这样，对遇到的每一种新的网络通信，个人防火墙都会提示用户一次，询问如何处理那种通信。然后个人防火墙便记住响应方式，并应用于以后遇到的相同的网络通信。例如，如果用户已经安装了一台个人 Web 服务器，个人防火墙可能将第一个传入的 Web 连接做上标志，并询问用户是否允许它通过。用户可以允许所有的 Web 连接或来自某些特定 IP 地址范围的连接等，个人防火墙然后把这条规则应用于所有传入的 Web 连接。

可以将个人防火墙想象成在用户计算机上建立了一个虚拟网络接口。不再是计算机的操作系统直接通过网卡进行通信，而是以操作系统通过和个人防火墙对话，仔细检查网络通信，然后再通过网卡通信。

4.6.2 个人防火墙的主要功能

不同厂商的个人防火墙产品的功能不尽相同，但是作为一个完整的个人防火墙系统，一般应包含以下功能。

1. IP 数据包过滤功能

个人防火墙能够依据 TCP/IP 协议中的网络数据包的数据格式约定制定规则，并根据规则对数据包进行过滤，对数据包的过滤动作应包含拦截、通行和继续匹配下一规则等。每一条匹配规则一般包括下列要素。

- 数据包方向（连接发起方/接收方）。
- 远程 IP 地址（任何 IP 地址/指定 IP 地址/指定 IP 地址范围）。
- 协议的匹配类型。

具体协议至少应包括以下 3 种。

（1）ICMP 数据包过滤

根据 ICMP 网络数据包中的类型和代码字段进行设定，当匹配到相同类型和代码字段时则按对应规则中的数据包处理方式进行处理。

（2）UDP 数据包过滤

根据 UDP 网络数据包中的本地端口（包括单一端口和/或端口范围）和/或远程端口（包括单一端口和/或端口范围）进行规则匹配。

（3）TCP 数据包过滤

根据 TCP 网络数据包中的本地端口（包括单一端口和/或端口范围）和/或远程端口（包括单一端口和/或端口范围），以及 TCP 数据包的标志位进行规则匹配过滤。

2.安全规则的修订功能

个人防火墙一般都允许用户能选择使用或弃用个人防火墙产品提供的安全规则，根据需要添加、删除或修改自定义安全规则。

3.对特定网络攻击数据包的拦截功能

个人防火墙产品一般具备对于某些特定攻击的抵挡及防御能力，配合抵御攻击的能力，个人防火墙产品一般还具备建立可更新的攻击特征库的能力。

4.应用程序网络访问控制功能

个人防火墙产品一般都能控制每个应用程序访问网络的权限，对应用程序网络访问控制包括以下3种方式。

● 允许访问：允许该程序使用网络。

● 禁止访问：禁止该程序使用网络。

● 网络访问时询问：当应用程序访问网络时，个人防火墙产品应对其将进行的访问操作向用户提供详细的报告及询问，根据询问结果对应用程序访问网络的行为进行处理。

5.网络快速切断/恢复功能

个人防火墙一般都提供快捷的方式，方便用户迅速地切断/恢复所有网络通信。

6.日志记录功能

个人防火墙一般都提供一个有关包过滤和网络攻击事件的网络通信日志，便于用户查阅网络系统近况。

7.网络攻击的报警功能

根据匹配系统指定规则发现异常网络数据包，个人防火墙一般可以以一定的方式警告用户，并能够建议用户采取哪些应对措施。

8.产品自身安全功能

个人防火墙产品一般都能抵御已知手段的攻击，保证其自身正常运行不受影响。某些具有特殊安全功能要求（如控制儿童上网）的个人防火墙，还具备身份鉴别功能，以防止控制规则被随意更改。

4.6.3　个人防火墙的特点

1.个人防火墙的优点

个人防火墙的优点主要体现在以下几个方面。

1）增加了保护级别，不需要额外的硬件资源。

2）个人防火墙除了可以抵挡外来攻击外，还可以抵挡内部的攻击。

3）个人防火墙是对公共网络中的单个系统提供了保护，能够为用户隐蔽暴露在网络上的信息，比如IP地址之类的信息等。

2.个人防火墙的缺点

个人防火墙的主要缺点体现在以下几个方面。

1）个人防火墙对公共网络只有一个物理接口，导致个人防火墙本身容易受到威胁。

2）个人防火墙在运行时需要占用个人计算机的内存、CPU时间等资源。

3）个人防火墙只能对单机提供保护，不能保护网络系统。

4.6.4　主流个人防火墙简介

1.主流个人防火墙产品

个人防火墙领域除了专业的个人防火墙软件厂商的产品外，许多传统的反病毒软件厂商也开始推出自己的个人防火墙产品，不同公司的个人防火墙产品在功能方面各有特色。下面对几个主要的个人防火墙产品进行简要介绍。

（1）Zone Alarm Pro

Zone Alarm Pro 的特色在于其丰富强大的功能，与其相比，其他大部分个人防火墙产品似乎只能被称为防火墙组件而不能被称为防火墙系统。Zone Alarm Pro 可以过滤网址，可以阻止弹出广告窗口，可以将未受保护的无线网络自动纳入保护范畴。更加重要的是，Zone Alarm Pro 的基于程序的防护规则不仅仅针对应用级别，还能够在系统组件层次制定访问规则。除了基于 IP 协议和应用程序的安全过滤之外，Zone Alarm Pro 还提供了大量的防护特性以将用户计算机的安全推向更高层次。Zone Alarm Pro 实际上是以防火墙功能为核心，以恶意软件检测为主要功能的安全套件，该系统内置的病毒监控和反间谍软件功能都具有很高的实效。另外，被称为 myVAULT 的隐私保护功能可以防止个人信息被非法用户获得，用户可以为账号密码信息、信用卡号和银行账号等多种敏感信息生成规则。

Zone Alarm Pro 的规则定义非常细致全面，所有规则都分别针对进入和外出两种活动定义，即使对相同的应用程序而言，这使得 ZoneAlarm Pro 的防护非常细致、全面，所有的规则集非常灵活和智能，具有良好的可管理性。

（2）诺顿个人防火墙（Norton Personal Firewall）

诺顿个人防火墙所集成的功能相当丰富，除了基础的防火墙功能外，入侵检测、隐私保护等功能也颇为强大。诺顿个人防火墙在浏览器中集成增加了 Web 辅助功能插件，该插件可以动态地根据所浏览网站的情况进行弹出广告窗口、Applet 和 ActiveX 等内容的阻塞，而用户可以针对单个网站决定是否阻塞这些内容，同时可以以关键字的形式维护广告信息过滤清单。另外，该插件还可以帮助用户禁止浏览器信息、访问历史信息等泄露给外部网络。诺顿个人防火墙所集成的入侵检测组件带有大量的攻击指纹，而且能够设定在多长时间内阻止发起攻击的计算机，其功能已经接近专业的入侵检测系统。

诺顿个人防火墙的定制能力不单体现在对防火墙规则的设定上，辅助功能组件的管理功能也相当强大。以入侵检测指纹为例，用户可以决定哪些攻击需要被检测而哪些需要被忽略，同时可以选择发现攻击时的告警方式。另外，不仅仅防火墙具有防护等级，包括隐私保护等辅助功能在内也可以独立设置级别，用户可以快速、简便地设定计算机的防护强度。

（3）McAfee Desktop Firewall

McAfee 对非法入侵的检测和处理有很多独到之处，例如当入侵发生时，McAfee 可以嗅探相关数据并予以保存，将产生的攻击告警发送到用户指定的电子邮箱。如果用户将防护级别设置成学习模式，McAfee 会将学习到的规则加入到刚刚使用的安全等级当中，从而形成自定义的安全等级。另外 McAfee 对应用程序的管理也相当细致，在授予各种应用程序权限的基础上，还能够管理应用程序是否可以调用其他的程序组件。

McAfee 的规则集定义能力是其最突出的特点之一，不但内置了大量的协议和服务支持，而且在定义网络过滤规则的同时还可以选择相关的应用程序以进行更细致的限定。

（4）金山网镖

金山网镖以其易用性著称，只具有基本的防火墙功能，没有集成内容过滤方面的功能。在隐私保护方面提供了家长保护和反钓鱼功能，但是用户不具有定制能力。由于是金山毒霸套装的一部分，所以该套装中的漏洞扫描和木马程序防护等功能都随该防火墙组件提供，而文件粉碎和 IE 修复等功能也颇为实用。特别是金山的漏洞扫描功能，不但可以检测出微软操作系统和应用程序中存在的安全问题，还能发现系统设置上的缺陷，而且该模块可以管理安全漏洞补丁的下载和存放，提供更加一体化的安全管理特性。金山网镖一个独有的特性是可以导入天网防火墙的 IP 规则。

（5）瑞星个人防火墙

瑞星个人防火墙的特色是提供了实用的辅助工具，主要包括漏洞扫描功能和安装包生成，特别是安装包生成，该功能可以让用户基于当前的程序状态及更新状态生成一个安装程序包，从而方便之后的安装部署。另一个独创的功能是"游戏保护"，用户将游戏程序的快捷方式及信息加入到游戏保护列表之后，瑞星可以保护该游戏程序相关的账号等信息不被非法窃取。另外，用户还可以手动维护一个可信任模块的列表，在该列表中的可执行文件和动态链接库允许对游戏程序进行调用和访问。

（6）360 安全卫士

360 安全卫士是一款由奇虎 360 公司推出的安全软件。360 安全卫士拥有查杀木马、清理插件、修复漏洞、电脑体检、电脑救援和保护隐私等多种功能，并独创了"木马防火墙"、"360 密盘"等功能，依靠抢先侦测和云端鉴别，可全面、智能地拦截各类木马，保护用户的账号、隐私等重要信息。

360 木马防火墙包含首创的 64 位驱动级虚拟隔离技术，用户可在隔离沙箱中放心地运行危险的程序，甚至可以全屏观看风险视频，对真实计算机系统毫无影响。其主要功能和特点包括以下几个。

1）高性能网络驱动过滤，毫不影响网络带宽使用。

2）网络恶意行为清晰展示，无须了解 IP 地址、PORT 端口号和协议等信息，就能简单、快速地判断是否有安全威胁。

3）云端智能规则同步，即开即用，不需要设置任何网络规则，秒速响应新型木马。

4）64 位操作系统与 32 位操作系统同步支持。

2. 360 木马防火墙使用简介

360 木马防火墙没有独立的安装和运行程序，是集成在 360 安全卫士中的 360 家族软件中的重要组成部分之一。360 安全卫士是一款免费使用的安全软件，且界面清晰、操作简单，使得其迅速占据了国内个人安全软件的最大份额，而绑定在其中的 360 木马防火墙也成为了国内使用最多的个人防火墙。下面就以最新版的 360 安全卫士 10.0 为例介绍其安装与使用。

（1）360 安全卫士的下载与安装

360 安全卫士的下载与安装非常简单，登录 360 官网 www.360.cn，单击"360 安全卫士"链接，如图 4-22 所示。

图 4-22　360 安全卫士下载页面

程序下载复制完毕之后，会自动安装，安装完成后用户可根据自身需求，进行体检、木马查杀和优化加速等。

（2）打开 360 木马防火墙

360 安全卫士 10.0 将木马防火墙功能集成在安全防护中心模块中，如图 4-23 所示。

图 4-23　360 安全卫士 10.0 中木马防火墙的位置

具体防护功能主要包括：浏览器防护、入口防护、系统防护和隔离防护等 4 个部分，用户可根据需要查看相关防护状态，如图 4-24 所示。

图 4-24　360 木马防火墙功能页面

（3）360 木马防火墙安全设置

在图 4-24 中选择"安全设置"选项，用户可根据需要对 360 安全防护中心进行有关设置，主要包括基本设置、弹窗设置、安全防护中心、开机小助手和漏洞修复等几项功能，如图 4-25 所示。

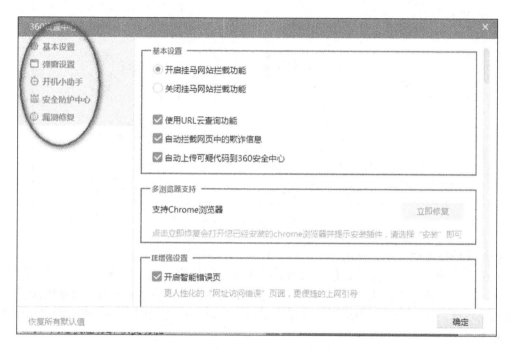

图 4-25　安全设置

在"基本设置"选项组中，用户可根据需要定制相关功能，并可以选择最优的升级方式，合理地控制软件升级。用户还可以对开机的启动项进行管理并选择是否加入云安全计划。360 的云安全计划主要分为两种，一种是普通云安全计划，一种是网址云安全计划，其区别在于前者主要针对可疑文件，后者主要针对网址。

在"弹窗设置"选项组中，用户可根据需要设置弹窗模式，主要包括智能模式、手动模式和自动处理模式。此外，用户还可设置网购安全、邮件安全及聊天安全的提示。

在"开机小助手"选项组中，用户可定制包括开机时间记录、提示、热点新闻和天气预报等在内的一些个性化服务。

在"安全防护中心"选项组中，用户可对网页安全防护、搜索安全防护、网络安全防护、摄像头安全防护、驱动安全防护、聊天安全防护、下载安全防护、U 盘安全防护和应用防护等多种防护进行自主设置。

在"漏洞修复"选项组中，用户可对补丁保存、补丁下载安装的顺序等进行设置。

（4）功能的开启与关闭

在 360 安全防护中心的主页面，用户可以方便地对防护项目和内容进行快速开启与关闭，如图 4-26 所示。

图 4-26　功能开启与关闭

（5）信任与阻止

360 安全防护中心还提供被信任或者被阻止运行的程序、网站的查询功能，并可进行自主管理，将一些恶意软件或者恶意网站添加进阻止名单，也可将 360 误阻止的网站和程序添加进信任名单。在图 4-27 中选择"信任与阻止"选项，出现如图 4-28 所示的"信任与阻止"界面。

图 4-27　信任与阻止入口

在图 4-28 中选择相应列表，就可将程序或文件添加到信任列表，360 木马防火墙不再对其查杀。同样也可添加阻止的程序和网址到阻止列表。

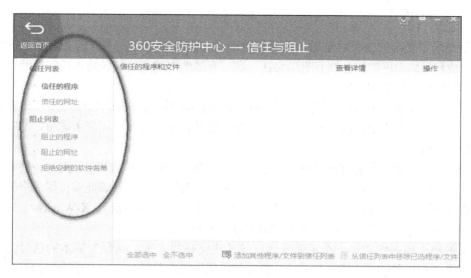

图 4-28 "信任与阻止"界面

4.7 防火墙发展动态和趋势

尽管防火墙有许多防范功能,但由于互联网的开放性,它也有一些力不能及的地方,主要表现在以下几个方面。

- 防火墙不能防范不经过防火墙的攻击。例如,如果允许从受保护网内部不受限制地向外拨号,一些用户可以形成与 Internet 的直接的 SLIP 或 PPP 连接。从而绕过防火墙,造成一个潜在的后门攻击渠道。
- 防火墙目前还不能防止感染了病毒的软件或文件的传输。这只能在每台主机上安装反病毒软件。
- 防火墙不能防止数据驱动式攻击。当有些表面看来无害的数据被邮寄或复制到 Internet 主机上并被执行而发起攻击时,就会发生数据驱动攻击。例如,一种数据驱动的攻击可以使一台主机修改与安全有关的文件,从而使入侵者下一次更容易入侵该系统。

另外,防火墙还存在着安装、管理和配置复杂的缺点,在高流量的网络中,防火墙还容易成为网络的瓶颈。

针对上述存在的问题,防火墙正向以下趋势发展。

1. 优良的性能

新一代防火墙系统不仅应该能更好地保护防火墙后面内部网络的安全,而且应该具有更为优良的整体性能。传统的代理型防火墙虽然可以提供较高级别的安全保护,但是同时它也成为限制网络带宽的瓶颈,这极大地制约了在网络中的实际应用。数据通过率是表示防火墙性能的参数,由于不同防火墙的不同功能具有不同的工作量和系统资源要求,因此数据在通过防火墙时会产生延时。显然,数据通过率越高,防火墙性能越好。现在大多数防火墙产品都支持 NAT 功能,它可以让受防火墙保护的一边的 IP 地址不至于暴露在没有保护的另一边,但启用 NAT 后,势必对防火墙系统性能有所影响,目前如何尽量减少这种影响也成为防火墙产品的卖点之一。另外,防火墙系统中集成的 VPN 解决方案必须是真正的限速运行,否则将成为网络通信的瓶颈。

特别是采用复杂的加密算法时，防火墙性能尤为重要。总之，未来的防火墙系统将会把高速的性能和最大限度的安全性有机结合在一起，有效地消除制约传统防火墙的性能瓶颈。

2．可扩展的结构和功能

对于一个好的防火墙系统而言，它的规模和功能应该能适应内部网络的规模和安全策略的变化。选择哪种防火墙，除了应考虑它的基本性能外，毫无疑问，还应考虑用户的实际需求与未来网络的升级。

因此，防火墙除了具有保护网络安全的基本功能外，还提供对 VPN 的支持，同时还应该具有可扩展的内驻应用层代理。除了支持常见的网络服务以外，还应该能够按照用户的需求提供相应的代理服务，例如，如果用户需要 NNTP（网络消息传输协议）、X-Window、HTTP 和 Gopher 等服务，防火墙就应该包含相应的代理服务程序。

未来的防火墙系统应是一个可随意伸缩的模块化解决方案，从最为基本的包过滤器到带加密功能的 VPN 型包过滤器，直至一个独立的应用网关，使用户有充分的余地构建自己所需要的防火墙体系。

3．简化的安装与管理

防火墙的确可以帮助管理员加强内部网的安全性。一个不具体实施任何安全策略的防火墙无异于高级摆设。防火墙产品配置和管理的难易程度是防火墙能否达到目的的主要考虑因素之一。实践证明，许多防火墙产品并未起到预期作用的一个不容忽视的原因在于配置和实现上的错误。同时，若防火墙的管理过于困难，则可能会造成设定上的错误，反而不能发挥作用。因此未来的防火墙将具有非常易于进行配置的图形用户界面。

4．主动过滤

Internet 数据流的简化和优化使网络管理员将注意力集中在这一点上：在 Web 数据流进入他们的网络之前需要在数据流上完成更多的事务。

防火墙开发商通过建立功能更强大的 Web 代理对这种需要做出了回应。例如，许多防火墙具有内置病毒和内容扫描功能，或允许用户将病毒与内容扫描程序进行集成。今天，许多防火墙都包括对过滤产品的支持，并可以与第三方过滤服务连接，这些服务提供了不受欢迎的 Internet 站点的分类清单。防火墙还在它们的 Web 代理中包括时间限制功能，允许非工作时间的冲浪和登录，并提供冲浪活动的报告。

5．防病毒与防黑客

尽管防火墙在防止不良分子进入上发挥了很好的作用，但 TCP/IP 协议族中存在的脆弱性使 Internet 对拒绝服务攻击敞开了大门。在拒绝服务攻击中，攻击者试图使企业 Internet 服务器饱和或使与它连接的系统崩溃，使 Internet 无法供企业使用。防火墙市场已经对此做出了反应。虽然没有防火墙可以防止所有的拒绝服务攻击，但防火墙厂商一直在尽其可能阻止拒绝服务攻击。像对付序列号预测和 IP 欺骗这类简单攻击，这些年来已经成为了防火墙产品功能的一部分。像"SYN 泛滥"这类更复杂的拒绝服务攻击需要厂商部署更先进的检测和避免方案来对付。SYN 泛滥可以锁死 Web 和邮件服务，这样没有数据流可以进入。

6．发展联动技术

由于防火墙在实际应用中存在着种种局限，许多人深信联动技术也将成为下一代防火墙的部分内容。联动即通过一种组合的方式，将不同的技术与防火墙技术进行整合，在提高防火墙自身功能和性能的同时，由其他技术完成防火墙所缺乏的功能，以适应网络安全整体化和立体化的要求。

1997 年，CheckPoint 软件技术有限公司提出建立联动联盟 OPSEC，通过提供开放接口标准，与其他厂商进行紧密合作，向用户提供完整的、能够在多厂商之间进行紧密集成的网络安全解决方案。NAI 已在他们的 Active Security 体系结构上实现了某种形式的联动性特性。它允许一个被检测到的入侵活动引发针对受影响防火墙的预先设计好的变动。举例来说，如果某个 IDS 系统检测到 ICMP 隧道攻击，它就会接着指导防火墙关闭对进入其中的 ICMP 回射请求分组的响应。

防火墙与防病毒产品联动，可以在网关处查杀病毒，将病毒的发作限制在最小的可能；防火墙与认证系统联动，可以在制定安全策略时使用强度更大、安全性更高的认证体系；防火墙与入侵检测系统联动，可以对网络进行动静结合的保护，对网络行为进行细颗粒的检查，并对网络内外两个部分都进行可靠管理；防火墙与日志分析系统联动，可以解决防火墙对于大量日志数据的存储管理和数据分析上的不足。防火墙联动技术的发展，将使防火墙从众多的安全问题中解脱出来，与其他技术互补互益，架构起立体的防护体系。

综上所述，未来防火墙技术会全面考虑网络的安全、操作系统的安全、应用程序的安全、用户的安全和数据的安全，五者综合应用。此外，网络防火墙产品还将把网络前沿技术，如 Web 页面超高速缓存、虚拟网络和带宽管理，以及与其他安全技术联动等与其自身结合起来。

4.8 小结

防火墙是保证网络安全的一种重要手段。防火墙的功能是：过滤进、出网络的数据，管理进、出网络的访问行为，封堵某些禁止的业务，记录通过防火墙的信息内容和活动，以及对网络攻击进行检测和告警。目前广泛采用的防火墙体系结构有双重宿主主机体系结构、屏蔽主机体系结构和屏蔽子网体系结构。

从工作原理角度看，防火墙主要可以分为网络层防火墙和应用层防火墙。这两种类型的防火墙的具体实现技术主要有包过滤技术、代理服务技术、状态检测技术和 NAT 技术等。实际的防火墙产品往往是多种技术的融合。

防火墙产品固有的安全脆弱点和管理配置上的不当使防火墙有“隙”可寻。黑客和入侵者可以通过获取防火墙标识、穿透防火墙扫描，发现分组过滤和应用代理的脆弱点，摸清内部网络的情况，伺机进行进攻。但是对于大多数的防火墙，若脆弱点和配置失当，一般都可采取相应的对策予以防护。

个人防火墙除了具有普通防火墙对网络数据包的控制能力外，还可以对应用程序、隐私数据等进行控制，可以有效保护个人用户的上网安全。

现代防火墙正向优良的性能、可扩展的结构和功能、积极主动过滤、防病毒与防黑客方向发展，同时简化安装、方便管理，并寻求和其他安全产品进行联动，以架构起立体的防护体系。

4.9 习题

1. 简述防火墙的定义。

2. 防火墙的主要功能有哪些？

3. 防火墙的体系结构有哪几种？简述各自的特点。

4. 简述包过滤防火墙的工作机制和包过滤模型。

5. 简述包过滤的工作过程。

6. 简述代理防火墙的工作原理，并阐述代理技术的优缺点。

7. 简述状态检测防火墙的特点。

8. 简述 NAT 技术的工作原理。

9. 试描述攻击者用于发现和侦察防火墙的典型技巧。

10. 若把 TG-470C 防火墙部署在本单位网络出口处，试给出其应用配置。

11. 简述个人防火墙的特点。

12. 简述防火墙的发展动态和趋势。

第5章　入侵检测技术

大量安全实践表明，保障网络系统的安全，仅靠传统的被动防护是不够的，完整的安全策略应该包括实时的检测（Detection）和响应（Response）。入侵检测（Intrusion Detection）作为一类快速发展的安全技术，以其对网络系统的实时监测和快速响应特性，逐渐发展成为保障网络系统安全的关键部件。作为继防火墙之后的第二层安全防范措施，入侵检测可在不影响网络性能情况下对内部攻击、外部攻击和误操作进行保护，是构筑多层次网络纵深防御体系的重要组成部分。此外，为弥补防火墙和入侵检测存在的不足，人们还积极探索具有主动安全防御机制的入侵防护系统（Intrusion Prevention System，IPS），使得在准确检测出常规网络流量中的恶意攻击和异常数据时，并非简单地发出安全警告，而是实时地采取措施阻止攻击行为。

5.1　入侵检测概述

入侵检测技术的研究最早可追溯到1980年James P. Anderson提出的一份技术报告，他首先提出了入侵检测的概念，并将入侵尝试（Intrusion attempt）或威胁（Threat）定义为：潜在地、有预谋地、未经授权地访问信息和操作信息，致使系统不可靠或无法使用的企图。Anderson在报告中提出审计追踪可应用于监视入侵威胁，但由于当时已有的系统安全程序全都着重于拒绝未经认证主体对重要数据的访问，这一设想的重要性并未被理解。1987年，Dorothy Denning提出了入侵检测系统（Intrusion Detection System，IDS）的抽象模型，如图5-1所示，首次提出了入侵检测可作为一种计算机系统安全防御措施的概念，与传统的信息加密和访问控制技术相比，IDS是全新的计算机安全措施。

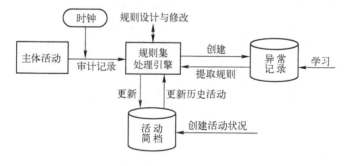

图5-1　Denning入侵检测抽象模型

1988年的Morris Internet蠕虫事件使Internet近5天无法使用，该事件的发生加速了人们对安全的需求，进而引发了自20世纪80年代以来入侵检测系统的开发研制热潮，但早期的IDS系统都是基于主机的应用，即通过监视与分析主机的审计记录来检测入侵。1988年Teresa Lunt等人进一步改进了Denning提出的入侵检测模型，创建了IDES（Intrusion Detection Expert System），该系统用于检测单一主机的入侵尝试，提出了与系统平台无关的实时检测思想，1995 年开发的 NIDES（Next-Generation Intrusion Detection Expert System）作为 IDES 完善后的版本可以检测出多个主机上的入侵。

1990 年，Heberlein 等人提出了一个具有里程碑意义的新型概念：基于网络的入侵检测——网络安全监视器 NSM（Network Security Monitor）。NSM 与此前的 IDS 系统最大的区别在于它并不检查主机系统的审计记录，而是通过主动地监视局域网上的网络信息流量来追踪可疑的行为。1991 年，NADIR（Network Anomaly Detection and Intrusion Reporter）与 DIDS（Distribute Intrusion Detection System）提出了通过收集和合并处理来自多个主机的审计信息可以检测出一系列针对主机的协同攻击。

1994 年，Mark Crosbie 和 Gene Spafford 建议使用自治代理（autonomous agents）以提高 IDS 的可伸缩性、可维护性、效率和容错性，该理念非常符合计算机科学其他领域（如软件代理，software agent）正在进行的相关研究。另一个致力于解决当代绝大多数入侵检测系统伸缩性不足的方法于 1996 年提出，这就是 GrIDS（Graph-based Intrusion Detection System）的设计和实现，该系统可以方便地检测大规模自动或协同方式的网络攻击。

近年来，入侵检测技术的创新研究还有：将免疫学原理运用于分布式入侵检测领域，将信息检索技术引进入侵检测，以及采用状态转换分析、数据挖掘和遗传算法等进行误用和异常检测。

5.1.1 入侵检测原理

图 5-2 给出了入侵检测的基本原理图。入侵检测是用于检测任何损害或企图损害系统的保密性、完整性或可用性的一种网络安全技术。它通过监视受保护系统的状态和活动，采用误用检测（Misuse Detection）或异常检测（Anomaly Detection）的方式，发现非授权或恶意的系统及网络行为，为防范入侵行为提供有效的手段。所谓入侵检测系统，就是执行入侵检测任务的硬件或软件产品。

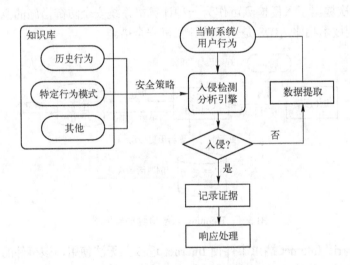

图 5-2 入侵检测原理框图

入侵检测提供了用于发现入侵攻击与合法用户滥用特权的一种方法，其应用前提是入侵行为和合法行为是可区分的，即可以通过提取行为的模式特征来判断该行为的性质。一般地，入侵检测系统需要解决两个问题，一是如何充分并可靠地提取描述行为特征的数据，二是如何根据特征数据，高效并准确地判定行为的性质。

5.1.2　系统结构

由于网络环境和系统安全策略的差异，入侵检测系统在具体实现上也有所不同。从系统构成上看，入侵检测系统应包括事件提取、入侵分析、入侵响应和远程管理等 4 部分，另外还可能结合安全知识库、数据存储等功能模块，提供更为完善的安全检测及数据分析功能，如图 5-3 所示。事件提取负责提取与被保护系统相关的运行数据或记录，并对数据进行简单的过滤。入侵分析就是在提取到的数据中找出入侵的痕迹，将授权的正常访问行为和非授权的异常访问行为区分开，分析出入侵行为并对入侵者进行定位。入侵响应功能在发现入侵行为后被触发，执行响应措施。由于单个入侵检测系统的检测能力和检测范围的限制，入侵检测系统一般采用分布监视、集中管理的结构，多个检测单元运行于不同的网段或系统中，通过远程管理功能在一台管理站点上实现统一的管理和监控。

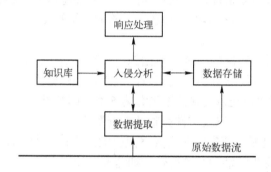

图 5-3　入侵检测系统结构

入侵检测的思想源于传统的系统审计，但拓宽了传统审计的概念，它以近乎不间断的方式进行安全检测，从而形成一个连续的检测过程。通常，这是通过执行下列任务来实现的。

- 监视、分析用户及系统活动。
- 系统构造和弱点的审计。
- 识别分析知名攻击的行为特征并告警。
- 异常行为特征的统计分析。
- 评估重要系统和数据文件的完整性。
- 操作系统的审计跟踪管理，并识别用户违反安全策略的行为。

根据任务属性的不同，入侵检测系统的功能结构可分为两部分，即中心检测平台和代理服务器。代理服务器负责从各个目标系统中采集审计数据，并把审计数据转换为平台无关的格式后传送到中心检测平台，同时把中心检测平台的审计数据要求传送到各个目标系统中。中心检测平台由专家系统、知识库和管理员组成，其功能是根据代理服务器采集来的审计数据由专家系统进行分析，产生系统安全报告。管理员可以向各个主机提供安全管理功能，根据专家系统的分析结果向各个代理服务器发出审计数据的需求。中心检测平台和代理服务器之间通过安全的远程过程调用（Remote Procedure Call，RPC）进行通信，如图 5-4 所示。

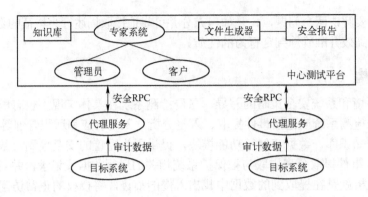

图 5-4　入侵检测系统的功能结构

5.1.3　系统分类

由于功能和体系结构的复杂性，按照不同的标准入侵检测有多种分类方法。下面分别从数据源、检测理论和检测时效 3 个方面来描述入侵检测系统的类型。

1．基于数据源的分类

入侵检测系统首先需要解决的问题是数据源，或者说是审计事件发生器。数据源可以使用多种方式进行分类。从入侵检测的角度来看，最为直观的分类方法是按照数据源所处的位置。按照这种方法，通常可以把入侵检测系统分为 5 类，即基于主机、基于网络、混合入侵检测、基于网关的入侵检测系统，以及文件完整性检查系统。

- 基于主机的入侵检测系统安装在需要重点检测的主机之上，监视与分析主机的审计记录时，如果发现主机的活动十分可疑（如违反统计规律），入侵检测系统就会采取相应措施。主机入侵检测系统对分析"可能的攻击行为"非常有用，可以提供较为详尽的取证信息，具体来说，它可以指出入侵者试图执行的"危险命令"，分辨出入侵者的具体行为，如运行程序、打开文件或执行系统调用等。存在的不足包括，一是目标系统自身的安全和入侵检测系统性能之间无法统一；二是依赖于目标系统的日志与监视能力，使得能否及时采集获得审计数据成为问题。

- 基于网络的入侵检测系统放置在共享网段的重要位置，对监听采集的每个可疑的数据包进行特征分析，如果数据包与系统规则集数据库中的某些规则吻合，入侵检测系统就会发出警报直至切断网络连接，当前的大部分入侵检测系统属于该类型产品。其优点是与具体平台的无关性使其对目标环境和资源影响较小，系统的不可见性使其遭受攻击的可能降低；其不足在于系统的许多优势受限于交换网络环境，特征检测法很难检测存在大量复杂计算与分析的攻击方法。不能分析加密信息攻击，这个问题会随着 IPv6 的应用越来越突出，此外，受多网段协调能力的制约，网络流量回传和攻击告警延迟较大。

- 混合入侵检测系统是综合基于网络和基于主机两种结构优势的入侵检测系统，其特点是形成了一套完整的、立体式的主动防御体系，既可发现网络中的攻击信息，也可从系统日志中发现异常情况。

- 基于网关的入侵检测系统是由新一代的高速网络结合路由与高速交换技术构成的，它从网关中提取信息来提供对整个信息基础设施的保护措施。

- 文件完整性检查系统检查计算机中自上次检查后文件系统的变化情况。文件完整性检查系统中存有每个文件的数字文摘数据库，每次检查时它重新计算文件的数字文摘并将它与数据库中的值比较，如比值不同则表示文件已被修改，反之则表示文件未发生变化。文件的数字文摘使用 Hash 函数计算得到，不管文件长度如何，Hash 函数的计算结果都是一个固定长度的数字。与加密算法不同，Hash 算法是一个不可逆的单向函数，采用高安全性的 Hash 算法（如 MD5 和安全散列算法（SHA））时，两个不同的文件几乎不可能得到相同的 Hash 结果，因此，文件一经修改就能立即检测出来。目前，文件完整性检查系统功能最全面的软件是 Tripwire。数学家认为，无论从时间还是空间上攻克文件完整性检查系统都是不可能的，但是文件完整性检查系统依赖于本地的文摘数据库，与日志文件一样，存在被入侵者修改的可能。此外，文件完整性检查也是一项非常耗时的工作。

2．基于检测理论的分类

就检测理论而言，入侵检测又可分为异常检测和误用检测两种。

所谓异常检测，是指根据使用者的行为或资源使用状况的正常程度来判断是否入侵，而不依赖于具体行为是否出现来检测。异常检测与系统相对无关，通用性较强，它甚至有可能检测出以前未出现过的攻击方法。但由于不可能对整个系统内的所有用户行为进行全面的描述，而且每个用户的行为都是经常改变的，所以它的主要缺陷在于误检率很高，尤其在用户数目众多或工作方式经常改变的环境中。另外，由于行为模式的统计数据不断更新，入侵者如果知道某系统处在检测器的监视之下，他们可以通过恶意训练的方式，促使检测系统缓慢地更改统计数据，以至于最初认为是异常的行为，经一段时间训练后也被认为是正常的。这个问题是目前异常检测所面临的一大困难。

所谓误用检测，是指运用已知的攻击方法，根据已定义好的入侵模式，通过判断这些入侵模式是否出现来检测。由于大部分的入侵是利用了已知的系统脆弱性，因而通过分析入侵过程的特征、条件、顺序及事件间的关系，可以具体描述入侵行为的迹象。误用检测有时也被称为特征分析（Signature Analysis）或基于知识的检测（Knowledge-based Detection）。这种方法由于依据具体特征库进行判断，所以检测准确度很高，并且因为检测结果有明确的参照，也为系统管理员做出相应措施提供了方便。其主要缺陷在于检测范围受已知知识的限制。另外，检测系统对目标系统的依赖性太强，不但系统移植性不好，维护工作量大，而且将具体入侵手段抽象成知识也很困难。对于某些内部人员的入侵行为，如合法用户的泄露，由于这些行为并没有利用系统脆弱性，因此误用检测也显得无能为力。

误用检测和异常检测各有优势，又都有不足之处。在实际系统中，考虑到两者的互补性，往往将它们结合在一起使用。通常的做法是将误用检测用于网络数据包，将异常检测用于系统日志。

3．基于检测时效的分类

IDS 在处理数据时可以采用实时在线检测方式，也可以采用批处理方式，定时对处理原始数据进行离线检测，这两种方法各有特点，如图 5-5 所示。

离线检测方式是将一段时间内的数据存储起来，然后定时发给数据处理单元进行分析，如果在这段时间内有攻击发生就报警。显然这种方法对于有效的防范和响应是很不利的，因为缺乏必要的实时性，但是这种方法仍然有不可替代的作用。首先，有些检测需要占用大量 CPU 资源，如果采用实时分析的办法将会大大降低系统的效率，这是不可接受的；其次，当网络流量很大时，即使算法效率很高，也不能满足实时性的要求，在这两种情况下可以采用离线批处理的方法。

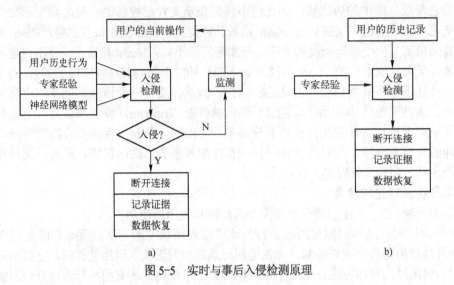

图 5-5　实时与事后入侵检测原理

a) 实时入侵检测的功能原理图　b) 事后入侵检测的功能原理图

　　在线检测方式的实时处理是大多数 IDS 所采用的办法，由于计算机硬件速度的提高，使得对攻击的实时检测和响应成为可能。对用户来说，如果 IDS 仅仅能够在事后给出警报，那么它的实际意义就会大打折扣，但如果网络流量非常大，那么以实时处理方式工作的 IDS 就不可能对数据进行详细的分析，这必然会影响系统的检测效果。所以就目前来看，批处理和实时处理这两种方法可以互相补充，首先采用实时处理对数据进行初步的分析，检测明显的攻击特征，然后采用批处理对数据进行更加详细的分析，分析的结果还可以用于训练异常检测系统。

5.2　入侵检测的技术实现

　　对于入侵检测的研究，从早期的审计跟踪数据分析，到实时入侵检测系统，再到目前应用于大型网络的分布式检测系统，基本上已发展成为具有一定规模和相应理论的研究领域。入侵检测的核心问题在于如何对安全审计数据进行分析，以检测其中是否包含入侵或异常行为的迹象。下面，先从误用检测和异常检测两个方面介绍当前关于入侵检测技术的主流技术实现，然后对其他类型的检测技术进行简要介绍。

5.2.1　入侵检测分析模型

　　基于前面提到的入侵检测的各种类型，在介绍入侵检测的具体实现技术之前，首先来讨论入侵检测系统对入侵的分析处理过程。

　　分析是入侵检测的核心功能，它既能简单到像一个已熟悉日志情况的管理员去建立决策表，也能复杂得像一个集成了几百万个处理的非参数系统。一般地，入侵检测分析处理过程可分为 3 个阶段：构建分析器；对实际现场数据进行分析；反馈和提炼过程。其中，前两个阶段都包含 3 个功能，即数据处理、数据分类（数据可分为入侵指示、非入侵指示或不确定）和后处理。

　　在分析模型中，第一阶段主要进行分析引擎的构造，分析引擎是执行预处理、分类和后处理的核心功能。表 5-1 给出了构建分析器的 5 个功能步骤中误用检测和异常检测各自不同的处理方式。

表 5-1 误用检测和异常检测构建分析器过程对比表

构建过程 ＼ 检测类型	误用检测	异常检测
1. 收集或生成事件信息	收集入侵信息：脆弱性、攻击和威胁、具体攻击工具和观察到的重要细节信息；也收集典型的不一致策略、过程和活动的信息	收集的信息来自活动系统本身或指定的相似系统，这些信息用于建立"正常"用户行为的基准特征轮廓
2. 预处理信息	转换收集在通用表格中的事件信息。例如：攻击症状和策略冲突可被转换成基于状态转换的信号或相应产品系统的规则	事件数据被转换成数组表，部分种类的数据转换成数值表。与误用数据一样，不同的信息被转换成一些规范的表格
3. 建立一个行为分析引擎或模型	以规则或模式描述器描绘的行为建立数据区分引擎。区分引擎的一种结构是产品和专家系统，另一种结构是模式匹配引擎，以入侵作为攻击特征（模式）去匹配审计数据	由用户过去行为的统计特征轮廓建立区分行为。统计特征轮廓也用于标识系统处理的行为。统计特征轮廓按照各种算法进行计算，并按固定或可变的进度表修补和完善
4. 向模型植入事件数据	用预处理事件数据或攻击知识的内容，以及收集到的对引擎有意义的攻击数据填充误用检测器	将收集的参考事件数据植入异常检测器，允许系统基于这些数据计算用户轮廓
5. 在知识库中保存植入数据	无论采用何种方法，植入数据的模型都被存储在预定的位置，准备检测使用。基于这种意义，植入数据的模型包含了所有的分析标准和分析引擎的实际核心	

在第二阶段，入侵分析主要进行现场实际事件流的分析。如表 5-2 所示，在这个阶段分析器通过分析现场的实际数据，识别出入侵及其他重要的活动。

表 5-2 误用检测和异常检测执行事件分析过程对比表

分析过程 ＼ 检测类型	误用检测	异常检测
1. 输入事件记录	收集可靠信息源产生的事件记录，这些信息源包括：网络数据包、操作系统审计痕迹，以及应用日志文件	
2. 预处理	将对应于攻击信号结构的表格事件数据进行集成，或通过捆绑、融合和计算，达到精简数据的目的	在异常检测中，事件数据通常精简成轮廓向量，行为属性表示为标识
3. 比较事件记录与知识库	预处理事件记录被提交给模式匹配引擎，若产生匹配结果，则事件被缓存以便进一步确认并返回警告。能够记住事件顺序的检查引擎称为状态检查器	将用户行为轮廓同其历史轮廓比较，若两者足够相关并属正常行为，反之则属异常并告警。异常检测引擎也可用于误用检测
4. 产生响应	响应性质取决于具体分析方法的性质，若事件记录对应于入侵或其他重要活动，可返回一个响应（警报、日志条目、自动响应或管理员指定的其他行为）	

在第三阶段，与反馈和提炼过程相联系的功能是分析引擎的维护及其他如规则集提炼等功能。误用检测在这个阶段的活动主要体现在基于新攻击信息对特征数据库进行更新，与此同时，一些误用检测引擎还对系统进行优化工作，如定期删除无用记录等。对于异常检测而言，历史统计特征轮廓的定时更新是反馈和提炼阶段的主要工作。以入侵检测专家系统 IDES 为例，特征轮廓每天都进行更新操作，每个用户的摘要资料被加入到知识库中，并且删除最老的资料（如 30 天前），对其余的统计资料（从第 1 天到第 29 天）则乘以一个老化因子，通过这种方法，最近的行为将比早些时候的行为更有效地影响入侵检测的决策。

5.2.2 误用检测

误用检测是按照预定模式搜寻事件数据的，最适用于对已知模式的可靠检测。执行误用检测，主要依赖于可靠的用户活动记录和分析事件的方法。

1. 条件概率预测法

条件概率预测法是基于统计理论来量化全部外部网络事件序列中存在入侵事件的可能程

度。预测误用入侵发生可能性的条件概率表达式为：P(Intrusion | Event Pattern)，其中，Event Pattern 表示网络事件序列，Intrusion 表示入侵事件。求解该表达式，应用 Bayes 公式有：

$$P(\text{Intrusion} | \text{Event Pattern}) = P(\text{Event Pattern} | \text{Intrusion}) \frac{P(\text{Intrusion})}{P(\text{Event Pattern})}。$$

这样，问题转移为求解等式的右侧。在实际工作中，管理员对其维护的目标网络系统的安全状况通常比较熟悉，也就是说根据经验值就可知一般情况下发生入侵事件的可能概率，即目标网络环境中入侵事件发生的先验概率 P(Intrusion)。此外，通过对网络系统全部事件数据的统计，可知构成每个入侵的所有事件序列，由此可以计算出构成特定入侵的事件序列占全部入侵事件序列集的相对发生频率，这个值就是特定入侵攻击的事件序列条件概率 P(Event Sequence | Intrusion)。同样地，在给定的入侵审计失败事件序列集中，可以统计出入侵审计失败时对应的事件序列的条件概率 P(Event Sequence | ¬Intrusion)。由上述两个条件概率可以计算出事件序列的先验概率为：P(Event Sequence) = (P(ES | I) − P(ES | ¬I)) · P(I) + P(ES | ¬I)，其中 ES 代表 Event Sequence，I 表示 Intrusion。

至此，等式右侧 3 个单项表达式均得出结果，合并可得条件概率预测法的计算公式为：

$$P(\text{Intrusion} | \text{Event Pattern}) = P(\text{ES} | \text{I}) \cdot \frac{P(\text{I})}{(P(\text{ES} | \text{I}) − P(\text{ES} | \overline{\text{I}})) \cdot P(\text{I}) + P(\text{ES} | \overline{\text{I}})}。$$

2．产生式/专家系统

用专家系统对入侵进行检测，主要是检测基于特征的入侵行为。所谓规则，即是知识，专家系统的建立依赖于知识库的完备性，而知识库的完备性又取决于审计记录的完备性与实时性。

产生式/专家系统是误用检测早期的方案之一，在 MIDAS、IDES、NIDES、DIDS 和 CMDS 中都使用了这种方法。其中，MIDAS、IDES 和 NIDES 使用的产生式系统是由 Alan Whithurst 设计的 P_BEST，DIDS 和 CMDS 使用的是 CLIPS 产生式系统。

产生式系统成功地将系统的控制推理与解决问题的描述分离开，这个特性使得用户可以使用 if-then 形式的语法规则输入攻击信息，再以审计事件的形式输入事实，系统根据输入的信息评估这些事实，当表示入侵的 if 条件满足时，then 子句的规则就被执行，整个过程无须理解产生式系统的内部功能，这就避免了用户自己编写决定引擎和规则代码的麻烦。

由于只能对给定的数据象征性地判断入侵的发生，加之不确定处理能力存在的缺陷，产生式/专家系统存在的问题在于，不适合处理大批量的数据，这是因为产生式系统中使用的说明性规则一般作为解释系统实现，而解释器效率低于编译器；没有提供对连续数据的任何处理；此外，系统综合能力的不足致使其专业技能只能达到一般技巧安全人员的水准。

3．状态转换方法

状态转换方法使用系统状态和状态转换表达式来描述和检测入侵，采用最优模式匹配技巧来结构化误用检测，增强了检测的速度和灵活性。目前，主要有 3 种实现方法，即状态转换分析、有色 Petri-Net 和语言/应用编程接口（API）。

（1）状态转换分析

状态转换分析最早由 R. Kemmerer 提出，状态转移分析是一种使用高层状态转移图（state transition diagrams）来表示和检测已知攻击模式的误用检测技术。图 5-6 以序列的方式给出了状态转移图的各个组成部分。

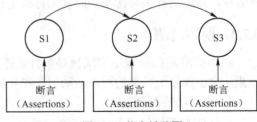

图 5-6 状态转移图

图中的结点（Nodes）表示系统的状态，弧线代表每一次状态的转变。所有入侵者的渗透过程都可以看做是从有限的特权开始，利用系统存在的脆弱性，逐步提升自身的权限。正是这种共性使得攻击特征可以使用系统状态转移的形式来表示。每个步骤中，攻击者获得的权限或者攻击成功的结果都可以表示为系统的状态。用于误用检测的状态转移分析引擎包括一组状态转移图，各自代表一种入侵或渗透模式。在每个给定的时间点，都认为是由一系列的用户行为使得系统到达了每个状态转移图中的特定状态。每次当新的行为发生时，分析引擎检查所有的状态转移图，查看是否会导致系统的状态转移。如果新行为否定了当前状态的断言（assertions），分析引擎就将转移图回溯到断言仍然成立的状态；如果新行为使系统状态转移到了入侵状态，状态转移信息就被发送到决策引擎，并根据预先定义的策略采取相应的响应措施。图 5-7 是一个 UNIX 系统入侵的状态转移图示例。

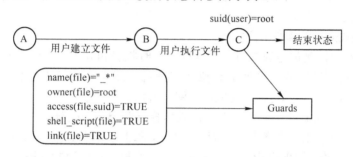

图 5-7　状态转换图示例：UNIX 系统入侵

（2）有色 Petri-Net

　　Petri（CP）-Net 是另一种基于状态转换的误用检测方法，该方法由 Purdue 大学开发，并成功应用于 IDIOT 系统。当一个入侵被表示成一个 CP-Net 时，事件的上下文是通过 CP-Net 中每个令牌颜色变化来模拟的，借助审计踪迹模式匹配的驱动，起始状态到结束状态之间的令牌移动过程指示了一次入侵或攻击的发生。

　　图 5-8 所示的是一个 TCP/IP 连接的 CP-Net 模式，图中的顶点表示系统状态，入侵模式存在前提条件和与之相关的后续动作。一般来说，这种模式匹配模型由 3 部分组成：一个上下文描述，能够进行匹配的构成入侵信号的各种事件；语义学内容，容纳了多种混杂在同一事件流中入侵模式的多个事件源；一个动作描述，当模式匹配成功后执行相关的动作。

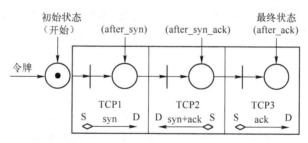

图 5-8　TCP/IP 连接的 CP-Net 模式

（3）语言/基于 API 方法

　　当前，有 3 种流行的可以表达入侵的描述语言：RUSSEL、STALKER 系统和 N 包过滤语言（NFR，Network Flight Recorder 的一部分），它们的共同点是采用表格的形式来描述数据。

　　● **RUSSEL**：是一个基于规则的语言，设计用于处理非结构化数据流，尤其适合于操作系统的数据审计。其目标是向用户提供跨主机关联事件能力和事件的多级别抽象。RUSSEL 将事件行为表达成"条件→动作"形式的表格，其中动作能具体到用户对给定入侵指定响应的抽象级别。RUSSEL 处理大量审计数据时采用自底向上的方式。

- **STALKER**：是一个商业误用检测系统，系统中使用了通用审计数据格式和一个用于描述攻击特征的基于状态的数据结构。系统的误用检测器是一个基于有限状态机的实现，通过传递审计记录至误用引擎来进行检测。引擎在状态转换表格中维护一个检测特征集，其中特征表达式的数据结构是由一个起始状态、一个结束状态和构成误用的一个或多个转换功能集组成的。
- **N-编码**：是指在一个字节编码指令上操作的解释语言，该语言包括流控制、过程和 64 位计数器数据类型。网络包过滤器若采用 N-编码进行编写，将可以有效地识别网络攻击和其他网络活动。

4. 用于批模式分析的信息检索技术

当前大多数入侵检测都是通过对事件数据的实时收集和分析来发现入侵的，然而在攻击被证实之后，要从大量的审计数据中寻找证据信息，就必须借助于信息检索（Information Retrieval，IR）技术，IR 技术已被广泛应用于网络搜索引擎之中。

IR 系统使用反向文件作为索引，允许高效地搜寻关键字或关键字组合，并使用贝叶斯理论帮助提炼搜索。由于 IR 依靠索引，而不是机器学习去发现数据模式，因此有别于数据挖掘。在攻击已是既定事实（即批模式）的情况下，信息检索可以限制性地浏览审计数据，从而有效地提高检测活动的效率。此外，索引的存在也可以作为一个安全失败机制，来检验攻击者是否试图改变审计信息以隐藏攻击的踪迹。

5. Keystroke Monitor 和基于模型的方法

Keystroke Monitor 是一种简单的入侵检测方法，它通过分析用户击键序列的模式来检测入侵行为，常用于对主机的入侵检测。该方法具有明显的缺点：首先，批处理或 Shell 程序可以不通过击键而直接调用系统攻击命令序列；其次，操作系统通常不提供统一的击键检测接口，需要通过额外的钩子函数（Hook）来监测击键。

基于模型的方法是，入侵者在攻击一个系统时往往采用一定的行为序列，如猜测口令的行为序列，这种行为序列构成了具有一定行为特征的模型，根据这种模型代表的攻击意图的行为特征可以实时地检测出恶意的攻击企图。与专家系统通常放弃处理那些不确定的中间结论的缺点相比，这一方法的优点在于它基于完善的不确定性推理数学理论。基于模型的入侵检测方法可以先监测一些主要事件，当这些事件发生后，再开始详细审计，从而减少了事件审计的处理负荷。

5.2.3 异常检测

异常检测基于一个假定：用户的行为是可预测的、遵循一致性模式的，且随着用户事件的增加，异常检测会适应用户行为的变化。用户行为的特征轮廓在异常检测中是由度量（measure）集来描述的，度量是特定网络行为的定量表示，通常与某个检测阈值或某个域相联系。异常检测可发现未知的攻击方法，体现了强健的保护机制，但对于给定的度量集能否完备到表示所有的异常行为仍需要深入研究。

1. Denning 的原始模型

Dorothy Denning 于 1986 年给出了入侵检测的 IDES 模型，她认为在一个系统中可以包括

4个统计模型，每个模型适合于一个特定类型的系统度量。

（1）可操作模型

该模型将度量和一个阈值进行比较，当度量超过阈值时就会触发一个异常，例如可以用来度量某个特定时间间隔内登录密码失败的次数。可操作模型既可用于异常检测，也可用于误用检测。

（2）平均和标准偏差模型

假定所有的分析引擎认为系统的度量是平均和标准偏差，那么一个新的网络行为如果落在信任间隔之外将被视为异常，信任间隔是由一些参数平均值的标准偏差定义的。该模型可用于事件计数器、间隔计时器和资源度量，当对其分配权值进行计算时，最近的数据通常赋予较高的权值。

（3）多变量模型

多变量模型是对上一个模型的扩展，是基于两个或多个度量的模型。这样考虑的好处是使异常检测不必严格局限于单个度量的计算，进而可以检测与之相关的多个度量。

（4）Markov 处理模型

该模型的检测器将每个不同类型的审计事件作为一个状态变量，通过使用一个状态转换矩阵来描述不同状态间的转换频率，并由状态转换矩阵中以前的状态和值来决定新事件的异常与否。事件计数器是 Markov 模型中最复杂的部分，该模型引入了执行事件流的状态分析概念。

2．量化分析

异常检测最常用的方法就是将检验规则和属性以数值形式表示的量化分析，这种度量方法在 Denning 的可操作模型中有所涉及。量化分析通过采用简单的加法直至比较复杂的密码学计算得到的结果作为误用检测和异常检测统计模型的基础。下面是几个常用的量化分析技术。

（1）阈值检验

阈值检验也称为阈值或触发器，该方法通过在一定的许可级别上对描述用户和系统的某些属性进行计数。一个典型的阈值实例就是系统允许有限的登录尝试次数，其他类型的阈值检验包括：特定类型的网络连接数、企图访问文件次数、访问文件和目录次数，以及访问网络次数等。这些检验遵循的固有假定是在一个特定时间间隔内进行度量，这种特定时间间隔可以是固定的，也可以是滑动窗口。

（2）基于目标的集成检查

这种方法是以系统客体作为量化分析的基本单位，通常这样的系统客体不会发生不可预测的变化。集成检查的一个实例就是使用消息消化函数对可疑系统客体进行加密校验和运算。系统定期地重新计算校验和，并将其与先前计算的结果进行比较，如发现不同则发出警告。Tripwire 是具有这种功能的典型产品。

（3）量化分析和数据精简

数据精简是从庞大的事件信息中删除或合并冗余的信息，从而减少系统的存储负荷并优化基于事件信息的处理。早期的入侵检测系统中，量化分析的一个重要用途就是采用量化度量来执行数据精简。

3．统计度量

统计度量方法是产品化的入侵检测系统中常用的方法，常见于异常检测。统计方法有效地解决了4个问题：①选取有效的统计数据测量点，生成能够反映主体特征的会话向量；②根据主体活动产生的审计记录，不断更新当前主体活动的会话向量；③采用统计方法分析数据，判断当前活动是否符合主体的历史行为特征；④随着时间的推移，学习主体的行为特征，更新历史记录。

（1）IDES/NIDES

统计度量是一种成熟的入侵检测方法，它使入侵检测系统能够学习主体的日常行为，将那些与正常活动存在较大统计偏差的活动标识为异常活动。这里以 IDES 和 NIDES 系统为例做一些讨论，两个系统均采用统计分析技术为每个用户和系统主体建立和维护历史统计特征轮廓，通过定期更新，较老的数据被老化以便特征轮廓适时反映用户行为在时间上的变化。系统维护一个由特征轮廓组成的统计知识库，每个特征轮廓基于一个度量集或度量表示不同用户的正常行为，经过一段时间后，根据用户活动情况新的审计数据将被加入知识库（通过一个指数退化因子老化旧向量）。

在 IDES 系统中，每当产生一个新的审计记录，就会同时计算一个摘要测试统计结果，这个被称为 IDES 分数的统计结果可通过下列公式计算：$IS = (S_1, S_2, S_3 \cdots S_n)C^{-1}(S_1, S_2, S_3 \cdots S_n)^t$。其中，$(S_1, S_2, S_3 \cdots S_n)C^{-1}$ 是相关矩阵或向量的逆，$(S_1, S_2, S_3 \cdots S_n)^t$ 是向量的转置。每个 S_n 度量行为的一个方面，例如文件访问、使用的终端和 CPU 的使用时间。不同的 S_n 值也表示同一行为的不同视图。

（2）异常度量归并问题

在异常检测中，需要解决的一个重要问题就是如何将不同异常检测的度量值归并起来得出一个最终确定的值。有两种方法可以使用，即 Bayesian 统计法和信任网络法。

Bayesian 统计法：设 A_1，$A_2 \cdots A_n$ 是用来检测任何时刻系统所发生入侵的 n 个度量，其中每个二进制的 A_i 度量系统的不同方面，如磁盘的 I/O 操作、系统中的故障页面等，当 A_i 度量为 1 时表明异常，0 表明正常。令 I 为目标系统正在发生的入侵行为，则每个异常度量 A_i 的可信度和灵敏度分别取决于 $P(A_i = 1 | I)$ 和 $P(A_i = 1 | \neg I)$。根据 Bayes 理论，在给定每个度量 A_i 值的情况下，归并结果表达式为：

$$P(I | A_1, A_2, \cdots, A_n) = P(A_1, A_2, \cdots, A_n | I) \frac{P(I)}{P(A_1, A_2, \cdots, A_n)},$$

求解该式需要知道基于 I 和 ¬I 条件下的度量集的联合概率分布，这里联合概率分布的值是以指数形式描述的。为了简化计算，假定每个异常度量 A_i 仅依赖于 I，且相互间是条件独立的，即 $A_i \neq A_j (i \neq j)$，则有表达式：$P(A_1, A_2, \cdots, A_n | I) = \prod_{i=1}^n P(A_i | I)$ 和 $P(A_1, A_2, \cdots, A_n | \neg I) = \prod_{i=1}^n P(A_i | \neg I)$，将两个表达式分别代入归并结果表达式，其比值表达式为：

$$\frac{P(I | A_1, A_2, \cdots, A_n)}{P(\neg I | A_1, A_2, \cdots, A_n)} = \frac{P(I)}{P(\neg I)} \frac{\prod_{i=1}^n P(A_i | I)}{\prod_{i=1}^n P(A_i | \neg I)}。$$

由此可知，根据先前的入侵概率以及入侵发生时每个异常度量的似然程度，可以得到多异常度量的归并结果。若要更加精确地计算 $P(I | A_1, A_2, \cdots, A_n)$，可以将不同异常度量 A_i 之间的相互依赖关系考虑进去，通过协方差矩阵法进行计算。

信任网络法：采用基于 Bayes 判决规则的网络来图形化描述不同随机变量之间的依赖关系，并允许在与相邻结点存在概率关系的小规模集合上计算这些变量的联合概率分布。这个指定的集合中包括除根结点外所有结点的先验概率和所有非根结点与其对应父类结点的条件概率。在信任网络中，弧线表示父子结点之间的事件依赖关系，并在随机变量值明确的情形下提供证据吸收和计算框架。图 5-9 给出的就是一个基于信任网络的入侵活动描述模型，图中的每个方框表示一个二进制的随机变量。

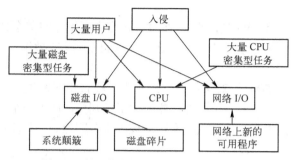

图 5-9　基于信任网络的入侵活动描述模型

（3）统计分析的缺陷

统计系统的主要优点是系统不需要误用检测系统所需的经常更新和维护，但这种方法也存在明显的缺陷：一是大部分设计仅执行批模式审计记录处理，没有执行自动响应以防止进一步的受损；二是统计分析的本质没有考虑事件间的顺序关系，然而现实系统的大部分异常攻击都是依赖于事件顺序的。

4. 非参数统计度量

早期的统计分析均采用参数方法来描述用户和其他系统实体的行为模式，在具体方法上比较类似，其采用的参数方法是假定审计数据服从一些固定分布（如高斯分布）规律。因此，当这样的假定不正确时，系统将会出现很高的异常误报和漏报率，非参数异常检测方法就是为解决参数方法的不足而提出的。

非参数统计方法通过使用非数据区分技术，尤其是群集分析技术来分析参数方法无法考虑的系统度量。群集分析的基本思想是，根据评估标准（也称为特性）将收集到的大量历史数据（一个样本集）组织成群，通过预处理过程，将与具体事件流（经常映射为一个具体用户）相关的特性转化为向量表示，再采用群集算法将彼此比较相近的向量成员组织成一个行为类，这样使用该分析技术的实验结果将会表明用何种方式构成的群可以可靠地对用户的行为进行分组并识别。实际工作中，有多种群集算法可以采用，例如，采用简单距离度量某个客体是否属于一个群，或采用比较复杂的概念式度量，即运用一个条件集对客体进行记分，然后根据分数值来判定它是否属于某个群。不同的群集算法服务于不同的数据集和分析目标。

采用非参数方法还可以对事件数据进行可靠的精简（体现在源事件数据到向量的转化过程中），从而提高异常检测的速度和准确性。

5. 基于规则的方法

上面讨论的异常检测主要基于统计方法，异常检测的另一个变种就是下面将要讨论的基于规则的方法。与前者不同的是，基于规则的检测使用规则集来表示和存储使用模式。这里介绍两种方法：W&S 方法和基于时间的引导机（TIM）。

（1）W&S

基于规则的异常检测 Wisdom and Sense（W&S）系统能在多种系统平台上运行，并能进行操作系统和应用级描述事件，系统采用两种方法来移植规则库：手工输入（基于策略）和从历史审计记录中产生。从历史审计记录中产生规则主要是通过执行一个种类检查以找到能够反映系统主体和客体过去的行为模式，并将其保存在一个称为森林的树结构中。实际工作中通常将这些审计记录的数值分组封装为线程类，当与线程相关的活动发生时，线程中的规则就对事件起作用。

（2）TIM

与其他异常检测方法不同的是，TIM 在事件顺序中而不是在单个事件中查找入侵者的行为模式，TIM 使用一个引导方法动态地产生定义入侵的规则，有效地实现了 Markov 转换概率模型。

在进行异常检测时，TIM 针对事件发生的顺序，检查正在发生的事件链是否与基于历史事件顺序观察所期望的一致，若一个事件顺序匹配了规则头，而下一个事件不在规则实体的预测事件集中，就被认为是异常事件。系统通过从规则库中删除一些预测性能低的规则来提升其检测能力。

例如：$E_1 \to E_2 \to E_3 \Rightarrow (E_4 = 95\%, E_5 = 5\%)$，$E_1$ 先发生，E_2 随后，再后来是 E_3，这是 TIM 基于过去的观察得出的事件顺序规则，被保存在规则库中，应用该规则可知，下一个事件是 E_4 的概率应是 95%。

与统计方法相比，TIM 的优点体现在它适合于与一些事件相关而不是与系统事件完全相关的环境，且该方法没有与行为渐变（session creep）相关的问题，但该方法的效率依赖于训练数据的质量。

5.2.4 其他检测技术

在近期入侵检测系统的研究过程中，出现了一些新的入侵检测技术，这些技术不能简单地归类为误用检测或是异常检测，而是提供了一种有别于传统入侵检测视角的技术层次，例如免疫系统、基因算法、数据挖掘和基于代理的检测等，它们或者提供了更具普遍意义的分析技术，或者提出了新的检测系统架构，因此无论对于误用检测还是异常检测来说，都可以得到很好的应用。

1. 神经网络

作为人工智能（AI）的一个重要分支，神经网络（Neural Network）在入侵检测领域得到了很好的应用，它使用自适应学习技术来提取异常行为的特征，需要对训练数据集进行学习以得出正常的行为模式。这种方法要求保证用于学习正常模式的训练数据的纯洁性，即不包含任何入侵或异常的用户行为。

神经网络由大量的处理元件组成，这些处理元件称为"单元"，单元之间通过带有权值的"连接"进行交互。网络所包含的知识体现在网络的结构（单元之间的连接、连接的权值）中，学习过程也就表现为权值的改变和连接的添加或删除。

神经网络的处理包含两个阶段。第一阶段的目的是构造入侵分析模型的检测器，使用代表用户行为的历史数据进行训练，完成网络的构建和组装；第二阶段则是入侵分析模型的实际运作阶段，网络接收输入的事件数据，与参考的历史行为相比较，判断出两者的相似度或偏离度。在神经网络中，使用以下方法来标识异常的事件：改变单元的状态、改变连接的权值、添加连接或删除连接，同时也提供对所定义的正常模式进行逐步修正的功能。

神经网络方法对异常检测来说具有很多优势：由于不使用固定的系统属性集来定义用户行为，因此属性的选择是无关的；神经网络对所选择的系统度量也不要求满足某种统计分布条件，因此与传统的统计分析相比，具备了非参量化统计分析的优点。

将神经网络应用在入侵检测中也存在一些问题，例如，在很多情况下，系统趋向于形成某种不稳定的网络结构，不能从训练数据中学习到特定的知识，这种情况目前尚不能完全确定产生的原因。其次，神经网络对判断为异常的事件不会提供任何解释或说明信息，这导致了用户无法确认入侵的责任人，也无法判定究竟是系统哪方面存在的问题导致了攻击者得以成功入侵。另外，将神经网络应用于入侵检测，其检测的效率问题也需要解决。

最早提出使用神经网络来构造系统/用户行为模式的是 Fox，他使用 Kohonen 的 Self Organizing Map（SOM）自主学习算法来发现数据中隐藏的结构。Tulane 大学的 David Endler 对 Solaris 系统的 BSM 模块所产生的系统调用审计数据使用神经网络进行了机器学习。Anup K. Ghosh 也采用针对特定程序的异常检测，建立软件程序的进程级行为模式，通过区分正常软件行为和恶意软件行为来发现异常，使用预先分类的输入资料对神经网络进行训练，学习出正常和非正常的程序行为。Ghosh 还对简单的系统调用序列匹配、后向传播网络和 Elman 网络进行了比较。

2．免疫学方法

New Mexico 大学的 Stephanie Forrest 提出了将生物免疫机制引入计算机系统的安全保护框架中。免疫系统中最基本也是最重要的能力是识别"自我/非自我"，换句话讲，它能够识别哪些组织是属于正常机体的，不属于正常的就认为是异常，这个概念和入侵检测中异常检测的概念非常相似。研究人员通过大量的实验发现：对一个特定的程序来说，其系统调用序列是相当稳定的，使用系统调用序列来识别"自我"，应该可以满足系统的要求。在这个假设的前提下，该研究小组提出了基于系统调用的短序列匹配算法，并做了大量开创性的工作。

3．数据挖掘方法

Columbia 大学的 Wenke Lee 在其博士论文中，提出了将数据挖掘（Data Mining，DM）技术应用到入侵检测中，通过对网络数据和主机系统调用数据的分析挖掘，发现误用检测规则或异常检测模型。具体的工作包括利用数据挖掘中的关联算法和序列挖掘算法提取用户的行为模式，利用分类算法对用户行为和特权程序的系统调用进行分类预测。实验结果表明，这种方法在入侵检测领域有很好的应用前景。Wenke Lee 还提出并验证了将信息论中"熵"的概念引入安全领域，以解决入侵检测系统中特性属性的选择问题，用于构建检测模型。此外，他还对基于数据挖掘的入侵检测系统在配置到实时环境中时出现的问题进行了深入研究，包括检测的准确性、检测效率和系统的实用性。

Florida 技术学院的 Philip K. Chan 则针对目前商业交易中普遍存在的信用卡欺诈问题，提出了分布式数据挖掘（Distributed Data Mining，DDM）和元学习（Meta Learning）概念，用于检测欺诈行为。

哥伦比亚大学数据挖掘实验室的 Leonid Portnoy 则使用了数据挖掘中的聚类算法，通过计算和比较记录间的矢量距离，对网络连接记录和用户登录记录进行自动聚类，从而完成对审计记录是否正常的判断工作。

4．基因算法

基因算法是另外一种较为新颖的分析手段。基因算法是进化算法的一种，引入了达尔文在进化论中提出的自然选择的概念（优胜劣汰、适者生存）对系统进行优化。基因算法利用对"染色体"的编码和相应的变异及组合，形成新的个体。算法通常针对需要进行优化的系统变量进行编码，作为构成个体的"染色体"，因此对于处理多维系统的优化是非常有效的。在基因算法的研究人员看来，入侵检测的过程可以抽象为：为审计事件记录定义一种向量表示形式，这种向量或者对应于攻击行为，或者代表正常行为。通过对所定义向量进行的测试，提出改进的向量表示形式，不断重复这个过程直至得到令人满意的结果。在这种方法中，将不同的向量表示形式作为需要进行选择的个体，基因算法的任务是使用"适者生存"的概念，得出最佳的向量表示形式。通常分为两个步骤来完成：首先使用一串比特对所有的个体（向量表示形式）进行编码；然后找出最佳选择函数，根据某些评估准则对系统个体进行测试，得出最为合适的向量表示形式。基因算法的典型代表是由 French Engineering University 的 Ludovic Mé of Supelec 开发的 GASSATA 系统。

5. 基于 Agent 的检测

近年来，一种基于 Agent 的检测技术（Agent-Based Detection）逐渐引起研究者的重视。所谓 Agent，实际上可以看做是在执行某项特定监视任务的软件实体。Agent 通常以自治的方式在目标主机上运行，本身只受操作系统的控制，因此不会受到其他进程的影响。Agent 的独立性和自治性为系统提供了良好的扩展性和发展潜力。一个 Agent 可以简单到仅仅对一段时间内某条命令被调用的次数进行计数，也可以复杂到利用数学模型对特定应用环境中的入侵做出判断，这完全取决于开发者的主观意愿。基于 Agent 的入侵检测系统的灵活性保证它可以为保障系统的安全提供混合式的架构，综合运用误用检测和异常检测，从而弥补两者各自的缺陷。例如，可以将一个 Agent 设置成通过模式匹配的算法来检测某种特定类型的攻击行为，同时可以将另一个 Agent 设置为对某项服务程序异常行为的监视器，甚至将入侵检测的响应模块也作为系统的一个 Agent 运行。Purdue University 的研究人员为基于 Agent 的入侵检测系统提出了一个基本原型，称为入侵检测自治代理（Autonomous Agents for Intrusion Detection, AAFID）。

针对基于 Agent 的检测技术，Purdue University 的 Terran Lane 提出了一种基于用户行为等级模型的异常检测引擎 Agent 生成方法。等级模型的叶结点表示用户行为的临时结构，较高层次的结点则代表其子结点所表示结构间的相互关系。Lane 采用基于事例学习（Instance Based Learning, IBL）和隐马尔可夫模型（Hidden Markov Model, HMM）的方法，通过基于时间的序列数据来学习实体的正常行为模式。

Arizona 州立大学的 Nong Ye 使用随机过程中的马尔可夫链模型（Markov Chain Model）来表示主机系统中的正常模式。通过对系统实际观察到的行为的分析，推导出正常模式的马尔可夫链模型对实际行为的支持程度，从而判断异常。处理的对象是系统中的特权程序所产生的系统调用序列。Nong Ye 还使用 Bayesian 概率网络进行异常检测，提出了采用结点间无向连接的对称结构，取代传统 Bayesian 网络中的有向连接。采用接合点概率表取代原先的条件概率表，并修正了证据推论算法。另外，Nong Ye 也对数据挖掘中的分类算法进行了研究，使用决策树分类器学习入侵特征，将计算机和网络系统事件分类为若干不同的状态，并进行相应的聚合以利于后端的分析处理。

还有许多国内外的研究人员对入侵检测系统所使用的检测技术进行了大量的研究工作，提出并实现了其他一些检测方法和原型系统，例如基于流量分析的检测、基于入侵策略分析的检测等，在此不再赘述。

以上介绍的检测技术，有些针对用户的行为模式，有些针对程序的行为模式，还有一些则将两者相结合，保证从多个层次对受保护系统进行监测。

5.3 分布式入侵检测

传统的入侵检测系统通常都属于自主运行的单机系统。无论是基于网络数据源，还是基于主机数据源；无论是采用误用检测技术，还是异常检测技术，在整个数据处理过程中，包括数据的收集、预处理、分析、检测，以及检测到入侵后采取的响应措施，都由单个监控设备或监控程序完成。然而，在面临大规模、分布式的应用环境时，这种传统的单机方式就遇到了极大的挑战。在这种条件下，要求各入侵检测系统（监控设备或监控程序）之间能够实现高效的信息共享和协作检测。在大范围网络中部署有效的入侵检测系统已经成为一项新的安全需求，推动了分布式入侵检测系统（Distributed Intrusion Detection System，DIDS）的诞生和不断发展。

分布式入侵检测是目前入侵检测乃至整个网络安全领域的热点之一，国内外众多的大学、研究机构、安全团体和商业组织都致力于这方面的研究工作。通常采用的方法中，一种是对现有的 IDS 进行规模上的扩展，另一种则通过 IDS 之间的信息共享来实现。具体的处理方法也有两种：分布式信息收集、集中式处理；分布式信息收集、分布式处理。前者以 DIDS、NADIR 和 ASAX 为代表，后者则采用了分布式计算的方法，降低了对中心计算能力的依赖，同时也减少了对网络带宽带来的压力，因此具有更好的发展前景。

5.3.1 分布式入侵检测的优势

分布式入侵检测由于采用了非集中的系统结构和处理方式，相对于传统的单机 IDS 具有一些明显的优势。

1. 检测大范围的攻击行为

传统的基于主机的入侵检测系统只能通过检查系统日志和审计记录来对单个主机的行为或状态进行监测，即使是采用网络数据源的入侵检测系统，也仅在单个网段内有效。对于一些针对多主机、多网段和多管理域的攻击行为，例如大范围的脆弱性扫描或拒绝服务攻击，由于不能在检测系统之间实现信息交互，通常无法完成准确和高效的检测任务。

分布式入侵检测通过各个检测组件之间的相互协作，可以有效地克服这一缺陷。

2. 提高检测的准确度

不同的入侵检测数据源反映的是系统不同位置、不同角度、不同层次的运行特性，可以是系统日志、审计记录或网络数据包等。传统的入侵检测系统为了简化检测过程和算法复杂度，通常采用单一类型的数据源。这一方面可以提高系统的检测效率，但另一方面也导致了检测系统输入数据的不完备。另外，检测引擎如果采用单一的算法进行数据分析，同样可能导致分析结果不够准确。

分布式入侵检测系统各个检测组件针对不同的数据来源，可以是网络数据包、主机审计记录、系统日志，也可以是特定应用程序的日志，甚至还可以是一些通过人工方式输入的审计数据。各个检测组件所使用的检测算法也不是固定的，有模式匹配、状态分析、统计分析和量化分析等，可以分别应用于不同的检测组件。系统通过对各个组件报告的入侵或异常特征，进行相关分析，可以得出更为准确的判断结果。

3. 提高检测效率

分布式入侵检测实现了针对安全审计数据的分布式存储和分布式计算，相对于单机数据分析的入侵检测系统来说，这将不再依赖系统中唯一的计算资源和存储资源，可以有效地提高系统的检测效率，减少入侵发现时间。

4. 协调响应措施

由于分布式入侵检测系统的各个检测组件分布于受监控网络的各个位置，一旦系统检测到攻击行为，可以根据攻击数据包在网络中经过的物理路径采取响应措施，例如封锁攻击方的网络通路、入侵来源追踪等。即使攻击者使用网络跳转的方式隐藏真实的 IP 地址，在检测系统的监控范围内通过对事件数据进行相关和聚合，仍然有可能追查到攻击者的真实来源。

5.3.2 分布式入侵检测的技术难点

与传统的单机 IDS 相比，分布式入侵检测系统具有明显的优势。然而，在实现分布检测组件的信息共享和协作上却存在着一些技术难点。斯坦福研究院（Stanford Research Institute，SRI）在研究中，列举了分布式入侵检测必须关注的关键问题：事件产生及存储、状态空间管理及规则复杂度、知识库管理，以及推理技术等。

1. 事件产生及存储

在传统的入侵检测系统中，安全事件的产生、存储和处理都是集中式的，这种方式在面临大规模网络时缺乏良好的扩展性。整个网络范围内分布的大量安全事件数据如果仍采用集中式存储方式，将会导致网络流量和存储需求的剧增。

2. 状态空间管理及规则复杂度

状态空间管理及规则复杂度关注的是，如何在规则的复杂程度和审计数据处理要求之间取得平衡。从检测的准确性角度来看，检测规则或检测模型越复杂，检测的有效性就越好，但同时也导致了复杂的状态空间管理和分析算法。采用复杂的规则集对大量的审计数据进行处理，对处理机来说会消耗大量的 CPU 时间和存储空间，这可能降低系统的实时处理能力。反之，如果采用较为简单的规则集，虽然可以提高系统的处理能力，但无法保证检测的准确性。

3. 知识库管理

知识库用于存放检测规则或检测模型，在分布式环境下，知识库最大的问题在于如何实现快速的规则升级和分发。

4. 推理技术

对于大范围的互联网络来说，集中式处理方式所带来的对计算资源、存储资源和通信资源的要求是单机系统无法满足的。因而，对安全审计数据采用分布式处理方式成为必然要求，但这将涉及如何设计和实现高效的分布式处理算法问题。

SRI 的研究人员从技术角度讨论了实现分布式入侵检测系统存在的难点。实际上，对于实际的网络系统和应用环境来说，还有其他一些因素需要考虑，例如：入侵检测组件间的通信可能占用网络带宽，影响系统的通信能力；网络范围内的日志共享导致了安全威胁，攻击者可以通过网络窃听的方式窃取安全相关信息；检测组件之间缺乏标准的事件描述格式；入侵检测组件的部署配置严重依赖于目标网络，通用性有待提高等。

5.3.3 分布式入侵检测的实现

尽管分布式入侵检测存在技术和其他层面的难点，但由于其相对于传统的单机 IDS 所具有的优势，目前已经成为这一领域的研究热点。

1. Snortnet

这是在原理和具体实现上最为简单的一种方式，通过对传统的单机 IDS 进行规模上的扩展，使系统具备分布式检测的能力。典型代表是由 Kyrgyz Russian Slavic 大学的 Yarochkin Fyodor 所提出的 Snortnet。Snortnet 是基于模式匹配的分布式入侵检测系统的一个具体实现。系统包括 3 个主要组件：网络感应器、代理守护程序和监视控制台。采用这种方式构建分布式入侵检测系统，其特点是原理简单，系统实现也非常方便，因此作为商业化产品是比较适合的。但由于其检测能力仍然依赖于原先的单机 IDS，只是在系统的通信和管理能力上进行了改进，因此并没有体现出分布式入侵检测的真正优势。

2．Agent-Based

基于 Agent 的 IDS 由于其良好的灵活性和扩展性，是分布式入侵检测的一个重要研究方向。国外一些研究机构在这方面已经做了大量工作，其中以 Purdue 大学的入侵检测自治代理（AAFID）和 SRI 的 EMERALD 最具代表性。

AAFID 的体系结构如图 5-10 所示，其特点是形成了一个基于代理的分层顺序控制和报告结构。一台主机上可驻留任意数量的代理，收发器负责监控运行在主机上的所有代理，向其发送开始、停止和重新配置命令，并对代理收集的信息执行数据精简，然后向一个或多个监控器及上一级分层报告结果。由于 AAFID 的体系结构允许冗余接收器的汇报，因此个别监视器的失效并不影响入侵检测系统的性能。监视器具有监控整个网络数据的能力，并可以对接收器的结果执行高级聚合，系统提供的用户接口可用于管理员输入控制监视器的命令。

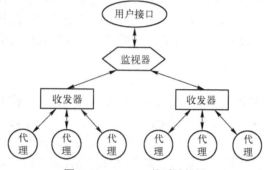

图 5-10 AAFID 体系结构图

使用分布式代理方法进行入侵检测的另一个系统是 SRI 研制开发的 EMERLD 系统，该系统在形式和功能上与 AAFID 自动代理相似，其中心组件是 EMERLD 服务监控器，监控器以可编程方式部署在主机上执行不同的功能。由于 EMERLD 将分析语义从分析和响应逻辑中分离出来，因此在整个网络上更易集成，具有在不同抽象层次上进行分析的重要能力，这体现了现代入侵检测系统的一个重要特征，即协作性。

3．DIDS

DIDS 是由加州大学戴维斯分校的 Security Lab 完成的，它集成了两种已有的入侵检测系统：Haystack 和 NSM。前者由 Tracor Applied Sciences and Haystack 实验室针对多用户主机的检测任务而开发，数据源来自主机的系统日志。NSM 则是由加州大学戴维斯分校开发的网络安全监视器，通过对数据包、连接记录和应用层会话的分析，结合入侵特征库和正常的网络流或会话记录的模式库，判断当前的网络行为是否包含入侵或异常。DIDS 综合了两者的功能，并在系统结构和检测技术上进行了改进。DIDS 由主机监视器、局域网监视器和控制器 3 个组件组成，其中控制器是系统的核心组件，采用基于规则的专家系统作为分析引擎。另外，DIDS 系统还提供了一种基于主机的追踪机制，凡是在 DIDS 监测下的主机都能够记录用户的活动，并且将记录发往中心计算结点进行分析，因此 DIDS 具有在自己监测网络下的入侵追踪能力。DIDS 虽然在结构上引入了分布式的数据采集和部分的数据分析，但其核心分析功能仍然由单一的中心控制器来完成，因此并不是完全意义上的分布式入侵检测。其入侵追踪功能的实现也要求追踪范围在系统的监控网络之内，显然在 Internet 范围内大规模地部署这样的检测系统是不现实的。

4. GrIDS

GrIDS（Graph-based Intrusion Detection System）同样由 UC Davis 提出并实现，该系统实现了一种在大规模网络中使用图形化表示的方法来描述网络行为的途径，其设计目标主要针对大范围的网络攻击，如扫描、协同攻击和网络蠕虫等。GrIDS 的缺陷在于，只是给出了网络连接的图形化表示，具体的入侵判断仍然需要人工完成，而且系统的有效性和效率都有待验证和提高。

5. Intrusion Strategy

Boeing 公司的 Ming-Yuh Huang 从另一个角度对入侵检测系统进行了研究，针对分布式入侵检测所存在的问题，他认为可以从入侵者的目的或入侵策略入手，帮助确定如何在不同的 IDS 组件之间进行协作检测。对入侵策略的分析可以帮助系统调整审计策略和参数，构成自适应的审计检测系统。通常对于计算机攻击事件来说，攻击的序列并不是随机的。攻击者使用一系列的工具来达到不同的目的，选择何种工具及使用的次序取决于所处的环境和目标系统的响应。为了达到特定的攻击目的，攻击者通常会按照固定的逻辑顺序发起一系列攻击行为，这种满足逻辑偏序关系的行为可以很好地揭示入侵者的目的。通过入侵策略分析来完成检测任务，是入侵检测领域的一个重要研究方向。

6. 数据融合

Timm Bass 提出将数据融合（Data Fusion）的概念应用到入侵检测中，从而将分布式入侵检测任务理解为在层次化模型下对多个感应器的数据综合问题。在这个层次化模型中，入侵检测的数据源经历了从数据到信息再到知识 3 个逻辑抽象层次。入侵检测数据融合的重点在于使用已知的入侵检测模板和模式识别，这与前面介绍的数据挖掘不同，数据挖掘注重于发掘先前未发现的入侵中隐藏的模式，以帮助发现新的检测模板。

7. 基于抽象的方法

乔治梅森大学的 Peng Ning 提出了一种基于抽象（Abstraction-based）的分布式入侵检测系统，基本思想是设立中间层，提供与具体系统无关的抽象信息，用于分布式检测系统中的信息共享，抽象信息的内容包括事件信息及系统实体间的断言。中间层用于表示 IDS 间的共享信息时使用的对应关系为：IDS 检测到的攻击或者 IDS 无法处理的事件信息作为 event，IDS 或受 IDS 监控的系统的状态则作为 dynamic predicates。

5.4 入侵检测系统的标准

从 20 世纪 90 年代到现在，入侵检测系统的研发呈现出百家争鸣的繁荣局面，并在智能化和分布式两个方向取得了长足进展。为提高 IDS 产品、组件及与其他安全产品之间的互操作性，DARPA 和 IETF 的入侵检测工作组（IDWG）发起制定了一系列建议草案，从体系结构、API、通信机制和语言格式等方面来规范 IDS 的标准。

DARPA 提出的建议是公共入侵检测框架（CIDF），最早由加州大学戴维斯分校安全实验室主持起草，1999 年 6 月 IDWG 也出台了一系列草案。此外，致力于提高入侵检测响应能力的 IDIP 协议（Intruder Detection and Isolation Protocol）也是标准化研究工作中的重要组成部分。

5.4.1 IETF/IDWG

IDWG 定义了用于入侵检测与响应（IDR）系统之间或与需要交互的管理系统之间的信息

共享所需要的数据格式和交换规程。IDWG 提出了 3 项建议草案：入侵检测消息交换格式（IDMEF）、入侵检测交换协议（IDXP）及隧道轮廓（Tunnel Profile）。

1. IDMEF

IDMEF 描述了表示入侵检测系统输出信息的数据模型，并解释了使用此模型的基本原理。模型采用 XML 实现，并设计了一个 XML 文档类型定义。自动入侵检测系统使用 IDMEF 提供的标准数据格式对可疑事件发出警报，提高商业、开放资源和研究系统之间的互操作性。IDMEF 最适用于入侵检测探测器和接收警报的控制台之间的数据信道。

IDMEF 数据模型以面向对象的形式表示探测器传递给控制台的警报数据，设计数据模型的目标是为警报提供确定的标准表达方式，并描述简单警报和复杂警报之间的关系。图 5-11 是 IDMEF 数据模型各主要部分之间的关系图。

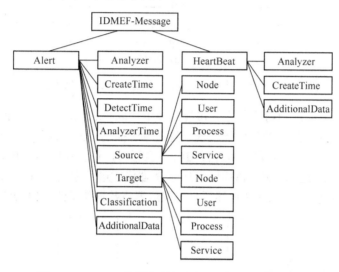

图 5-11　IDMEF 数据模型各个主要部分之间的关系图

所有 IDMEF 消息的最高层类是 IDMEF-Message，每一种类型的消息都是该类的子类。IDMEF 数据模型采用统一建模语言（UML）描述，UML 用一个简单的框架表示实体及它们之间的关系，并将实体定义为类。

IDWG 最早曾提出两个建议实现 IDMEF：用 SMI（管理信息结构）描述一个 SNMP MIB 和使用 DTD（文档类型定义）来描述 XML 文档。XML 是 SGML（标准通用标记语言）的简化版本，是 ISO 8879 标准对文本标记说明进行定义的一种语法。从本质上说，XML 是一种元语言，即一个描述其他语言的语言，它允许应用程序定义自己的标记，还可以为不同类型的文档和应用程序定义定制化的标记语言。XML DTD（文档类型定义）可用来声明文档所用的标记，它包括元素（文档包括的不同信息部分）、属性（信息的特征）和内容模型（各部分信息之间的关系）。

2. IDXP

IDXP（入侵检测交换协议）是一个用于入侵检测实体之间交换数据的应用层协议，能够实现 IDMEF 消息、非结构文本和二进制数据之间的交换，并提供面向连接协议之上的双方认证、完整性和保密性等安全特征。IDXP 是 BEEP 的一部分，后者是一个用于面向连接的异步交互通用应用协议，IDXP 的许多特色功能（如认证、保密性等）都是由 BEEP 框架提供的。

IDXP 模型包括建立连接、传输数据和断开连接。

1）建立连接。使用 IDXP 传送数据的入侵检测实体被称为 IDXP 的对等体，对等体只能成对地出现，在 BEEP 会话上进行通信的对等体可以使用一个或多个 BEEP 信道传输数据。

对等体可以是控制台，也可以是探测器，且相互间是多对多的关系。但 IDXP 规定，探测器之间不可以建立交换。入侵检测实体之间的 IDXP 通信在 BEEP 信道上完成，其过程是先要进行一次 BEEP 会话，然后就有关的安全特性问题进行协商，协商好 BEEP 安全轮廓之后，互致问候，然后开始 IDXP 交换。图 5-12 所示为两个入侵检测实体 A 和 B 之间建立 IDXP 通信的过程。

图 5-12　入侵检测实体 A 和 B 之间建立 IDXP 通信的过程

需要注意的是，IDXP 对等实体之间可能有多个代理，这些代理可能是防火墙，也可能是将多部门探测器数据转发给总控制台的代理。隧道轮廓描述了使用代理时的 IDXP 交换。

2）传输数据。一对入侵检测实体进行 BEEP 会话时，可以使用 IDXP 轮廓打开一个或多个 BEEP 信道，每个信道上的对等体均以客户/服务器模式进行通信，BEEP 会话发起者为客户机，而收听者则为服务器。图 5-13 描述了一个探测器将数据传送给控制台的简单过程。

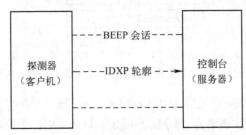

图 5-13　探测器向控制台传输数据过程简图

在一次 BEEP 会话时，使用多个 BEEP 信道有利于对在 IDXP 对等体之间传输的数据进行分类和优先权设置。例如，一个管理器 C1 在向另一个管理器 C2 传送警报数据时，可以用不同的信道传送不同类型的警报数据，在每个信道上管理器 C1 的作用都相当于一个客户机，而 C2 则对不同信道上的数据做出相应的处理，如图 5-14 所示。

图 5-14　基于多 BEEP 信道的 IDXP 对等体间数据传输示意图

3）断开连接。在有些情况下，一个 IDXP 对等体可以选择关闭某个 IDXP 信道。在关闭一个信道时，对等体在 0 信道上发送一个"关闭"元素，指明要关闭哪一个信道，一个 IDXP 对等体也可以在 0 信道上发送一个指明要"关闭" 0 信道的元素，来关闭整个 BEEP 会话。

在上面的模型中，IDXP 对等实体之间采用了一个 BEEP 安全轮廓实现端到端的安全，而无须通过中间的代理建立安全信任，因此，只有 IDXP 对等体之间是相互信任的，而代理是不可信的。

5.4.2　CIDF

CIDF 的工作集中体现在 4 个方面：IDS 的体系结构、通信机制、描述语言和应用编程接口 API。

1. CIDF 的体系结构

CIDF 在 IDES 和 NIDES 的基础上提出了一个通用模型，将入侵检测系统分为 4 个基本组件：事件产生器、事件分析器、响应单元和事件数据库，其结构如图 5-15 所示。在该模型中，事件产生器、事件分析器和响应单元通常以应用程序的形式出现，而事件数据库则是以文件或数据流的形式出现。很多 IDS 厂商都以数据收集部分、数据分析部分和控制台部分 3 个术语来分别代替事件产生器、事件分析器和响应单元。CIDF 将 IDS 需要分析的数据统称为事件，它可以是网络中的数据包，也可以是从系统日志或其他途径得到的信息。

以上 4 个组件只是逻辑实体，一个组件可能是某台计算机上的一个进程甚至线程，也可能是多个计算机上的多个进程，它们以 GIDO（统一入侵检测对象）格式进行数据交换。GIDO 是对事件进行编码的标准通用格式（由 CIDF 描述语言 CISL 定义），GIDO 数据流在图 5-15 中以虚线表示，它可以是发生在系统中的审计事件，也可以是对审计事件的分析结果。

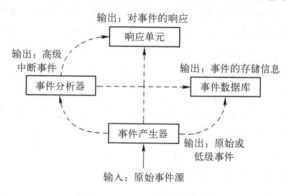

图 5-15　CIDF 体系结构图

2. CIDF 的通信机制

为了保证在各个组件之间安全、高效地进行通信，CIDF 将通信机制构造成一个 3 层模型：GIDO 层、消息层和协商传输层。要实现有目的的通信，各组件就必须能正确理解相互之间传递的各种数据的语义。GIDO 层的任务就是提高组件之间的互操作性，因而 GIDO 对各种各样的事件表示做了详细的定义。

消息层确保被加密认证消息在防火墙或 NAT 等设备之间传输过程中的可靠性。消息层只负责将数据从发送方传递到接收方，而不携带任何有语义的信息。同样，GIDO 层也只考虑所传递信息的语义，而不关心这些消息怎样传递。

单一的传输协议无法满足 CIDF 各种各样的应用需求，只有当两个特定组件对信道使用达成一致认识时才能进行通信。协商传输层规定了 GIDO 在各个组件之间的传输机制。

实际工作中，CIDF 的通信机制主要从 4 个方面，即配对服务、路由、消息层及消息层处理来讨论消息的封装和传递。

3. CIDF 语言

CIDF 的总体目标是实现软件的复用和 IDR（入侵检测与响应）组件之间的互操作性。首先，IDR 组件基础结构必须是安全、健壮、可伸缩的，CIDF 定义了一种应用层的语言 CISL（公共入侵规范语言）用来描述 IDR 组件之间传送的信息，制定了一套对这些信息进行编码的协议。CISL 可以表示 CIDF 中的各种信息，如原始事件信息（审计踪迹记录和网络数据流信息）、分析结果（系统异常和攻击特征描述）和响应提示（停止某些特定的活动或修改组件的安全参数）等。

CISL 使用了一种被称为 S 表达式的通用语言构建方法，S 表达式可以对标记和数据进行简单的递归编组，即对标记加上数据，然后封装在括号内完成编组，这与 LISP 有些类似。S 表达式的最开头是语义标识符（简称为 SID），用于显示编组列表的语义。例如 S 表达式：（HostName 'first.example.com'），它表示该编组列表的 SID 是 HostName，因此后面的字符串 first.example.com 将被解释为一个主机的名称。

对于一些事件的详细情况，需要使用很复杂的 S 表达式才能进行描述，这就需要使用大量的 SID。SID 在 CISL 中起着非常重要的作用，用来表示时间、定位、动作、角色和属性等，只有使用大量的 SID，才能构造出合适的句子。CISL 使用范例对各种事件和分析结果进行编码，把编码的句子进行适当的封装，就得到了 GIDO，GIDO 的构建与编码是 CISL 的重点。

4. CIDF 的 API 接口

CIDF 的 API 负责 GIDO 的编码、解码和传递，它提供的调用功能使得程序员可以在不了解编码和传递过程具体细节的情况下，以一种很简单的方式构建和传递 GIDO。GIDO 的生成分为两个步骤：首先构造表示 GIDO 的树形结构，然后将此结构编成字节码。

在构造树形结构时，SID 被分为两组：一组把 S 表达式作为参数（即动词、副词、角色和连接词等），另一组把单个数据或一个数据阵列作为参数（即原子），这样就可以把一个完整的句子表示成一棵树，每个 SID 表示成一个结点，最高层的 SID 是树根。因为每个 S 表达式都包含一定的数据，所以树的每个分支末端都有表示原子 SID 的叶子。

由于编码规则是定义好的，所以对树进行编码只是一个深度优先遍历和对各个结点依次编码的过程。将字节码进行解码的过程正好相反。在 SID 码的第一个字节里有一个比特位显示其需要的参数是基本数据类型还是 S 表达式序列，然后语法分析器再对后面的字节进行解释。CIDF 的 API 并不能根据树构建逻辑 GIDO，但提供了将树以普通 GIDO 的 S 表达式格式进行打印的功能。

CIDF 的 API 为实现者和应用开发者提供了两类接口：GIDO 编解码 API 和消息层 API。

5.5 入侵防护系统

为了能够更好地保护网络和系统免遭越来越复杂的攻击威胁，人们不仅需要可以快速、准确地检测攻击行为，还需要有效地协调安全措施对攻击立即采取应对措施，以便在应对攻击的过程中不会浪费时间和资源，正是在这种需求下 IPS 入侵防护系统应运而生。

5.5.1 概念和工作原理

入侵防护系统是一种主动的、智能的入侵检测系统，能预先对入侵行为和攻击性网络流量进行拦截，避免其造成任何损失，它不是简单地在恶意数据包传送时或传送后才发出报警信号。IPS 通常部署在网络的进出口处，当它检测到攻击企图后，就会自动地将攻击包丢掉或采取措施将攻击源阻断。

入侵防护系统与 IDS 在检测方面的原理基本相同，它首先由信息采集模块实施信息收集，内容包括网络数据包、系统审计数据，以及用户活动状态及行为等。利用来自网络数据包和系统日志文件、目录和文件中的不期望的改变、程序执行中的不期望行为，以及物理形式的入侵信息等内容，然后利用模式匹配、协议分析、统计分析和完整性分析等技术手段，由检测引擎对收集到的有关信息进行分析，最后由响应模块对分析后的结果做出适当的响应。入侵防护系统与传统 IDS 的主要区别是自动拦截和在线运行，两者缺一不可，防护工具（软/硬件方案）必须设置相关策略，以对攻击自动做出响应。当攻击者试图与目标服务器建立会话时，所有数据都会经过 IPS 位于活动数据路径中的传感器，传感器检测数据流中的恶意代码并核对策略，在未转发到服务器之前将含有恶意代码的数据包拦截。由于是在线实时运作，因而能保证处理方法适当且可预知。

5.5.2 使用的关键技术

- 主动防御技术：通过对关键主机和服务的数据进行全面的强制性防护，对其操作系统进行加固，并对用户权力进行适当限制，以达到保护驻留在主机和服务器上数据的效果。这种防范方式不仅能够主动识别已知攻击方法，对于恶意的访问予以拒绝，并且能够成功防范未知的攻击行为。

- 防火墙与 IPS 联动技术：一是通过开放接口实现联动，即防火墙或 IPS 产品开放一个接口供对方调用，按照一定的协议进行通信、传输警报。该方式比较灵活，防火墙可以行使它第一层访问控制的防御功能，IPS 系统可以行使它第二层检测入侵的防御功能，丢弃恶意通信，确保该通信不能到达目的地，并通知防火墙进行阻断。由于是两个系统的配合运作，所以要重点考虑防火墙和 IPS 联动的安全性。二是紧密集成实现联动，把 IPS 技术与防火墙技术集成到同一个硬件平台上，在统一的操作系统管理下有序地运行，所有通过该硬件平台的数据不仅要接受防火墙规则的验证，还要被检测判断是否含有攻击，以达到真正的实时阻断。

- 集成多种检测技术：IPS 有可能引发误操作，阻塞合法的网络事件，造成数据丢失。为避免发生这种情况，IPS 集成采用了多种检测方法，最大限度地正确判断已知和未知攻击。其检测方法包括误用检测和异常检测，增加状态信号、协议和通信异常分析功能，以及后门和二进制代码检测。为解决主动性误操作，采用通信关联分析的方法，让 IPS 全方位识别网络环境，减少错误告警。通过将琐碎的防火墙日志记录、IDS 数据、应用日志记录及系统脆弱性评估状况收集到一起，合理推断出将要发生哪些情况，并做出适当的响应。

- 硬件加速系统：IPS 必须具有高效处理数据包的能力，才能实现千兆甚至更高级网络流量的深度数据包检测和阻断功能。因此，IPS 必须基于特定的硬件平台，必须采用专用硬件加速系统来提高 IPS 的运行效率。

5.5.3 IPS 系统分类

入侵防护系统根据部署方式可分为 3 类：网络型入侵防护系统（NIPS）、主机型入侵防护系统（HIPS）和应用型入侵防护系统（AIPS）。

- 网络型入侵防护系统（Network based Intrusion Prevention System, NIPS）。网络型入侵防护系统采用在线工作模式，在网络中起到一道关卡的作用。流经网络的所有数据流都经过 NIPS，起到保护关键网段的作用。一般的 NIPS 都包括检测引擎和管理器，其中流量分析模块具有捕获数据包、删除基于数据包异常的规避攻击，以及执行访问控制等功能。作为关键部分的检测引擎，可以采用异常检测模型和误用检测模型，响应模块具有制定不同响应策略的功能，流量调整模块主要根据协议实现数据包分类和流量管理。NIPS 的这种运行方式实现了实时防御，但仍然无法检测出具有特定类型的攻击，误报率较高。

- 基于主机的入侵防护系统（Host based Intrusion Prevention System, HIPS）。基于主机的入侵防护系统用于预防攻击者对关键资源（如重要服务器数据库等）的入侵。HIPS 通常由代理（Agent）和数据管理器组成，采用类似 IDS 异常检测的方法来检测入侵行为，即允许用户定义规则，以确定应用程序和系统服务的哪些行为是可以接受的、哪些是违法的。Agent 驻留在被保护的主机上，用来截获系统调用并检测和阻断，然后通过可靠的通信信道与数据管理器相连。HIPS 这种基于主机环境的防御非常有效，而且也容易发现新的攻击方式，但配置比较困难，参数的选择会直接关系到误报率的高低。

- 应用型入侵防护系统（Application Intrusion Prevention System, AIPS）。应用型入侵防护系统是网络型入侵防护系统的一个特例，它把基于主机的入侵防护系统扩展成位于应用服务器之前的网络设备，用来保护特定应用服务（如 Web 服务器、数据库等）。它通常被设计成一种高性能的设备，配置在应用数据的网络链路上，通过 AIPS 安全策略的控制来防止基于应用协议漏洞和设计缺陷的恶意攻击。

5.6 IDS 系统示例

为了直观地理解入侵检测的使用、配置等情况，下面以 Snort 为例对构建以 Snort 为基础的入侵检测系统进行概要介绍。

5.6.1 Snort 简介

Snort（http://www.snort.org）是一个开放源代码的免费软件，它基于 libpcap 的数据包嗅探器，是一个轻量级的网络入侵检测系统。所谓轻量级，是指在检测时尽可能低地影响网络的正常操作，一个优秀的轻量级 NIDS 应该具备跨系统平台操作、对系统影响最小等特征，并且管理员能够在短时间内通过修改配置实时地进行攻击事件响应，更为重要的是能够成为整体安全体系的重要成员。Snort 作为其典型范例，可以运行在多种操作系统平台上，如 UNIX 系列（需要 libpcap 库支持）和 Windows 系列（需要 winpcap 库支持），与很多商业产品相比，它对操作系统的依赖性比较低。

Snort 相对于昂贵的商业 IDS 系统来说具有很多优势，如 Snort 的代码短小、易于安装、便于配置，并且相当灵活。从功能上来看，Snort 的功能十分强大和丰富，正逐步逼近专业的商用 NIDS 系统。Snort 具有实时数据包捕获和流量分析能力，能够快速检测网络攻击，及时发出警报。同时，Snort 能够对网络数据包进行协议分析、内容搜索和匹配，能够检测多种形式的网络攻击和探测，如缓冲区溢出攻击、端口扫描、CGI 攻击、SMB 探测和操作系统指纹探测等。

此外，用户还可以根据实际需要调整检测策略，以应对网络突发事件。Snort 集成了多种告警机制，支持实时告警功能，包括 syslog、用户指定文件、UNIX Socket，以及基于 SMBClient 运用 WinPopup 对 Windows 用户告警等。

作为一个轻量级的网络入侵检测系统，Snort 具有非常好的扩展能力。Snort 使用了一种简单的规则描述语言扩展其功能，能够迅速地对新出现的网络攻击做出反应，还可以通过插件的形式实现自身功能的扩展。从检测模式而言，Snort 属于误用型检测，因此它仅能够对已知攻击的特征模式进行匹配。也就是说，Snort 针对每一种入侵行为都提炼出其特征值，并按照规范写成一个检测规则，从而形成一个规则数据库。然后将捕获的数据包比照规则库逐一匹配，若匹配成功，则认为该入侵行为成立并做出处理。

Snort 遵循 GPL（General Public License），任何企业、个人和组织都可以免费使用，并可以对其进行完善和功能扩充。事实上，Snort 也正是得益于 GPL，在全球各地网络程序员的共同维护下，功能变得越来越强。

5.6.2 Snort 的体系结构

Snort 在结构上由数据包捕获和解码、检测引擎，以及日志及报警 3 个子系统组成。

1. 数据包捕获和解码子系统

该子系统的功能是捕获共享网络的传输数据，并按 TCP/IP 协议族的分层结构进行数据包解析。Snort 利用 libpcap 库函数采集数据，该库函数可以为应用程序提供直接从链路层捕获数据包的接口函数，并可以设置数据包的过滤器来捕获指定的数据。网络数据采集和解析机制是整个 NIDS 实现的基础，目前，Snort 可以处理以太网、令牌环及 SLIP（串行线路接口协议）等多种链路类型的数据包。

2. 检测引擎

检测引擎是 NIDS 实现的核心，其准确性和快速性是衡量其性能的重要指标。前者主要取决于对入侵行为特征码提炼的精确性和规则撰写的简洁实用性。由于网络入侵检测系统自身角色的被动性——只能被动地检测流经本网络的数据，不能主动发送数据包去探测，因此只有将入侵行为的特征码归结为协议的不同字段的特征值，通过检测该特征值来决定入侵行为是否发生。快速性则主要取决于引擎的组织结构是否能够快速地进行规则匹配。

为了快速、准确地进行检测和处理，Snort 在检测规则方面做了较为成熟的设计。Snort 将所有已知攻击方法以规则的形式存放在规则库中，每一条规则由规则头和规则选项组成。规则头对应于规则树结点 RTN（Rule Tree Node），包含动作、协议、源（目的）地址和端口，以及数据流向，这是所有规则的共有部分。规则选项对应于规则选项结点 OTN（Optional Tree Node），包含报警信息（msg）、匹配内容（content）等选项，这些内容需要根据具体规则的性质确定。图 5-16 给出了检测 Telnet 登录尝试失败的 Snort 规则，这是一个 TCP 规则，其端口号为 23，TCP 状态标志为 A、P，数据负载中包含的字符串为 Login incorrect。

```
alert TCP $INTERNAL 23 ->$EXTERNAL any(msg:"IDS127/telnet-login-incorrect";
content:"Login incorrect";flags:AP)
```

图 5-16　Snort 的规则格式

检测规则除了包括上述关于"要检测什么",还应该定义"检测到了该做什么"。Snort 定义了 3 种处理方式:alert(发送报警信息)、log(记录该数据包)和 pass(忽略该数据包),并定义为规则的第一个匹配关键字。这样设计的目的是为了在程序中可以组织整个规则库,也就是说,将所有的规则按照处理方式组织成 3 个链表,以用于更快速、准确地进行匹配。这样,Snort 在初始化并解析规则时,就分别生成 TCP、UDP、ICMP 和 IP 共 4 个不同的规则树,每一个规则树包含独立的三维链表:RTN(规则头)、OTN(规则选项)和指向匹配函数的指针,如图 5-17 所示。

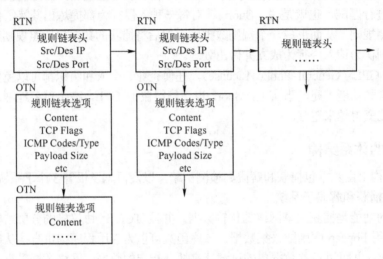

图 5-17　Snort 规则链逻辑结构图

当 Snort 捕获一个数据包时,首先分析该数据包使用哪个协议以决定将其与某个规则树进行匹配。然后与 RTN 结点依次进行匹配,当与一个头结点相匹配时,将会向下与 OTN 结点继续进行匹配。每个 OTN 结点包含一条规则所对应的全部选项,同时包含一组函数指针,用来实现对这些选项的匹配操作。当数据包与某个 OTN 结点相匹配时,即判断此数据包为攻击数据包。系统使用的主要匹配函数有预处理函数 Preprocess( )、启动函数 Detect( ),以及检测函数 EvalPacket( )、EvalHeader( )和 EvalOpts( )等。Snort 的这种规则匹配过程可称为"二维空间函数指针链表递归机制",主要是根据规则树对数据进行递归匹配。图 5-18 给出了其基本过程。

3. 日志及报警子系统

入侵检测系统应具备实时性和多样性,前者指在检测到入侵行为的同时能及时记录和报警,后者指能够根据需求选择多种方式进行记录和报警等。一个好的 NIDS 更应该提供友好的输出界面或发声报警等。Snort 作为轻量级的 NIDS,其另一个亮点就是数据包记录器功能,它可以采用 TCPDUMP 的格式记录信息、向 syslog 发送报警信息和以明文形式记录报警信息 3 种方式。此外,Snort 在网络数据流量非常大时,支持对数据包信息压缩,进而实现快速报警。

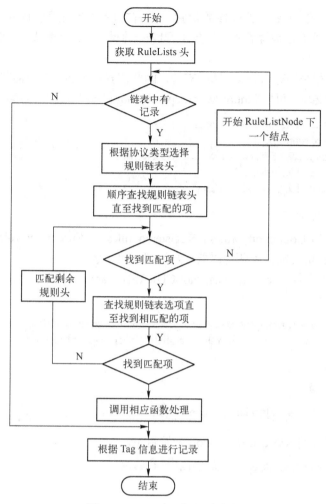

图 5-18　Snort 规则匹配流程图

5.6.3　Snort 的安装与使用

1．Snort 的安装模式

Snort 可安装为守护进程模式，也可安装为包括很多其他工具的完整的入侵检测系统。

采用简单方式安装 Snort 时，可以得到入侵数据的文本文件或二进制文件，然后用文本编辑器等工具进行查看。在这种安装模式下，Snort 可将告警信息以 SNMP trap 的形式发送到类似于 HP OpenView 或 OpenNMS 之类的网管系统上，也可以 SMB 弹出窗口的形式发送到运行 Windows 操作系统的计算机上。

Snort 若与其他工具一起安装，则可以支持更为复杂的操作。例如，将 Snort 数据发送给数据库系统，从而支持通过 Web 界面进行数据分析，以增强对 Snort 捕获数据的直观认识，避免耗费大量的时间去查阅晦涩的日志文件。

2．Snort 的简单安装

Snort 的安装程序包括 Linux 平台程序和 Windows 平台程序，所有安装程序可以在 Snort 官方网站 http://www.snort.org 上获取，当前的最新版本为 snort-2.9.7.6。Linux 平台下通常使用源代码包的形式进行安装，可以方便地进行参数配置。在官方网站上还提供针对 Fedora、CentOS、FreeBSD 和 Windows 平台的编译版本。下面介绍 Linux 平台下 Snort 源代码包的简单安装方法。

（1）安装 Snort

Snort 的正常运行必须有 libpcap 库的支持，因此在安装 Snort 之前需要确认系统已经安装了 libpcap 库，若未安装，可以到http://www.tcpdump.org 网站下载。之后编译并安装 Snort。

```
[root@mail]# tar -xvfz snort-2.9.7.6.tar.gz
[root@mail]#cd snort-2.9.7.6
[root@mail snort-2.9.7.6]# ./configure --enable-sourcefire
[root@mail snort-2.9.7.6]# make
[root@mail snort-2.9.7.6]# make install
```

（2）更新 Snort 规则

Snort 的规则包括 Community rules、Registered rules 和 Subscriber rules 共 3 类，其中，Community rules 是免费规则。后两种需要用户注册才可下载。

下载最新的规则文件 snortrules-snapshot-CURRENT.tar.gz。其中，CURRENT 表示最新的版本号，当前为 2976。

```
[root@mail snort]# wget https://www.snort.org/rules/snortrules-snapshot-2976.tar.gz? oinkcode=< oinkcode >
[root@mail snort]# tar -xzvf   snortrules-snapshot-2976.tar.gz -C /etc/snort/rules
```

（3）配置 Snort
建立配置文件目录。

```
[root@mail snort-2.9.7.6]# mkdir   /etc/snort
```

复制 Snort 配置文件 snort.conf 到 Snort 配置目录。

```
[root@mail snort-2.9.7.6]# cp ./etc/snort.conf   /etc/snort/
```

编辑 snort.conf。

```
[root@mail snort-2.9.7.6]# vi /etc/snort/snort.conf
```

修改后，一些关键设置如下。

```
var HOME_NET yournetwork
var RULE_PATH /etc/snort/rules
preprocessor http_inspect: global \
iis_unicode_map /etc/snort/rules/unicode.map 1252
include /etc/snort/rules/reference.config
include /etc/snort/rules/classification.config
```

（4）测试 Snort

```
# /usr/local/bin/snort -A fast -b -d -D -l /var/log/snort -c /etc/snort/snort.conf
```

查看文件/var/log/messages，若没有错误信息，则表示安装成功。

（5）将日志写入 MySQL 数据库
建立数据库。

```
% echo "CREATE DATABASE snort;" | mysql -u root –p
```

建立表（使用 schemas/create_mysql 文件）。

```
% mysql -D snort -u root -p < ./schemas/create_mysql
```

建立用户及权限。

```
mysql> set password for 'snortusr'@'localhost' = password ('yourpassword');
```

修改 snort.conf 文件。

```
output database: log, mysql, user=snortusr password=yourpassword dbname=snort host=localhost
```

3．Snort 的工作模式

Snort 有 3 种工作模式，即嗅探器、数据包记录器和网络入侵检测系统。嗅探器模式仅从网络上读取数据包并连续不断地流显示在终端上，数据包记录器模式则把数据包记录到硬盘上，网络入侵检测模式最为复杂，而且可配置。

（1）嗅探器

所谓的嗅探器模式，就是 Snort 从网络上获取数据包，然后显示在控制台上。若只把 TCP/IP 包头信息打印在屏幕上，则只需要执行下列命令。

```
./snort –v
```

若显示应用层数据，则执行下列命令。

```
./snort –vd
```

若同时显示数据链路层信息，则执行下列表命令。

```
./snort –vde
```

（2）数据包记录器

如果要把所有的数据包记录到硬盘上，则需要指定一个日志目录，Snort 将会自动记录数据包。

```
./snort -dev -l ./log
```

当然，./log 目录必须存在，否则 Snort 就会报告错误信息并退出。当 Snort 在这种模式下运行时，它会记录所有捕获的数据包，并将其放到一个目录中，该目录以数据包目的主机的 IP 地址命名，例如：192.168.10.1。

如果网络速度很快，或者希望日志更加紧凑以便事后分析，则应该使用二进制日志文件格式。使用下面的命令可以把所有的数据包记录到一个单一的二进制文件中。

```
./snort -l ./log –b
```

随后可以使用任何支持 tcpdump 二进制格式的嗅探器程序从该文件中读出数据包，例如：tcpdump 或者 Ethereal。使用-r 功能开关也可使 Snort 读出包中的数据。Snort 在所有运行模式下都能够处理 tcpdump 格式的文件。

若希望在嗅探器模式下把一个 tcpdump 格式的二进制文件内容显示到屏幕上，可以输入下面的命令。

```
./snort -dv -r packet.log
```

在数据包和入侵检测模式下，通过 BPF 接口可以使用多种方式维护日志文件中的数据。例如，希望从日志文件中提取 ICMP 包，只需要输入下面的命令行。

```
./snort -dvr packet.log icmp
```

（3）网络入侵检测系统

通过下面的命令行，可以将 Snort 启动为网络入侵检测系统模式。

```
./snort -dev -l ./log -h 192.168.1.0/24 -c snort.conf
```

snort.conf 是规则集文件。Snort 会将每个包和规则集进行匹配，一旦匹配成功就会采取响应措施。若不指定输出目录，Snort 就将日志输出到/var/log/snort 目录。

在网络入侵检测模式下，可以有多种方式配置 Snort 的输出。默认情况下，Snort 以 ASCII 格式记录日志，使用 full 报警机制。如果使用 full 报警机制，Snort 会在包头之后打印报警消息。如果不需要日志包，可以使用-N 选项进行关闭。

Snort 有 6 种报警机制：full、fast、socket、syslog、smb（winpopup）和 none。其中下列 4 个机制可以在命令行状态下使用-A 选项进行设置。

- -A fast：报警信息包括时间戳（timestamp）、报警消息、源/目的 IP 地址和端口。
- -A full：默认报警模式。
- -A unsock：把报警信息发送到一个 UNIX 套接字。
- -A none：关闭报警机制。

使用-s 选项可以使 Snort 把报警消息发送到 syslog，默认的设备是 LOG_AUTHPRIV 和 LOG_ALERT。可以修改 snort.conf 文件更改其配置。

Snort 还可以使用 SMB 报警机制，通过 SAMBA 把报警消息发送到 Windows 主机。为了使用这个报警机制，在运行./configure 脚本时，必须使用--enable-smbalerts 选项。

5.6.4　Snort 的安全防护

如果 Snort 自身受到安全威胁，则可能收到错误的告警，甚至根本收不到告警信息。为保护 Snort 系统的运行安全，必须采取一些必要的安全防护措施。

1．加固运行 Snort 系统的主机

关闭运行 Snort 系统的主机上的不必要服务，及时安装操作系统安全补丁。配置防火墙，使其拒绝对 ICMP echo 请求做出回应，并阻止任何其他不必要的网络访问。

2．在隐秘端口上运行 Snort

所谓隐蔽端口（Stealth Interface），是指仅有进入数据包而没有任何发出数据包的网络接口配置方法，这种措施可以有效保护运行 Snort 系统主机的安全性。隐蔽端口模式的实现主要建立在对网线进行特殊处理的基础上，其方法是在运行 Snort 的主机上，将网络接口的 1 针和 2 针短路，3 针和 6 针连到对端。有关隐蔽端口的更多信息可以参阅 Snort 的 FAQ 页面 http//www.snort.org/docs/faq.html。

3．在不配置 IP 地址的接口上运行 Snort

在没有配置 IP 地址的接口上运行 Snort 也可以避免该主机成为直接攻击目标。例如，在 Linux 主机上，可以运行命令 ifconfig eth0 up 来激活没有配置 IP 地址的接口 eth0。这种方法的好处是，Snort 运行主机没有 IP 地址，将导致无人可以通过网络访问。

5.7　小结

入侵检测是保障网络系统安全的关键部件，在体系结构上主要由事件提取、入侵分析、入侵响应和远程管理 4 个部分组成。执行的检测任务包括：监视、分析用户及系统活动，系统构造和弱点的审计，识别、分析知名攻击的行为特征并告警，异常行为特征的统计分析，评估重要系统和数据文件的完整性，操作系统的审计跟踪管理，以及识别用户违反安全策略的行为等。

入侵检测按照不同的标准有多种分类方法，通常有基于数据源、基于检测理论和基于检测时效 3 种分类方法。按检测理论分类，入侵检测有异常检测和误用检测两种类型。误用检测是按照预定模式进行事件数据搜寻，最适用于对已知模式的可靠检测，其常见方法有条件概率预测法、产生式/专家系统、状态转换方法、用于批模式分析的信息检索技术，以及 Keystroke Monitor 和基于模型的方法。异常检测基于一个假定，即用户的行为是可预测的、遵循一致性模式的，且随着用户事件的增加异常检测会适应用户行为的变化，其常见方法有 Denning 的原始模型、量化分析法、非参数统计度量法，以及基于规则的方法。其他检测技术有：神经网络法、免疫学方法、数据挖掘方法、基因算法和基于代理的检测等。

分布式入侵检测对信息的处理方法可分为两种：分布式信息收集、集中式处理；分布式信息收集、分布式处理，具体实现方式有 Snortnet、Agent-Based、DIDS、GrIDS、Intrusion Strategy、数据融合，以及基于抽象的方法等。

为提高 IDS 产品、组件及与其他安全产品之间的互操作性，DARPA 和 IETF 的入侵检测工作组发起制定了一系列建议草案，主要从体系结构、API、通信机制和语言格式等方面来规范 IDS 的标准。

作为一种主动安全防御措施，IPS 入侵防护系统不仅可以快速、准确地检测攻击行为，还能够有效地协调安全措施对攻击立即采取应对措施，以便在应对攻击的过程中不会浪费时间和资源。IPS 使用的关键技术主要包括：主动防御技术、防火墙与 IPS 联动技术、集成多种检测技术，以及硬件加速系统。根据部署方式分类，入侵防护系统主要有网络型入侵防护系统（NIPS）、主机型入侵防护系统（HIPS）和应用型入侵防护系统（AIPS）。

在安全实践中，部署入侵检测系统是一项较为烦琐的工作，需要从 3 个方面对入侵检测进行改进，即突破检测速度瓶颈制约，适应网络通信需求；降低漏报和误报，提高其安全性和准确度；提高系统互动性能，增强全系统的安全性能。

5.8 习题

1. 简述入侵检测系统的基本原理。
2. 简述误用检测的技术实现方法。
3. 简述异常检测的技术实现方法。
4. 简述入侵检测技术当前的研究热点。
5. 试指出分布式入侵检测的优势和劣势。
6. 你认为入侵检测的标准化工作对于当前入侵检测的研究有什么帮助。
7. 上网查找相关资料，整理并分析当前主流入侵检测产品的技术性能指标。
8. 简述 Snort 是如何检测分布式拒绝服务攻击的，并在局域网内进行实验验证。
9. 针对入侵检测在实际应用中面临的困难，试提出几种可能的解决方案。
10. 结合 IPS 的工作原理，若构建一个基于入侵检测和防火墙的联动安全系统，你是如何考虑的？

第6章 操作系统与数据库安全技术

访问控制是实现既定安全策略的系统安全技术，它可以显式地管理针对所有资源的访问请求。根据系统的安全策略要求，访问控制对每个资源请求做出许可或限制访问的判断，进而有效地防止非法用户访问系统资源或合法用户非法使用资源。鉴于访问控制的重要性，美国国防部的可信计算机系统评估标准（TESEC）将其列为评价系统安全的主要指标之一。

在信息安全涵盖的众多领域中，操作系统安全是信息安全的核心问题。操作系统安全是整个计算机系统安全的基础，采用的安全机制主要包括两个方面，即访问控制和隔离控制，其中，访问控制是其安全机制的关键。数据库系统是对数据资料进行管理的有效手段，许多重要的数据资料都存储于各种类型的数据库中，因此，数据库的安全问题在整个信息安全体系中占有重要地位。数据库安全主要从身份认证、访问控制和数据加密等方面来保证数据的完整性、可用性和机密性，应用广泛且最为有效的措施当属访问控制。

6.1 访问控制技术

计算机信息系统访问控制技术最早产生于 20 世纪 60 年代，随后出现了两种重要的访问控制技术，即自主访问控制（Discretionary Access Control，DAC）和强制访问控制（Mandatory Access Control，MAC）。它们在多用户系统（如各种 UNIX 系统）中应用广泛，对计算机信息系统的安全做出了突出贡献。但作为传统访问控制技术，它们已经远远落后于现代系统安全的要求，安全需求的发展对访问控制技术提出了一些新的要求，主要体现在两个方面：计算机信息系统在各行业的应用进一步普及，与应用领域有关的安全需求大量涌现，如公共信息服务系统对信息完整性和可用性的需求要远大于对保密性的需求，传统访问控制技术很难满足这种需求；网络和分布式技术的发展使得访问控制要立足于单位或部门的网络来设计和实施，甚至还要考虑其开放性，以便协作单位间的系统互连。为满足这些新的安全需求，近年来的研究工作一方面是对传统访问控制技术的不足进行改进，另一方面则出现了以基于角色的访问控制技术（Role-Based Access Control，RBAC）为代表的新型技术手段。

6.1.1 认证、审计与访问控制

在讨论传统访问控制技术之前，先就访问控制与认证、审计之间的关系，以及访问控制的概念和内涵进行概要说明。

在计算机系统中，认证、访问控制和审计共同建立了保护系统安全的基础，如图 6-1 所示。其中认证是用户进入系统的第一道防线，访问控制则在鉴别用户的合法身份后，通过引用监控器控制用户对数据信息的访问。引用监控器具体是通过进一步查询授权数据库来判定用户是否可以合法操作该客体的，授权数据库由系统安全管理员根据组织的安全策略进行授权的设置、管理和维护，有时用户也能修改授权数据库的部分内容，如设置他们自己文件的访问权限。审计通过监视和记录系统中相关的活动，起到事后分析的作用。

图 6-1 是安全服务的逻辑交互模型，它是在理想化程度上表达认证、访问控制和审计服务的相互关系，在实际的系统应用中，这种理想化的分离可能不会如此明晰，如被引用监控器保护的客体可以存储在授权数据库中，而不需要分开的物理空间。

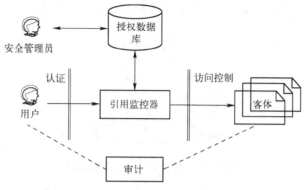

图 6-1　访问控制与其他安全服务关系模型

区别认证和访问控制是非常重要的。正确地建立用户的身份标识是由认证服务实现的。在通过引用监控器进行访问控制时，总是假定用户的身份已经被确认，而且访问控制在很大程度上依赖用户身份的正确鉴别和引用监控器的正确控制。同时，访问控制不能作为一个完整的策略来解决系统安全，它必须结合审计实行。审计主要关注系统所有用户的请求和活动的事后分析，它一方面有助于分析系统中用户的行为活动来发现可能的安全破坏，另一方面通过跟踪记录用户请求而在一定程度上起到威慑作用，使用户不敢进行非法尝试。而且，审计对查询系统的安全漏洞很有帮助。

所谓访问控制，就是通过某种途径显式地准许或限制访问能力及范围的一种方法。通过访问控制服务，可以限制对关键资源的访问，防止非法用户的侵入或者合法用户的不慎操作所造成的破坏，访问控制是实现数据保密性和完整性机制的主要手段。

访问控制系统一般包括以下几个要素。

- **主体**（**subject**）：指发出访问操作、存取请求的主动方，包括用户、用户组、终端、主机或一个应用进程，主体可以访问客体。
- **客体**（**object**）：指被调用的程序或要存取的数据访问，可以是一个字节、字段、记录、程序、文件，或一个处理器、存储器及网络结点等。
- **安全访问政策**：也称为授权访问，它是一套规则，用于确定一个主体是否对客体拥有访问能力。

在访问控制系统中，区别主体与客体比较重要，通常主体发起对客体的操作由系统的授权来决定，而且主体为了完成任务可以创建另外的主体，并由父主体控制子主体。此外，主体与客体的关系是相对的，当一个主体受到另一主体访问时，就成为访问目标，即成为客体。

访问控制规定了哪些主体可以访问，以及访问权限的大小，其一般原理如图 6-2 所示。

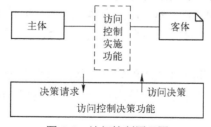

图 6-2　访问控制原理图

在主体和客体之间加入的访问控制实施模块主要用来控制主体对客体的访问。访问控制决策功能块是访问控制实施功能中最主要的部分，它根据访问控制信息做出是否允许主体操作的决定，这些访问控制信息可以存放在数据库和数据文件中，也可以选择其他存储方法，并且要视访问控制信息的多少及安全敏感度而定，其原理如图 6-3 所示。

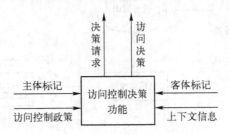

图 6-3　访问控制决策功能示意图

6.1.2　传统访问控制技术

1. 自主访问控制 DAC 及其发展

DAC 是目前计算机系统中实现最多的访问控制机制，它是在确认主体身份及其所属组的基础上对访问进行限定的一种方法。传统的 DAC 最早出现在 20 世纪 70 年代初期的分时系统中，它是多用户环境下最常用的一种访问控制技术，在目前流行的 UNIX 类操作系统中普遍采用。其基本思想是，允许某个主体显式地指定其他主体对该主体拥有资源的访问类型。

由于 DAC 对用户提供灵活的数据访问方式，能够适用于多数系统环境，因而被大量采用，尤其是在商业和工业环境中应用广泛。DAC 技术在一定程度上实现了权限隔离和资源保护，但是在资源共享方面难以控制。为了便于资源共享，一些系统在实现 DAC 时，引入了用户组的概念，以实现组内用户的资源共享。

DAC 技术存在的明显不足包括：资源管理比较分散；用户间的关系不能在系统中体现出来，不易管理；信息容易泄露，无法抵御特洛伊木马（Trojan Horse）的攻击。所谓特洛伊木马，是指嵌入在合法程序中的一段以窃取或破坏信息为目的的恶意代码。在自主访问控制下，一旦带有特洛伊木马的应用程序被激活，木马就可以任意泄露和破坏接触到的信息，甚至改变这些信息的访问授权模式。

针对 DAC 的不足，研究人员对其进行了一系列的改进。20 世纪 70 年代末，M. H. Harrison 等提出了客体所有者自主管理该客体的访问和安全管理员限制访问权限随意扩散相结合的半自主式的 HRU 访问控制模型，并设计了安全管理员管理访问权限扩散的描述语言。HRU 模型提出了管理员可以限制客体访问权限的扩散，但没有对访问权限扩散的程度和内容做出具体的定义。到了 1992 年，Sandhu 等为了表示主体需要拥有的访问权限，将 HRU 模型发展为 TAM（Typed Access Matrix）模型，在客体和主体产生时就对访问权限的扩散做出了具体的规定。随后，为了描述访问权限需要动态变化的系统安全策略，TAM 发展为 ATAM（Augmented TAM）模型。

上述改进在一定程度上提高了 DAC 的安全性能，但由于 DAC 的核心是客体所有者控制客体的访问授权，使得它们不能用于具有较高安全要求的系统，因而这些改进模型几乎没有得到实际应用。

2．强制访问控制 MAC 及其发展

MAC 最早出现在 Multics 系统中，在 1983 美国国防部的 TESEC 中被用做 B 级安全系统的主要评价标准之一。MAC 的基本思想是：每个主体都有既定的安全属性，每个客体也都有既定的安全属性，主体对客体是否能执行特定的操作取决于两者安全属性之间的关系。

通常所说的 MAC 主要是指 TESEC 中的 MAC，它主要用来描述美国军用计算机系统环境下的多级安全策略。在多级安全策略中，安全属性采用二元组（安全级，类别集合）表示，安全级表示机密程度，类别集合表示部门或组织的集合。一般的 MAC 都要求主体对客体的访问满足 BLP（Bell and LaPadula）安全模型的两个基本特性。

1）简单安全性：仅当主体的安全级不低于客体安全级且主体的类别集合包含客体的类别集合时，才允许该主体读该客体。

2）*-特性：仅当主体的安全级不高于客体安全级且客体的类别集合包含主体的类别集合时，才允许该主体写该客体。

上述两个特性保证了信息的单向流动，即信息只能向高安全属性的方向流动，MAC 就是通过信息的单向流动来防止信息的扩散，以及抵御特洛伊木马对系统保密性的攻击。

与 DAC 相比，强制访问控制 MAC 提供的访问控制机制无法绕过。在 MAC 中，每个用户及文件都被赋予一定的安全级别，用户不能改变自身或任何客体的安全级别，即不允许单个用户确定权限，只有系统管理员才可以确定用户和组的访问权限。系统通过比较用户和文件的安全级别来决定用户是否可以访问该文件。此外，强制访问控制不允许进程生成共享文件，从而防止了进程通过共享文件将信息从一个进程传到另一个进程的情况出现。MAC 可通过使用敏感标签对所有用户和资源强制执行安全策略，即实行强制访问控制。安全级别一般分为 4 级，绝密级（Top Secret）、机密级（Confidential）、秘密级（Secret）和无级别级（Unclassified）。这样，用户与访问信息的读写关系将有以下 4 种。

1）下读（read down）：用户级别大于文件级别的读操作。

2）上写（write up）：用户级别低于文件级别的写操作。

3）下写（write down）：用户级别大于文件级别的写操作。

4）上读（read up）：用户级别低于文件级别的读操作。

MAC 存在的不足主要表现在两个方面：应用领域偏窄，使用不灵活，一般只用于军方等具有明显等级观念的行业或领域；完整性方面控制不够，它重点强调了信息向高安全级的方向流动，对高安全级信息的完整性强调不够。

为了增强传统 MAC 的完整性控制，人们提出了 TE（Type Enforcement）控制技术，该技术把主体和客体分别进行归类，两者之间是否有访问授权由 TE 授权表决定，TE 授权表由安全管理员负责管理和维护。TE 技术在一家美国公司开发的安全操作系统 LOCK6 中得到了应用。TE 技术提高了系统的完整性控制，但维护授权表给管理员带来了很多麻烦。为了改进 TE 控制技术管理复杂的不足，TE 发展为 DTE（Domain and Type Enforcement）访问控制技术，它主要通过定义一些隐含规则来简化 TE 授权表，其维护工作也随之大大减少。

Chinese Wall 模型是 Brewer 和 Nash 开发的用于商业领域的访问控制模型，该模型主要用于保护客户信息不被随意泄露和篡改。它是应用在多边安全系统中的安全模型，即多个组织间的访问控制系统中，以及可能存在利益冲突的组织中。Chinese Wall 模型最初是为投资银行设计的，但也可应用在其他相似的场合。Chinese Wall 安全策略的基础是客户访问的信息不会与

目前他们可支配的信息产生冲突，后来它被证明也是一种强制访问模型，其贡献在于对开发商用访问控制技术的尝试。

上述各种改进在一定程度上使得传统的 MAC 技术更加完善，并在商业领域也做出了一定的努力，但总体来说，这些模型大都针对具体应用开发、灵活性差，产生的影响不大，只有个别系统采用了这些技术。

6.1.3 新型访问控制技术

1．基于角色的访问控制 RBAC

RBAC（Role-Based Access Control）的概念早在 20 世纪 70 年代就已经提出，但在相当长的一段时间内没有得到人们的关注。进入 90 年代后，随着安全需求的发展，加之 R. S. Sandhu 等人的倡导和推动，RBAC 又引起了人们极大的关注，美国很多学者和研究机构都在从事这方面的研究，如 NIST（National Institute of Standard Technology）和 George Manson 大学的 LIST（Laboratory of Information Security Technology）等。NIST 的研究人员认为 RBAC 将是 DAC 和 MAC 的替代者。自 1995 年开始，美国计算机协会 ACM 每年都召开 RBAC 的专题研讨会来促进 RBAC 的研究，图 6-4 给出了 RBAC 的结构示意图。

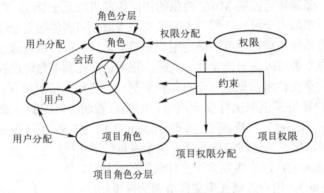

图 6-4　RBAC 的结构示意图

在 RBAC 中，在用户和访问许可权之间引入了角色的概念，用户与特定的一个或多个角色相联系，角色与一个或多个访问许可权相联系。这里所谓的角色就是一个或多个用户可以执行的操作的集合，它体现了 RBAC 的基本思想，即授权给用户的访问权限通常由用户在一个组织中担当的角色来确定。当用户被赋予一个角色时，用户具有这个角色所具有的所有访问权。用户和角色间是多对多的关系，角色与客体间也是多对多的关系。角色可以根据实际工作的需要生成或取消，而且登录到系统中的用户可以根据自己的需要动态激活自己拥有的角色（见图 6-4 中的会话），从而避免了用户无意间危害系统的安全。在 RBAC 模型系统中，每个用户进入系统时都得到一个会话，一个用户会话可能激活的角色是该用户的全部角色的子集。对该用户而言，在一个会话内可获得全部被激活的角色所包含的访问权。设置角色和会话带来的好处是容易实施最小特权原则。除此之外，角色之间、许可权之间、角色和许可权之间定义了一些关系，如角色间的层次关系，而且还可以按需要定义各种约束，如定义出纳和会计这两个角色为互斥角色（即这两个角色不能分配给一个用户）。

迄今为止，已发展了 4 种 RBAC 模型。

1）基本模型 RBAC0，该模型指明了用户、角色、访问权和会话之间的关系。

2）层次模型 RBAC1，该模型是偏序的，上层角色可继承下层角色的访问权。

3）约束模型 RBAC2，该模型除包含 RBAC0 的所有基本特性外，增加了对 RBAC0 的所有元素的约束检查，只有拥有有效值的元素才可被接受。

4）层次约束模型 RBAC3，该模型兼有 RBAC1 和 RBAC2 的特点。RBAC 的好处在于一个组织内的角色相对稳定，系统建立起来以后主要的管理工作即为授权或取消主体的角色，这与一些组织通常的业务管理很类似。如一个公司可以建立经理、会计等角色，然后根据不同的角色给予授权，进行管理。

RBAC 具有 5 个明显的特点。

1）以角色作为访问控制的主体。用户以什么样的角色对资源进行访问，决定了用户拥有的权限，以及可执行何种操作。

2）角色继承。为了提高效率，避免相同权限的重复设置，RBAC 采用了"角色继承"的概念，定义了这样的一些角色，它们有自己的属性，但可能还继承其他角色的属性和权限。角色继承把角色组织起来，能够很自然地反映组织内部人员之间的职权和责任关系。角色继承可以用祖先关系来表示，如图 6-5 所示，角色 2 是角色 1 的"父亲"，它包含角色 1 的属性与权限。在角色继承关系图中，处于最上面的角色拥有最大的访问权限，越下端的角色拥有的权限越小。

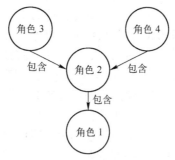

图 6-5　RBAC 角色继承示意图

3）最小权限原则。所谓最小权限原则，是指用户所拥有的权力不能超过他执行工作时所需的权限。实现最小权限原则，需分清用户的工作内容，确定执行该项工作的最小权限集，然后将用户限制在这些权限范围之内。在 RBAC 中，可以根据组织内的规章制度、职员的分工等设计拥有不同权限的角色，只有角色需要执行的操作才授权给角色。当一个主体想要访问某资源时，如果该操作不在主体当前活跃角色的授权操作之内，该访问将被拒绝。

4）职责分离。对于某些特定的操作集，某一个角色或用户不可能同时独立地完成所有这些操作。"职责分离"有静态和动态两种实现方式。所谓静态职责分离，即只有当一个角色与用户所属的其他角色彼此不互斥时，这个角色才能授权给该用户。动态职责分离是指只有当一个角色与一个主体的任何一个当前活跃角色都不互斥时，该角色才能成为该主体的另一个活跃角色。

5）角色容量。在创建新的角色时，要指定角色的容量。在一个特定的时间段内，有一些角色只能由一定数量的用户占用。

RBAC 的最大优势在于它对授权管理的支持。通常的访问控制实现方法是将用户与访问权限直接相联系，当组织内人员新增或有人离开时，或者某个用户的职能发生变化时，需要进行大量授权更改工作。而在 RBAC 中，角色作为一个桥梁，沟通于用户和资源之间。对用户的访问授权转变为对角色的授权，然后再将用户与特定的角色联系起来。RBAC 的另一优势在于系统管理员在一种比较抽象且与企业通常的业务管理类似的层次上控制访问。这种授权使管理员从访问控制底层的具体实现机制中脱离出来，十分接近日常的组织管理规则。

与 DAC 和 MAC 相比，RBAC 具有明显的优势，RBAC 基于策略无关的特性，使其几乎可以描述任何安全策略，甚至 DAC 和 MAC 也可用 RBAC 描述。这与 DAC 和 MAC 存在很大区别，DAC 本身就是一种安全策略，MAC 主要是描述军用计算机系统的多级安全策略。由于 RBAC 具有自管理能力，基于 RBAC 思想产生的 ARBAC（Administrative RBAC）模型很好地实现了对 RBAC 的管理，这使得 RBAC 在进行安全管理时更接近应用领域的实际情况。

当然，与 DAC 和 MAC 相比，RBAC 技术也存在缺陷。一方面由于 RBAC 技术还不十分成熟，在角色配置工程化、角色动态转换等方面还需深入研究，RBAC 实现技术也需进一步探索。另一方面，RBAC 比 DAC 和 MAC 复杂，系统实现难度大，其策略无关性需要用户自己定义适合本领域的安全策略，而定义众多角色、访问权限及其关系是一项很复杂的工作。

2．基于任务的访问控制 TBAC

TBAC（Task-Based Access Control）是一种新的安全模型，从应用和企业层角度来解决安全问题（而非从系统的角度）。它采用"面向任务"的观点，从任务（活动）的角度来建立安全模型和实现安全机制，在任务处理的过程中提供动态实时的安全管理。在 TBAC 中，对象的访问权限控制并不是静止不变的，而是随着执行任务的上下文环境发生变化，这是称其为主动安全模型的原因。具体说来，TBAC 有两点含义。首先，它是在工作流的环境中考虑对信息的保护问题。在工作流环境中，每一步对数据的处理都与以前的处理相关，相应的访问控制也是这样，因而 TBAC 是一种上下文相关的访问控制模型。其次，它不仅能对不同工作流实行不同的访问控制策略，还能对同一工作流的不同任务实例实行不同的访问控制策略。这是"基于任务"的含义，所以 TBAC 又是一种基于实例（instance-based）的访问控制模型。最后，因为任务都有时效性，所以在基于任务的访问控制中，用户对于授予其权限的使用也是有时效性的。该模型的不足之处在于比任何模型都复杂。

3．基于组机制的访问控制

1988 年，R. S. Sandhu 等人提出了基于组机制的 NTree 访问控制模型，之后该模型又得到了进一步扩充，相继产生了多维模型 N_Grid 和倒树影模型。NTree 模型的基础是偏序的维数理论，组的层次关系由维数为 2 的偏序关系（即 NTree 树）表示，通过比较组结点在 NTree 中的属性决定资源共享和权限隔离。该模型的创新在于提出了简单的组层次表示方法和自顶向下的组逐步细化模型，倒树影模型是 NTree 模型的一个特例，一颗倒立的树加上它的倒影就构成了一棵倒影树，倒影树的上半部分负责管理权利分离，倒影部分负责资源共享，倒影树模型解决了组间资源共享问题。

就访问控制技术发展而言，在 20 世纪 90 年代还出现了一些其他的访问控制技术，如俄罗斯学者提出的基于加密的访问控制技术，IBM 提出的基于进程间通信（IPC）的访问控制技术等，这些想法都侧重于访问控制实现技术的研究，没有形成较大的影响。

6.1.4　访问控制的实现技术

访问控制的实现技术是指为了检测和防止系统中的未授权访问，对资源予以保护所采取的软硬件措施和一系列的管理措施。访问控制一般是在操作系统的控制下，按事先确定的规则决定是否允许主体访问客体，它贯穿于系统工作的全过程，是在文件系统中广泛应用的安全防护方法。

访问控制矩阵（Access Control Matrix）是最初实现访问控制技术的概念模型，它利用二维矩阵规定了任意主体和任意客体间的访问权限，矩阵中的行代表主体的访问权限属性，列代表客体的访问权限属性，矩阵中的每一格表示所在行的主体对所在列的客体的访问授权。访问控制的任务就是确保系统的操作是按照访问控制矩阵授权的访问来执行的，它是通过引用监控器协调主体对客体的每次访问而实现的。这种方法清晰地实现了认证与访问控制的相互分离。例如：设某一系统中 S_1、S_2、S_3 为 3 个主体，O_1、O_2、O_3 为 3 个客体，访问控制矩阵如图 6-6所示，0 表示无访问权限，1 表示读，2 表示写，3 表示执行，4 表示拥有。

主体＼客体	O_1	O_2	O_3
S_1	4	3	0
S_2	2	1	4
S_3	1	4	2

图 6-6　访问控制矩阵图

通常，由于访问控制矩阵较大，并且会因许多主体对于大多数客体不能访问而造成矩阵变得过于稀疏，这显然不利于执行访问控制操作。因此，现实系统中通常不使用访问控制矩阵，但可在访问控制矩阵的基础上实现其他访问控制模型，这主要包括以下几个。

● 基于访问控制表的访问控制实现技术。
● 基于能力关系表的访问控制实现技术。
● 基于权限关系表的访问控制实现技术。

1. 访问控制表

访问控制表（Access Control Lists，ACL）是以文件为中心来建立访问权限表的，如图 6-7所示，表中登记了该文件的访问用户名及访问权隶属关系。利用访问控制表能轻松地对特定客体的授权访问进行判断，以决定哪些主体具备何种访问权限执行访问操作。同样地，撤销特定客体的授权访问也较为容易，只要将相应客体的访问控制表置空即可。

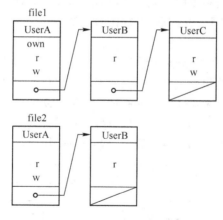

图 6-7　访问控制表

尽管在查询特定主体能够访问的客体时需遍历所有客体的访问控制表，但由于访问控制表的简单、实用，使其仍不失为一种成熟且有效的访问控制实现方法，许多通用的操作系统都使用访问控制表来提供访问控制服务。例如，UNIX 和 VMS 系统利用访问控制表的简略方式，允许以少量工作组的形式实现访问控制表，而不允许单个主体出现，这样可以使访问控制表很小且能够和文件存储在一起。另一种复杂的访问控制表应用是利用一些访问控制包，通过它制定复杂的访问规则来限制何时和如何进行访问，而且这些规则将根据用户名和其他用户属性的定义进行单个用户的匹配应用。

2. 能力关系表

能力关系表（Capabilities Lists）则与 ACL 相反，它是以用户为中心来建立访问权限表的，表中规定了该用户可访问的文件名及访问权限，如图 6-8 所示。

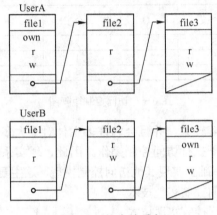

图 6-8　能力关系表

利用能力关系表可以很方便地查询一个主体的所有授权访问。相反，检索具有授权访问特定客体的所有主体，则需要遍历所有主体的能力关系表。自 20 世纪 70 年代起，人们就开始开发基于能力关系表实现访问控制的计算机系统，但最终没有获得商业上的成功，现代计算机系统还是主要利用访问控制表的方法。当然可以把能力关系表和访问控制表结合起来，发挥两者的优势，在分布式系统中这种方法就很有市场，因为分布式系统中不需要主体重复认证，主体认证一次获得自己的能力关系表后，就可以根据能力关系从对应的服务器获得相应的服务，而各个服务器可以进一步采用访问控制表进行访问控制。

3. 权限关系表

由于访问控制表和能力关系表各有千秋，于是可以考虑从另一角度来表示访问控制关系，即直接建立用户与文件的隶属关系，不需要表示主体与客体之间的多种访问关系，这便是权限关系表（Authorization Relation List）的原理。如图 6-9 所示，表中各行分别说明了用户与文件的权限，不同的权限占据不同的行，就像典型的关系数据库表示一样。而且，通过对主体进行排序，可以得到能力关系表的特性。通过对客体进行排序，可以得到访问控制表的特性。

UserA	own、r、w	file1
UserA	r	file2
UserA	r、w	file3
UserB	r	file1
UserB	w、r	file2

图 6-9　权限关系表

6.1.5 安全访问规则（授权）的管理

授权的管理决定了谁将被授权修改允许的访问，这可能是访问控制中最重要且又不易理解的特性之一。下面就来介绍 3 种常用访问控制技术的授权管理问题。

1．强制访问控制的授权管理

在强制访问控制中，允许的访问控制完全是根据主体和客体的安全级别来决定的。其中主体（用户、进程）的安全级别由系统安全管理员赋予，客体的安全级别则由系统根据创建它们的用户的安全级别决定。因此，强制访问控制的管理策略比较简单，只有安全管理员能够改变主体和客体的安全级别。

2．自主访问控制的授权管理

自主访问控制提供了多种管理策略，主要有 5 种方式：①集中式，仅单个管理者或组对用户进行访问控制授权和授权撤销；②分层式，中心管理者把管理责任分配给其他管理员，这些管理员再对用户进行访问授权和授权撤销，分层式管理可以根据组织结构来实行；③所有式，如果一个用户是一个客体的所有者，则该用户可以对其他用户访问该客体进行授权访问和授权撤销；④合作式，对于特定系统资源的访问不能由单个用户授权决定，而必须要其他用户的合作授权决定；⑤分散式，在分散管理中，客体所有者可以把管理权限授权给其他用户。

3．角色访问控制的授权管理

角色访问控制提供了类似自主访问控制的许多管理策略。而且，管理权限的委托代理是角色访问控制管理的重要特点，这在以上两种访问控制的管理策略中都不存在。在大规模分布式系统中，实行集中管理一般是不可能的。实际上，常把由中心管理员对特定客体集合的权限管理委托给其他管理员进行授权。例如，对于特定区域客体的管理授权可以由该区域的管理员代理执行，而区域管理员则由中心管理员进行授权管理，这样就形成了多个子区域，在各个子区域中可以重复进行委托代理处理，继续形成子区域。

6.2 操作系统安全技术

随着计算机技术的飞速发展和大规模应用，使得现实世界依赖计算机系统的程度越来越高，另一方面计算机系统的安全问题也越来越突出。AT&T 实验室的 S. Bellovin 博士曾对美国CERT（Computer Emergency Response Team）提供的安全报告进行分析，结果表明，大约有一半的计算机网络安全问题是由软件工程中的安全缺陷引起的，而操作系统的安全脆弱性则是问题的根源之一。

6.2.1 操作系统安全准则

1．操作系统的安全需求

所谓安全的系统，是指系统具备安全机制并运用该机制对授权用户及其进程的读、写、删、改信息进行控制。具体来说，操作系统共有 6 个方面的安全需求。

（1）安全策略

系统必须拥有并实施明确的安全策略。对于认证的主体和客体，系统应提供一个规则集用于决定一个特定的主体是否可以访问一个具体的客体。通常，有自主安全策略和强制安全策略之分。自主安全策略是指只有被选择的用户或用户组才允许存取数据。强制安全策略是指可以有效地处理敏感信息存取的规则。

（2）标记

为了根据强制安全策略的规则对存储在计算机中的信息进行存取控制，必须给客体一个能够有效地标识其安全级别的标记。

（3）鉴别

单个主体必须能够被系统识别，在系统中应维护与身份识别认证有关的信息。存储信息的每一次访问都应受到控制，即只有授权的用户才能访问这些信息。

（4）责任

系统中应保存和保护审计信息，以便跟踪影响系统安全的行为。一个可信的系统应该能够将与安全相关事件的情况记录在审计日志文件中，有选择地记录审计事件对降低审计开销和开展有效的安全分析都是必要的。系统要保护审计数据不受破坏，以确保违背安全的事件在发生后可被探测到。

（5）保证

一个计算机系统应该能够具有可以被评估的各种软硬件机制，这些机制应提供充分保证系统实现上述 4 种与安全有关的需求。典型地，这些机制可以嵌在操作系统中并以安全的方式执行指定的任务。

（6）连续保护

实现这些基本需求的可信机制必须能不断地提供保护，以防止入侵和未经授权的篡改。如果计算机系统中实现安全策略的功能组成易被未经授权而篡改，它就不是一个安全的系统。也就是说，连续保护需求意味着存在于计算机系统的整个生命周期。

2．可信计算机系统评价准则

从 20 世纪 80 年代开始，国际上很多组织开始研究并发布计算机系统的安全性评价准则，最有影响和代表的当属美国国防部制定的可信计算机系统评价准则，即 TCSEC（Trusted Computer System Evaluation Criteria）。

在上述 6 种安全需求中，（1）、（2）属于策略类，（3）、（4）属于责任类，（5）、（6）属于保证类。根据这些需求，TCSEC 将评价准则划分为 4 类，每一类中又细分了不同的级别。

D 类：不细分级别。

C 类：C1 级和 C2 级。

B 类：B1 级、B2 级和 B3 级。

A 类：A1 级。

其中，D 类的安全级别最低，A 类最高，高级别包括低级别的所有功能，同时又实现一些新的内容。实际工作中，主要通过测试系统与安全相关的部分来确定这些系统的设计和实现是否正确与完全，一个系统与安全相关的部分通常称为可信基——TCB（Trusted Computing Base）。

1）D1 级（最小保护）：几乎没有保护，如 DOS 操作系统。

2）C1 级（自主安全保护）：

① 非形式化定义安全策略模型使用了基本的 DAC 控制。

② 实施在单一基础上的访问控制。

③ 避免偶尔发生的操作错误与数据破坏。

④ 支持同组合作的敏感资源的共享。

⑤ C 级安全措施可以简单理解为操作系统逻辑级安全措施。

3）C2 级（可控访问保护）。

① 非形式化定义安全策略模型使用了更加完善的 DAC 策略与对象重用策略。

② 实施用户登录过程。

③ 实施相关事件的审计。

④ 实施资源隔离。

⑤ 对一般性攻击具有一定的抵抗能力。

⑥ C 级安全措施可以简单理解为操作系统逻辑级安全措施。

4）B1 级（标识安全保护）。

① 保留 C2 级所有安全策略非形式化安全模型定义。

② 引用了安全标识。

③ TCSEC 定义的安全标识中的 6 个被采用，在命名主体与客体上实施 MAC 控制，实际上引入了物理级的安全措施。

④ 对一般性攻击具有较强的抵抗能力，但对渗透攻击的抵抗能力较低。

5）B2 级（结构安全保护）。

① 形式化定义安全策略模型 TCB 结构化。

② 把 DAC 与 MAC 的控制扩展到所有的主体与客体上。

③ 引入了隐蔽通道保护。

④ 更彻底的安全措施。

⑤ 强化认证机制。

⑥ 严格系统配置管理。

⑦ 有一定的抵抗渗透能力。

6）B3 级（安全域保护）。

① 完好的安全策略的形式化定义必须满足引用监控器的要求。

② 结构化 TCB 结构继承了 B2 级的安全特性。

③ 支持更强化的安全管理。

④ 扩展审计范围与功能。

⑤ 具有较强的系统应急恢复能力。

⑥ 具有较高的抵抗渗透能力。

7）A1 级（验证安全保护）。

① 功能与 B3 级相同。

② 增加了形式化分析、设计与验证。

一般认为 A1 级已经基本实现了各种安全需求，更完美的系统就认为是超出 A1 级的系统。

6.2.2 操作系统安全防护的一般方法

1. 威胁系统资源安全的因素

威胁系统资源安全的因素除设备部件故障外，还有以下几种情况。

1）用户的误操作或不合理地使用了系统提供的命令，造成对资源不期望的处理。如无意中删除了不想删除的文件，无意中停止了系统的正常处理程序等。

2）恶意用户设法获取非授权的资源访问权。如非法获取其他用户的信息，这些信息可以是系统运行时内存中的信息，也可以是存储在磁盘上的信息（如文件等）。

3）恶意破坏系统资源或系统的正常运行，如计算机病毒。

4）破坏资源的完整性与保密性，对用户的信息进行非法修改、复制和破坏。

5）多用户操作系统还需要防止各用户程序执行过程中相互间的不良影响，解决用户之间的相互干扰。计算机操作系统的安全措施主要是隔离控制和访问控制，下面分别进行介绍。

2．操作系统隔离控制安全措施

隔离控制的方法主要有下列 4 种。

1）设备隔离。在物理设备或部件一级进行隔离，使不同的用户程序使用不同的物理对象。如不同安全级别的用户分配不同的打印机，对特殊用户的高密级运算甚至可以在 CPU 一级进行隔离，使用专用的 CPU 运算。

2）时间隔离。对不同安全要求的用户进程分配不同的运行时间段。用户在运算高密级信息时，允许独占计算机进行运算。

3）逻辑隔离。多个用户进程可以同时运行，但相互之间感觉不到其他用户进程的存在，这是因为操作系统限定各进程的运行区域，不允许进程访问其他未被允许的区域。

4）加密隔离。进程把自己的数据和计算活动隐蔽起来，使它们对于其他进程是不可见的，对用户的口令信息或文件数据以密码形式存储，使其他用户无法访问，这就是加密隔离控制措施。

这几种隔离措施实现的复杂性是逐步递增的，而它们的安全性则是逐步递减的，前两种方法的安全性是比较高的，后两种隔离方法主要依赖操作系统的功能实现。

3．操作系统访问控制安全措施

在操作系统中为提高安全级别，通常采用一些比较好的访问控制措施来提高系统的整体安全性，尤其是针对多用户、多任务的网络操作系统。除了 DAC、MAC、RBAC，常用的访问控制措施还有域和类型执行的访问控制 DTE，是与上述访问控制完全不同的另外一种访问控制方法，这种访问控制机制主要用于网络操作系统中，它通过对系统中不同的任务限定不同的执行域和类型访问许可进行强制或自主的访问控制，可以防止由于用户有意或无意的操作而影响其他用户对系统的使用。

6.2.3 操作系统资源防护技术

对操作系统的安全保护措施，其主要目标是保护操作系统中的各种资源，具体地讲，就是针对操作系统的登录控制、内存管理和文件系统这 3 个主要方面实施安全保护。

1．系统登录和用户管理的安全

系统登录过程是整个操作系统安全的第一步，这一步的操作主要是要求系统有比较安全的登录控制机制、严格的口令管理机制和良好的用户管理机制。

1）登录控制要严格。首先应当避免用户绕过登录控制机制直接进入系统，如 Linux 操作系统中的单用户登录模式，以及 Windows 2000 操作系统默认安装时通过全拼输入法就可以进入系统。为提高系统登录的安全性，常用的安全措施有：限制用户只能在某段时间内才能登录到系统中；减少系统登录时的提示信息；限制登录次数，如连续多次（如 3 次）登录失败，终端与系统的连接应自动断开等措施。

2）系统的口令管理。历史上的系统入侵事件有 80％都与口令破解攻击行为有关，也就是说，很多时候不是系统的安全性不高，而是系统的口令控制和管理给系统入侵者留下了可以利用的空档。为了提高口令的安全性，还应当养成比较好的口令管理和使用习惯。首先必须保证系统中的口令应当具有比较高的安全性，即口令的长度应在 6 个字符以上，口令应当是数字和字母，以及其他字符的随机组合，口令应当避免选取字典中的单词，口令应当与用户信息无关等；其次口令应当定期更换，而且在不同的场合应当使用不同的口令；最后注意保存密码，密码应该靠大脑记忆，不要将口令记录在书、本、纸张中。

3）良好的用户管理。用户管理和控制的安全与否是整个操作系统能否安全的另一个重要方面。首先应当注意系统中的 Guest 用户和默认的网络匿名登录用户，这些用户是操作系统被入侵者选择攻击的一个重要跳板；其次要管理好系统中的工作组，避免一般的用户与管理员用户放在同一个组中；最后还要控制好用户的系统操作权限，禁止普通用户随意在系统中安装软件，尤其是盗版软件。作为系统的管理员，应当定期查看系统的用户日志和审计信息，以尽快发现和堵住系统的安全隐患。

2．内存管理的安全

常用的内存保护技术有单用户内存保护技术、多道程序的保护技术、分段与分页保护技术和内存标记保护法。

1）单用户内存保护问题。在单用户操作系统中，系统程序和用户程序同时运行在一个内存空间中，若无防护措施，用户程序中的错误有可能破坏系统程序的运行。可以利用地址界限寄存器在内存中规定一个区域边界，用户程序运行时不能跨越这个地址。

2）多道程序的保护。对于单用户操作系统，使用一个地址界限寄存就可以保证系统区与用户程序的安全。但对于多用户系统，需要再增加一个寄存器保存用户程序的上边界地址。程序执行时硬件系统将自动检查程序代码所访问的地址是否在基址与上边界之间，若不在则报错。用这种办法可以把程序完整地封闭在上下两个边界地址空间中，可以有效地防止一个用户程序访问甚至修改另一个用户的内存。

3）标记保护法。为了能对每个存储单元按其内容要求进行保护，如有的单元只读、读/写或仅执行（代码单元）等不同要求，可以在每个内存字单元中专用几个位来标记该字单元的属性。除了标记读、写和执行等属性外，还可以标记该单元的数据类型，如数据、字符、地址、指针或未定义等。每次指令访问这些单元时都要测试这些位，当访问操作与这些位表示的属性一致时允许指令执行，否则就禁止或给出警告信息。

4）分段与分页技术。在一个安全要求比较高的系统中，通常将分页与分段技术结合起来使用，由程序员按逻辑把程序划分为段，再由操作系统把段划分为页。操作系统同时管理段表与页表，完成地址映射任务和页面的调进调出，并使同一段内的各页具有相同的安全访问控制属性。系统还可以为每个物理页分配一个密码，只允许拥有相同密码的进程访问该页，该密码由操作系统装入进程的状态字中，当进程访问某个页面时，由硬件对进程的密码进行检验，只有密码相同且进程的访问权限与页面的读写访问属性相同时方可执行访问。

3．文件系统的安全

1）分组保护。在分组保护方案中，可以根据某种共同性把用户划分在一个组中，例如需要共享是一个常见的分组理由。系统中的用户一般分为 3 类：（单个）用户、用户组及全部。分组时要求每个用户只能分在一个组中，同一个组中的用户对文件有相同的需求，具有相同的访问权。

2）许可权保护。许可权保护是指将用户许可权与单个文件挂钩，主要有两种方法，一是文件通行字法，二是临时许可证法。文件通行字法是为该文件设置一个通行字，当用户访问这个文件时必须提供正确的通行字，通过通行字来控制对文件的各种访问；临时许可证法是利用SUID/SGID 机制来保护其专用信息和设备不受非法访问，如普通用户为了执行某些应用程序需要修改系统的通行字文件，系统管理员可以用 SUID 机制建立改变通行字的保护程序，当普通用户执行它时，该保护程序可以按照系统管理员规定的方式修改通行字文件。

3）指定保护。指定保护方式是指允许用户为任何文件建立一张访问控制表 ACL，指定谁有权访问该文件，每个人有什么样的访问权。利用 ACL 也可以限定用户访问指定的设备（如打印机），或限定哪些用户可以通过电话线进入系统，甚至可以限定用户对资源的网络访问。

除上述 3 个方面的安全保护措施之外，操作系统的其他资源如各种外设、网络系统等也需要实施安全保护措施，对这些资源的安全保护最终也可归结为操作系统资源安全保护机制，例如，外设安全保护可以归结为内存访问机制和文件系统控制机制的安全防护，网络系统的安全防护事实上主要是操作系统的登录机制、内存管理和文件系统的综合安全防护。

6.2.4 操作系统的安全模型

1. 安全模型的作用

能否成功地获得高安全级别的操作系统，取决于对安全控制措施的设计和实施的投入。但是，如果没有明确地了解和表述操作系统的实际安全需求，即使运用最好的软件技术，投入最大的注意力，还是达不到安全要求的最初目标。而安全模型的目的就在于明确地表达这些需求。

安全模型有以下几个特性：①它是精确的、无歧义的；②它是简易和抽象的，所以容易理解；③它是一般性的，只涉及安全性质，而不过度地抑制操作系统的功能或其实现；④它是安全策略的明显表现。因此，对于高安全级别的操作系统，为了保证操作系统的安全要求完全实现，为了验证最终的操作系统实现了最初的安全目标，必须建立一个安全操作系统的设计和实现模型，并用形式化的数学技巧和手段对该安全模型进行分析和验证。参照给出的安全模型对安全操作系统的安全要求进行描述；按照安全模型所给出的设计方法和步骤实现安全操作系统中与安全相关的访问控制、认证等功能；最后用安全模型的形式化方法对已经实现的安全进行验证，并证明所实现的安全操作系统达到了最初的安全要求和设计目标。

为此，下面介绍几种在安全操作系统的开发历史中应用范围比较广泛的安全模型，很多成功的安全操作系统都曾或多或少地借鉴了这些安全模型的策略和方法。

2. 监控器模型

最简单的访问控制模型是访问监控器（Reference Monitor）。访问监控器好比目标集合的卫士，当用户需要访问目标时，首先向监控器提出访问某个目标的请求，监控器根据用户请求，核查访问者的权限，以便确定是否允许这次访问。访问监控器模型的优点是易于实现，但是监视器模型不适应更复杂的安全要求，而且监控程序的频繁调用可能会成为系统性能的瓶颈。

3. 多级安全模型

为了增强对各种操作系统信息的控制，通常把信息划分为多个安全级别，从而产生了多种多级安全模型，支持多安全级别的军用安全模型目前已经得到广泛研究与开发。

（1）军用安全模型

在军事信息系统中，对敏感信息的使用（访问）一般遵照最小特权原理和"知其所需"这两个原则对用户进行管理，对不同的客体信息按照安全等级和信息范围分别用敏感级别和分隔项构成的元组〈级别：分隔项〉表示，主体的访问许可权限也可用元组〈级别：分隔项〉表示允许某主体访问某些级别以下的敏感信息和需要知道某些类的敏感信息。

在军用安全模型中，需要确定每个敏感目标所属的类别，为每个主体分配许可权限，它们都用上面的元组形式表示。用 S 表示主体集合，s 表示某个主体，O 表示客体集合，o 表示某个客体（目标），主体对敏感目标的允许访问关系用于≤表示。

O≤S 当且仅当级别 o≤级别 s 且分隔项 o<分隔项 s

其中，符号<表示"蕴涵于"。

关系≤用于限定一个主体可能访问信息的敏感性和内容，它表明一个主体可以访问一个目标，仅当①该主体的许可级别至少和该信息的敏感级别一样高；②该主体需要知道该信息片段分类时所涉及的所有分隔项。

上述军用安全模型中，体现了信息的敏感性要求和"知其所需"的要求，敏感性要求又称为等级性要求，"知其所需"要求则是非等级性的，它可能包括多个分隔项和多个等级的信息段。

（2）访问控制的格模型

对军用安全模型进行一般化推广，可以获得操作系统安全的格模型。格（Lattice）是一种在关系操作符≤（或≥）下反映论域中各元素间排序关系的数学模型。元素在格下的排序是偏序关系≤，关系≤是传递的与反对称的，即对任何 3 个元素 a、b、c，有 a≤b 且 b≤c，则 a≤c（传递关系）；若 a≤b 且 b≤a，则 a=b（反对称关系）。

军用安全模型显然是一个格模型，只要主体的访问权限按递增（或递减）顺序排列，就可以利用格模型来描述该系统的安全模型。格模型不仅适用于军事系统，也可以用于商业系统。

4．信息流模型

为了解决安全操作系统中的隐蔽信道问题，人们又提出了信息流模型，这类模型可分为两类：即用于实现信息保密性的 Bell-LaPadula 模型和用于保证信息完整性的 Biba 模型。

（1）Bell-LaPadula 模型

Bell-LaPadula 模型（简称 BLP 模型）是安全操作系统中采用最为普遍、经典的安全模型，这个模型与涉密部门中制定的书面安全条例很接近，模型定义了主体和客体的关系。这种关系是基于书面安全条例的分级与分类思想，并引进了一个新的术语——支配。如果一个主体的级别大于或等于客体的级别，而且主体的类别包含了客体所有从属的类别，则这个主体对客体具有支配权。

BLP 模型考虑如下主体对客体可执行的存取方式。

● **只读**：读包含在客体中的信息，通常又称为"读"。

● **添加**：向客体中添加信息，且不读客体中信息。

● **执行**：执行一个客体（程序）。

● **读写**：向客体中写信息，且允许读客体中信息，通常又称为"写"。

下面给出 BLP 模型中的系统安全定理，根据这几个定理，可以证明按简单安全性和*-特性进行读写操作能够保持系统的保密性。

状态序列 $z = (z_1, \cdots, z_s)$ 是安全状态序列 iff，对任意 $t, 1 \leqslant t \leqslant s$，$z_t$ 是安全的。

系统表象 (x, y, z) 是一个安全表象 iff，z 是一个安全序列。

系统 $\sum (R, D, W, z_0)$ 是安全系统 iff，它的每个表象 (x, y, z) 是安全表象。

定理 A1：系统 $\sum(R, D, W, z_0)$ 对任意满足简单安全性的初始状态 z_0 满足简单安全性 iff，对任意活动：$[R_i, D_j, (b*, M*, f*, H*), (b, M, f, H)]$，W 满足以下条件。

1）任意 $(s, o, \underline{x}) \in b* - b$ 相对 $f*$ 满足简单安全性；且

2）任意相对 $f*$ 不满足简单安全性的 $(s, o, \underline{x}) \in b$ 不在 $b*$ 中。

定理 A2：系统 $\sum(R, D, W, z_0)$ 对于 $S' \subset S$ 和相对 S' 满足*-特性的初始状态 z_0 满足*-特性 iff，对于每个活动：$[R_i, D_j, (b*, M*, f*, H*), (b, M, f, H)]$，W 满足以下条件。

1）对任意 $S' \subset S$，任何 $(s, o, \underline{x}) \in b* - b$ 相对 S' 满足*-特性；且

2）对任意 $S' \subset S$，若 $(s, o, \underline{x}) \in b$ 相对 S' 不满足*-特性，则 $(s, o, \underline{x}) \notin b* - b$。

定理 A3：系统 $\sum(R, D, W, z_0)$ 满足自主安全性 iff 初始状态 z_0 满足自主安全性且对任意活动：$[R_i, D_j, (b*, M*, f*, H*), (b, M, f, H)]$，W 满足以下条件。

1）若 $(s_k, o_l, \underline{x}) \in b* - b$，则 $\underline{x} \in M*_{kl}$。

2）若 $(s_k, o_l, \underline{x}) \in b$ 且 $\underline{x} \notin M*_{kl}$，则 $(s_k, o_l, \underline{x}) \notin b*$。

推论 A1（基本安全定理）：系统 $\sum(R, D, W, z_0)$ 是安全系统 iff，初始状态 z_0 是安全状态且 W 满足定理 A1、定理 A2 和定理 A3 的条件。

定理 A1、定理 A2 和定理 A3 可用于评估分析给定系统的保密性能，推论 A1 证明了如果系统按照保持保密性的规则进行信息状态转移，则不会泄露信息。

根据以上的分析可知，BLP 模型完全满足信息的保密性需求。在对信息的保密性需求大于完整性需求的系统中，应该严格按照 BLP 模型的安全规则来制定安全策略。

（2）Biba 模型

Bell-LaPadula 模型只适用于信息保密，Biba 模型是 Bell-LaPadula 模型的对偶。Biba 模型重点从保护系统信息完整性的角度来研究系统的安全问题，模型给出了防止非法修改数据的描述方法，Biba 模型是仿造 Bell-LaPadula 模型构造的，在该模型中主体与目标按照"完整性等级"（与 Bell-LaPadula 模型中的敏感级对应）的分类方案排序，记作 I(s) 和 I(o)。模型相应的两个特性如下。

1）简单完整性特性（Simple Integrity Property），如果主体 s 可以修改目标 o，则 I(s) > I(o)。

2）完整性*-特性（Integrity *-Property），如果主体 s 对具有完整性级 I(o) 的目标有读访问权，则对于目标 p，仅当 I(o) > I(p) 时，s 才可以对目标 p 有写访问权。

这两条性质严格防止了低完整性级别的主体对高安全级别客体信息的修改，表明了在自然状态下信息越传越不可信的事实。

Biba 模型提出了被 Bell-LaPadula 模型忽略的完整性事实，但同时却忽略了保密性要求。因此，最好是将保密性和完整性结合起来应用到安全系统中。

5. 安全模型小结

保护操作系统的安全模型，除了上面介绍的具体模型之外，还有另外一类模型称为抽象模型，它们以一般的可计算性理论为基础，可以形式地表述一个安全系统能达到什么样的性能。这样的模型有 Graham-Denning 模型、Harrison-Ruzzo-Ullman 模型（HRU 模型）和获取-授予系统模型。

（1）Graham-Denning 模型

Graham-Denning 模型是一个具有一般保护性能的模型，它引入了保护规则的形式体系的概念。在 Graham-Denning 模型中，有 7 个基本的保护权，这些权利被表示成主体能够发出的命令，作用于其他主体或目标，它们分别是：创立目标权、创立主体权、删除目标权、读访问权、授权访问权、删除访问权，以及转移访问权。

（2）Harrison-Ruzzo-Ullman 模型

Harrison-Ruzzo-Ullman 模型是 Graham-Denning 模型的一种变型，这个修正模型回答了 9 种有关可以确定如何保护系统的问题。该模型基于命令，其中每个命令含有条件和基本操作。

（3）获取–授予系统模型

在该模型中，只有 4 种基本操作：创立、收回、获取和授权。创立和收回类似于 Graham-Denning 模型和 Harrison-Ruzzo-Ullman 模型中的操作，获取和授予是新操作。这一组操作比前两种模型的操作都要短，但获取和授予是更复杂的权利。

通常，人们研究计算机安全模型有两个目的：一是在确定安全系统应该推行的策略时模型是重要的，如 Bell-LaPadula 模型和 Biba 模型识别出为确保保密性和完整性而施加的特别条件；二是抽象模型可以引导理解保护系统的特点，如 Harrison-Ruzzo-Ullman 模型说明了抽象保护系统可能或不能判决的某些特点。

6.3 UNIX/Linux 系统安全技术

UNIX 系统是当今著名的多用户分时操作系统，以其优越的技术和性能，得到了迅速发展和广泛应用。鉴于 UNIX 正成为操作系统的工业标准，因而其系统安全性是一个重要的研究课题。Linux 系统于 1991 年诞生于芬兰赫尔辛基大学一位名叫 Linus Torvalds 的学生手中，作为类 UNIX 操作系统，它以其开放源代码、免费使用和可自由传播深受人们的喜爱。Linux 系统涵盖 UNIX 的全部功能，具有多任务、多用户和开放性等众多优秀特性，有关部门更是将基于 Linux 开发具有自主版权的操作系统提高到保卫国家信息安全的高度来看待。

6.3.1 UNIX/Linux 安全基础

UNIX/Linux 是一种多任务多用户的操作系统，其基本功能是防止使用同一台计算机的不同用户之间相互干扰。因此，UNIX/Linux 操作系统在设计理念上已对安全问题进行了考虑。当然系统中仍然会不可避免地存在很多的安全问题，例如，新功能的加入、安全机制的错误配置等都有可能带来安全问题。

UNIX/Linux 系统结构由用户、内核和硬件 3 个层次组成，通过以下 4 种方式为用户提供功能。

1）中断：内核处理外围设备的中断，外围设备通过中断机制通知内核有关 I/O 的完成状态，内核将中断视为全局事件。

2）系统调用：用户进程通过 UNIX/Linux API 的内核部分系统调用接口，显式地从内核获取服务，内核以调用进程的身份执行这些请求。

3）异常：进程的某些不正常操作，诸如除数为 0 或用户堆栈溢出等，将产生异常事件。内核为进程处理这些异常。

4）利用 swapper 和 page daemon 等特殊进程执行系统级的任务，如控制活动进程的数量、维护空闲内存池等。

UNIX/Linux 操作系统具有两个执行状态：核心态和用户态。运行于内核之中的进程处于核心态，运行于内核之外的进程处于用户态。系统保证用户态下的进程只能访问其自身范围内的指令和数据，而不能访问内核或其他进程的指令和数据，并保证特权指令只能在核心态执行，中断、异常等在用户态下都不能使用。用户可以通过系统调用进入核心态，系统调用完成后重新返回用户态。系统调用是用户程序进入系统内核的唯一入口。用户对系统资源信息的访问都要通过系统调用才能完成。一旦用户通过系统调用进入内核，便完全与用户隔离，从而使内核中的程序可对用户的访问控制请求进行不受用户干扰的操作。

由于 UNIX 与 Linux 操作系统在安全机制、安全措施和安全策略等方面非常相似，因此，下面将以 Linux 操作系统为例进行介绍。

6.3.2　UNIX/Linux 安全机制

UNIX/Linux 操作系统的安全机制主要包括 PAM 机制、入侵检测机制、文件加密机制、安全日志文件机制和防火墙机制等。

1. PAM 机制

PAM（Pluggable Authentication Modules）是一套共享库，可以提供一个框架和一套编程接口，它将认证工作由程序员交给管理员，允许管理员在多种认证方法之间做出选择，并能够改变本地认证方法而不需要重新编译与认证相关的应用程序。

PAM 机制的主要功能是：①口令加密；②按照需要限制用户对系统资源的使用，可以防止"拒绝服务（DoS）"攻击；③允许使用 Shadow 口令；④按照需要，限制指定的用户只能在指定时间从指定地址登录；⑤利用 Client Plug-in Agents 概念，使 PAM 在 C/S 结构中对"机器-机器"认证成为可能。

2. 入侵检测机制

由于网络攻击活动日益频繁，入侵检测技术也应运而生，但目前在操作系统中预装入侵检测工具的却很少，即使是 Linux 操作系统也只是在其最新的发布版中才提供入侵检测工具。Linux 操作系统利用自身配备或从 Internet 下载的工具，可使系统具备先进的入侵检测能力。这些能力包括：①记录所有可能的入侵企图，并在攻击发生时及时通知网络系统管理员；②对于已知行为的攻击发生时，采取预先准备的措施应对；③向 Internet 发送一些伪装信息，例如，可以把 Linux 服务器伪装成其他类型的服务器，误导攻击者认为正在攻击 Windows 或 Solaris 系统，进而增加攻击的难度。

3. 文件加密机制

数据加密技术在计算机网络安全中的地位越来越重要。所谓文件加密机制，就是将数据加密技术引入文件系统，从而提高计算机网络的安全性。目前 Linux 系统已有多种文件加密措施，典型的有 TCFS（Transparent Cryptographic File System）。TCFS 通过将数据加密技术和文件系统紧密集成，使用户在实际操作时感觉不到文件的加密过程。利用 TCFS 可使合法拥有者以外的用户、文件系统服务器的超级用户，以及在用户和远程文件系统通信线路上的窃听者无法读取已加密的文件；但对于该文件的合法用户，访问保密文件与访问普通文件的感觉没有区别。

4. 安全日志文件机制

由于计算机网络系统的开放性和复杂性，使得所有网络系统都不可避免地存在安全漏洞，黑客可以利用这些漏洞对系统进行攻击。虽然 Linux 操作系统不能预测何时主机会受到攻击，但是它既可以利用安全日志文件机制记录黑客的行踪，又可以记录时间信息和网络连接情况，并将这些信息重定向到日志文件中备查。

安全日志文件机制是 Linux 操作系统安全结构中的一个重要环节，在攻击行为发生时，它是唯一的证据。由于现在黑客攻击系统的方法有很多种，因此 Linux 操作系统提供了网络级、主机级和用户级的日志功能。Linux 操作系统的安全日志文件机制用来记录整个操作系统的使用状况，包括所有系统和内核信息、每一次网络连接及其源 IP 地址、长度；有时还包括攻击者的用户名和使用的操作系统、远程用户申请访问的文件、用户可以控制的进程，以及每个用户使用的每条命令等。Linux 网络系统管理员在调查网络入侵时，都将充分利用这些日志文件。

5. 防火墙机制

防火墙是在内部网络和因特网之间，或者在内部网络与其他网络之间，对访问进行限制的软硬件设备的总称。Linux 中的防火墙系统提供的功能有：①访问控制功能。可以执行基于地址（源地址和目标地址）、用户和时间的访问控制策略，从而可以拒绝非授权的访问，同时保护内部用户的合法访问不受影响。②安全审计功能。记录通过防火墙的网络访问，建立完备的日志，审计和追踪网络访问记录，并可以根据管理的需要产生报表。③对抗攻击功能。防火墙系统直接暴露在非信任网络中，对外界来说，受到防火墙保护的内部网络如同一个点，所有的攻击都直接针对它，因此要求堡垒主机（运行防火墙的计算机）具有高度的安全性和抵御各种攻击的能力。④其他附属功能。例如，与安全审计有关的系统报警功能和入侵检测功能、与访问控制有关的身份验证功能和数据加密功能等。

6.3.3 UNIX/Linux 安全措施

Linux 网络系统既可受到来自网络外部黑客的攻击，也可能遇到网络内部合法用户的越权使用，Linux 网络系统管理员必须为网络系统制定有效的安全策略，才能保证网络系统的安全。

1. Linux 系统的安全策略

Linux 网络系统必须采用清晰、明确的安全策略，只有这样系统管理员才可知道要保护什么，才可决定系统中的哪些资源允许别人访问。安全策略必须在允许用户使用系统资源完成工作与完全禁止用户使用受保护信息之间找到平衡点，这个平衡点就是系统安全策略的核心。如何制定一个安全策略，完全依赖于系统管理员对安全的定义。下面 7 条原则为完成这项工作提供了一般性指导方针：①确定系统中哪些信息是需要保密的敏感信息；②确定哪些人需要重点防范；③确定远程用户是否有必要访问 Linux 服务器；④确定口令和加密技术是否能够对系统信息提供足够的保护；⑤确定网络系统内部的用户是否需要访问 Internet；⑥确定网络系统内部用户在 Internet 上的访问数据量有多大；⑦确定如果发现网络系统被黑客入侵的情况，系统管理员应该采取哪些措施。这 7 条原则是一个示范性的安全策略，一个真正的投入实际运行的计算机网络系统的安全策略可能包含比这 7 条原则多得多的信息，系统安全原则列表的内容规定得越详细，安全策略的漏洞就越小。事实上，任何一个网络系统的安全策略都要有一定的保守程度。系统管理员要做的第一件事情，就是仔细评估一个系统的保守程度，即确定到底在多大程度上相信别人，包括网络系统内部的人和网络系统外部的人。

2. Linux 系统安全的防范措施

Linux 网络系统管理员既要时刻警惕来自外部的黑客攻击，又要加强对内部网络用户的管理和教育，可以采用下列安全防范措施。

1）按"最小权限"原则设置每个内部用户账户的权限。系统管理员在给内部网络用户开设账户时，要按"最小权限"原则仔细设置每个内部用户的权限，即仅给每个用户授予完成任务所必需的服务器访问权限。这样做虽然会增大管理工作量，但对系统安全有利。

2）确保用户口令文件的安全。Linux 系统的口令是比较容易出问题的地方，Linux 系统管理员一定要妥善保护用户口令文件/etc/shadow 的安全，不要让 root 以外的其他用户获得这个文件，并应该使得口令文件难以被破解，即使黑客获取了口令文件也不能轻易破解。用户也应防止一些别有用心的人利用安全管理上的松懈而获得系统口令。

3）充分利用防火墙机制。如果内部网络要进入 Internet，必须利用 Linux 系统的防火墙机制在内部网络与外部网络的接口处设置防护措施，以确保内部网络中的数据安全。对于内部网络本身，为了便于管理和合理分配 IP 地址资源，应该在物理上将内部网络划分成多个子网，或利用 VLAN 技术在逻辑上将内部网络划分成多个逻辑子网，这样万一黑客突破防火墙时，可以延缓黑客对整个内部网络的入侵。

4）定期对 Linux 网络进行安全检查。Linux 网络系统的运转是动态变化的，因此对它的安全管理也必须适应这种变化。Linux 系统管理员在为系统制定安全防范策略后，应该定期对系统进行安全检查，利用入侵检测工具随时进行检测，如果发现安全机制中的漏洞应立即采取措施补救。

5）充分利用日志安全机制，记录所有网络访问。日志文件可以发现入侵者试图进行的攻击。因此，保证/var/log 目录下不同日志文件的完整性，是保证系统安全所要考虑的重要方面。如果服务器上或网络中的其他服务器上已经安装了一个可以连续打印的打印机，则可用 syslog 把所有重要的日志文件传到/dev/lp0（打印设备），这样就可以把重要日志文件打印出来。

6）严格限制 Telnet 服务的权限。在 Linux 系统中，一般情况下不要开放 Telnet 服务，这是因为黑客可以利用 Telnet 登入系统，如果他又获取了超级用户密码，将会给整个系统带来致命的危险。如果一定要开放 Telnet 服务，则应利用 TCP-wrappers 技术仔细配置/etc/xinetd.conf、/etc/host.deny 和/etc/hosts.allow 这 3 个文件，只允许指定用户从指定的 IP 地址进行远程登录。

7）完全禁止 finger 服务。在 Linux 系统中，网络外部人员仅需简单地利用 finger 命令就能知道众多系统信息，如用户信息、管理员何时登录，以及其他有利于黑客猜测用户口令的信息。黑客可利用这些信息增大侵入系统的机会。为确保系统安全，应通过删除/usr/bin 目录下的 finger 文件来禁止提供 finger 服务，如果一定要保留 finger 服务，可将 finger 文件更名，或修改其权限，只允许 root 用户执行 finger 命令。

8）禁止系统对 ping 命令的回应。禁止 Linux 系统对 ping 命令请求做出反应，可以减少黑客利用 TCP/IP 协议自身的弱点，把传输正常数据包的通道用来秘密传送其他数据的危险，同时可迷惑网络外部的入侵者，使其认为服务器已经关闭，从而打消攻击念头。

9）禁止 IP 源路径路由。IP 源路径路由（IP source routing）是指在 IP 数据包中包含到达目的地址的详细路径信息，这是非常危险的安全隐患，因为根据 RFC1122 规定，目的主机必须按源路径返回这样的 IP 数据包。如果黑客能够伪造源路径路由的信息包,那么他就可能截取返回的数据包,并且进行信任关系欺骗。

10) 禁止所有控制台程序的使用。shutdown、halt 和 reboot 这些控制台命令都会使系统的服务停止,如果黑客侵入系统并启动这些控制台命令,就会使系统正在提供的服务立刻中断。因此在系统配置完毕后,应该禁止使用上述控制台程序,这可以通过删除/etc/security/console.apps/目标下的控制台命令文件来实现。

采用上述安全机制、安全策略和安全措施,可以极大地降低 Linux 系统的安全风险。当然,由于计算机网络系统的特殊性和网络安全环境的复杂性,不可能彻底消除网络系统的所有安全隐患,这就要求 Linux 系统管理员经常对系统进行安全检查,建立和完善 Linux 系统的网络安全运行模型。

6.4 Windows 7 系统安全技术

2009 年 10 月,微软公司推出 Windows 7 操作系统,它解决了 Windows Vista 中的许多问题并得到广泛使用,相对于以往的系统,Windows 7 的错误诊断和修复机制更为强大,能够在用户最少的干预下完成修复工作,开机和关机速度更快,改善了用户体验度。以往 Windows 操作系统多是采用历年命名方法,如 Windows 98 和 Windows 2000 分别表示在 1998 年和 2000 年发布,Windows Server 2003 和 Windows Server 2008 分别表示在 2003 年和 2008 年发布,这次微软回归传统,直接采用 Windows 的内核版本号,由于 Windows Vista 的版本号为 6.0,所以下一代的系统就是 7,这就是 Windows 7 代号的由来。Windows 7 因其创新的性能、出色的兼容性和卓越的使用体验,获得了业界的广泛好评。该系统具有下列特点。

- 更加安全。Windows 7 包括改进的安全和功能合法性,将数据保护和管理扩展到外围设备。Windows 7 改进了基于角色的计算方案和用户账户管理,在数据保护和兼顾协作的固有冲突之间搭建了沟通桥梁,同时也开启了企业级的数据保护和权限许可。

- 更好的连接。Windows 7 将进一步增强移动工作能力,无论在何时、何地,任何设备都能访问数据和应用程序,开启坚固的特别协作体验,无线连接、管理和安全功能进一步扩展,多设备同步、管理和数据保护功能得到增强。另外,Windows 7 还带来了灵活计算基础设施,包括网络中心模型。

- 更低的成本。Windows 7 将帮助企业优化其桌面基础设施,还具有无缝操作系统、应用程序和数据移植功能,并简化 PC 供应和升级,系统下载进一步向完整的应用程序更新和补丁方面努力。

Windows 7 主要提供 4 种版本,包括 Windows 7 Home Basic(家庭普通版)、Windows 7 Home Premium(家庭高级版)、Windows 7 Professional(专业版)及 Windows 7 Ultimate(旗舰版)。其中,Windows 7 Home Basic 主要的新特性有实时缩略图预览、增强的视觉体验、高级网络支持、移动中心,以及支持部分 Aero 特效等;Windows 7 Home Premium 作为 Home 的加强版,包括 Aero Glass 高级界面、高级窗口导航、改进的媒体格式支持和媒体流增强,以及多点触摸和更好的手写识别等功能;Windows 7 Professional 代替了 Vista 系统下的商业版本,支持高级网络备份、加密文件系统等数据保护功能,同时还加强了网络功能;Windows 7

Ultimate 是各版本中最灵活、最强大的一个版本，在家庭高级版的娱乐功能和专业版的业务功能基础上，加强了系统的易用特性。

6.4.1 Windows 7 安全基础

在继承 Windows Vista 安全技术的基础上，为应对传统的针对 Windows 操作系统的攻击威胁，Windows 7 引入了一整套的防御体系，涉及攻击者可能利用的方方面面，采用的安全防护体系如图 6-10 所示。

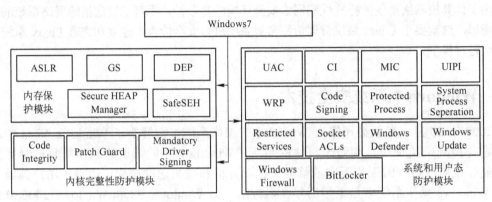

图 6-10　Windows 7 安全防护体系

内存保护模块中使用的安全技术主要有：地址空间随机化分布（Address Space Layout Randomization，ASLR）、安全结构化异常处理（Safe Structural Exception Handling，SafeSEH）、数据执行防护（Data Execution Protection，DEP）、安全堆管理和 GS 栈保护等。这些技术用以阻止攻击者使用一些特殊攻击程序或恶意代码对系统进行破坏，弥补内存处理方面的诸多安全威胁，如堆栈缓冲区溢出、堆栈函数指针覆盖及堆溢出等，有效保护操作系统内核和 Microsoft 内置应用程序的安全。其中，DEP 和 ASLR 对内存保护模块较为重要，DEP 可以禁止在内存空间数据段上执行代码，ASLR 采用特定的随机分配算法使关键的系统文件在内存空间的加载地址变得不可预测，使得利用系统文件进行攻击活动的恶意代码无法正确获取系统文件信息，这两项技术的结合使用将可以有效阻止绝大多数传统的攻击方法。

操作系统内核是现代操作系统的核心组件，其重要性显而易见，如果内核出现了安全问题，那么系统底层基本架构就不再受到信赖。为提高系统内核的安全性和可信度，Windows 7 在内核完整性防护模块中使用的安全技术主要有代码完整性（Code Integrity）验证、强制驱动签名（Mandatory Driver Signing）和内核保护（PatchGuard）。代码完整性验证技术用于确定系统内核是否因为偶然因素或恶意攻击被篡改，主要通过校验数字签名和与内核模块有关联的散列函数来发现内核是否被篡改。强制驱动签名技术要求所有内核驱动都必须进行数字签名，未经正确签名的任何驱动程序都无法进入内核地址空间。内核保护技术也称为 Kernel Patch 保护技术，用于防止未经许可的软件修改 Windows 7 系统内核。总体来说，代码完整性验证和强制驱动签名技术是通过静态的方式来验证被加载代码的完整性，以保证加载的代码没有被恶意篡改，但其代码完整性只是在加载时验证，并不能提供在系统运行过程中的恶意代码防护；内核保护技术则是在系统运行的过程中通过动态的方式来检查系统中一些关键的数据结构和关键的内核代码的完整性，防止任何非授权软件修改 Windows 7 内核。

系统和用户态防护模块的主要用途是，使程序运行时只拥有所需的最小权限，并且在已经划分的内存空间中运行，防止所有的程序都以管理员权限运行，从而减少恶意程序自动威胁整个 Windows 7 系统的能力。其采用的安全技术主要有用户账户控制（UCA）、BitLocker 技术、Windows 防火墙、系统进程分离、Windows Defender、限制服务和 Windows 资源保护（WRP）等。为支撑系统和用户态防护模块进行权限控制操作，Windows 7 对先前版本中基于访问控制列表的权限控制机制进行了改进，引入了强制完整性级别（Mandatory Integrity Level）的概念。强制完整性级别将用户权限划分为 6 个等级，即不可信、低、中、高、系统和安装者。不可信级别是赋予匿名登录到系统的进程的；低级别是与 Internet 进行交互时的默认级别，表现为 IE 的保护模式；中级别是大多数对象所在的级别，相当于标准用户权限，这时只能对计算机进行一些基本的操作，不能安装程序，也不能向系统文件夹等关键位置中写入文件；高级别对应于管理员权限，这个级别允许安装程序，也可以向系统文件夹等关键位置中写入文件，但其使用受到用户账户控制 UAC 的限制；系统级别是为系统对象保留的，Windows 7 内核和关键服务运行于系统级别，它比管理员权限更高一级，可以控制更多的文件和注册表项，但关系到系统稳定性的一些关键文件还是只能读取；安装者级别是最高的完整性级别，可以任意修改 Windows 7 系统的关键文件，表现为 Windows 资源保护 WRP 机制，只有受信任的安装者才能对其保护的资源进行修改。

6.4.2　Windows 7 安全机制

Windows 7 是基于微软的安全开发生命周期（SDL）框架开发的，完善了审计、监控和数据加密的功能，加强了对远程通信的支持。Windows 7 保留了 Windows Vista 下所有的安全机制以加强系统的安全防护能力，并在系统底层的实现方面进行了改进，使得 Windows 7 的内核修复保护、服务强化、数据执行防御和地址空间随机化等可以更好地抵御攻击行为。概括起来，Windows 7 主要采用内核完整性、内存保护、系统完整性及用户空间防护等安全机制对系统进行保护。内存保护机制使得攻击代码在目标计算机上很难得到执行，用户空间的权限控制机制让攻击代码即使执行了也只能处于比较低的权限级别，无法对目标计算机进行深入控制，加上内核的完整性验证机制，攻击代码更难以在目标计算机上长期存在。

1. 内存保护机制

Windows 7 的内存保护机制可以分为两大类，一类是用于检测内存泄露的，包括 GS 栈溢出检测、结构化异常处理覆盖保护（Structured Exception Handling Overwrite Protection，SEHOP）和堆溢出检测，另一类是用于阻止攻击代码运行的，包括 GS 变量重定位、安全结构化异常处理 SafeSEH、数据执行保护 DEP 和地址空间随机化分布 ASLR。

GS 栈溢出检测机制是 2002 年针对传统的栈溢出攻击方法提出来的，但该机制仍然可被攻击者利用或规避，如在系统检查 Cookie 值之前的时间段里，攻击程序仍可调用被覆盖的参数或变量。为解决这个问题，Windows 又引入了 GS 变量的重定位机制，基本上阻止了直接覆盖函数返回地址这种漏洞利用方法，但由于 GS 的覆盖范围有限，并不能完全阻止栈溢出攻击的发生。

SEH 机制是 Windows 操作系统提供的针对错误或异常的一种处理机制，由于攻击者可以通过覆盖函数异常处理句柄在函数返回之前引发异常来执行攻击代码，为此 Windows 又引入 SafeSEH 机制，它在执行异常处理程序之前对该程序进行检查，判断是否安全，若不能确保该程序没有被篡改，则拒绝执行。SafeSEH 机制需要对应用程序进行重新编译，而大多数已有程序都没有采用 SafeSEH 机制，使得攻击代码仍然有机可乘。为了解决这个问题，Windows 7 给出了一种不需要重新编译程序的 SEHOP 机制，它通过在 SEH 链的最后插入一个确认帧的方法来实现拒绝执行攻击代码的目的。

DEP 机制是在 2004 年 8 月发布的 Windows XP SP2 中最先引入的，由于利用返回库函数的方法可以绕过 DEP 机制的限制，这表明单独使用 DEP 机制的效果并不好，为改善这种局面，Windows 引入 DEP 的永久标记，一旦进程开始运行，其 DEP 策略就不允许改变，进而提高可执行内存段恶意代码的拒止能力。ASLR 机制是在 2006 年 11 月提出的，从 Windows Vista 系统开始启用。Windows 7 加强了对 ASLR 机制的支持，一定程度上提升了攻击者猜测内存空间系统文件加载地址的难度。

2．权限控制机制

Windows 7 权限控制机制主要包括：用户账户控制机制 UAC、Windows 防火墙、Windows Defender 反间谍软件、BitLocker 加密、限制服务和 Windows Update 等。

用户账户控制机制 UAC 的工作原理是调整用户账户的权限级别，其设置界面如图 6-11 所示。UAC 可以保证，无论用户是以标准用户还是管理员身份登录，在用户不知情的情况下都无法对计算机做出更改，从而防止在计算机上安装恶意软件和间谍软件或对计算机做出任何更改。默认的情况下，仅在程序做出改变时才会弹出 UAC 提示，用户改变系统设置时不会弹出提示。Windows 7 下的 UAC 设置提供了一个滑块允许用户设置通知的等级，可以选择以下 4 种选项。

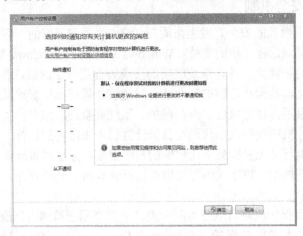

图 6-11　Windows 7 用户账户控制设置

1）对每个系统变化进行通知。任何系统级别的变化（Windows 设置、软件安装等）都会出现 UAC 提示窗口。

2）仅当程序试图改变计算机时发出提示。当用户更改 Windows 设置（如控制面板和管理员任务）时将不会出现提示信息。

3）仅当程序试图改变计算机时发出提示，不使用安全桌面。这与前述情形有些类似，但是 UAC 提示窗口仅出现在一般桌面，而不会出现在安全桌面，这对于某些视频驱动程序是有用的，因为这些程序让桌面转换很慢。

4）从不提示，相当于完全关闭 UAC 功能。用户可以直接对 UAC 进行设置，以减小那些自己不想看到的通知窗口出现的频率。总体来说，Windows7 下的 UAC 体验与 Windows Vista 下的相比有了重大改进，需要用户点击的次数（默认设置）明显减少。UAC 的终极目标就是让用户能够控制系统的改变，并且减少弹出通知的次数以免干扰用户的体验。

Windows 7 自带防火墙在默认情况下就会启用，用户可以打开"开始"菜单依次选择"控制面板"→"系统和安全"→"Windows 防火墙"选项，来查看当前防火墙的状态及手动设置允许出入系统的程序。从处理防火墙配置文件角度来看，Windows 7 提供了一个很小但极其重要的改进，支持用户为公共、私人和域连接设置不同的防火墙配置文件。私人网络可能是家庭无线网络，除了拥有正确的 WEP 或 WPA 密钥外，用户不需要任何凭据登录，域网络要求身份验证，如通过密码、指纹、智能卡或几种因素相组合来登录。每种配置文件类型都有自己选择的允许通过防火墙的应用程序和连接，在家庭网络或者标记为私人的小型企业网络中，人们可能会允许文件和打印机共享，而在标记为公共的网络中，可能会禁止访问文件。所有 Windows 7 版本都允许计算机同时保持几个防火墙配置文件开启，为可信任网络保持访问性和功能，同时阻止对不可信任网络的访问。

Windows Defender 反间谍软件可以用来实时保护和查杀计算机中的间谍软件，Windows 打开时会自动运行。使用反间谍软件能够清除间谍软件、广告软件、rootkit、键盘记录软件和一些其他形式的恶意软件，实时监控着恶意软件可能修改的操作系统区域，如启动文件夹和 Run 注册表键值。但 Windows Defender 不会对划分为蠕虫或者病毒的程序提供安全防护。此外，微软 MSE 套装软件中已包含反间谍功能，若启用 MSE 则 Defender 会自动停用。

BitLocker 首次出现在 Windows Vista 中时，只能对主要的操作系统卷进行加密，Windows Vista SP2（服务包 2）扩展了这项功能的应用范围，可以加密其他卷，如主硬盘上的附加驱动器或分区，但它还是无法让用户对便携式磁盘或可移动磁盘上的数据进行加密。Windows 7 带来了 BitLocker to Go，不但可以保护便携式驱动器上的数据，同时为与合作伙伴客户或其他方共享数据提供了一种方式。

在开始使用 BitLocker 驱动器加密功能之前，磁盘卷必须经过合理配置。Windows 要有一个未经加密的小容量分区来存放核心系统文件，而开启引导过程、验证用户以便访问加密卷需要用到这个文件。大多数用户在最初建立驱动器分区时没有考虑到这一点，为此微软开发了一款工具，可以转移数据、重新对驱动器进行分区，以便为 BitLocker 加密做好准备，可以从微软的网站搜索下载 BitLocker 驱动器准备工具。一旦用户的驱动器经过了合理分区，就可以用 BitLocker 加密了。单击控制面板中的 BitLocker Drive Encryption（BitLocker 驱动器加密），BitLocker 控制台会显示所有的可用驱动器及当前状态（无论 BitLocker 目前是不是在保护它们）。由图 6-12 所示可以看出，BitLocker 能够加密不同类型的驱动器，一类是用 BitLocker 来加密的硬盘驱动器，另一类是用 BitLocker 来保护的可移动驱动器。

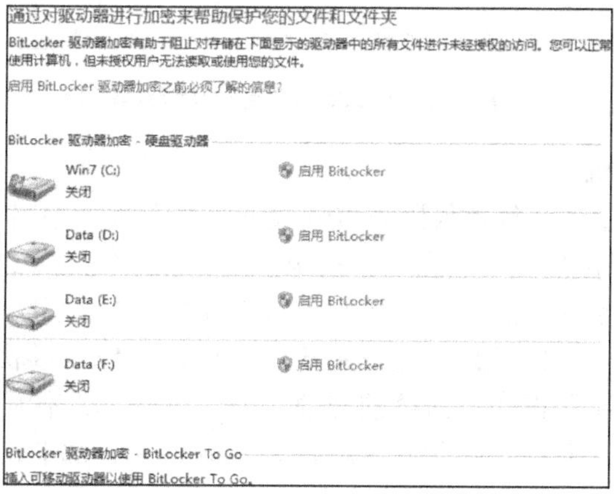

图 6-12　Windows 7 驱动器加密设置

默认情况下，BitLocker 需要可信平台模块（TPM）芯片来存放 BitLocker 加密密钥，同时便于对 BitLocker 保护的数据进行加密及解密。由于很多台式机和笔记本电脑并没有配备 TPM 芯片，微软添加了没有兼容的 TPM 也可以使用 BitLocker 驱动器加密的选项，但其选项使用设置过程稍显烦琐。Windows 7 的 BitLocker to Go 可以支持系统管理员控制怎样使用可移动介质，并且执行用来保护可移动驱动器上数据的策略，通过 Group Policy（组策略），管理员就能把没有受保护的存储介质设置成只读，要求系统先对任何可移动存储介质进行 BitLocker 加密，然后用户才能把数据保存到上面。

可靠的恢复方法对一个加密方案来说非常重要，BitLocker 提供了非常可靠且方便的恢复手段。但当出现以下情况时，Windows 分区就无法解密：TPM 芯片出现故障；硬盘拆卸后被挂接到其他计算机上；启动 PIN 遗忘；启动 USB 密钥损坏。此时，若尝试启动计算机，计算机会被锁定，提示用户插入密钥存储媒体或者为该驱动器输入恢复密钥，这时候只要插入保存有恢复密码的 USB 闪存或者手动输入 48 位数字的恢复密码，计算机就会顺利启动。

限制服务目的在于防止服务修改注册表、访问系统文件，如果一个系统服务需要上述的功能才能正常运行，它也可以设定成只能访问注册表或系统文件的特定区域，同时也可以限制服务，使其不能执行系统设置的更改或其他可能导致攻击的行为。

Windows Update 用于接受 Windows 产品或其他来自 Windows Update 产品的自动更新，可以为现有的操作系统进行漏洞修补、功能的完善和修正、软件版本升级，以及驱动程序搜索和更新等工作，从而让 Windows 7 系统和软硬件的功能更加完善，使用起来也更加安全。其使用配置界面如图 6-13 所示，用户可以根据需要设置更新下载间隔，选取合适的更新安装包。

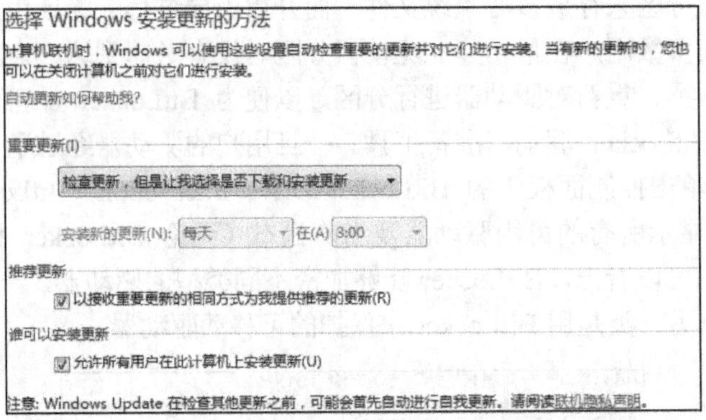

图 6-13　Windows 7 更新升级设置

3．内核完整性保证机制

内核完整性保证机制主要包括代码完整性验证、强制驱动签名和 PatchGuard 共 3 个方面，其中 PatchGuard 只应用于 64 位操作系统，主要在系统运行过程中动态检查关键的数据结构和内核代码的完整性，防止非授权软件修改系统内核，可以阻止对进程列表等核心信息的恶意修改，这种安全保护只有操作系统能实现，其他杀毒软件是无法实现的。由于内核完整性保证机制限制了程序对内核的修改，不仅使得恶意代码无法隐藏踪迹，也使得传统的安全防御工具无法应用，因此安全机构和系统攻击者都非常重视对内核完整性保证机制的研究。

代码完整性验证和强制驱动签名作为两种静态的内核完整性保证机制，在实现上均以 CI.dll 形式出现，CI.dll 开始运行于系统启动的过程中。系统启动时，首先由 BIOS 进行自检，然后加载启动管理程序 bootmgr，成功之后运行系统加载程序 winload.exe，最后才是系统内核的加载过程，这是系统启动过程中的几个必需阶段。CI.dll 就是在 bootmgr 和 winload.exe 阶段进行加载的，在内核加载阶段只是对 CI.dll 的代码完整性验证函数进行调用。这里，bootmgr 是启动管理程序，位于%SystemDrive%\bootmgr 文件或%SystemDrive%\Boot\EFI\bootmgr.efi 文件（对于 EFI BIOS）中，winload.exe 是系统的装载程序，即 OS Loader，位于%SystemRoot%\System32\winload.exe 文件中。winload.exe 代替了 Windows 早期版本中的 NTLDR。

Windows 对代码签名进行的验证主要以两种方式进行，一是将代码的签名与代码分离保存，将代码摘要放在一个目录文件（catalog）中，称为签名目录；二是在程序代码中保存代码的签名，这种方法在系统启动早期采用较多。这两种方式并不是完全独立的，可以同时应用，大部分内核驱动程序的完整性验证都同时采用了这两种签名方式。加载启动驱动程序时的驱动签名验证由 winload.exe 完成，而其他所有驱动的签名验证由 ntoskrnl.exe 完成。

6.4.3 Windows 7 安全措施

为确保 Windows 7 在使用过程中的系统安全，除积极采用上述安全技术和安全机制外，用户还应根据使用环境要求针对性地做好安全配置和系统管理工作，尽可能提升 Windows 7 的安全性能。下面就介绍一些常用的 Windows 7 安全配置措施和方法。

1. 设置安全密码和屏保密码

可靠的密码对于一个系统而言是非常重要的，一些网络管理员创建账户时通常使用公司名称、计算机名等易于猜测的字符做用户名，然后又将这些账户的密码设置得比较简单，如 welcome、letmein 或 123456 等，甚至密码与用户名同名等，显然，这将严重危害系统安全。同时，设置屏幕保护密码是防止内部人员破坏系统的必要手段。一般地，可在 BIOS 中设置开机密码，将屏幕保护启动时间设为 5min 以内。

2. 增加管理员用户和禁用 GUEST 用户

如图 6-14 所示，在"控制面板"的"用户账户和家庭安全"→"用户账户"→"管理其他账户"→"创建一个新账户"中创建一个"标准用户"或"管理员"，对管理员及 GUEST 用户设置强口令，并禁用 GUEST 用户。

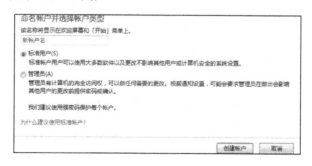

图 6-14 Windows 7 创建新账户

3. 注册表安全设置
- 关机时清除页面文件。

[HKEY_LOCAL_MACHINE\SYSTEM\CurrentControlSet\Control\Session Manager\Memory Management] "ClearPageFileAtShutdown" =dword:00000001

- 关闭 DirectDraw。

[HKEY_LOCAL_MACHINE\SYSTEM\CurrentControlSet\Control\GraphicsDrivers\DCI] "Timeout" =dword:00000000

- 删除默认共享。

[HKEY_LOCAL_MACHINE\SYSTEM\CurrentControlSet\Services\LanmanServer\Parameters] "AutoShareWks" =dword:00000000 "AutoShareServer" =dword:00000000

- 禁止建立空连接。

[HKEY_LOCAL_MACHINE\SYSTEM\CurrentControlSet\Control\Lsa] " restrictanonymous " =dword:00000001

- 不让系统显示上次登录的用户名。

[HKEY_LOCAL_MACHINE\SOFTWARE\Microsoft\Windows NT\CurrentVersion\Winlogon] "DontDisplayLastUserName" = "1"

4. 关闭不必要的服务

首先备份服务列表，在"服务（本地）"中右击，在弹出的快捷菜单中选择"导出列表"命令，将服务列表以"文本文件（制表符分隔）（.txt）"保存起来，以备查考，如图 6-15 所示。

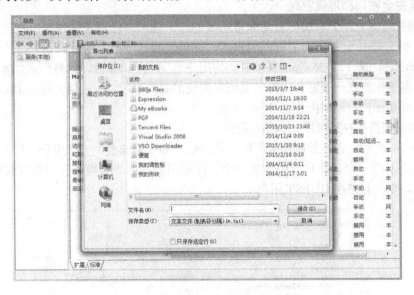

图 6-15　Windows 7 导出服务列表

然后在"控制面板"中的"系统和安全"→"管理工具"下的"服务"中，对有关服务进行手动设置，如图 6-16 所示。或者利用"sc config 服务名称 start=空格+启动方式"命令，创建批处理文件，以系统管理员身份运行，自动将有关服务设置为"禁用"或"手动"，命令中的启动方式可设置为"auto=自动、demand=手动、disabled=禁用"，sc 命令描述如图 6-17 所示。

图 6-16　Windows 7 变更服务状态

图 6-17　Windows 7 修改服务启动方式命令描述

5. 禁止自动播放

如果使用光盘或 U 盘等设备来引导并启动 Windows 7 系统时，必须禁用这些设备的自动播放功能来保护系统启动安全，因为 autorun 病毒非常喜欢通过 U 盘之类的移动存储介质来传播和复制病毒文件；只有禁止自动播放功能，才能阻断 autorun 病毒通过移动存储介质干扰 Windows 7 系统的启动运行。

在禁止移动存储设备自动播放时，只要先打开系统"运行"窗口，执行 gpedit.msc 命令，切换到本地组策略编辑器窗口，从左侧列表的"本地计算机策略"分支下，逐一展开"计算机配置"→"管理模板"→"Windows 组件"→"自动播放策略"选项，在目标选项的右侧列表中双击"关闭自动播放"组策略，从打开的"关闭自动播放"窗口中（见图 6-18），选中"已启用"单选按钮，同时选中"关闭自动播放"下拉列表框中的光盘或 U 盘，并单击"应用"按钮执行设置保存操作，重新启动 Windows 7 系统即可。

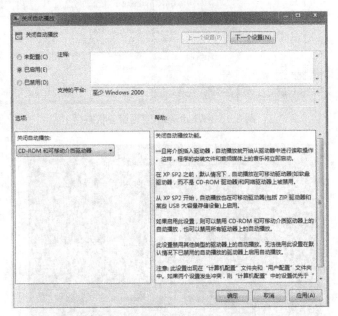

图 6-18　Windows 7 关闭自动播放选项设置

当然，在注册表的 HKEY_CURRENT_USER\Software\Microsoft\Windows\CurrentVersion \Policies\Explorer 分支下，将 NoDriveTypeAutoRun 键值的数值设置为"十六进制"的 4，也能达到禁止磁盘自动播放的目的。不过，在修改注册表之前，为了保护系统安全，最好先对目标分支进行备份。

6. 堵住补丁漏洞

一些病毒木马程序还会利用 Windows 7 系统的漏洞来感染该系统中的应用程序，并达到将启动威胁项目隐藏到系统中的目的。因此，及时堵住补丁漏洞，可以在某种程度上减少病毒木马感染系统的可能性。在更新漏洞补丁时，可以通过系统控制面板窗口中的 Windows Update 图标，进入系统漏洞补丁检查更新界面，单击"检查更新"按钮，让 Windows 7 系统自动扫描本地系统，看看是否需要安装新的漏洞补丁程序，如果发现有更新补丁可以利用，只要单击"安装更新"按钮就能自动堵住补丁漏洞。当然，也有一些系统漏洞或缺陷还没有补丁程序可以保护，这时可以考虑使用病毒防火墙来阻止病毒和木马的入侵。

7. 禁止运行脚本

很多病毒和木马程序都是通过网页中的活动脚本或 ActiveX 控件将启动威胁项目植入到 Windows 7 系统中的，如果将 IE 浏览器的脚本执行功能暂时禁用，就能避免许多不必要的安全烦恼。在进行这种设置操作时，先打开浏览器窗口，选择"工具"→"Internet 选项"命令，弹出"Internet 选项"对话框；再选择"安全"选项卡，单击"自定义级别"按钮，弹出"安全设置"对话框，从中找到"脚本"设置项，将下面的"活动脚本"和"Java 小程序脚本"都设置为"禁用"，最后单击"确定"按钮保存设置。在禁用 ActiveX 控件时，只要找到该对话框的"ActiveX 控件"设置项，并将下面的所有 ActiveX 控件运行权限全部设置为"禁用"，当然也可以设置为管理员允许。

8. 动态监控威胁

既然病毒和木马会偷偷地将启动威胁项目植入到系统注册表及服务列表中，那么就有必要对 Windows 7 系统的注册表及服务列表内容进行动态监控，以便及时发现潜在的安全威胁。

在监控 Windows 7 系统注册表中的内容是否变化时，可以通过 RegWorkshop 工具（该工具是一款非常好用的注册表编辑器）的"创建本地注册表快照"命令，先为上网之前的注册表状态生成一个快照 1，当上网结束后，再为系统注册表生成一个快照 2；接着依次选择对应程序界面中的"工具"和"比较注册表"命令，将之前生成的两个注册表快照分别导入到比较对话框中，再单击"比较"按钮，这样就能在"比较结果"页面中看到系统注册表的变化了。如果看到注册表中有新的启动项目出现，则必须对它们提高警惕，如果无法辨别它们的来源，应该及时将它们删除。

在监控系统服务列表中的内容时，可以利用 Windows 7 系统内置的 net start 命令，先将上网之前的系统服务状态内容导出来，例如，只要在 cmd 命令行窗口中执行 net start> d:\111.txt 命令，就能将所有处于启用状态的服务保存到 d:\111.txt 文件中（见图 6-19）；接着，按照同样的操作方法，将上网结束后的系统服务状态导出保存到 d:\222.txt 文件中；之后，通过 fc 命令 fc d:\111.txt d:\222.txt 对系统服务状态的变化进行比较，如果有新的服务选项生成，必须立即查清它们的来源，一旦确认它们是陌生的或非法的，则应进入系统服务列表中，将它们强行停用。

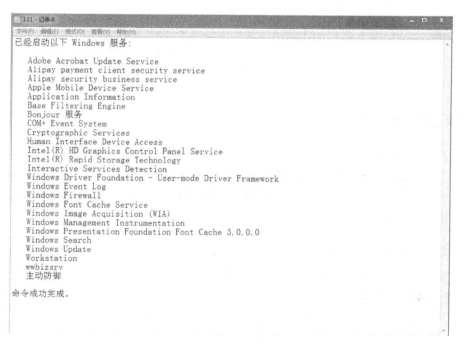

图 6-19　Windows 7 已启动服务导出结果

9. 安装反病毒木马软件

对用户而言，威胁通常来自木马、恶意软件和假冒的病毒扫描程序，因此安装一款合适的杀毒软件十分有必要，同时记住保持杀毒软件的更新，进而防范新的恶意程序攻击。微软官方向用户推荐了 10 款 Windows 7 适用的杀毒软件，它们是 AVG、诺顿、卡巴斯基、McAfee、Trend Micro、Panda Security、F-Secure、Webroot、BullGuard 和 G-Data 等。此外，国内用户也可以安装 360 杀毒系统、安全卫士等软件来防范病毒和木马攻击。

10. 及时备份数据

有时候即使采取了许多安全防护措施，当恶意病毒攻击时系统仍可能不堪一击。因此，及时备份重要数据非常重要，这样即使遇到极具杀伤力的病毒，也可以通过恢复数据轻松解决。Windows 7 数据备份操作界面如图 6-20 所示。

图 6-20　Windows 7 数据备份操作界面

6.5　数据库安全概述

信息技术的核心是信息处理，而数据库技术正是信息处理的中流砥柱，担负着储存和操作信息的使命，越来越多的政府部门和商业企业都将大量有价值的信息存储于计算机数据库中，这些信息大多关系到政府职能的有效提供和企业运作的成败，保障数据库的安全就是保障数据库中信息的安全。

6.5.1　数据库安全的基本概念

数据库安全是指数据库的任何部分都没有受到侵害，或者没有受到未经授权的存取和修改。

1. 数据库安全的内涵

数据库安全主要包括数据库系统安全和数据库数据安全两层含义。

（1）数据库系统安全

数据库系统安全是指在系统级控制数据库的存取和使用机制，应尽可能地堵住各种潜在的漏洞，防止非法用户利用这些漏洞危害数据库系统的安全；同时保证数据库系统不因软硬件故障和灾害的影响而不能正常运行。数据库系统安全包括以下几个方面。

1）硬件运行安全。

2）物理控制安全。

3）操作系统安全。

4）用户连接数据库需授权。

5）灾害和故障恢复等。

（2）数据库数据安全

数据库数据安全是指在对象级控制数据库的存取和使用的机制，哪些用户可以存取指定的模式对象及在对象上允许有哪些操作。数据库数据安全包括以下几个方面。

1）有效的用户名/口令鉴别。

2）用户访问权限控制。

3）数据存取权限和方式控制。

4）审计跟踪。

5）数据加密等。

2. 数据库安全管理原则

一个强大的数据库系统应当能够确保其中数据信息的安全，并对其进行有效的管理控制。对数据库系统进行安全管理规划时，一般要遵循以下原则。

（1）管理细分和委派原则

在数据库管理过程中应进行管理责任细分和任务委派，确定每个数据库管理人员的责任和角色。

（2）最小权限原则

数据库管理应本着"最小权限"的原则，从需求和工作职能两个方面严格限制对数据库的访问。通过角色的合理运用，"最小权限"可以确保数据库功能限制和特定数据的访问。

（3）账号安全原则

对于每个数据库连接来说，用户账号都是必需的。账号应遵循传统的用户账号管理方法来进行安全管理，包括密码的设定与更改、账号锁定策略和账号的生命周期等。

（4）有效审计原则

数据库审计是数据库安全的基本要求，主要用来监视各个用户对数据库所进行的各种操作。

6.5.2 数据库管理系统简介

数据库管理系统（DBMS）已经发展了 40 多年，人们提出了许多数据模型，其中在日常生活中使用最多的是关系模型。在关系型数据库中，数据项保存在行中，文件就像是一个表。关系被描述成不同数据表间的匹配关系。关系模型于 1980 年随着数据库访问语言——结构化查询语言（SQL）的出现而广泛推行。

DBMS 是专门负责数据库管理和维护的计算机软件系统，是数据库系统的核心，不仅负责数据库的维护工作，还负责数据库的安全性和完整性。

DBMS 是与文件系统类似的软件系统，通过 DBMS 应用程序和用户可以取得所需的数据。与文件系统不同的是，DBMS 还定义了所管理的数据之间的结构和约束关系，并提供了一些基本的数据管理和安全功能。

6.5.3 数据库系统的缺陷与威胁

与操作系统和其他应用软件系统类似，数据库系统也不可避免地存在着安全缺陷，同时也会受到多种形式的安全威胁。

1. 数据库系统的缺陷

数据库系统的安全缺陷主要体现在以下几个方面。

（1）数据库系统安全通常都同操作系统安全密切相关

Oracle、SQL Server 和 MySQL 等数据库系统都涉及用户账号和密码、认证系统、授权模块、网络协议、安全补丁和服务包等，这些方面的安全漏洞和不当配置通常会造成严重后果，并且难以发现。

（2）数据库系统安全通常被忽视

人们对操作系统和网络系统安全的重要性都有比较清醒的认识，但是对数据库系统安全的重要性却认识不足。

（3）数据库账号和密码容易泄露

大部分数据库系统只提供基本的安全特性，没有相应机制来限制用户的密码策略，弱口令密码会严重威胁数据库系统的安全。

2. 数据库系统面临的威胁

凡是能造成对数据库中所存储数据（如敏感、非敏感信息）的非授权访问（如读取）或非授权写入（如增加、删除和修改等），原则上都属于对数据库的安全威胁。另一方面，使授权用户不能正常得到数据库的服务，也被认为是对数据库的安全威胁。

数据库系统面临的安全威胁主要来自以下几个方面。

1）物理和环境的因素。如物理设备的损坏、设备的机械和电气故障、火灾、水灾、地震等。

2）事务内部故障。数据库的"事务"是指数据操作的并发控制单位，是一个不可分割的操作序列。数据库事务内部故障多造成数据的不一致性，主要表现有丢失、修改、不能重复读和无用数据的读出等。

3）存储介质故障。

4）人为破坏。

5）病毒与恶意攻击。

6）未经授权的数据读写与修改。

7）对数据的异常访问造成数据库系统故障。

8）数据库权限设置错误，造成数据的越权访问。

6.6 数据库安全机制

数据库安全作为信息系统安全的一个子集，必须在遵循信息安全总体目标（即保密性、完整性和可用性）的前提下，建立安全模型，构建体系结构，确定安全机制。

6.6.1 数据库安全的层次分布

一般来说，数据库安全涉及 5 个层次。

1）物理层：必须物理地保护计算机系统所处的所有结点，以防入侵者强行闯入或暗中潜入。

2）人员层：进行用户授权要谨慎，以减少授权用户接受贿赂而给入侵者提供访问机会的可能。

3）操作系统层：操作系统安全性方面的弱点总是可能成为对数据库进行未授权访问的手段。

4）网络层：几乎所有数据库系统都允许通过终端或网络进行远程访问，网络层安全性和物理层安全性一样重要。

5）数据库系统层：数据库中有重要程度和敏感程度不同的各种数据，并为拥有不同授权的用户所共享，数据库系统必须遵循授权限制。

为了保证数据库安全，必须在上述所有层次上进行安全性保护。如果较低层次上（物理层或人员层）的安全性存在缺陷，那么，即使是很严格的高层安全性措施也可能被绕过。当然，对数据库系统安全来说，数据库系统层的安全性最重要。

6.6.2 安全 DBMS 体系结构

通常所说的可信 DBMS 是指 MLS（多级安全）DBMS，因其存储的数据具有不同的敏感性（安全）级别，MLS DBMS 中的关系也称多级关系。设计可信 DBMS 的目标在于满足高安全保证需求的同时，仍保持通用 DBMS 产品所能提供的功能。然而目前看来，这两个目标相互冲突，这是因为 SQL 引擎（DBMS 执行逻辑）太大、太复杂，如果将整个 SQL 引擎放置于执行安全机制的可信计算基（TCB）中，就不可能满足较高安全级别所要求的 TCB 最小化、简单化，以及分层、抽象和数据隐藏的要求；如果将 SQL 引擎放置于 TCB 之外，又很难提供目前通用产品所提供的功能。根据这些考虑，目前研究的可信 DBMS 体系结构基本上分为两大类：TCB 子集 DBMS 体系和可信主体 DBMS 体系。

1. TCB 子集 DBMS 体系结构

TCB 子集 DBMS 体系结构使用位于 DBMS 外部的可信计算基（通常是可信操作系统或可信网络）执行对数据库客体的强制访问控制。该体系把多级数据库客体按安全属性分解成单级断片（属性相同的数据库客体属于同一个断片），分别物理隔离存储在操作系统客体中。每个操作系统客体的安全属性就是存储于其中的数据库客体的安全属性。然后，TCB 对这些隔离的单级客体实施 MAC。

这种体系的最简单方案是把多级数据库分解成单级元素，安全属性相同的元素存储在一个单级操作系统客体中。使用时，先初始化一个运行于用户安全级的 DBMS 进程，通过操作系统实施的强制访问控制策略，DBMS 仅访问不超过该级别的客体。然后，DBMS 从同一个关系中把元素连接起来，重构成多级元组，返回给用户，如图 6-21 所示。

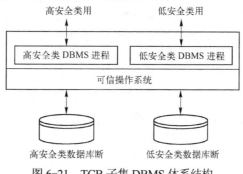

图 6-21　TCB 子集 DBMS 体系结构

使用这种体系结构的理论研究或产品有：Hinke-Schaefer Trusted DBMS 研究，Trusted Oracle Version7.0 DBMS 的一种变种（称为 OS-MAC 模式），以及 Secure Distributed Data Views（SeaView）研究原型等。

TCB 子集 DBMS 体系结构有两个优点。一是用户并非在多级模式下操作，而是在可信操作系统建立的会话级上操作。每个用户都与运行于用户会话级的一个 DBMS 交互，而且多个运行于不同敏感级的不同 DBMS 可同时进行操作，该体系可达到较高级别的强制保证。二是该体系结构允许 TCB 位于 DBMS 之外，因此可以减少 TCB 的规模和复杂度，这正是高安全等级所要求的。

TCB 子集 DBMS 体系结构的缺点是，该体系使用多进程，因而不适合要求并发操作，且并发操作又有大量敏感级的应用，因为操作系统能支持的并发进程数量及其处理能力有限，所以该体系适合仅需要少量敏感级的应用。此外，该体系还引入了多实例，为消除其影响需要付出较大代价。

2. 可信主体 DBMS 体系结构

可信主体 DBMS 体系结构与 TCB 子集 DBMS 体系结构大不相同，它自己执行强制访问控制。该体系按逻辑结构分解多级数据库，并存储在若干个单级操作系统客体中，但每个单级操作系统客体中可同时存储多种级别的数据库客体（如数据库、关系、视图、元组或元素），并与其中最高级别数据库客体的敏感性级别相同。从操作系统的角度，只能看到一个个单级文件，而并不知道其中含有众多的多级数据库客体，所以不能为这些数据库客体进行访问控制。然而，可信主体 DBMS 能够识别这些数据库客体及其敏感性级别，因此能为这些数据库客体行使访问控制。

图 6-22 是可信主体 DBMS 体系结构的一种简单方案，DBMS 软件仍然运行于可信操作系统之上，所有对数据库的访问都必须通过可信 DBMS。

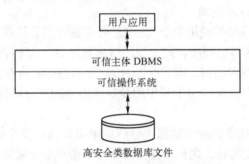

图 6-22　可信主体 DBMS 体系结构

可信主体 DBMS 体系结构的优点在于，DBMS 能同时访问所有级别的数据。它允许一个多用户进程为所有用户请求服务，使操作系统的处理负载最小化，也允许操纵带有大量敏感性标签的数据。该体系可以操纵涉及多个访问控制级别数据、形式更为复杂的访问控制，也支持定义在不同敏感性级别的数据间的完整性约束，如引用完整性约束。

可信主体 DBMS 体系结构的主要缺点是，缺乏扩展到高安全等级的潜力。满足较高的安全保证级别需要通过硬件隔离的形式分隔强制性客体，而在该体系中物理客体是整个的多级关系或多级数据库，实际的强制性数据库客体则由可信软件隔离，所以很难证明该软件能正确地操作而不允许从高安全类到低安全类的数据流。

总之，为达到更高的强制保证，若依赖 TCB 实施访问控制就会牺牲一些 DBMS 功能，因此，除了 OS-MAC 模式使用了 TCB 子集方案，目前主要的 DBMS 产品都依赖于 DBMS 自身对数据库客体实施访问控制。这些 DBMS 都是定位于 TCSEC 的 B1 级保证，因为这一级不要求 DBMS 小而简单，且允许适应不可信软件产品对多级数据进行操作。

6.6.3 数据库安全机制分类

下面进一步讨论数据库的安全机制，正是由这些安全机制来实现安全模型，进而实现数据库系统的信息安全目标。根据各安全机制主要针对的目标，表 6-1 对其进行了粗略分类。

表 6-1 数据库安全机制分类

安全机制	保密性	完整性	可用性
身份识别和认证	√	√	√
强制访问控制	√		
自主访问控制	√		
基于角色访问控制	√		
推理和聚集	√		
多实例	√		
隐蔽信道	√		
数据加密	√	√	
实体和引用完整性		√	√
可信恢复		√	√
审计	√	√	

1. 身份识别和认证

数据库系统要求严格的用户身份标识和认证。身份标识确保用户身份的唯一性，从而确保用户行为的可查性，认证确保用户身份的真实性，以防假冒。安全的数据库系统应设置必要的标识和认证机制确保相应的授权。用户在被准许访问数据库之前必须主动出示身份证据进行认证。

鉴定过程可采用下列方法中的一种或几种：一是要求用户出示其拥有的某种东西，包括使用磁卡、密钥、证书或其他不易仿造的设备；二是要求用户出示只有他知道或只有他拥有的某种东西，包括口令、指纹或视网膜式样等。

2. 强制访问控制 MAC

这里以 SeaView 的 MAC 为例来说明 MLS DBMS 的强制访问控制。该强制策略遵循 Bell-LaPadula 安全模型，访问控制粒度为数据元素，即元组中每个数据元素都有一个安全类标签。元素级控制粒度是关系 DBMS 能支持的最细控制粒度。每个元组也有一个安全类标签，元组标签值是该元组中所有元素安全类标签的最小上界。

为了防止由较高安全数据所派生数据的外流，SeaView 要求外流数据的安全类必须支配其所有派生源数据的安全类。因此，为元组分配一个安全类标签，该标签支配该元组中所有数据的安全类；或者该标签支配该元组所有派生源数据的安全类，该元组中的元素个体带有存储于数据库中元素的原始分级。

3. 自主访问控制 DAC

仅有强制访问控制还不够，如在强制访问控制下，设安全类的范畴成分最小粒度是同一公司的一个部门，该部门的职员间不再划分范畴，且其权力级别相同，这些职员间的互相访问强制策略并无限制，这时，就要用到自主访问控制。强制控制和自主控制犹如两道关卡，有力地保证了访问安全，SeaView 就是同时实施这两种访问控制的。

SeaView DAC 所控制的客体包括整个数据库或整个关系，由此可见，与 MAC 的精细粒度相比，DAC 被用于较粗粒度。可应用自主控制的关系包括基表、视图等，可应用自主控制的主体包括用户和用户组。SeaView 用访问模式来表达自主控制性质，即可授予主体对自主客体的特定访问模式，包括 insert、delete、retrieval、update、reference、null 和 grant 等。

4. 基于角色的访问控制 RBAC

上述的 MAC 和 DAC 是两种基本类型的访问控制机制，相对于它们来说，基于角色的访问控制（RBAC）是一个应行业需要而开发的 MAC，其基本理念是权限与角色相关联，用户被分配以适当的角色。图 6-23 所示是一个简化的 RBAC 模型。

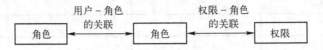

图 6-23　基于角色的访问控制 RBAC 的简化模型

在图 6-23 中，用户是一个人，角色是一种工作岗位，权限则是访问某客体的许可或执行某任务的特权。通过关联权限和角色，并给用户分配角色，用户就能获得相关的权限。角色根据单位组织内不同工作任务而创建，执行任务所需权限则与角色相联系，当有新的应用和系统时，可以为角色授予新的权限，并可以收回不再需要的权限。实践中根据责任和资格为用户分配角色，还可以为用户从一个角色重新分配到另一个角色。通过这种方式，极大地简化了用户与权限的管理，RBAC 技术适用于大规模企业系统内管理和实施安全措施。

5. 推理和聚集问题

推理和聚集是自然界人类社会中普遍存在的现象，并非 DBMS 所特有。但由于数据库中元组、属性、元素之间相互联系，所以推理和聚集问题就成了数据库安全的重要内容。在多级安全 DBMS 中这两个问题尤为突出，推理和聚集问题都会导致未授权的信息泄露。

（1）推理问题

数据库安全中所指的推理有其特定含义，是指用户根据较低安全级别和可见的数据推理出较高安全级别信息，它是一个非常复杂的问题。推理方法的多样化是造成推理问题复杂的首要因素，可用的推理策略有演绎、归纳、类似、经验、语义联系、存在性和统计等。推理信息的广泛性是造成推理问题复杂的另一因素，可用于推理的信息类型有元数据、关系中的效据值、统计数据、派生数据、数据的存在性、数据的改变或消失（如安全级别上升）、未存储于数据库中但在应用域已知的数据语义、未存储于数据库中关于应用域（进程和数据）的专门信息，以及普通知识和常识等。

如果要防止所有的未授权泄露，应遵循多级数据库的基本安全原则：数据的安全类应支配所有施加影响于自身的数据的安全类。即给定数据项目 X、Y，若 X 受 Y 影响，则 X 的安全类应支配 Y 的安全类。理由很简单，如果某数据值受高级别数据影响，那么，信息就会从高级别数据流入该数据。换言之，若秘密数据受绝密数据影响，当然会泄露部分甚至全部绝密信息。根据该安全原则，并结合实际应用仔细考虑数据内容，可以防止许多推理问题，但预测或检测所有推理问题仍然很难，比较可行的办法是：若 X 导致了 Y 的泄露，则应部分或全部对 X 进行重新分级，这样，就不可能从被泄露的 X 子集推导出 Y 来。具体来讲有两种方法：对数据重新分级或对约束重新分级。

（2）聚集问题

简单地说，聚集是把分离的数据项目收集起来。但在数据库安全中，聚集策略通常是因为敏感信息可从聚集推导出，但不能从任何个体成员推导出。因此，聚集通常与推理联系在一起。两者的差别在于，在聚集问题中，推荐使用一种特殊的标记策略，而且在如何控制方面也很不同。聚集问题的最普通实例是黑名单，即整个名单是有安全级的，而个体信息则不是。

在商业数据库应用中，聚集术语有更普通的用法——聚集操作，有 5 个标准的聚集操作：求和、求均值、计数、求最大值和求最小值。对关系的列进行这些操作，人们可以从数据库存储的大量数据中得到单一数据值。

需要注意的是，此处讨论的聚集问题是指聚集数据的级别高于用于形成聚集数据的个体数据的级别。它与统计数据库所行使的操作密切相关但又不同，统计数据库用于进行统计性研究（求和、均值和中值等）但不泄露个体数据。统计数据库关心的是隐私意义上的安全，而不是安全等级意义上的安全，它不是多级数据库安全的专门问题。

6. 多实例问题

多级数据库与普通单级数据库的不同点在于，在多级环境中如果提升用户的安全类，就会出现新的实体；反过来，如果降低用户的安全类，就会隐藏一些实体。因此，不同安全类的用户看到不同版本的现实世界，而且这些不同版本必须保持连贯性和一致性，而不能引入任何向下的信令信道（当查询和更新数据库时，必须考虑发信号的速度和可能的木马软件。应用软件的隐藏代码可能利用一个能多级别访问数据库的合法用户来开发信令信道，以秘密绕过机密性措施）。

"没有向下的信令信道"为构造多级安全 DBMS 带来了一个新概念——多实例，多实例显著复杂化了多级关系的语义。有 4 种方式给多级关系中的数据分配安全类，即把安全类分配给关系、单独元组、单独属性或单独元素。

给元组或元素分配安全类时常会发生多实例的情形，这里以元组级标记为例进行说明。当一个多级关系至少包含两个具有相同表面主键值的元组时，称该关系是多实例化。表面主键是用户定义的主键，其值可以相同。但这些元组分属不同的安全类，这时这些元组有可能指向同一个真实世界实体而记录了不同的事件，也有可能指的是完全不同的真实世界实体而被赋予了相同的名称。

设计 MLS DBMS 必须考虑多实例问题。当一项数据存在于多个安全类时，有可能相同的数据在不同的安全类拥有不一致的值。有多种多实例方案，比较简单的一种是明确通知用户存在于数据中的约束或不一致性，以便控制多实例。

7. 数据库加密

对高度敏感的数据而言，单从访问控制和数据库的完整性方面考虑安全还不够，因其存在一个严重的不安全因素，即原始数据以可读形式存储在数据库中，对于某些计算机内行，完全可以打入系统或从存储介质中导出数据。为此，可以借助加密措施，加密数据难以被解读，除非读数据的人知道如何对加密数据进行解密。

加密技术应具有如下性质。

1）对授权用户来说，加密数据和解密数据相对简单。

2）加密模式不应依赖于算法的保密性，而应依赖于密钥。

3）对入侵者来说，确定密钥极其困难。

数据库系统中，对数据进行加密的单位可以是数据库、关系、元组和数据元素。加密方法可采用 DES 数据加密标准、子密钥数据库加密及秘密同态技术。加密方式有库外加密、库内加密和硬件加密。数据库密钥管理是一个很难解决的问题，简单的办法是采用集中式密钥管理，但权力集中有很大的安全隐患，较好的办法是采用主密钥和子密钥管理相结合的公钥密码算法。

8. 数据完整性

数据库的数据完整性总体来说是 DBMS、操作系统及计算机系统管理程序的职责。在关系数据库管理系统 RDBMS 范围内，实体完整性和引用完整性是最基本的两个完整性需求，它们有助于防止不正确数据进入数据库。

在多级安全环境中，必须对传统的单级关系模型进行扩展。关于 MLS 关系数据模型，目前并没有明确的共识，所以对于一些基本原则（如完整性要求和更新语义）尚有争论。这里，将对目前有代表性的数据完整性原则进行讨论。

（1）多级关系的基本概念

一个多级关系由两部分组成：关系模式和关系实例。关系模式是关系的逻辑设计，其形式为：$R(A_1,C_1,A_2,C_2,L,A_n,C_n,TC)$，其中，$A_i$ 是定义在域 D_i 上的数据属性，C_i 是 A_i 的等级属性；TC 是元组的安全类属性，其值是本元组内所有 C_i 值的最小上界。关系实例是关系中一个给定时刻的数据快照（snapshot），其形式为：$R_c(A_1,C_1,A_2,C_2,L,A_n,C_n,TC)$。每个关系实例都是形如 $(a_1,c_1,a_2,c_2,L,a_n,c_n,tc)$ 的不同元组的集合，a_i 允许有空值，但 c_i 不允许为空。对于格阵中的每个安全类 c，都有这样一个实例 R_c。R_c 中只显示那些主键安全类受 c 所支配的元组，而且这些元组中凡是安全类不受 c 支配的属性都显示为空值 null，同时安全类变成与主键安全类相等。简而言之，多级关系在不同的安全类有不同的表现，也就是不同的实例。

（2）核心完整性

多级关系模型中，核心完整性是单级关系模型中实体完整性的扩展，其必须满足以下 4 个性质。

性质 1：实体完整性。对任一给定元组，要求表面主键 AK 的所有属性值非空且等级相同，并且该元组的表面主键 AK 受非 AK 属性支配。

性质 2：空值完整性。对任一给定元组，如果属性值为空，则要求该属性的等级等于表面主键的等级。并且 R_c 中不存在某一元组 t 小计另一元组 s 的情况。所谓 t 小计 s，是指 $t[A_i,C_i] = s[A_i,C_i]$ 或者 $t[A_i] \neq null$ 且 $s[A_i] = null$。

性质 3：实例间完整性。要求对于所有安全类 $c' \leqslant c$，实例 $R_{c'}$ 是从实例 R_c 中"过滤"而来。即从安全类 c' 的角度只能看到实例 R_c 中部分元组的部分属性值，且所看到数据的安全类受 c' 支配。这些被过滤过的"残缺的"元组构成了 $R_{c'}$。至于那些"看不到"的非表面主键属性的值，则以空值 null 代替。

性质 4：多实例完整性。要求多级关系中的主键是 $AK \cup C_{AK} \cup C_R$（而对于一个单级关系来说，所有元组中 C_{AK} 和 C_R 是相等的常量）。这是为了禁止同一安全类中的多实例。

（3）引用完整性

引用完整性，是指一个关系中给定属性集上的取值也应在另一个关系的某一属性集的取值中出现。在单级关系模型中，引用完整性要求主动引用关系中的外键值或者全空，或者全非空；而且只要外键值全非空，则被引用关系中总有与该外键值相等的主键值。

对于 MLS 数据库，需要使该性质无论从哪个安全类来看都为真。对此，必须遵守以下两个规则。

规则 1：主动引用关系的外键必须统一分类，即组成 FK 的所有属性的安全类相同。

规则 2：外键的安全类必须支配相应主键的安全类，即 $c[FK] \geqslant c[PK]$。

9. 可信恢复

可信恢复是数据库安全完整性目标的一个重要机制。数据库系统必须预先采取措施，以保证即使发生故障，也可以保持事务的原子性和持久性。有两种不同的恢复机制：基于日志的恢复机制和影子分页的恢复机制。单事务的恢复可以使用这两种恢复机制；并发事务可以使用基于日志的技术，但不能使用影子分页技术。

恢复机制的有效实现要求写数据库和稳定存储器次数尽量少。具有以下两者之一情形时日志记录必须写入稳定存储器：①在日志记录<Ti 提交>输出到稳定存储器前，所有与事务 Ti 有关的日志记录必须已被输出到稳定存储器中；②在主存中的数据块输出到数据库前，所有与该块中数据有关的日志记录必须已被输出到稳定存储器中。

为从导致非易失性存储器中数据丢失的故障中恢复，需周期性地将整个数据库的内容转储到稳定存储器上。

10. 审计

审计作为一种事后追查手段来保证数据库系统的安全。审计的目的是检查访问模式，发现绕过系统控制的企图，发现特权的使用，扮演监督角色，提供附加保证。记录和追查是审计的两个主要方面。为了精确、规范地描述审计记录，审计应包括以下 3 个基本对象。

1）用户：谁初始化了一个事务？从哪个终端？什么时候？

2）事务：被初始化的确切事务是什么？

3）数据：事务的结果是什么？在事务初始化之前和之后的数据库状态是什么?

同时，需要对审计数据施加一个逻辑结构。比较好的模型是双时关系，用两个时间元逻辑组织审计数据。具体地讲，就是给每个客体贴上两个时间元，一个时间元是事务时间，用于排序对某客体的操作流水账；另一个时间元是有效时间，用于记录该客体在真实世界的有效时间段。

除了实际记录发生在数据库系统中的所有事件之外，审计跟踪还必须提供审计的查询支持。由于审计系统记录了数据库中全部行为的信息，所以应限制用户对数据库的访问。有两种方法限制用户访问：给事务分配安全标记和根据用户等级对数据库进行过滤。

原则上，应当有可能审计数据库中的每一个事件，即"零信息损失"。但是，审计会消耗一定的系统资源。实际被审计的事件应取决于所涉及事件的敏感性及对风险的仔细分析，应允许用户按照各自需要选择开启不同的审计。另外，如果将审计功能与告警功能结合起来，那么，每当发生违反数据库系统安全的事件或者涉及系统安全的重要操作，就可以向安全操作员终端发送告警信息。

6.6.4 Oracle 的安全机制

Oracle 是关系数据库的倡导者和先驱，是标准 SQL 数据库语言的产品，自 1979 年推出以来受到业界的广泛关注。Oracle 不断将先进的数据库技术融入其中，并极有预见性地领导着全球数据库技术的发展。Oracle 在数据库管理、数据完整性检查、数据库查询性能和数据安全性方面都具有强大的功能，而且它还在保密机制、备份与恢复、空间管理、开放式连接及开发工具等方面提供了不同手段和方法。下面介绍 Oracle 数据库提供的安全机制。

Oracle 多用户的客户/服务器体系结构的数据库管理系统中包括的安全机制可以控制对某个数据库的访问方式。Oracle 数据库管理系统的安全机制可以防止未授权的数据库访问，防止对具体对象的未授权访问、控制磁盘及系统资源（如 CPU 时间）的分配和使用，以及稽核用户行为等。这些机制的具体实现主要是由数据库管理员（DBA）和开发人员完成的。

与具体应用相关的数据库安全可划分为系统安全和数据安全两类。系统安全包括的安全机制可以在整个系统范围内控制对数据库的访问和使用。如有效的用户名和口令、是否授权给用户连接数据库、某用户能用的最大磁盘空间、限制资源的使用、自动数据库稽核，以及用户能执行的系统操作等。数据安全包括的安全机制可以在对象（如表、视图等）这一级上控制对数据库的访问和使用，例如，哪个用户可以访问某特定的对象，以及对这个对象允许执行的操作（如允许查询和插入操作，但不允许删除操作）、需要稽核的操作等。

Oracle 数据库服务器或数据库管理系统提供了可自由决定的访问控制手段，即 Oracle 根据特权来限制对信息的访问。为了让用户访问某对象，必须把适当的特权分配给用户，拥有这种特权的用户可以自由地给其他用户授予特权。因此，这种安全机制就称为可自由决定的。Oracle 使用几种不同的方式管理数据库安全，即数据库用户和对象集、特权、角色、存储空间设置和配额、资源限制、稽核等。

1．数据库用户和对象集

每个 Oracle 数据库都有一个用户名列表，为了访问某个数据库，用户必须使一个数据库应用（如 From 或 Report）利用有效的数据库用户名与数据库连接，并且每个用户必须有一个相应的用户口令以防止未授权的访问。与每个用户紧密相关的是一个同名的对象集，即对象的逻辑集合，在默认情况下，每个用户可以访问相应的对象集中的所有对象。Oracle 还对每个用户定义了一个安全域，它决定用户拥有的行为（特权和角色）、用户的表空间配额（磁盘空间）和对用户的系统资源限制（如 CPU 处理时间）。

2．特权

特权是执行某个特定 SQL 语句的权力，如连接数据库（创建一个会话）、在相应用户的对象集内创建一个新表，以及从其他用户的数据库中查询数列记录、执行其他用户的存储过程等。Oracle 数据库的特权可分为两类：系统特权和对象特权。

系统特权允许用户执行特定的系统操作或对某个对象执行特定的操作，如创建表空间或删除数据库中任一个表中的记录。很多特权只有数据库管理员和应用开发人员才有，因为这些操作功能极为强大。对象特权可以让用户对某个特定的对象执行特定的操作，如删除某个特定表中的记录；这种特权被授予应用的最终用户，让他们能使用数据库完成特定的任务。

特权授予用户的目的是使用户能访问和修改数据库中的数据，可以直接授给用户，也可以授给角色，然后角色可被授予一至多个用户。如 EMP 表中插入记录的特权可授予称为 CLERK 的角色，然后再授给用户 Scott 和 Brian。由于角色具有易于有效地管理特权的特点，因此特权通常授给角色而不是某个用户。

3．存储空间的设置与配额

Oracle 为限制分配给某个具体数据库的磁盘空间的使用提供了有效的手段，包括缺省和临时表空间及表空间配额。每个用户都有一个缺省空间，如果用户具有在特定的缺省空间中创建对象和配额的特权，而且在创建表等对象时又无其他表空间，则使用这个缺省表空间。

每个用户都有一个临时表空间，用户执行一个需要创建临时段的 SQL 语句时，使用用户的临时表空间。通过把所有用户的临时段引导到临时表空间，可减少临时段和其他种类的段的输入/输出冲突。

Oracle 可以限制对象的可用磁盘空间，即分配配额，实现对对象占用的磁盘空间进行有选择性的控制。

4．稽核

Oracle 允许对用户的操作实施有选择的稽核，以帮助调查可疑的数据库使用，可在 3 个层面实施：语句稽核、特权稽核和对象稽核。语句稽核是检查特定的 SQL 语句，而不涉及具体的对象。这种稽核既可以对系统的所有用户，又可对部分用户实施。特权稽核是检查功能极其强大的系统特权的使用情况，不涉及具体的对象。这种稽核也是既可以对系统的所有用户，又可对部分用户实施。对象稽核是检查对特定对象的访问情况，不涉及具体的用户，是监控有对象特权的 SQL 语句，如 SELECT 或 DELETE 语句。

Oracle 允许各种稽核对已成功执行了的语句、未成功执行的语句或两者进行选择性稽核，这样就可监控可疑的语句，稽核操作的结果记录在稽核跟踪表中。

6.7 数据库安全技术

数据库的安全技术主要包括口令保护、数据加密、数据库加密和数据库的访问控制。

1．口令保护

口令设置是信息系统的第一道屏障，口令保护尤其重要。对数据库的不同模块应设置不同的口令，对访问数据库的用户应设置不同的口令级别。各种模块（如读模块、写模块和修改模块等）的口令应彼此独立，同时应当对口令表加密，以保护数据安全。

2．数据加密

考虑到用户可能试图旁路系统的情况，如物理地取走数据库、在通信线路上窃听等，对于这样的安全威胁最有效的手段是数据加密，即以加密格式存储和传输敏感数据。有关数据加密的原理与方法在第 3 章已有详细介绍。

3．数据库加密

数据库的加密方式有很多，既可以软件加密，也可以硬件加密。软件加密可以采用库外加密，也可以采用库内加密。库外加密即采用文件加密的方法，它把数据库作为一个文件，把每个数据块当作文件的一个记录进行加密，文件系统与数据库管理系统交换的是块号。库内加密按加密的程度不同，可以进行记录加密，也可以进行字段加密，还可以对数据元素进行加密。数据元素加密时，每个元素被当作一个文件进行加密。硬件加密是在物理存储器与数据块文件之间添加一个硬件装置，使之与实际的数据库脱离，加密时只对专一磁盘上的数据进行加密。

4. 数据库的访问控制

数据库系统可以允许数据库管理员和有特定访问权限的用户有选择地、动态地把访问权限授予其他用户。在需要的时候，还可以回收分配的权限。

当一个新的用户需要访问数据库资源时，首先由数据库管理人员或数据库所有者对该用户进行注册，给该用户分配一个口令，并授予其访问相应系统资源的权限。

6.8 小结

访问控制作为信息安全保障机制的核心内容和评价系统安全的主要指标，广泛应用于操作系统、文件访问、数据库管理及物理安全等多个方面，它是实现数据保密性和完整性机制的主要手段。传统访问控制技术主要有自主访问控制 DAC 和强制访问控制 MAC 两种，新型访问控制技术主要有 3 种，即基于角色的访问控制 RBAC、基于任务的访问控制 TBAC 和基于组机制的访问控制。访问控制在实现方法上主要有访问控制矩阵、访问控制表、能力关系表和权限关系表等。

操作系统在计算机系统安全中扮演着极为重要的角色，一方面它直接为用户数据提供各种保护机制，另一方面也为应用程序提供可靠的运行环境，保证应用程序的各种安全机制正常发挥作用。操作系统的隔离控制方法主要有 4 种：设备隔离、时间隔离、逻辑隔离和加密隔离。访问控制安全措施也有 4 种，即自主访问控制 DAC、强制访问控制 MAC、基于角色的访问控制 RBAC，以及域和类型执行的访问控制 DTE。

对操作系统的安全保护措施，其主要目标是保护操作系统中的各种资源安全，具体地讲，就是针对操作系统的登录控制、内存管理和文件系统这 3 个主要方面实施安全保护。操作系统的安全模型除了保证保密性和完整性的 Bell-LaPadula 模型和 Biba 模型之外，还有一些抽象模型，如 Graham-Denning 模型、Harrison-Ruzzo-Ullman 模型（HRU 模型）和获取-授予系统模型等。以 UNIX/Linux 和 Windows 7 为例介绍了典型操作系统的安全机制，并给出了一些相关的安全措施和安全配置方法。

数据库技术自 20 世纪 60 年代产生以来，已得到快速的发展和广泛的应用，数据库系统担负着处理大量信息的重任，其安全问题日渐突出。当前，数据库安全理论在数据库安全模型、访问控制、数据加密、密钥管理、并发控制和审计跟踪等方面仍在不断发展，数据库安全技术研究任重道远。

6.9 习题

1. 什么是访问控制？访问控制和认证有何区别？
2. 传统的访问控制分为几类？其区别在哪里？试指出它们的优缺点。
3. 新型访问控制技术分为几类？试指出它们的优缺点。
4. 简述访问控制的实现技术。
5. 什么是可信计算机系统评价准则？简述其基本内容。
6. 操作系统具备的一般安全防护方法有哪些？
7. 简述操作系统是如何实现对资源进行安全防护的。
8. 简述信息保密性和完整性安全模型的基本实现思想。

9. Linux 系统实现安全机制的基本手段有哪些？

10. Windows 7 系统实现安全机制的主要技术有哪些？

11. 简述数据库安全的概念内涵。

12. 简述数据库安全管理的基本原则。

13. 数据库安全的层次分布是如何划分的？

14. 数据库系统有哪些安全机制，它们主要针对信息安全的什么目标？

15. Oracle 数据库管理系统是如何考虑其安全机制的？

16. 简述数据库安全技术。

第 7 章　网络安全检测与评估技术

网络安全检测与评估是保证计算机网络信息系统安全运行的重要手段，对于准确掌握计算机网络信息系统的安全状况具有重要意义。由于计算机网络信息系统的安全状况是动态变化的，因此网络安全检测与评估也是一个动态的过程。在计算机网络信息系统的整个生命周期内，随着网络结构的变化、新的漏洞的发现，以及管理员/用户的操作，主机的安全状况是不断变化着的，随时都可能需要对系统的安全性进行检测与评估，只有让安全意识和安全制度贯穿整个过程才有可能做到尽可能相对的安全，一劳永逸的网络安全检测与评估技术是不存在的，也是不切实际的。

7.1　网络安全漏洞

安全威胁是指所有能够对计算机网络信息系统的网络服务和网络信息的机密性、可用性和完整性产生阻碍、破坏或中断的各种因素。安全威胁可以分为人为安全威胁和非人为安全威胁两大类。安全威胁与安全漏洞密切相关，安全漏洞的可度量性使得人们对系统安全的潜在影响有了更加直观的认识。

7.1.1　网络安全漏洞的威胁

漏洞分析的目的是发现目标系统中存在的安全隐患，分析所使用的安全机制是否能够保证系统的机密性、完整性和可用性。漏洞分析通过对评估目标进行穿透测试，进而尝试从中获取一些有价值的信息，如文本文件、口令文件和机密文档等。穿透测试可以分为两类：无先验知识穿透测试和有先验知识穿透测试。无先验知识穿透测试通常从外部实施，测试者对被测试网络系统的拓扑结构等信息一无所知。在有先验知识的穿透测试中，测试者通常具有被测试网络系统的基本访问权限，并可以了解网络系统拓扑结构等信息。

对于安全漏洞，可以按照风险等级对其进行归类。例如那些具有低严重度和低影响度的安全漏洞可以归类为低级别的安全漏洞，而那些具有高严重度和高影响度的安全漏洞可以归类为高级别的安全漏洞。表 7-1～表 7-3 对漏洞分类方法进行了描述。

表 7-1　漏洞威胁等级分类

严　重　度	等　　级	影　响　度
低严重度：漏洞难以利用，并且潜在的损失较少	1	**低影响度**：漏洞的影响较低，不会产生连带的其他安全漏洞
中等严重度：漏洞难以利用，但是潜在的损失较大，或者漏洞易于利用，但是潜在的损失较小	2	**中等影响度**：漏洞可能影响系统的一个或多个模块，该漏洞的利用可能会导致其他漏洞可利用
高严重度：漏洞易于利用，并且潜在的损失较大	3	**高影响度**：漏洞影响系统的大部分模块，并且该漏洞的利用显著增加其他漏洞的可利用性

表 7-2　漏洞威胁综合等级分类

严 重 等 级	影 响 等 级		
	1	2	3
1	1	2	3
2	2	3	4
3	3	4	5

表 7-3　漏洞威胁等级分类描述

等　级	描　　述
1	低影响度，低严重度
2	低影响度，中等严重度；中等影响度，低严重度
3	低影响度，高严重度；高影响度，低严重度；中等影响度，中等严重度
4	中等影响度，高严重度；高影响度，中等严重度
5	高影响度，高严重度

7.1.2　网络安全漏洞的分类

漏洞是在硬件、软件和协议的具体实现或系统安全策略上存在的缺陷，可以使攻击者在未授权的情况下访问或破坏系统。

漏洞的产生有其必然性，这是因为软件的正确性通常是通过检测来保障的。"检测只能发现错误，证明错误的存在，不能证明错误的不存在"。这一断言，被软件工程的实践证明无疑是正确的。软件尤其像操作系统这样的大型软件不可避免地存在着设计上的缺陷，这些缺陷反映在安全功能上便造成了系统的安全脆弱性。

在进行系统安全性评估时，需要注意的是已发现的漏洞数量并不能完全反映系统的安全程度，它与系统的使用范围、经受检验的程度，以及是否开放源码等因素都有关系。

漏洞的分类方法主要有按漏洞可能对系统造成的直接威胁分类和按漏洞的成因分类两类，下面分别进行说明。

1. 按漏洞可能对系统造成的直接威胁分类

网络安全漏洞可以按照其可能对系统造成的直接威胁进行分类，具体分类方法如表 7-4 所示。

表 7-4　按漏洞可能对系统造成的直接威胁分类

漏洞类型	漏洞描述	典型漏洞
远程管理员权限	攻击者无须一个账号登录到本地直接获得远程系统的管理员权限，通常通过攻击以 root 身份执行的有缺陷的系统守护进程来完成。漏洞的绝大部分来源于缓冲区溢出，少部分来自守护进程本身的逻辑缺陷	Windows NT 中 IIS 4.0 的 ISAPI DLL 对输入的 URL 未做适当的边界检查，如果构造一个超长的 URL，可以溢出 IIS（inetinfo.exe）的缓冲区，执行所指定的代码。由于 inetinfo.exe 是以 local system 身份启动，溢出后可以直接得到管理员权限
本地管理员权限	攻击者在已有一个本地账号能够登录到系统的情况下，通过攻击本地某些有缺陷的 suid 程序、竞争条件等手段，得到系统的管理员权限	RedHat Linux 的 restore 是一个 suid 程序，它的执行依靠一个 RSH 中的环境变量，通过设置环境变量 PATH，可以使 RSH 变量中的可执行程序以 root 身份运行，从而获得系统的 root 权限

漏洞类型	漏洞描述	典型漏洞
普通用户访问权限	攻击者利用服务器的漏洞，取得系统的普通用户存取权限，对 UNIX 类系统通常是 shell 访问权限，对 Windows 系统通常是 cmd.exe 的访问权限，能够以一般用户的身份执行程序，存取文件。攻击者通常攻击以非 root 身份运行的守护进程、有缺陷的 cgi 程序等手段来获得这种访问权限	Windows 中的 IIS 4.0-5.0 存在 Unicode 解码漏洞，可以使攻击者利用 cmd.exe 以 guest 组的权限在系统上运行程序。相当于取得了普通用户的权限
权限提升	攻击者在本地通过攻击某些有缺陷的 sgid 程序，可以把权限提升到某个非 root 用户的水平。获得管理员权限可以看做是一种特殊的权限提升，只是因为威胁的大小不同而独立出来	RedHat Linux 6.1 所带的 man 程序为 sgid man，它存在 format bug，通过对它的溢出攻击，可以使攻击者得到 man 组的用户权限
读取受限文件	攻击者通过利用某些漏洞，读取系统中他本来没有权限的文件，这些文件通常是安全相关的。这些漏洞的存在可能是文件设置权限不正确，或者是特权进程对文件的不正确处理和意外 dump core 使受限文件的一部分 dump 到了 core 文件中	SunOS 5.5 的 ftpd 存在漏洞，一般用户可以引起 ftpd 出错而 dump 出一个全局可读的 core 文件，里面有 shadow 文件的片断，从而使一般用户能读到 shadow 的部分内容
远程拒绝服务	攻击者利用这类漏洞，无须登录即可对系统发起拒绝服务攻击，使系统或相关的应用程序崩溃或失去响应能力。这类漏洞通常是系统本身或其守护进程有缺陷或设置不正确造成的	早期的 Linux 和 BSD 的 TCP/IP 堆栈的 IP 片断重组模块存在缺陷，攻击者通过向系统发出特殊的 IP 片断包可以使机器崩溃
本地拒绝服务	在攻击者登录到系统后，利用这类漏洞，可以使系统本身或应用程序崩溃。这种漏洞主要因为是程序对意外情况的处理失误，如写临时文件之前不检查文件是否存在，盲目随意链接等	RedHat 6.1 的 tcpwatch 程序存在缺陷，可以使系统 fork 出许多进程，从而使系统失去响应能力
远程非授权文件存取	利用这类漏洞，攻击者可以不经授权地从远程存取系统的某些文件。这类漏洞主要是由一些有缺陷的 cgi 程序引起的，它们对用户输入没有做适当的合法性检查，使攻击者通过构造特别的输入获得对文件的存取	Windows IIS 5.0 存在一个漏洞，通过向它发送一个特殊的 head 标记，可以得到 asp 源码，而不是经过解释执行后的 asp 页面
口令恢复	因为采用了较弱的口令加密方式，使攻击者可以很容易地分析出口令的加密方法，从而使攻击者通过某种方法得到密码后还原出明文	PC Anywhere 9.0 采用非常脆弱的加密方法来加密传输中的口令，只要窃听了传输中的数据很容易解码出明文口令
欺骗	利用这类漏洞，攻击者可以对目标系统实施某种形式的欺骗。这通常是由于系统的实现存在某些缺陷	Linux kernel 2.0.35 以下的 TCP/IP 堆栈存在漏洞，可以使攻击者进行 IP 地址欺骗非常容易实现
服务器信息泄露	利用这类漏洞，攻击者可以收集到对于进一步攻击系统有用的信息。这类漏洞的产生主要是因为系统程序有缺陷，一般是对错误的不正确处理	Windows IIS 3.0-5.0 存在漏洞，当向系统请求不存在的.idq 文件时，系统可能会返回出错信息，里面暴露了 IIS 的安装目录信息，如请求http://www.microsoft.com/anything.ida，服务器会返回 Response: The IDQ file d:\http\anything.ida could not be found。这些信息可能对攻击者进行攻击带来方便，比如要进行 msadc 的攻击，就需要知道系统的安装目录
其他漏洞	虽然以上的几种分类包括了绝大多数的漏洞情况，仍可能存在一些上面几种类型无法描述的漏洞，归为此类	

2. 按漏洞的成因分类

网络安全漏洞也可以按照其产生的原因进行分类，具体分类方法如表 7-5 所示。

表 7-5 按漏洞的成因分类

漏洞类型	漏洞描述
输入验证错误	大多数的缓冲区溢出漏洞和 CGI 类漏洞都是由于未对用户提供的输入数据的合法性做适当的检查
访问验证错误	漏洞的产生是由于程序的访问验证部分存在某些可利用的逻辑错误，使绕过这种访问控制成为可能
竞争条件	漏洞的产生在于程序处理文件等实体时在时序和同步方面存在问题，从而在处理过程中可能存在一些机会窗口使攻击者能够施加外来的影响

漏洞类型	漏 洞 描 述
意外情况处置错误	漏洞的产生在于程序在其实现逻辑中没有考虑到一些意外情况，而这些意外情况是应该被考虑到的
设计错误	严格来说，大多数的漏洞都是由于设计错误造成的，这里主要归类暂时无法放入到其他类别的漏洞
配置错误	漏洞的产生在于系统和应用的配置有误，或是软件安装在错误的地方，或是错误的配置参数，或是错误的访问权限、策略错误等
环境错误	主要是指程序在不适当的系统环境下执行而造成的问题

7.2 网络安全检测技术

网络安全检测主要包括端口扫描、操作系统探测和安全漏洞探测。通过端口扫描可以掌握系统都开放了哪些端口、提供了哪些网络服务；通过操作系统探测可以掌握操作系统的类型信息；通过安全漏洞探测可以发现系统中可能存在的安全漏洞。上述信息也是网络入侵者所感兴趣的信息，他们通常会在正式入侵前进行类似的扫描动作。网络安全检测的一个重要目的就是要在入侵者之前发现系统中存在的安全问题，及时地采取相应的防护措施，防患于未然。

7.2.1 端口扫描技术

1. 端口扫描原理

端口扫描的原理是向目标主机的 TCP 或 UDP 端口发送探测数据包，并记录目标主机的响应。通过分析响应来判断端口是打开还是关闭等状态信息。根据所使用通信协议的不同，网络通信端口可以分为 TCP 端口和 UDP 端口两大类，因此端口扫描技术也可以相应地分为 TCP 端口扫描技术和 UDP 端口扫描技术。

2. TCP 端口扫描技术

TCP 端口扫描技术主要有全连接扫描技术、SYN（半连接）扫描技术、间接扫描技术和秘密扫描技术等。这里主要对前两种扫描技术进行简要介绍。

（1）全连接扫描技术

全连接扫描是 TCP 端口扫描的基础，现有的全连接扫描主要指 TCP connect( )扫描。其实现原理如下所述。

扫描主机通过 TCP/IP 的三次握手与目标主机的指定端口建立一次完整的 TCP 连接。连接由系统调用 connect 开始。如果端口开放，则连接将建立成功；否则，若返回-1 则表示端口关闭。建立连接成功表示响应扫描主机的 SYN/ACK 连接请求，这一响应表明目标端口处于监听（打开）的状态。如果目标端口处于关闭状态，则目标主机会向扫描主机发送 RST 的响应。

（2）半连接（SYN）端口扫描技术

半连接（SYN）端口扫描的原理是端口扫描没有完成一个完整的 TCP 连接，在扫描主机和目标主机的指定端口建立连接时只完成了前两次握手，在第三步时，扫描主机中断了本次连接，使连接没有完全建立起来。

半连接（SYN）扫描的优点在于即使日志中对扫描有所记录，但是尝试进行连接的记录也要比全连接扫描少得多。缺点是在大部分操作系统中，发送主机需要构造适用于这种扫描的 IP 包，通常情况下，构造 SYN 数据包需要超级用户或者授权用户访问专门的系统调用。

3．UDP 端口扫描技术

UDP 端口扫描主要用来确定在目标主机上有哪些 UDP 端口是开放的。其实现思想是发送零字节的 UDP 信息包到目标主机的各个端口，若收到一个 ICMP 端口不可达的回应，则表示该端口是关闭的，否则该端口就是开放的。

7.2.2　操作系统探测技术

由于操作系统的漏洞信息总是与操作系统的类型和版本相联系的，因此操作系统的类型信息是网络安全检测的一个重要内容。操作系统探测技术主要包括：获取标识信息探测技术、TCP 分段响应分析探测技术和 ICMP 响应分析探测技术。

1．获取标识信息探测技术

获取标识信息探测技术主要是指借助操作系统本身提供的命令和程序进行操作系统类型探测的技术。通常，可以利用 telnet 这个简单命令得到主机操作系统的类型。

例如，对于一个默认安装的 SunOS 操作系统，执行"telnet　IP 地址"命令，可以得到类似以下返回信息。

```
SunOS 5.8
login:
```

可以看出，返回信息中包含了操作系统的版本信息。即使关闭了标志，利用 telnet 命令连接到其他端口，仍然有可能获得相关信息。

例如，若该系统同时开放了 FTP 服务，当登录到其 FTP 服务端口（使用命令"telnet　IP 地址　21"）时，会得到以下响应信息。

```
220 FTP server (SunOS 5.8) ready.
```

同样包含了操作系统的版本信息。

2．TCP 分段响应分析探测技术

TCP 分段响应分析探测技术是依靠不同操作系统对特定分段的 TCP 数据报文的不同反应来区分不同的操作系统及其版本信息。NMAP（http://insecure.org/nmap）是一个典型的基于该探测技术的操作系统探测工具。

3．ICMP 响应分析探测技术

ICMP 响应分析探测技术是一种较新的操作系统探测技术。该技术通过发送 UDP 或 ICMP 的请求报文，然后分析各种 ICMP 应答信息来判断操作系统的类型及其版本信息。X-Probe（http://sourceforge.net/projects/xprobe）就是采用该技术的操作系统探测工具。

7.2.3　安全漏洞探测技术

安全漏洞探测是采用各种方法对目标可能存在的已知安全漏洞进行逐项检查。漏洞探测可以分为两种：从系统内部探测——系统管理员做安全检查；从外部进行探测——类似于攻击者的漏洞扫描。本节主要介绍从外部进行漏洞探测。

按照网络安全漏洞的可利用方式来划分，漏洞探测技术可以分为信息型漏洞探测和攻击型漏洞探测两种。按照漏洞探测的技术特征，又可以划分为基于应用的探测技术、基于主机的探测技术、基于目标的探测技术和基于网络的探测技术等。

1．信息型漏洞探测

大部分的网络安全漏洞都与特定的目标状态，如目标设备的型号、目标运行的操作系统版本及补丁安装情况、目标的配置情况，以及运行服务及其服务程序版本等因素直接相关，因此只要对目标的此类信息进行准确探测就可以在很大程度上确定目标存在的安全漏洞。该技术具有实现方便、对目标不产生破坏性影响的特点，广泛应用于各类网络安全漏洞扫描软件。其不足之处是对某个具体漏洞存在与否难以做出确定性的结论，这主要是因为该技术在本质上是一种间接探测技术，探测过程中某些不确定因素的影响无法完全消除。

为了进一步提高漏洞探测的准确率和效率，许多改进措施也不断地被引入。

顺序扫描技术可以将收集到的漏洞和信息用于另一个扫描过程，以进行更深层次的扫描，即以并行方式收集漏洞信息，然后在多个组件之间共享这些信息。此扫描方式可以实现边扫描边学习的扫描过程，可进行更为彻底的探测，更为深入地发现网络中的漏洞，从而真正做到了对安全漏洞的"先知先觉"。

多重服务检测技术，即不按照 RFC 所指定的端口号来区分目标主机所运行的服务（即不认为 80 端口"一定"运行 http 服务），而是按照服务本身的真实响应来做识别服务类型的标准。例如，当在一台 Web 服务器上运行两个 http 服务（一个监听 80 端口，另一个监听 8080 端口）时，探测过程将能够识别出两个端口，并执行相同的安全扫描过程。

2．攻击型漏洞探测

模拟攻击是最直接的漏洞探测技术，其探测结果的准确率也是最高的。该探测技术的主要思想是模拟网络入侵的一般过程，对目标系统进行无恶意攻击尝试，若攻击成功则表明相应的安全漏洞必然存在。

模拟攻击技术也有其局限性。首先模拟攻击行为难以做到面面俱到，因此就有可能存在一些漏洞无法探测到；其次模拟攻击过程不可能做到完全没有破坏性，对目标系统不可避免地会带来一定负面影响。

模拟攻击主要通过专用攻击脚本语言、通用程序设计语言和成形的攻击工具来进行。

3．漏洞探测技术特征分类

1）基于应用的检测技术，它采用被动的、非破坏性的方法检查应用软件包的设置，发现安全漏洞。

2）基于主机的检测技术，它采用被动的、非破坏性的方法对系统进行检测。通常，它涉及系统的内核、文件的属性及操作系统的补丁等问题。这种技术还包括口令解密，把一些简单的口令剔除。因此，这种技术可以非常准确地定位系统的问题，发现系统的漏洞。它的缺点是与平台相关，升级复杂。

3）基于目标的漏洞检测技术，它采用被动的、非破坏性的方法检查系统属性和文件属性，如数据库、注册号等。通过消息文摘算法，对文件的加密数进行检验。这种技术的实现是运行在一个闭环上，不断地处理文件、系统目标和系统目标属性，然后产生检验数，把这些检验数同原来的检验数比较。一旦发现改变就通知管理员。

4）基于网络的检测技术，它采用积极的、非破坏性的方法来检验系统是否有可能被攻击崩溃。它利用了一系列的脚本模拟对系统进行攻击的行为，然后对结果进行分析。它还针对已知的网络漏洞进行检验。网络检测技术常被用来进行穿透实验和安全审计。这种技术可以发现一系列平台的漏洞，也容易安装。但是，它可能会影响网络的性能。

在实际进行网络安全漏洞探测时，通常需要综合以上 4 种探测技术的优点，才能够最大限度地增强漏洞识别的精度。

7.3 网络安全评估标准

7.3.1 网络安全评估标准的发展历程

标准是评估的灵魂，作为一种依据和尺度，没有标准就没有准确可靠的评估。在信息安全这一特殊的高技术领域，没有标准，国家有关的立法执法就会因缺乏相应的技术尺度而失之偏颇，最终会给国家信息安全的管理带来严重后果。一般说来，完整的评估标准应涵盖方法、手段和途径。

国际上信息安全测评标准的发展经历了以下几个阶段。

1. 首创而孤立的阶段

根据国防信息系统的保密需要，美国国防部首次于 1983 年开发了《可信计算机系统安全评估准则》，简称为 TCSEC（Trusted Computer System Evaluation Criteria）。1985 年 TCSEC 经修改后正式发布，由于采用了橘色书皮，人们通常称其为橘皮书。后来在美国国防部国家计算机安全中心（NCSC）的主持下制定出了一系列相关准则，每本书使用不同颜色的书皮，称之为彩虹系列。

这些准则从用户登录、授权管理、访问控制、审计踪迹、隐通道分析、可信通道建立、安全检测、生命周期保障、文本写作和用户指南等方面均提出了规范性要求。而且，准则根据所采用的安全策略和系统所具备的安全功能将系统分为 4 类 7 个安全级别。这 7 个级别如表 7-6 所示。

表 7-6 TCSEC 的安全级别

类　别	级　别	名　称	主要特征
A	A	验证设计级	形式化的最高级描述和验证，形式化的隐蔽通道分析，非形式化的代码一致性证明
B	B3	安全域级	安全内核，访问控制具有高抗渗透能力
B	B2	结构化安全保护级	面向安全的体系结构，遵循最小授权原则，有较好的抗渗透能力，对所有的主体和客体提供访问控制保护，对系统进行隐蔽通道分析
B	B1	标记安全保护级	在 C2 安全级的基础上增加安全策略模型，对数据进行标记
C	C2	访问控制环境保护级	以用户为单位进行广泛的审计
C	C1	选择性安全保护级	有选择的访问控制，用户与数据分离，数据以用户组为单位进行保护
D	D	最低安全保护级	保护措施很少，相当于没有安全功能的个人计算机

TCSEC 第一次采用了公正的第三方，利用技术分析和测试手段，获取证据来证明开发者正确有效地实现了标准要求的安全功能。它运用的主要安全策略是访问控制机制，考虑的安全问题大体上局限于信息的保密性，所依据的安全模型则是 Bell & Lapadula 模型，该模型所制定的最重要的安全准则严禁上读下写所针对的就是信息的保密要求。

TCSEC 最主要的不足是其仅针对操作系统的评估，而且只考虑了保密性需求，但它极大推动了国际计算机安全的评估研究，使安全信息系统评估准则的研究进入了第二个阶段。

2. 普及而分散的阶段

欧洲各国不甘落后于美国，曾纷纷模仿 TCSEC，先后制定了各国自己的评估标准。

但欧共体认为评估标准的多样性有违欧共体的一体化进程，也不利于各国在评估结果之间的互认，因此标准不统一是极为不妥的现象。于是，德国信息安全局在 1990 年发出号召，与英、法、荷一起迈开了联合制定评估标准的步伐。终于推出了《信息技术安全评估标准》，简称 ITSEC。除了吸取 TCSEC 的成功经验外，ITSEC 首次提出了信息安全的保密性、完整性、可用性的概念，把可信计算机的概念提高到可信信息技术的高度上认识。他们的工作成为欧共体信息安全计划的基础，并对国际信息安全的研究实施带来了深刻的影响。

ITSEC 也定义了 7 个安全级别，即 E6：形式化验证；E5：形式化分析；E4：半形式化分析；E3：数字化测试分析；E2：数字化测试；E1：功能测试；E0：不能充分满足保证。

加拿大也在同期制定了《加拿大计算机产品评估准则》的第一版，称为 CTCPEC。其第三版于 1993 年公布，吸取了 ITSEC 和 TCSEC 的长处，并将安全清晰地分为功能性要求和保证性要求两部分。

上述这两个安全性测评准则不仅包含了对计算机操作系统的评估，还包含了现代信息网络系统所包含的通信网络和数据库方面的安全性评估准则。

美国政府在此期间并没有停止对评估准则的研究，于 1993 年公开发布了《联邦准则》的 1.0 版草案，简称 FC。在 FC 中首次引入了保护轮廓（PP）的重要概念，每一保护轮廓都包括功能部分、开发保证部分和测评部分。其分级方式与 TCSEC 不同，而是充分吸取了 ITSEC 和 CTCPEC 的优点，供民用及政府商业使用。

总的来说，这一阶段的安全性评估准则不仅全面包含了现代信息网络系统的整体安全性，而且内容也有了很大的扩展，不再局限于安全功能要求，增加了开发保证要求和评估（分析、测试）要求。但这些标准分散于各国，度量标准也不尽相同，这客观上阻碍了信息安全保障的国际合作和交流。统一的安全评估准则呼之欲出。

3．集中统一阶段

为了能集中世界各国安全评估准则的优点，集合成单一的、能被广泛接受的信息技术评估准则，国际标准化组织在 1990 年就开始着手编写国际性评估准则，但由于任务庞大及协调困难，该工作一度进展缓慢。直到 1993 年 6 月，在 6 国 7 方（英、加、法、德、荷、美国国家安全局及国家标准技术研究所）的合作下，前述的几个评估标准终于走到了一起，形成了《信息技术安全通用评估准则》，简称 CC。CC 的 0.9 版于 1994 年问世，而 1.0 版则于 1996 年出版。1997 年有关方面提交了 CC 的 2.0 版的草案版，1998 年正式发行，1999 年发行了现在的 CC2.1 版，后者于 1999 年 12 月被 ISO 批准为国际标准编号 ISO/IEC 15408。至此，国际上统一度量安全性的评估准则宣告形成。CC 吸收了各先进国家对现代信息系统安全的经验和知识，对信息安全的研究与应用带来了深刻影响。

CC 的评估等级共分 7 级：EAL1～EAL7，分别为功能测试，结构测试，系统测试和检验，系统设计、测试和评审，半形式化设计和测试，半形式化验证的设计和测试，以及形式化验证的设计和测试。

图 7-1 描述了安全信息系统评估准则的发展史，包括各准则的衍生关系。表 7-7 对上述各标准的等级对照关系做了说明。为了便于参照，同时对比了我国于 1999 年发布，2001 年 1 月 1 日开始执行的国家标准《计算机信息系统安全保护等级划分准则》，简称 GB 17859。

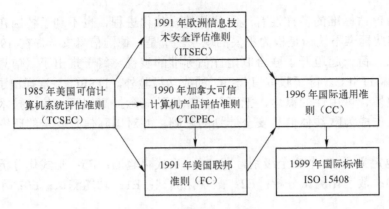

图 7-1　测评标准的发展

　　需要指出的是，对于这样的一个对照关系，只能认为是大致和模糊的，有很多专家对此有不同的意见。主要原因在于 TCSEC 只关注保密性，因此与其他标准对安全性的要求大不相同，不可在一起对比。但该表确实可以使人们对各标准的等级对照形成基本的认识，可以作为重要的参考。

表 7-7　各标准的等级划分对照

CC	TCSEC	FC	ITSEC	CTCPEC	GB17859—1999
…	D		E0	T0	…
EAL1	…		…	T1	1：用户自主保护
EAL2	C1		E1	T2	2：系统审计保护
EAL3	C2	T1	E2	T3	3：安全标记保护
EAL4	B1	T2	E3	T4	4：结构变化保护
…	…	T3	…	…	…
…	…	T4			
EAL5	B2	T5	E4	T5	5：访问验证保护
EAL6	B3	T6	E5	T6	
EAL7	A	T7	E6	T7	

7.3.2　TCSEC、ITSEC 和 CC 的基本构成

1．TCSEC

　　TCSEC 可以从安全策略模型、可追究性（Accountability）、保证（Assurance）和文档（Documentation）4 个方面进行描述。

　　1）**安全策略模型**——B1 级与 B1 级以下的安全测评级别，其安全策略模型是非形式化定义的。从 B2 级开始，其安全策略模型是更加严格的形式化定义，甚至引用形式化验证方法。最早的形式化安全模型是 BELL-LAPADULA 状态转移模型。安全策略制定的基础是所谓的可信计算机基（TCB）结构。TCSEC 在测评标准上给出了 11 个安全策略内容。其中以自主访问控制（DAC）（在 C 级及以上级别采用的）、客体重用、标识（有 8 个）和强制访问控制（MAC）（B 级及以上级别采用）作为主要特征。

2）**可追究性** —— 在 TCSEC 测评标准上给出了 3 个可追究性特性，分别是识别与授权、审计和可信通路。

3）**保证** —— 在 TCSEC 测评标准上给出了 9 个安全保证特性，主要解决安全测试验证分析等特性。

4）**文档** —— 在 TCSEC 测评标准上还给出了对文档的要求。

应当说明的是，C2 级对于一般意义上的攻击具有一定的抵抗能力，B1 级对于一般意义上的攻击有较高的抵抗能力，而对于抵抗高威胁的渗透侵入能力还是较低的，B2 级有一定的抵抗高威胁的渗透侵入能力，B3 级有较高的抵抗高威胁的渗透侵入能力。

TCSEC 是第一代的安全评估标准，它有其不足，但这并不是意味着人们不去继承它。目前，不止我国，即使在世界上也都存在着对 TCSEC 与 CC 优劣的争论，有很多还未达成一致性意见。以下是当前已得到公认的对 TCSEC 的局限性的认识。

1）TCSEC 是针对建立无漏洞和非侵入系统制定的分级标准。TCSEC 的安全模型不是基于时间的，而是基于功能、角色和规则等空间与功能概念意义上的安全模型。安全概念仅仅是为了防护，对防护的安全功能如何检查，以及检查出的安全漏洞又如何弥补和反应等问题没有讨论和研究。

2）TCSEC 是针对单一计算机，特别是针对小型计算机和主机结构的大型计算机制定的测评标准。TCSEC 的网络解释目前缺少成功的实践支持，尤其对于互连网络和商用网络很少有成功的实例支持。

3）TCSEC 主要用于军事和政府信息系统，对于个人和商用系统采用这个方案是有困难的。也就是说其安全性主要是针对保密性而制定的，而对完整性和可用性研究得不够，忽略了不同行业的计算机应用的安全性的差别。

4）安全的本质之一是管理，而 TCSEC 缺少对管理的讨论。

5）TCSEC 的安全策略也是固定的，缺少安全威胁的针对性，其安全策略不能针对不同的安全威胁实施相应的组合。

6）TCSEC 的安全概念脱离了对 IT 和非 IT 环境的讨论，如果不能把安全功能与安全环境相结合，那么安全建设就是抽象的和非实际的。

7）美国 NSA 测评一个安全操作系统需要花费 1～2 年以上的时间，这个时间已经超过目前一代信息技术的发展时间，也就是说 TCSEC 测评的可操作性较差，缺少测评方法框架和具体标准的支持。

2. ITSEC

以 ITSEC 为代表的 20 世纪 90 年代初的一批评估标准对后来的 CC 产生了重要影响。ITSEC 于 1991 年得到批准发布，在此之后，进一步的细则仍不断制定。在相当长的时间内，它是欧洲信息安全评估的主要依据。

ITSEC 的安全功能分类为：标识与鉴别、访问控制、可追究性、审计、客体重用、精确性、服务可靠性和数据交换。其保证准则分为：有效性（Effectiveness）和正确性（Correctness）。有效性准则从结构（Construction）和操作（Operation）两方面体现。结构准则要求中，包括功能的适用性、功能捆绑、机制强度和结构脆弱性评估。操作准则可划分成两个方面：易用性和操作脆弱性评估。

欧盟曾在 1997 年发布了 ITSEC 评估互认可协定，并在 1999 年 4 月协定修改后发布了新的互认可协定第二版。目前，签署双方承担义务并相互承认的是英国、法国和德国，接受这 3

个国家的评估结果的有芬兰、希腊、荷兰、挪威、西班牙、瑞典及瑞士。

ITSEC 的生命力很强，其系列文档（细则）一直在以 UKSP×× （United Kingdom ITSEC Scheme Publication）为编号不断制定。甚至其 1996 年发布的基础性文件 UKSP01《框架描述》在 2000 年 2 月又重新进行了第 4 版修订，最大的改动是增加了对 CC 最新动态的反应。

3. CC

CC 最早引入中国时，由于当时与国外相比起步晚，对 CC 早期版本的消化历经了较漫长的过程。如今，作为 ISO/IEC 15408 的 CC 已经被引为国家标准 GB/T 18336，并已成为国家信息安全测评认证中心的测评依据。

CC 分为 3 部分，相互依存，缺一不可。第 1 部分介绍 CC 的基本概念和基本原理，第 2 部分提出了安全功能要求，第 3 部分提出了非技术的安全保证要求。CC 将安全要求分为了安全功能要求，以及用来解决如何正确有效地实施这些功能的保证要求，这是从 ITSEC 和 CTCPEC 中吸收的，同时 CC 也还从 FC 中吸收了保护轮廓（PP）的概念。

CC 的功能要求和保证要求均以类-族-组件（class-family-component）的结构表述。功能要求包括 12 个功能类（安全审计、通信、密码支持、用户数据保护、标识和鉴别、安全管理、隐秘、TSF 保护、资源利用、TOE 访问、可信路径、信道），保证要求包括 7 个保证类（配置管理、交付和运行、开发、指导性文件、生命周期支持、测试、脆弱性评定）。

CC 将通过对安全保证功能的评估划分安全等级，每一等级对保证功能的要求各不相同。安全等级增强时，对保证功能组件的数目或者同一保证功能的强度的要求会增加。CC 的结构关系如图 7-2 所示。

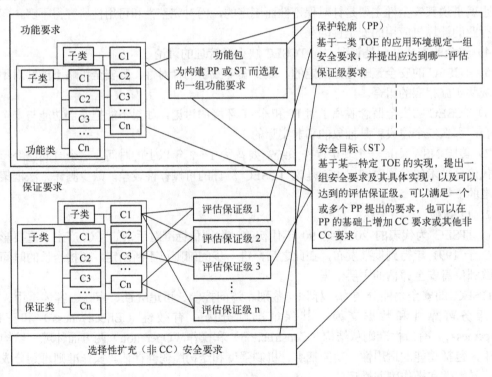

图 7-2 CC 结构关系图

评估保证级是评估保证要求的一种特定组合 —— 保证包，是度量保证措施的一个尺度，这种尺度的确定权衡了所获得的保证级，以及达到该保证级所需的代价和可能性。

在 CC 中定义了 7 个递增的评估保证级，这种递增靠替换成同一保证子类中的一个更高级别的保证组件（即增加严格性、范围或深度）和添加另外一个保证子类的保证组件（如添加新的要求）来实现。

以下是 7 个评估保证级别的介绍。

（1）EAL1 —— 功能测试

EAL1 适用于对正确运行需要一定信任的场合，但在该场合中对安全的威胁应视为并不严重；还适用于需要独立的保证来支持"认为在人员或信息的保护方面已经给予足够的重视"这一情形。

该级依据一个规范的独立性测试和对所提供指导性文档的检查来为用户评估 TOE（评估对象）。在该级上，没有 TOE 开发者的帮助也能成功地进行评估，并且所需费用也最少。通过该级的一个评估，可以确信 TOE 的功能与其文档在形式上是一致的，并且对已标识的威胁提供了有效的保护。

（2）EAL2 —— 结构测试

EAL2 要求开发者递交设计信息和测试结果，但不需要开发者增加过多的费用或时间的投入。

EAL2 适用于以下这种情况：在缺乏现成可用的完整的开发记录时，开发者或用户需要一种低到中等级别的独立保证的安全性，例如对传统的保密系统进行评估或者不便于对开发者进行现场核查时。

（3）EAL3 —— 系统测试和检查

在不需要对现有的合理的开发规则进行实质改进的情况下，EAL3 可使开发者在设计阶段能从正确的安全工程中获得最大限度的保证。

EAL3 适用于以下这些情况：开发者或用户需要一个中等级别的独立保证的安全性，并在不带来大量的再构建费用的情况下，对 TOE 及其开发过程进行彻底审查。

开展该级的评估，需要分析基于"灰盒子"的测试结果、开发者测试结果的选择性独立确认，以及开发者搜索已知脆弱性的证据等。还要求使用开发环境控制措施、TOE 的配置管理和安全交付程序。

（4）EAL4 —— 系统设计、测试和复查

基于良好而严格的商业开发规则，在无须额外增加大量专业知识、技巧和其他资源的情况下，开发者从正确的安全工程中所获得的保证级别最高可达到 EAL4。在现有条件下，只对一个已经存在的生产线进行改进时，EAL4 是所能达到的最高级别。

EAL4 适用于以下这种情况：开发者或用户对传统的商品化的 TOE 需要一个中等到高等级别的独立保证的安全性，并准备负担额外的安全专用工程费用。

开展该级的评估，需要分析 TOE 模块的底层设计和实现的子集。在测试方面将侧重于对已知的脆弱性进行独立搜索。在开发控制方面涉及生命周期模型、开发工具标识和自动化配置管理等方面。

（5）EAL5 —— 半形式化设计和测试

适当应用一些专业性的安全工程技术，并基于严格的商业开发实践，EAL5 可使开发者从安全工程中获得最大限度的保证。如果某个 TOE 要想达到 EAL5 的要求，开发者需要在设计和开发方面下一定的工夫，但如果具备一些相关的专业技术，也许额外的开销不会很大。

EAL5 适用于以下这种情况：开发者和使用者在有计划的开发中，采用严格的开发手段，以获得一个高级别的独立保证的安全性需要，但不会因采取专业性安全工程技术而增加一些不合理的开销。

开展该级的评估，需要分析所有的实现。还需要额外分析功能规范和高层设计的形式化模型和半形式化表示，以及它们之间对应性的半形式化论证。在对已知脆弱性的搜索方面，必须确保 TOE 可抵御中等攻击潜力的穿透性攻击者。还要求采取隐蔽信道分析和模块化的 TOE 设计。

（6）EAL6 —— 半形式化验证的设计和测试

EAL6 可使开发者通过把专业性安全工程技术应用到严格的开发环境中，而获得高级别的保证，以便生产一个昂贵的 TOE（TCP 卸载引擎）来保护高价值的资产以对抗重大的风险。

因此 EAL6 适用于将用在高风险环境下的特定安全产品或系统的开发，且要保护的资源值得花费一些额外的人力、物力和财力。

开展该级的评估，需要分析设计的模块和层次化方法，以及实现的机构化表示。在对已知脆弱性的独立搜索方面，必须确保 TOE 可抵御高等级攻击潜力的穿透性攻击者。对隐蔽信道的搜索也必须是系统性的，且开发环境和配置管理的控制也应进一步增强。

（7）EAL7 —— 形式化验证的设计和测试

EAL7 适用于安全性要求很高的 TOE 开发，这些 TOE 将应用在风险非常高的地方或者所保护资产价值很高的地方。目前，该级别的 TOE 比较少，一方面是对安全功能全面的形式化分析难以实现，另一方面在实际应用中也很少有这类需求。

开展该级的评估，需要分析 TOE 的形式化模型，包括功能规范和高层设计的形式化表示。要求开发者提供基于"白盒子"测试的证据，在评估时必须对这些测试结果全部进行独立确认，并且设计的复杂程度必须是最小的。

CC 的先进性体现在以下几个方面。

1）适用于各类 IT 产品的评估，并且全面考虑了信息安全中的保密性、完整性、可用性及不可否认性概念，突出了安全保证的重要性，与信息保障概念的发展一致。

2）开放性。安全功能要求和安全保证要求都可以在具体的"保护轮廓"和"安全目标"中进一步细化和扩展。比如，在基于 CC 制定防火墙的评估标准时，就可以加入对 VPN 功能的要求。这便增加了 CC 的适用性，同时保证了 CC 能够与时俱进。

3）语言的通用性。所有的目标读者都可以理解和接受 CC 的语言，使得互认成为可能。当然，这种通用性是靠高度精练的对安全的描述来实现的，如果没有保护轮廓，则有可能适得其反，通用性也会导致晦涩性。

4）保护轮廓和安全目标的引入在通用安全要求与具体的安全要求之间架起了桥梁，以用户需求为中心的保护轮廓突出体现了安全以需求为目的的宗旨。

7.4 网络安全评估方法

7.4.1 基于通用评估方法（CEM）的网络安全评估模型

CC 作为通用评估准则，本身并不涉及具体的评估方法，信息技术的评估方法论主要由 CEM 给出。CEM 主要包括评估的一般原则：PP 评估、ST 评估和 EAL1～EAL4 的评估。CEM 与 CC 中的保证要求相对应，但 CEM 不涉及互认方面的有关安排。目前 CEM 中还不包括与通用准则

（CC）中评估保证级别 EAL5～EAL7、ALC、FLR 和 AMA 类相关的评估活动。

CEM 是实施信息技术安全评估工作的评估人员在评估时遵循的工作方面，但对从事信息安全产品或系统集成的开发人员、评估申请者，以及评估认证机构的相关工作人员也有很重要的参考价值。

CEM 由两部分组成：第一部分为简介与一般模型，包括评估的一般原则、评估过程中的角色、评估全过程概况和相关术语解释；第二部分为评估方法，详细介绍适于所有评估的通用评估任务、PP 评估、ST 评估、EAL1～EAL4 评估及评估过程中使用的一般技术。第二部分按照 EAL 来组织，只涉及保证要求对应的评估活动，以工作单元的形式进行描述，即评估人员在评估时应执行什么动作。

按 CEM 进行评估，在评估过程中至少有 4 种角色值得重视。这 4 种角色分别是：评估申请者、开发人员、评估人员和评估认证机构。评估申请者申请评估，是评估任务的来源，在评估过程中负责收集评估所需的评估证据。开发人员可能是 TOE 的开发制造者或系统集成商，也可能是 PP 的制定者。开发人员可能参与评估活动，但评估证据最终由开发人员提供。评估人员的责任是接收来自评估申请者的评估证据，执行具体的评估动作，确定每层次的裁决结果，整理评估结论并证明其正确性。评估认证机构在评估过程中扮演监督和管理者的角色，其任务是建立评估体制，监督评估过程。

1. CEM 评估的一般原则

CEM 评估应该遵循适当、公正、客观的原则，要求评估结果满足可重复和可再现的特点，且评估结果是可靠的。CEM 假定代价合理，方法可以不断演进，评估结果可重用。

2. 评估模型

采用 CEM 进行的评估，都可用图 7-3 中的模型来表示。

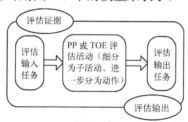

图 7-3 通用评估模型

从该模型可以看出，评估员按 CEM 执行任何一项信息技术安全产品或系统（也可以是 PP）的评估任务，都包括 3 个环节，即评估输入任务、一组评估活动和评估输出任务（即两项任务、一组活动）。

3. 评估任务

CEM 中所有的评估都具备的评估任务是评估输入任务和评估输出任务（如上述评估模型中所述）。CC 中没有对这些任务的要求，是 CEM 为确保评估的一致性及代价的合理而增加的要求。评估输入任务和评估输出任务都进一步细分有子任务。对这些任务和子任务，在评估时没有也不需要做出"通过"或"失败"这样的裁决结论。

评估输入任务主要是针对评估证据的管理，而评估输出任务主要是面向报告的生成。

评估输入任务包括配置控制、证据的保护、处置和保密 4 个任务，其中 CEM 对后两个任务无要求，留给评估体制解决。评估输入任务的目的是确保评估员拥有正确版本的评估证据，确保评估证据得到适当的保护。

评估输出任务包括编写观察报告（OR）和编写评估技术报告（ETR）两个子任务，其目的是报告与评估结果，用来在评估过程中所涉及的各个角色间交流信息。

编写观察报告（OR）子任务的目的是报告评估中的问题，如裁决失败、缺少评估证据或评估证据不明确或不正确等，也可用于请求澄清问题，如请求澄清准则要求、PP 或 TOE 某方面的内容等。

编写评估技术报告（ETR）子任务的目的是报告评估结果，证明裁决结论的正确性。编写评估技术报告（ETR）子任务产生的报告（ETR）有两种类型：PP 或 TOE（ST 评估作为 TOE 评估的一部分，无独立的对应于 ST 的 ETR）。ETR 作为对总的评估结果的系统概括，其包含的内容一般有：ETR 自身的介绍、TOE 结构描述、评估、评估结果、结论和建议、评估证据清单、缩略语，以及词汇表和观察报告。

4. 评估活动

CEM 的核心是围绕 CEM 进行评估活动，任何一个信息技术安全产品或系统（也可以是 PP）的评估，其核心是评估人员展开的一组评估活动。每一项评估活动可进一步细分为子活动，子活动又进一步细分为动作，而每一个动作又由一个或多个确定的工作单元组成，如图 7-4 所示。

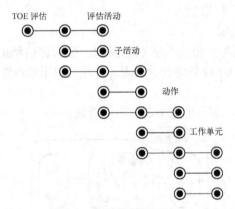

图 7-4　评估活动的分解

由于评估对象（PP 或 TOE）和评估保证级别 EAL1～EAL4 的不同，评估活动也会有所不同。

CEM 中的评估活动、子活动、动作和工作单元与 CC 中保证类、组件和元素间的对应关系如图 7-5 所示。

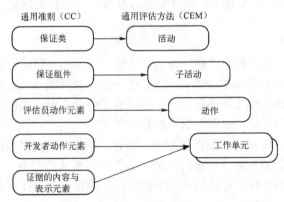

图 7-5　CEM 评估活动与 CC 保障要求的对应关系

5. 评估结果

评估人员在评估过程中，需要做出不同层次的裁决，评估人员的裁决可以有 3 种的结果，分别为不确定、通过和失败。评估人员做出裁决的原则是：对每个明确的或导出的评估人员动作元素提出不确定、通过或失败裁决；所有裁决最初都是"不确定"的；如果评估人员动作组成部分的任何一个未完成，则总的裁决就是不确定的；如果评估人员动作的所有组成部分都完成且所有要求都得到满足，则总的裁决就是通过；如果评估人员动作的所有组成部分都完成且有一个或多个要求不满足，则总的裁决就是失败。简单地说，也就是评估人员的裁决是在从下到上，即工作单元、动作元素、子活动和活动 4 个层次上进行的，高层裁决取决于低层裁决，相当于一票否决，即低层裁决若有一个失败，则对应的高层裁决结论也是失败的。

7.4.2 基于指标分析的网络安全综合评估模型

1. 综合评估概要

现实中的目标网络系统，其安全性涉及多方面的因素。为了全面了解目标网络系统的安全性能的状况，需要对各个方面的指标或项目进行测试或评估，每个项目都从一定的侧面反映目标系统的安全性能或对目标系统安全性能的影响，但任何一个项目都无法完全反映目标系统的整体安全性能。对实际的计算机网络信息系统进行安全评估时，必须将全体评估项目的评估结果进行综合，才能得到关于目标网络信息系统的安全性能的最终评价。为达到最终的评估目标，除需要合理地选取评估项目和评估指标、准确地评估每个项目外，还必须仔细考察项目间的关系，从而确定综合评估结果。综合评价必须尽可能客观，尽可能减少主观判断造成的影响。

假设计算机网络信息系统安全评估工作开始于一个选定的评估预案，评估预案的制定由计算机网络安全评估系统提供，这里设为 $C_1, C_2, \cdots, C_k$。若 $C_s (1 \leq s \leq k)$ 为选定的评估预案，则对于该次具体的安全评估行为，计算机网络安全评估系统将依据 C_s 所指定的评估项目执行相应的评估动作。对于每一个具体选定的安全评估预案，其评估效果分别对应于被评估目标系统的一系列评估项。计算机网络安全评估系统经过具体的评估活动，对每个评估项都将得出一个评估结论。每一个具体的评估项都是对被评估目标网络系统局部特征的反映，这些评估项可能具有不同的特点，有的评估是定量的，如系统的某些性能指标方面的项目，有的评估项是定性的，如反映系统的功能特性和运行管理特性方面的项目。评估的目的是为了得到对被评估的目标网络系统的整体安全情况的综合认识，因此需要对这些评估项进行综合，综合的结果将真实反映评估预案 C_s 的评估效果。

为完成网络系统安全状况的综合评估，首先要从最低层的项目入手，确定每个评估项的状况，然后由低到高，确定每个层次项目的评估结果，最后将第一层项目的评估结果综合在一起，得出目标网络系统安全状况的综合评估结果。为进行每个层次的评估，评估系统可以通过各种方式获取各个评估项目的测试结果数据，并最终以定性或定量的形式给出对各个具体评估项的评价结果。对同一层次上的（局部的）评估项的评估结果的综合，可以有多种方法，如采用加权平均、模糊综合评价等。加权平均方法比较适合于处理定量评估项，而模糊评价比较适合于定性评估项。为了使用加权平均进行结果综合，需要对不同性质的各个定量评估项预先进行归一化处理。对于同一层次上既有定性评估项又有定量评估项的情况，评估结果的综合可以视具体情况决定采用什么样的综合方法。若采用加权平均，则需要把定性评估项的评估结果进行量化和归一化；若采用模糊综合评价，则需把定量评估项的评估结果转换为模糊评价的隶属度。

2．归一化处理

（1）定量指标的归一化

某些评估项的评估结果是一个数值，如系统的性能特征。对这些评估项的结果需要进行归一化处理，以便结果综合时使用。下面以一个简单实例说明定量指标的归一化问题，但对归一化方法的研究不是本课题的重点。

在一个网络环境中，支持网络互联的路由器对网络的整体性能起着关键的作用。如何评价路由器的性能是一个值得研究的课题。RFC1242 和 RFC1544 中定义了一组测试，用来刻画路由器的性能特点，这些测试项包括吞吐量、丢包率、延时、背靠背、系统恢复时间和复位时间等。许多因素，如广播帧、管理帧和路由更新帧等都会影响到这些参数的测试结果。除这些各种各样的帧外，其他如过滤器、NAT、MTU 不匹配、链路速率不匹配和网络攻击等也会影响到路由器的性能。所以使用个别描述路由器在一种条件下的性能的参数描述路由器的总体性能是不合适的。为将这些指标进行综合，以描述路由器的整体性能，首先要对单个项目做归一化处理。

有许多方法可对定量测试结果进行归一化处理，这些方法大致可分成 3 类：①线段；②折线；③曲线。使用哪一种方法做归一化处理取决于具体的测试项的特点，适用于某一测试项的归一化方法不一定适用于其他项目。下面仅举例说明路由器的吞吐量、延迟、丢包率和背靠背这些指标的归一化处理方法。

1）**吞吐量的归一化**：路由器的网络接口速率范围很宽，最典型的是 10/100M 自适应以太网接口。为简便起见，设 T_m 表示接口可达到的最大速率，则一种归一化方法如下。

$$t = \frac{T}{T_m} \qquad (7-1)$$

其中，T 是测得的吞吐量，t 是 T 的归一化表示。式（7-1）展示的是 T 和 t 间的线性关系，吞吐量越大，归一化值就越大。

为了更好地展示吞吐量的实际值的含义，便用曲线方法将测得的吞吐量加以归一化可能更好一些，即：

$$t = 1 - e^{-kT^2} \qquad (7-2)$$

其中，k>0 是一个适当选择的常数，$0 \leq T \leq T_m$，且 $0 \leq t < 1$。

图 7-6 显示出从 T 到 t 的变换，其中图 7-6a 是采用线段的变换，图 7-6b 表示使用曲线的变换。从图 7-6b 可知，当吞吐量的实测值在较小（接近于 0）或很大（接近 T_m）附近变化时，从式（7-2）得到的归一化值将比落在曲线中间附近时的吞吐量实测值得到的归一化值变化慢。也就是说，当吞吐量位于接口速率的中间值附近时，吞吐量的增加或减少将比吞吐量值在高端或低端的同样数量的增加或减少导致更多的评价意义。因此使用曲线归一化处理较线段更能反映实际情况。

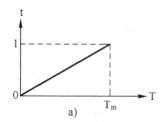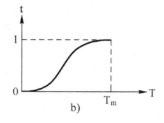

图 7-6 吞吐量的归一化

2）**延迟的归一化**：与吞吐量的归一化类似，延迟的归一化也可采用两种方法。一种是采用折线，一种是采用曲线，归一化公式见式（7-3）和式（7-4）。图 7-7a 和图 7-7b 分别显示了两种不同的归一化变换。

$$l = \begin{cases} \dfrac{L_0 - L}{L_0} & , L < L_0 \\ 0 & , L \geqslant L_0 \end{cases} \tag{7-3}$$

或

$$l = \begin{cases} \dfrac{L_0 - (1-l_0)L}{L_0} & , L \leqslant L_0 \\ \dfrac{L_0 l_0}{L} & , L > L_0 \end{cases} \tag{7-4}$$

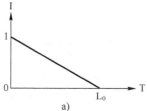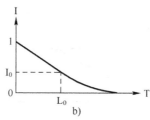

图 7-7 延迟的归一化

其中 l 表示延迟的归一化值，L 是实际测得的延迟。式（7-3）中，L_0 的确定，应使得当实际延迟大于 L_0 时，对路由器来说延迟就太长了，仅靠延迟一项就可以说该路由器很糟糕，所以当测得的延迟数据超过 L_0 时，归一化延迟的值定为 0。式（7-4）使用线段和曲线完成变换。从图 7-7b 可看出，当延迟的实测值 L 大于 L_0（这时的归一化值为 l_0）时，随着 L 的增加，归一化的值 l 逐渐接近 0。

3）**丢包率的归一化**：丢包率可使用式（7-5）和式（7-6）归一化。图 7-8a 和图 7-8b 分别描述了两种变换方法。这里不再做更多的解释。

$$p = \frac{100 - P}{100} \tag{7-5}$$

或

215

$$p = e^{-kP^2} \quad (k > 0) \tag{7-6}$$

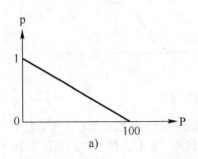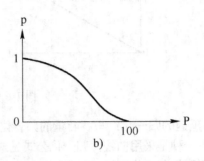

图7-8 丢包率的归一化

其中，P 是实际测得的丢包率，p 是丢包率的归一化值，k（k>0）是一个适当选择的常数。

4）**背靠背的归一化**：背靠背的归一化可使用式（7-7）和式（7-8）计算。图 7-9 给出了描述。

$$b = \begin{cases} \dfrac{B}{B_0} & , \quad B \leqslant B_0 \\ 1 & , \quad B > B_0 \end{cases} \tag{7-7}$$

或

$$b = 1 - e^{-kB^2} \tag{7-8}$$

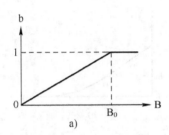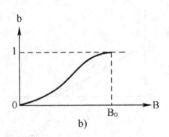

图7-9 背靠背的归一化

其中，B 表示实际测试得到的背靠背值，b 是背靠背的归一化值，B_0 和 k（>0）是适当选择的常数。

5）**其他参数(测试项)的归一化**：除反映系统某一方面性能的关键路由器外，系统性能还可能涉及其他网络设备及反映系统整体性能的不同性能指标。这些指标的归一化处理应根据相应测试项的性质而定。

（2）定性评估项的量化和归一化

定性评估项的结果通常以等级的形式给出，最简单的定性评估结果是"是"或"否"，最常见的定性指标结果表示方式通常是一个有序的名称集，如很差、较差、一般、较好和很好。在系统安全状况的评估上，对于定性的评估项，就可以采用这些表示方式。

对于定性评估项的最简单的定性评估结果，即评估结果为"是"或"否"的情况，量化和归一化可采用直截了当法，即"是"指定为1，"否"指定为0。

当定性指标采用"很差、较差、一般、较好、很好"的方式描述时，可根据它们的次序粗略地分别分配一个整数来实现结果的量化，如使用"1、2、3、4、5"与之对应。这些量化后的结果" 1、2、3、4、5"可分别采用"0.1、0.3、0.5、0.7、0.9"或"a、b、c、d、e"作为它们的归一化值，其中 $0 \leqslant a \leqslant 0.2$，$0.2 \leqslant b \leqslant 0.4$，$0.4 \leqslant c \leqslant 0.6$，$0.6 \leqslant d \leqslant 0.8$，$0.8 \leqslant e \leqslant 1$。a、b、c、d、e 具体取什么样的值应根据指标的评估结果而定。这种归一化方法是线性的，某些情况也可能不合适，例如当指标的评估结果是非线性时。

3．综合评估方法

所有评估项的评估结果经过综合便可得到对系统的总的评价。对于同一个层次上的评估项（指标），综合评估过程是一个从多维空间到一个线段中的点或评价等级论域中的等级的映射过程，即：

$$f :(I_1, I_2, \cdots, I_n) \rightarrow A \quad (\text{或} f :(I_1, I_2, \cdots, I_n) \rightarrow L)$$

其中，$I_k (k = 1, 2, \cdots, n)$ 表示评估项，一般是结果的归一化值（若为定量的话），A 是综合结果的取值区间，一般设为 $[0, 1]$，适合于定量表示的综合评估。$L = \{L_1, L_2, \cdots, L_m\}$ 表示等级论域，适合于定性评估结果的综合。

如果评估项之间是层次关系，则综合评估的任务就是将该层次结构中的全部评估项映射到上面的线段 A，或等级论域 L。即：

$$f: (H) \rightarrow A(\text{或} f: (H) \rightarrow L)$$

其中，H 表示评估项之间的层次结构，一般如图 7-10 所示。

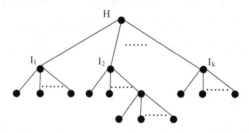

图 7-10　评估项之间的层次关系

上述映射必须在线段（一维空间）或等级论域中保持多维空间或层次结构中的序，从而才能得到与实际情况相符的综合评估结果。

有一些成熟的综合评价方法可以使用，下面简要介绍几种典型的综合评估方法，目的是强调可能的综合评估解决办法。

（1）加权算术平均

加权算术平均是综合评价领域最常用的方法，也是最简单的方法。

设 I_i 表示第 i 个评估项的评估结果值（归一化后的，下同），W_i 是其对应的权。即 W_i 表示第 i 个评估项的重要程度，W_i 越大，对应的评估项就越重要。Q 表示综合的结果，则加权算术平均如下。

$$Q = \sum_{i=1}^{n} W_i I_i \tag{7-9}$$

其中，$i = 1, 2, \cdots, n$，$W_i \geqslant 0, \sum_{i=1}^{n} W_i = 1$。

加权算术平均易受个别极端评估项的影响，当某些评估项之间的相关性较大时，权的意义就不是很大了。

（2）加权几何平均

在某种意义上，加权几何平均比加权算术平均可能更有用。

设 I_i 表示第 i 个评估项的评估结果值，W_i 是其对应的权，则综合评估结果值 Q 为：

$$Q = \prod_{i=1}^{n} I_i^{W_i} \tag{7-10}$$

其中，$i = 1, 2, \cdots, n$，$W_i \geqslant 0, \sum_{i=1}^{n} W_i = 1$。

与加权算术平均相比，加权几何平均能更进一步反映全体评估项的作用，所以使用加权几何平均的综合评估效果比使用算术平均要好。

（3）混合平均

在综合评估过程中，对某些评估项来说，使用加权算术平均对其进行综合比较合适，而对另一些评估项来说，使用加权几何平均可能更好。这种情况是由评估项的固有性质决定的。某一评估项的评估值可能是决定性的，以至于基本上主要依靠它做出最终评价，也可能不那么重要。当对各评估项使用合适的不同平均方法后，经过进一步综合就得到了最终评估结果值。

7.4.3　基于模糊评价的网络安全状况评估模型

模糊评价用于系统安全保障评估，是一种非常好的综合评价方法。模糊综合评价的基础是模糊数学理论。在评估实践中，经常遇到一些评估项，它们的评估结果难于以定量的方式表达。模糊数学特别适合于用来处理定性的评估项目。例如，系统评估中的大部分项目基本都是定性的。模糊数学可用来处理这些评估结果，并形成总的评价。

假设 $I = \{I_1, I_2, \cdots, I_n\}$ 是全体评估项的集合，$I_k(k = 1, 2, \cdots, n)$ 表示第 k 个评估项。$L = \{L_1, L_2, \cdots, L_m\}$ 表示每个评估项 $I_k(k = 1, 2, \cdots, n)$ 的各种可能的定性评估结果。则对每一个 $L_i(i = 1, 2, \cdots, m)$ 可建立一个模糊子集 l_i。设 $d_{ki} = l_i \mid I_k$ 表示 I_k 对 l_i 的隶属度，即第 k 个评估项可以被指定评估结果 L_i 的程度。

有几种方法可以用来确定 d_{ki} 的值。当评估项目 I_k 是定性的情况下，可采用模糊统计实验的方法来确定，为了使评估人员作出的评估结果断言 L_i 所占的比例趋近于隶属度 d_{ki}，模糊统计实验法需要足够的评估专家。当评估项 I_k 是定量的情况下，d_{ki} 可以使用隶属度函数 $\mu_{ki}(x)$ 计算得到，这里 x 是 I_k 的测量值。d_{ki} 也可以采用频率法获得。

当所有 $d_{ki}(k = 1, 2, \cdots, n; i = 1, 2, \cdots, m)$ 经评估确定后，可以建立模糊关系矩阵。

$$R = (d_{ki}) = \begin{bmatrix} d_{11} & d_{12} & \cdots & d_{1m} \\ d_{21} & d_{22} & \cdots & d_{2m} \\ \cdots & \cdots & \cdots & \cdots \\ d_{n1} & d_{n2} & \cdots & d_{nm} \end{bmatrix} \tag{7-11}$$

一般来说，n 个评估项 $I_1, I_2, \cdots, I_n$ 并非同等重要，它们对综合评价结果的影响是不同的，所以在进行综合评价前，必须先确定模糊权向量。设 $W = (W_1, W_2, \cdots, W_n)$ 表示模糊权向量，$P = \{$对评价有意义的评估项$\}$，是一个模糊子集，则 $W_j (j = 1, 2, \cdots, n)$ 代表评估项 I_j 对 P 的隶属度。

模糊权向量的确定可以采用专家估计的办法。专家的估值需要经平均和归一化处理。也就是说，如果 W_j' 是评估项 I_j 对 P 的平均隶属度，则归一化的模糊权向量计算如下。

$$W_j = W_j' \bigg/ \sum_{i=1}^{n} W_i' \tag{7-12}$$

一旦确定了模糊权向量 W，便可得到模糊综合评估结果 E。

$$E = W \circ R = (w_1, w_2, \ldots, w_n) \circ \begin{bmatrix} d_{11} & d_{12} & \cdots & d_{1m} \\ d_{21} & d_{22} & \cdots & d_{2m} \\ \cdots & \cdots & \cdots & \cdots \\ d_{n1} & d_{n2} & \cdots & d_{nm} \end{bmatrix} = (a_1, a_2, \ldots, a_m) \tag{7-13}$$

其中 " $\circ$ " 是模糊综合运算符，可表示为 $F(*, \oplus)$，它包含两个操作 " $*$ " 和 " $\oplus$ "。$a_i (i = 1, 2, \cdots, m)$ 是通过 W 和 R 的第 i 列元素运算得到的一个值，其含义是总的评估结果对模糊子集 l_i 的隶属度，也就是对总的评估结果可指定 L_i 的程度。

$$a_i = (w_1 * d_{1i}) \oplus (w_2 * d_{2i}) \oplus \cdots \oplus (w_n * d_{ni}) \qquad i = 1, 2, \cdots, m \tag{7-14}$$

模糊综合运算符 $F(*, \oplus)$ 中的两个操作可能有多种变化方式。例如，一种情况是 $F(\times, \vee)$ 运算符，其中 " $\times$ " 代表两个数的积，" $\vee$ " 代表在几个数值中选择最大的。使用该运算符 $a_i (i = 1, 2, \cdots, m)$ 计算如下。

$$a_i = \vee (w_j \times d_{ji}) = \max \{ w_j d_{ji} \mid j = 1, 2, \cdots, n \} \tag{7-15}$$

至于模糊综合运算符 $F(*, \oplus)$ 中的运算如何定义，可以参考相关的模糊数学专业书籍，这里不做详细讨论，如果采用这种方法进行实际的系统安全评估，可在评估方法中专门研究和定义。

模糊评价的结果 E 是一个向量，为了能够比较多个系统的总的评估结果，或者为了其他某些目的，还应对 E 进行分析和单值化。可采用最大隶属度原则或加权平均方法。例如，加权平均计算如下。

$$Q = \sum_{i=1}^{m} ia_i^k \bigg/ \sum_{i=1}^{m} a_i^k \qquad (7\text{-}16)$$

其中，Q 表示总的综合评价结果，常数 k 对较大的 a_i 有影响。当 k→∞，Q 的值将与最大隶属度原则得到的值相同。

7.5 网络安全检测评估系统简介

计算机网络信息系统安全检测评估系统的发展非常迅速，现在已经成为计算机网络信息系统安全解决方案的重要组成部分。下面以 Tenable 公司的 Nessus 和 IBM 公司的 AppScan 为例来介绍网络安全检测评估系统。

7.5.1 Nessus

1. Nessus 简介

Nessus 是一套功能强大的网络安全检测工具，被认为是目前使用人数最多的系统漏洞扫描与分析软件。很多机构使用 Nessus 作为扫描机构内部网络系统的软件。Nessus 2.x 以前的版本都是以开放源代码的形式发布的，而 Nessus 3 以后的版本已经不再开放源代码，当前 Nessus 的最新版本是 Nessus 6.x 系列。Nessus 对个人用户是免费的，只需要在官方网站上通过邮箱申请注册序列号就可以使用，但对商业用户是收费的。

Nessus 的主要特点包括：

（1）支持多种操作系统

Nessus 支持在 Microsoft Windows、Linux、Mac OS X 和 FreeBSD 等多种类型的操作系统上运行，用户可以根据需要选择相应的版本。

（2）采用 B/S 架构

新版 Nessus 采用 B/S 架构来进行扫描检测。Nessus 服务器包括一个扫描引擎和一个 Web 服务器，客户端只需要通过一个 Web 浏览器就可以对 Nessus 进行操作控制。如果使用微软的 IE 浏览器，则要求 IE 10.0 以上的版本。

（3）采用 plugin 技术

Nessus 通过 plugin 技术不断扩展自身的扫描能力，每个 plugin 只完成特定漏洞的检测或其他特定的功能。Nessus 的 plugin 常常都在更新，官方每天都有新的 plugin 弱点检测项目公布，使得 Nessus 可以及时检测出更新和更多的漏洞。这种利用漏洞插件的扫描技术极大地方便了漏洞数据的维护与更新，也是 Nessus 之所以强大的主要原因。

（4）调用外部程序增强测试能力

Nessus 在扫描时可以通过调用一些外部程序来额外增强检测能力，如调用 Nmap 来扫描端口和操作系统类型、调用 Hydra 来测试系统上的脆弱密码，以及调用 Nikto 来检测 Web 程序的弱点等。

（5）生成详细报告

Nessus 可以生成多种格式的扫描结果报告，包括 HTML、CSV、PDF、.nessus 和 DB Nessus 等。报告的内容包括扫描目标的安全漏洞、修补漏洞的建议和危险级别等。

Nessus 的特色功能包括：

- Patch Management Integration（补丁管理一体化）。
- Malware/Botnet Detection（检测恶意软件、僵尸网络）。
- Mobile Device Auditing（移动设备审计）。
- Configuration & Compliance Auditing（配置与符合审计）。
- Scanning & Auditing Virtualization & Cloud Platforms（扫描和审计虚拟化和云平台支持）。

2．Nessus 的安装

（1）在 Linux 系统上的安装步骤

1）通过网址 http://www.nessus.org/products/nessus 下载最新版本 nessus。这里假设下载的文件为 Nessus-6.2.0-ubuntu1110_i386.deb。

2）下载成功后，把文件置于 home 目录中。

3）在 Terminal 终端中执行以下命令，启动安装过程。

```
sudo dpkg -i Nessus-6.2.0-ubuntu1110_i386.deb
```

4）安装后出现以下提示，表示安装成功。这里假设 Linux 计算机的名称为 ubuntu。

```
Processing the Nessus plugins...
[##################################################]
All plugins loaded
- You can start nessusd by typing /etc/init.d/nessusd start
- Then go to https://ubuntu:8834/ to configure your scanner
```

5）根据提示，先启动 nessus 服务器，命令为：sudo /etc/init.d/nessusd start。

6）通过浏览器打开 https://localhost:8834/，根据提示来配置 Nessus 扫描器，如图 7-11 和图 7-12 所示。

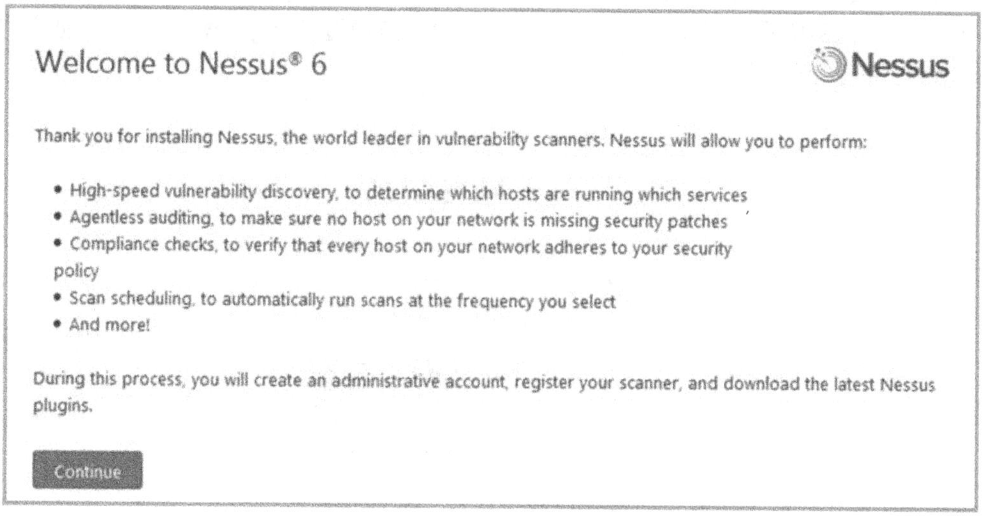

图 7-11　Nessus 欢迎界面

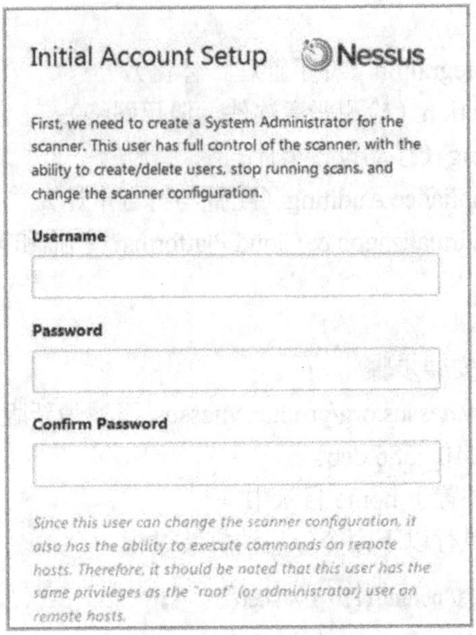

图 7-12　设置 Nessus 管理员账户和密码

7）在 http://www.nessus.org/register 注册获得激活码。

8）更新插件包，时间较长。

（2）在 Windows 系统上的安装步骤

在 Windows 系统上的安装步骤较简单，直接下载相应版本的安装软件，然后安装即可。安装完成后打开浏览器，输入 https://localhost:8834/，后续过程和 Linux 平台上的步骤相同。

3．Nessus 的使用

（1）登录

Nessus 安装好后，在 Web 浏览器中输入 https://[server IP]:8834，就可以进入 Nessus 登录界面，如图 7-13 所示。需要注意的是，Nessus 只支持通过 SSL 加密保护 https 协议访问，不支持未加密的 http 协议。

图 7-13　Nessus 登录界面

使用安装阶段创建的管理账户和密码通过身份验证，就可以进入如图 7-14 所示的主操作界面，主要包括管理策略（Policies）和扫描任务（Scans）菜单。

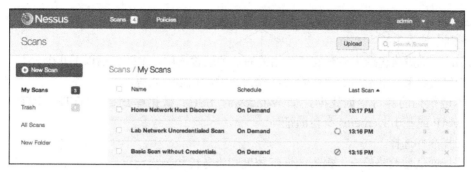

图 7-14　Nessus 主操作界面

（2）基本设置

在界面中单击当前的登录用户 admin，可以对该用户的配置文件 User Profile 进行设置，也可以对 Nessus 系统配置 Setting 进行设置。"用户配置文件"设置的界面如图 7-15 所示。

图 7-15　用户配置文件设置界面

在"用户配置文件"设置界面中可以设置账户信息、修改账户密码，以及设置 Plugin 插件规则等。其中，"插件规则"选项可以创建一套规则，规定插件的执行行为。一个规则可以基于主机、插件 ID、可选的到期日期和危险程度等进行设置。如图 7-16 所示。

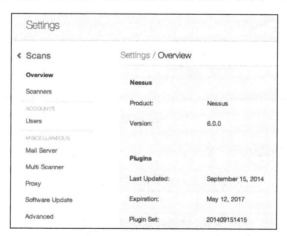

图 7-16　参数设置界面

在 Setting 设置菜单下，可以进行 Scanners（扫描引擎）、Mail Server（邮件服务器）、

Multi Scanner（多扫描器）和 Proxy（代理）等设置，如图 7-16 所示。

（3）制定扫描策略

Nessus 扫描策略包括了与漏洞任务相关的各种配置选项。主要包括以下几个。

- 控制类参数，如超时、主机数目、端口类型和扫描方式等。
- 本地扫描的身份验证凭据，如 Windows、SSH、数据库扫描、HTTP、FTP、POP、IMAP 或基于 Kerberos 身份验证。
- 扫描插件选择。
- 法规遵从性策略检查、报告的详细程度和服务检测扫描设置。
- 对于网络设备，允许网络设备的安全检查，而无须直接扫描设备的脱机配置审核。
- Windows 恶意软件扫描所比较的文件，已知良性和恶意文件的 MD5 校验和。

Nessus 策略分为两大类：默认策略和用户创建策略。默认策略存储在策略库中，主要策略模板如图 7-17 所示。

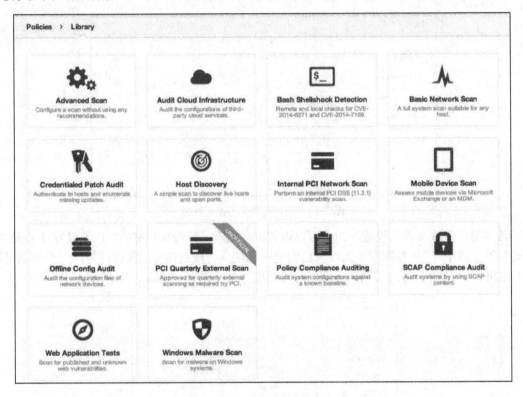

图 7-17 Nessus 默认策略库

各策略模板的基本功能如表 7-8 所示。

表 7-8 Nessus 默认策略模板功能简介

策略模板	功能描述
Audit Cloud Infrastruture	对第三方提供的云基础设施服务进行审计
Bash Shellshock Detection	Bash Shellshock 漏洞远程和本地检查
Basic Network Scan	对网络主机进行系统的扫描

（续）

策略模板	功能描述
Credentialed Patch Audit	枚举缺少的软件更新
Host Discovery	探测活跃的主机及其开放的端口
Internal PCI Network Scan	对内部网络进行 PCI DSS 漏洞扫描
Mobile Device Scan	对移动终端设备进行扫描
Offline Config Audit	离线配置审计
PCI Quarterly External Scan	对 PCI DSS 漏洞进行外部扫描
Policy Compiance Audit	策略一致性审计
SCAP Compiance Audit	SCAP 合规性审计
Web Application Tests	对 Web 应用进行扫描测试
Windows Malware Scan	对 Windows 系统上的恶意软件进行扫描
Advanced Scan	高级扫描，用于完全控制策略配置

Nessus 的策略设置包括 5 部分：BASIC（基本）、DISCOVERY（发现）、ASSESSMENT（评估）、REPORT（报告）和 ADVANCED（高级）。提供这些部分的参数设置可以调整用户的策略设置。

其中，BASIC（基本）部分主要设置策略名称及其描述信息，如图 7-18 所示。

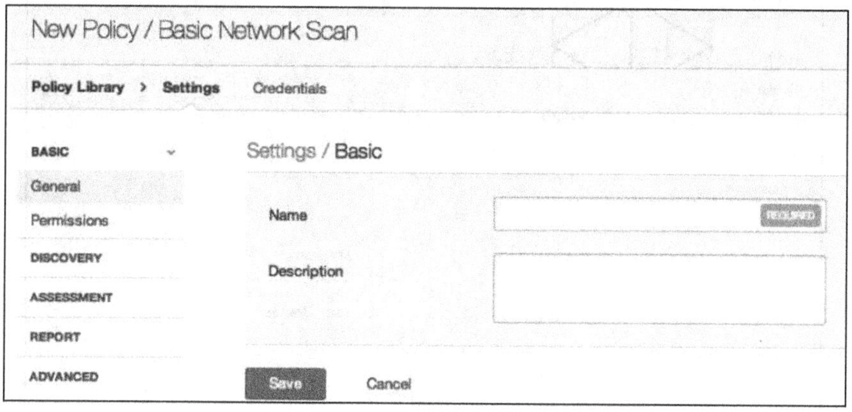

图 7-18　扫描策略基本设置

DISCOVERY（发现）部分主要设置主机发现、端口扫描和服务发现机制的策略。

ASSESSMENT（评估）部分主要配置 Web 应用的扫描设置和 Windows 的扫描设置。

REPORT（报告）部分主要配置报告输出的显示方式。

ADVANCED（高级）部分主要配置更高级的功能，如性能设置、额外的检查和日志记录功能等。

如果不想用策略向导来创建用户扫描策略，可以通过（高级扫描）ADVANCED Scan 选项自主地创建自己的策略，在此模式下用户拥有对所有选项的完全控制权，但同时也需要用户对各选项的功能和用途有较深入的了解，否则不仅不能提高扫描质量和效率，甚至还可能会给目标网络带来一些负面的影响。

（4）创建、启动和调度扫描任务

在创建或配置一个新的扫描策略之后，将显示 New Scan（新的扫描）界面，如图 7-19 所示。

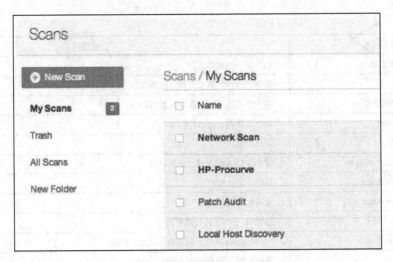

图 7-19　建立新的扫描任务界面

通过单击 New Scan 按钮，将进入如图 7-20 所示的任务配置界面。

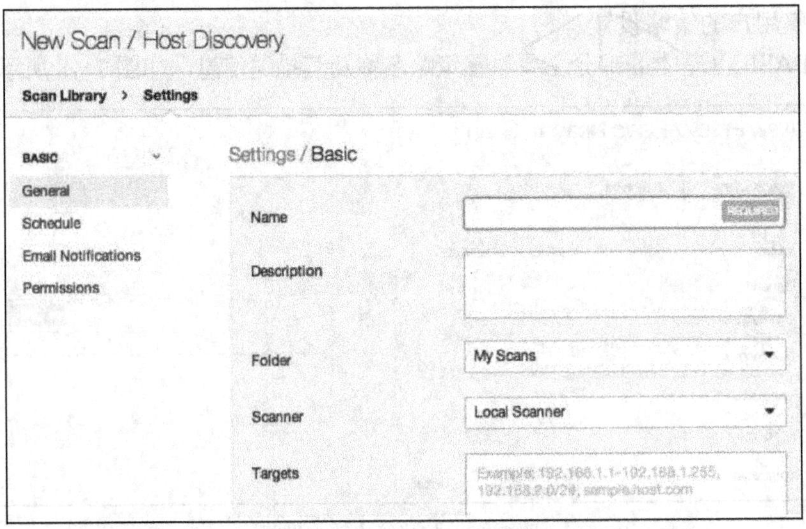

图 7-20　扫描任务配置界面

其中，Scanner（扫描引擎）部分用来选择要使用的扫描引擎，默认使用本机的扫描引擎，也可以使用已经配置过的其他扫描引擎。

Targets（扫描目标）部分用来设置要扫描的目标主机范围。Nessus 支持多种形式表达的目标地址，包括单个 IP 地址（如 192.168.0.1）、IP 范围（如 192.168.0.1～192.168.0.255）、CIDR 表示子网地址段（如 192.168.0.0/24）、可解析主机名（如 www.nessus.org）或一个单一的 IPv6 地址（如 fe80::2120d:17ff:fe57:333b）等。

Schedule（日程安排）部分用来设定扫描任务的执行时机，可以是立即执行、请求执行、执行一次、每日执行、每周执行、每月执行和每年执行。一个扫描任务的执行计划示例如图 7-21 所示。

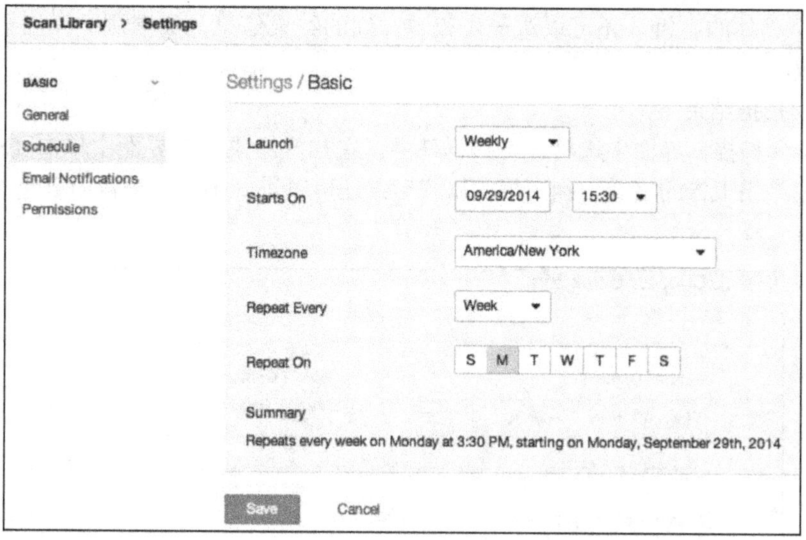

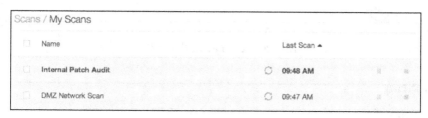

图 7-21　扫描任务执行计划

扫描任务配置完成后，单击 Save（保存）按钮提交扫描任务。任务提交后，如果选择了立即执行选项，扫描任务将开始立即执行。在 Scans（扫描列表）下将显示出各扫描任务的状态，包括正在执行、暂停和停止等。用户可以通过相应的按钮对扫描任务进行控制，包括启动任务、暂停任务和停止任务，如图 7-22 所示。

图 7-22　扫描任务控制

（5）查看扫描结果

单击列表中的一份扫描结果报告，即可对扫描结果进行浏览查看。扫描结果可以按照主机、漏洞和端口等方式进行组织。默认的结果显示视图为主机漏洞摘要，通过一个彩色编码条来汇总每个主机的漏洞分布情况，如图 7-23 所示。

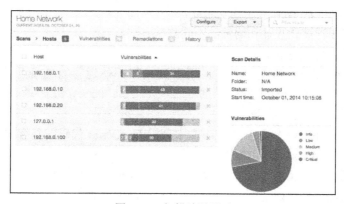

图 7-23　扫描结果展示

选择一个具体的主机，还可以进一步查看详细的结果信息，如漏洞的详细描述、危害等级和修补建议等。

（6）导出扫描结果

从 Scans（扫描）界面中选择一个扫描任务。在扫描结果报告界面中单击 Export 下拉按钮，选择扫描结果报告的格式。确定报告格式后，还可以进一步选择报告中要包含的内容，如图 7-24 所示。

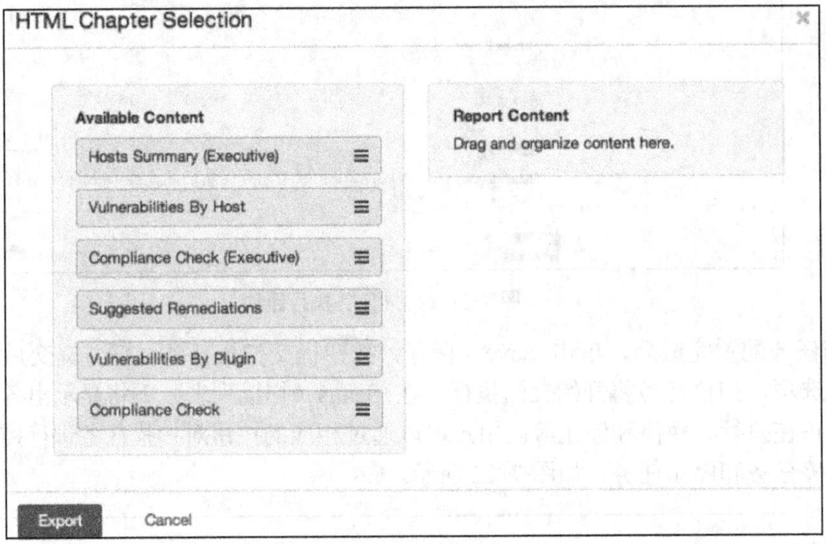

图 7-24　选择扫描结果报告内容

7.5.2　AppScan

1．AppScan 简介

AppScan 的全称为 IBM Security AppScan，是 IBM 公司面向 Web 应用的商用安全检测工具。AppScan 早期的名称为 IBM Rational AppScan，现在已改为 IBM Security AppScan，最新版本为 AppScan 9.x 系列。

AppScan 是业界领先的 Web 应用安全检测工具，提供了扫描、报告和修复建议等功能，能够在 Web 应用开发、测试、维护及运营的整个生命周期中，帮助用户高效地发现和处理安全漏洞，最大限度地保证 Web 应用的安全性。

AppScan 采用 3 种彼此互补和增强的不同测试方法。

（1）动态分析（"黑盒扫描"）

动态分析是 AppScan 的主要方法，用于测试和评估运行时的应用程序响应。因此，AppScan 有时也被称为黑盒测试工具。

（2）静态分析（"白盒扫描"）

静态分析是用于在完整 Web 页面上下文中分析 JavaScript 代码的独特技术。

（3）交互分析（"glass box 扫描"）

动态测试引擎可与驻留在 Web 服务器的专用 glass-box 代理程序交互，从而使 AppScan 能够比仅通过传统动态测试时识别更多问题，并具有更高的准确性。

2．AppScan 安装

AppScan 的安装过程比较简单，通过运行安装程序，然后根据向导提示就可以完成安装过程。需要注意的是，AppScan 9.x 系列对运行环境的要求较高，安装前一定要检查环境是否满足要求。

AppScan 9.x 的基本环境要求如下。

1）操作系统要求 Microsoft Windows Server 2008 或 Windows 7 以上。

2）浏览器要求 Microsoft Internet Explorer 8 以上。

3）.NET 框架要求 Microsoft .NET Framework 4.5。

AppScan 安装中包含一个默认许可证，此许可证允许扫描 IBM 定制设计的 AppScan 测试 Web 站点（demo.testfire.net），但不允许扫描其他站点。为了扫描其他站点，必须安装 IBM 提供的有效许可证。

从 7.8 版开始，AppScan 许可证需要从 Rational 许可证密钥中心下载。AppScan 有 3 种类型的许可证。

（1）"浮动"许可证

该类许可证安装到 IBM Rational License Server（可与运行 AppScan 的计算机相同）。在其上使用 AppScan 的任何服务器均必须具有与许可证服务器的网络连接。用户每次打开 AppScan 时，都会检出一个许可证，而关闭 AppScan 时，会重新检入该许可证。

（2）"令牌"许可证

该类许可证也安装到 IBM Rational License Server（可与运行 AppScan 的计算机相同）。在其上使用 AppScan 的任何服务器均必须具有与许可证服务器的网络连接。用户每次打开 AppScan 时，都会检出所需数量的令牌，而关闭 AppScan 时，会重新检入这些令牌。

（3）"结点锁定"许可证

该类许可证安装到运行 AppScan 的机器上。每个许可证被分配到单个计算机。

3．AppScan 的使用

（1）创建扫描任务

在默认配置情况下，启动 AppScan 会打开如图 7-25 所示的扫描任务创建向导界面。在此界面下，可以查看最近执行过的扫描任务，也可以创建新的扫描任务，同时还可以查看一些与 AppScan 有关的知识。

在如图 7-25 所示的界面中，单击"创建新的扫描"按钮，将弹出如图 7-26 所示的"新建扫描"对话框。

图 7-25　创建扫描任务

图 7-26　"新建扫描"对话框

在该对话框中，显示了最近的模板和预定义的模板，用户可以根据需要选择模板，启动相应类型扫描任务的扫描配置向导，如图 7-27 所示。

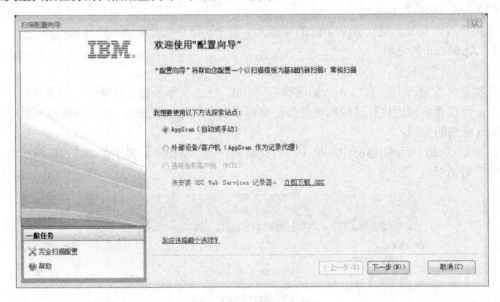

图 7-27　扫描配置向导

在"扫描配置向导"对话框中选择想要使用的探测方法，通常使用默认设置的 AppScan，单击"下一步"按钮，进入如图 7-28 所示的"URL 和服务器"配置向导界面。

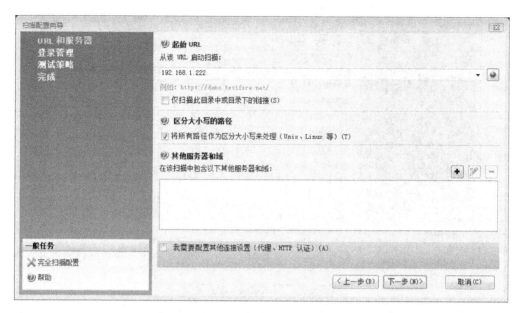

图 7-28 "URL 和服务器"配置向导

在图 7-28 所示的界面中设置"起始 URL",可以是完整 URL 地址,也可以是 IP 地址或域名等,然后根据需要设置其他选项,单击"下一步"按钮,进入如图 7-29 所示的"登录管理"配置向导界面。

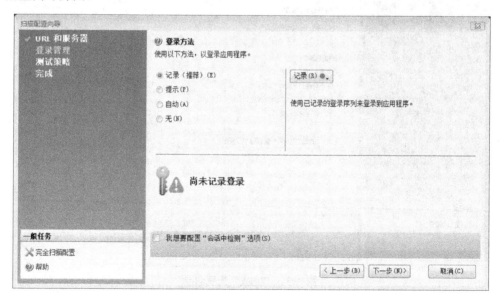

图 7-29 "登录管理"配置向导

在图 7-29 所示的界面中设置希望使用的登录目标服务器的方法,包括"记录"、"提示"和"自动"等,每种方法的含义在选择后都在界面中有相应的介绍。单击"下一步"按钮,进入如图 7-30 所示的"测试策略"配置向导界面。

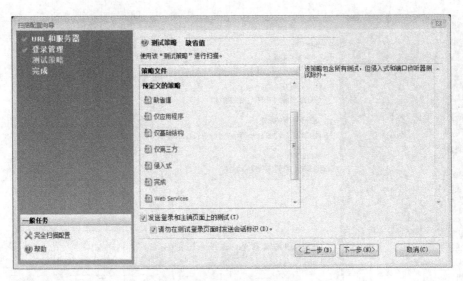

图 7-30 "测试策略"配置向导

AppScan 预先定义了多种测试策略，每种策略的含义在选择后都在界面中有相应的介绍。确定测试策略后，单击"下一步"按钮，进入如图 7-31 所示的"完成"扫描配置向导界面。

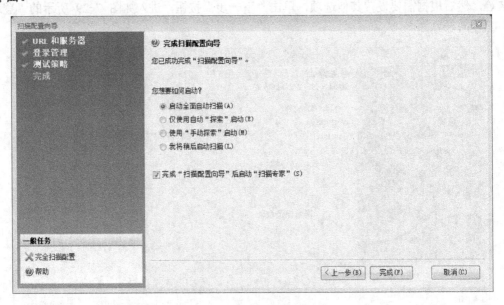

图 7-31 "完成"配置向导

在图 7-31 所示的界面中选择希望的启动方式，单击"完成"按钮，完成扫描任务创建，如果选择了"完成'扫描配置向导'后启动'扫描专家'"复选框，将立即启动扫描任务。

如果希望对扫描参数进行深入的自主配置，也可以在如图 7-28 所示的界面中，单击"完全扫描配置"选项，进入完全自主的任务配置界面，如图 7-32 所示。

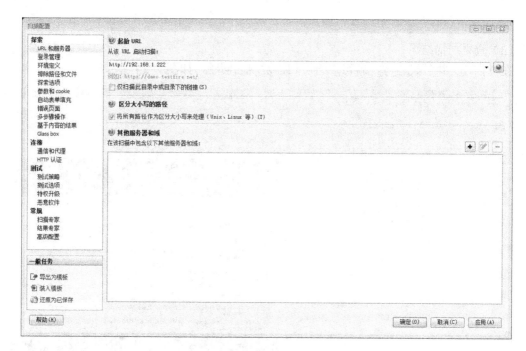

图 7-32　完全自主任务配置

（2）执行扫描任务

扫描任务创建好后，如果任务没有立即启动，可以在 AppScan 主界面上单击"扫描"工具栏菜单项启动任务，如图 7-33 所示。

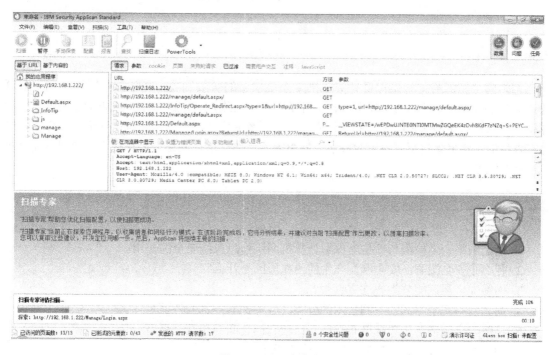

图 7-33　启动扫描任务

（3）查看扫描结果

在扫描任务执行过程中，就可以查看扫描发现的问题，如图7-34所示。

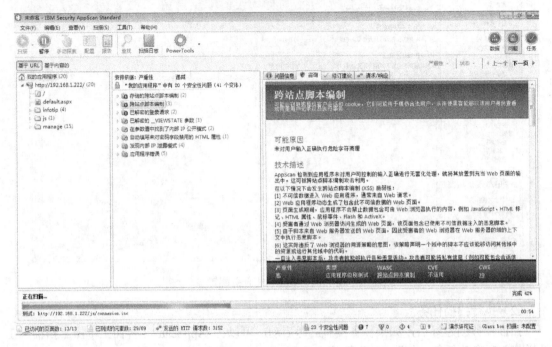

图 7-34　查看扫描结果

7.6　小结

网络安全检测与评估是保证计算机网络系统安全的有效手段，在计算机网络系统安全解决方案中占有重要地位。网络安全检测与评估的目的是通过一定的技术手段先于攻击者发现计算机网络系统存在的安全漏洞，并对计算机网络系统的安全状况做出正确的评价。网络安全检测与评估的主要概念包括网络安全漏洞、网络安全评估标准、网络安全评估方法和网络安全检测评估系统等。

7.7　习题

1. 简述网络安全检测与评估对保障计算机网络信息系统安全的作用。
2. 什么是安全漏洞，安全漏洞产生的内在原因是什么？
3. 网络安全漏洞的分类方法有哪些？
4. 简述网络安全漏洞的探测技术的分类，各种探测技术的特征是什么？
5. 网络安全评估的相关标准有哪些？比较它们之间的相互关系？
6. 简述 CC 评估标准的 7 个评估保证级的评估要求。
7. 简述 CEM 评估模型的评估流程。

8. 简述基于指标分析的网络安全综合评估模型的基本思想。

9. 定性指标与定量指标的归一化的方法主要有哪些？比较其异同。

10. 综合评价的主要方法有哪些？

11. 简述基于模糊评价的网络安全评估模型的基本思想。

12. 模糊评价与传统评价方法相比有哪些优越性？

第 8 章　计算机病毒与恶意代码防范技术

计算机病毒与恶意代码的防范对计算机使用者来说是一个令人望而生畏的任务。目前，成千上万种病毒和恶意代码不时地对计算机和网络的安全构成严重威胁。了解和控制病毒威胁的需要显得格外重要，任何有关网络数据完整性和安全的讨论都应考虑到病毒。

本章介绍计算机病毒的产生及发展历史，并对病毒和恶意代码的作用机理、防范措施和根治策略进行详尽的阐述，分析了计算机病毒的发展趋势，并对一些影响大且有代表性的病毒举例进行剖析。

8.1　计算机病毒概述

计算机病毒只是一段可执行的程序代码，它们附着在各种类型的文件上，随着文件从一个用户复制给另一个用户时，计算机病毒也就蔓延开来。计算机病毒的历史贯穿着计算机技术的发展，几乎每一个阶段都有一些代表性的病毒产生。而对每一个使用计算机的人来说，病毒是一个无法回避的问题，它常常给那些粗心的用户带来难以承受的损失。

8.1.1　计算机病毒的定义

关于什么是计算机病毒，我国 1994 年 2 月 18 日颁布实施的《中华人民共和国计算机信息系统安全保护条例》第二十八条中有明确的定义：计算机病毒是指编制或者在计算机程序中插入的破坏计算机功能或者毁坏数据，影响计算机使用，并能自我复制的一组计算机指令或者程序代码。

第一次真正从学术上对计算机病毒进行描述的是美国计算机安全专家 Fred Cohen 博士，他认为：计算机病毒是一种能传染其他程序的程序，病毒是靠修改其他程序，并把自身的副本嵌入其他程序而实现的。这段话有以下几层含义。

- 计算机病毒是一个程序。
- 计算机病毒具有传染性，可以传染其他程序。
- 计算机病毒的传染方式是修改其他程序，把自身副本嵌入到其他程序中而实现的。

计算机病毒并不是自然界中发展起来的生命体，它们不过是某些人专门做出来的、具有一些特殊功能的程序或者程序代码片段。

病毒既然是计算机程序，它的运行就需要消耗计算机的 CPU 资源。当然，病毒并不一定都具有破坏力，有些病毒可能只是恶作剧，例如计算机感染病毒后，只是显示一条有趣的消息和一幅恶作剧的画面，但是大多数病毒的目的都是设法毁坏数据。

可以从下面几个方面来理解计算机病毒的定义。首先，病毒是通过磁盘、磁带和网络等作为媒介传播扩散且能"传染"其他程序的程序。其次，病毒能够实现自身复制且借助一定的载体存在，具有潜伏性、传染性和破坏性。再者，计算机病毒是一种人为制造的程序，它不会自然产生，是精通编程的人精心编制的，通过不同的途径寄生在存储介质中，当某种条件成熟时，才会复制、传播，甚至变异后传播，使计算机的资源受到不同程度的破坏。

计算机病毒的定义在很多方面借用了生物学病毒的概念，因为它们有着诸多相似的特征，例如能够自我复制，能够快速"传染"，且都能够危害"病原体"，当然，计算机病毒危害的"病原体"是正常工作的计算机系统和网络。

随着计算机网络技术的飞速发展，计算机病毒逐渐融合木马、网络蠕虫和网络攻击等技术，形成了以普通病毒、木马、网络蠕虫、移动代码和复合型病毒等形态存在的恶意代码，造成更大的社会危害。

8.1.2 计算机病毒简史

早在 1949 年，距离第一部商用计算机的出现还有好几年时，计算机的先驱冯·诺依曼在他的一篇论文《复杂自动机组织论》中，提出了计算机程序能够在内存中自我复制，即已把病毒程序的蓝图勾勒出来。但当时，绝大部分计算机专家都无法想象这种会自我繁殖的程序是可能的，只有少数几个科学家默默地研究冯·诺依曼所提出的概念。

1977 年夏天，托马斯·捷瑞安的科幻小说《P-1 的青春》成为美国的畅销书，轰动了科普界。作者幻想了世界上第一个计算机病毒，可以从一台计算机传染到另一台计算机，最终控制了 7000 台计算机，酿成了一场灾难，这实际上是计算机病毒的思想基础。

1983 年 11 月 3 日，弗雷德·科恩博士研制出一种在运行过程中可以复制自身的破坏性程序，伦·艾德勒曼将它命名为计算机病毒（Virus），并在每周一次的计算机安全讨论会上正式提出，8 小时后专家们在 VAX11/750 计算机系统上运行，第一个病毒实验成功，一周后又获准进行 5 个实验的演示，从而在实验上验证了计算机病毒的存在。20 世纪 80 年代起，IBM 公司的 PC 系列微机因为性能良好，价格便宜，逐步成为世界微型计算机市场上的主要机型。但是由于 IBM 的 PC 系列微型计算机自身的弱点，尤其是 DOS 操作系统的开放性，给计算机病毒的制造者提供了可乘之机。因此，装有 DOS 操作系统的微型计算机成为其攻击的主要对象。

1986 年初，在巴基斯坦的拉合尔，巴锡特和阿姆杰德两兄弟经营着一家 IBM 的 PC 机及其兼容机的小商店。他们编写了 Pakistan 病毒，即 Brain，这是一种系统引导型病毒。该病毒在一年内流传到了世界各地，使人们认识到计算机病毒对 PC 机的影响。

1987 年 10 月，美国第一例计算机病毒（Brain）被发现。此后，病毒就迅速蔓延开来，世界各地的计算机用户几乎同时发现了形形色色的计算机病毒，如大麻、IBM 圣诞树和黑色星期五等。

1988 年 11 月 3 日，美国 6000 台计算机被病毒感染，造成 Internet 不能正常运行。这是一次非常典型的计算机病毒入侵计算机网络的事件，迫使美国政府立即做出反应，国防部成立了计算机应急行动小组，更引起了世界范围的轰动。此病毒的作者为罗伯特·莫里斯，当年 23 岁，是在康乃尔大学攻读学位的研究生。

1989 年，全世界计算机病毒攻击十分猖獗，我国也未幸免。其中"米开朗基罗"病毒给许多计算机用户造成极大损失。

1991 年，在"海湾战争"中，美军第一次将计算机病毒用于实战，在空袭巴格达的战斗中，成功地破坏了对方的指挥系统，使之瘫痪，保证了战斗顺利进行，直至最后胜利。

1994 年 5 月，南非第一次多种族全民大选的计票工作，因计算机病毒的破坏停止 30 余小时，被迫推迟公布选举结果。

1996 年，出现针对微软公司 Office 的"宏病毒"。1997 年被公认为计算机反病毒界的"宏病毒年"。

1998 年，首例破坏计算机硬件的 CIH 病毒出现，引起人们的恐慌。1999 年 4 月 26 日，CIH 病毒在我国大规模爆发，造成巨大损失。

2000 年 5 月 4 日，一种被称为"我爱你"（又称爱虫）的计算机病毒开始在全球各地迅速传播。该病毒通过 Microsoft Outlook 电子邮件系统传播，邮件的主题为 I LOVE YOU，并且包含一个附件。一旦在 Microsoft Outlook 里打开这个邮件，系统就会自动复制并向地址簿中的所有邮件地址发送这个病毒。"我爱你"病毒属于一种蠕虫病毒，它与 1999 年的 Melissa 病毒非常相似。此后在网络上又接连出现 40 多种变种，比如 SOUTHPARK、"母亲节"等，不仅使反病毒专家头痛不已，也使全球为此损失 100 亿美元。

2001 年完全可以被称为"蠕虫之年"。出现的蠕虫病毒不仅数量众多，而且危害极大，感染了数百万台计算机，其中典型的蠕虫包括 Nimda（尼姆达）、CodeRed（红色代码）和 Badtrans（坏透了）等。

在 2002 年新生的计算机病毒中，木马和黑客病毒以 61%的绝对数量占据头名。网络病毒越来越成为病毒的主流。

2003 年的 8 月 12 日，名为"冲击波"的病毒在全球袭击了 Windows 操作系统，据估计可能感染了全球 1～2 亿台计算机，在国内导致上千个局域网瘫痪。

2005 年由国内作者编写的"灰鸽子"木马成为当年的头号病毒，它危害极大，变种极多（共有 4257 个变种），是国内非常罕见的恶性木马病毒。

2006 年 11 月至今，我国又连续出现"熊猫烧香""艾妮"等盗取网上用户密码账号的病毒和木马，病毒的趋利性进一步增强，网上制作和贩卖病毒、木马的活动日益猖獗，利用病毒木马技术进行网络盗窃、诈骗的网络犯罪活动呈快速上升趋势。

2010 年 6 月，"震网"病毒成为第一个专门定向攻击真实世界中基础能源设施的"蠕虫"病毒，该病毒能够干扰位于伊朗铀浓缩工厂中的离心机保护系统，通过提高离心机转速达到破坏离心机的效果，最终导致伊朗 Natanz 铀浓缩基地至少有 20%的离心机因感染该病毒而被迫关闭。

2012 年 5 月，俄罗斯安全专家发现了"火焰"病毒，全名为 Worm.Win32.Flame，它是一种后门程序和木马病毒，同时又具有蠕虫病毒的特点。只要控制者发出指令，它就能在网络和移动设备中进行自我复制。一旦计算机系统被感染，病毒将开始一系列复杂的行动，包括监测网络流量、获取截屏画面、记录音频对话和截获键盘输入等。被感染系统中所有的数据都能通过链接传到病毒指定的服务器。"火焰"病毒是迄今为止代码最多的病毒程序，其设计结构使其几乎无法被追查到。

"震网"病毒和"火焰"病毒的问世表明计算机病毒已发展成为具备情报获取、基础设施摧毁等作战效果的网络攻击武器，这些病毒打击目标明确，结构设计复杂，隐蔽性极强，体现了计算机病毒新的发展趋势。

8.1.3　计算机病毒的特征

要防范计算机病毒，首先需要了解计算机病毒的特征和破坏机理，为防范和清除计算机病毒提供充实、可靠的依据。根据计算机病毒的产生、传染和破坏行为的分析，计算机病毒一般具有以下特征：非授权可执行性、隐蔽性、传染性、潜伏性、破坏性和可触发性。

1．非授权可执行性

用户通常调用执行一个程序时，把系统控制交给这个程序，并分配给它相应的系统资源，如内存，从而使之能够运行完成用户的需求。因此程序执行的过程对用户是透明的。而计算机病毒是非法程序，正常用户是不会明知是病毒程序而故意调用执行。但计算机病毒具有正常程序的一切特性：可存储性和可执行性。它隐藏在合法的程序或数据中，当用户运行正常程序时，病毒伺机窃取到系统的控制权，得以抢先运行，然而此时用户还认为在执行正常程序。

2．隐蔽性

计算机病毒是一种具有很高的编程技巧、短小精悍的可执行程序。它通常粘附在正常程序或磁盘引导扇区中，或者磁盘上标为坏簇的扇区中，以及一些空闲概率较大的扇区中，也有个别的以隐含文件的形式出现，这是它的非法可存储性。病毒想方设法地隐藏自身，就是为了防止被用户察觉。

3．传染性

传染性是计算机病毒最重要的特征，是判断一段程序代码是否为计算机病毒的依据。病毒程序一旦侵入计算机系统，就开始搜索可以传染的程序或者磁介质，然后通过自我复制迅速传播。只要一台计算机染毒，如不及时处理，那么病毒会在这台计算机上迅速扩散，其中的大量文件（一般是可执行文件）会被感染。由于目前计算机网络日益发达，计算机病毒可以在极短的时间内通过像 Internet 这样的网络传遍世界。

4．潜伏性

计算机病毒具有依附于其他媒体而寄生的能力，这种媒体称为计算机病毒的宿主。依靠病毒的寄生能力，病毒传染给合法的程序和系统后，一般不会马上发作，而是悄悄隐藏起来，然后在用户不察觉的情况下进行传染。这样，病毒的潜伏性越好，它在系统中存在的时间也就越长，病毒传染的范围也越广，其危害性也越大。

5．表现性或破坏性

无论何种病毒程序，一旦侵入系统都会对操作系统的运行造成不同程度的影响。即使是不直接产生破坏作用的病毒程序，也要占用系统资源（如占用内存空间、占用磁盘存储空间及系统运行时间等）。而绝大多数病毒程序要显示一些文字或图像，影响系统的正常运行，还有一些病毒程序删除文件，加密磁盘中的数据，甚至摧毁整个系统和数据，使之无法恢复，造成无可挽回的损失。因此，病毒程序的副作用轻则降低系统工作效率，重则导致系统崩溃、数据丢失。病毒程序的表现性或破坏性体现了病毒设计者的真正意图。

6．可触发性

计算机病毒一般都有一个或者几个触发条件。满足其触发条件或者激活病毒的传染机制，使之进行传染，或者激活病毒的表现部分或破坏部分。触发的实质是一种条件的控制，病毒程序可以依据设计者的要求，在一定条件下实施攻击。这个条件可以是输入特定字符，使用特定文件、某个特定日期或特定时刻，或者是病毒内置的计数器达到一定次数等。

8.1.4　计算机病毒的危害

在计算机病毒出现的初期，提到计算机病毒的危害，往往注重于病毒对信息系统的直接破坏作用，例如格式化硬盘、删除文件数据等，并以此来区分恶性病毒和良性病毒。其实这些只是病毒劣迹的一部分。随着计算机应用的发展，人们深刻地认识到凡是病毒都可能对计算机信息系统造成严重的破坏。

计算机病毒的主要危害有以下几个方面。

1. 直接破坏计算机数据信息

大部分病毒在激发时直接破坏计算机的重要信息数据，所利用的手段有格式化磁盘、改写文件分配表和目录区、删除重要文件或者用无意义的"垃圾"数据、改写文件，以及破坏CMOS设置等。

"磁盘杀手"病毒（DISK KILLER）内含计数器，在硬盘染毒后累计开机时间 48 小时内激发，激发的时候屏幕上显示 Warning!! Don't turn off power or remove diskette while Disk Killer is Processing！（警告！Disk Killer 正在工作，不要关闭电源或取出磁盘），并改写硬盘数据。

2. 占用磁盘空间和对信息的破坏

寄生在磁盘上的病毒总要非法占用一部分磁盘空间。

引导型病毒的一般侵占方式是由病毒本身占据磁盘引导扇区，而把原来的引导区转移到其他扇区，也就是引导型病毒要覆盖一个磁盘扇区。被覆盖的扇区数据永久性丢失，无法恢复。

一些操作系统功能能够检测出磁盘的未用空间，文件型病毒就利用这些功能进行传染，把传染部分写到磁盘的未用部位去。所以在传染过程中一般不破坏磁盘上的原有数据，但非法侵占了磁盘空间。一些文件型病毒传染速度很快，在短时间内感染大量文件，每个文件都不同程度地加长了，就造成磁盘空间的严重浪费。

3. 抢占系统资源

除 VIENNA、CASPER 等少数病毒外，其他大多数病毒在活动时都是常驻内存的，这就必然抢占一部分系统资源。病毒所占用的基本内存长度大致与病毒本身的长度相当。病毒抢占内存，导致可用内存减少，一部分软件不能运行。除占用内存外，病毒还抢占中断，干扰系统的运行。计算机操作系统的许多功能是通过中断调用技术来实现的。病毒为了传染激发，总是修改一些有关的中断地址，在正常中断过程中加入病毒的"私货"，从而干扰系统的正常运行。

4. 影响计算机运行速度

病毒进驻内存后不但干扰系统运行，还影响计算机速度，主要表现在以下几点。

1）病毒为了判断传染激发条件，总要对计算机的工作状态进行监视，这相对于计算机的正常运行状态既多余又有害。

2）有些病毒为了保护自己，不但对磁盘上的静态病毒加密，而且进驻内存后的动态病毒也处在加密状态，CPU 每次寻址到病毒处时，都要运行一段解密程序把加密的病毒解密成合法的 CPU 指令再执行；而病毒运行结束时，再用一段程序对病毒重新进行加密。这样 CPU 额外执行数千条以至上万条指令。

3）病毒在进行传染时，同样要插入非法的额外操作，特别是传染外部存储介质时，不但计算机速度明显变慢，而且正常的读写顺序被打乱。

5. 计算机病毒错误与不可预见的危害

计算机病毒与其他计算机软件的一大差别是病毒的无责任性。编制一个完善的计算机软件，需要耗费大量的人力和物力，经过长时间调试完善，软件才能推出。但在病毒编制者看来既没有必要这样做，也不可能这样做。很多计算机病毒都是个别人在一台计算机上匆匆编制调试后就向外抛出。反病毒专家在分析大量病毒后发现绝大部分病毒都存在不同程度的错误。

错误病毒的另一个主要来源是变种病毒。有些计算机初学者尚不具备独立编制软件的能力，出于好奇或其他原因修改别人的病毒，造成错误。

计算机病毒错误所产生的后果往往是不可预见的，反病毒工作者曾经详细指出"黑色星期五"病毒存在 9 处错误、"乒乓病毒"有 5 处错误等。但是人们不可能花费大量时间去分析数万种病毒的错误所在。大量含有未知错误的病毒扩散传播，其后果是难以预料的。

6. 计算机病毒的兼容性对系统运行的影响

兼容性是计算机软件的一项重要指标，兼容性好的软件可以在各种计算机环境下运行，反之兼容性差的软件则对运行条件"挑肥拣瘦"，要求机型和操作系统版本等。病毒的编制者一般不会在各种计算机环境下对病毒进行测试，因此病毒的兼容性较差，常常导致死机。

7. 攻击移动智能终端系统

由于移动终端设备承载的功能日益增多和处理信息的敏感性增强，病毒对移动终端设备的危害也呈现出多样性和高威胁性，如恶意扣费、隐私窃取（聊天记录、各种支付密码等）、远程控制和诱骗欺诈等，能给用户造成经济损失等多方面危害。

8. 摧毁工业控制系统和工业基础设施

由于工业控制系统具有数据采集、设备控制和参数调节等功能，因此通过病毒攻击工业控制系统可以造成除了上述危害以外的一些攻击效果，例如，扰乱上位机监控、拒绝服务攻击控制设备，以及程序块删除与下载等，从而直接或间接对工业控制系统和工业基础设施进行损伤或摧毁。

9. 给用户造成严重的心理压力

据有关计算机销售部门统计，计算机售后用户怀疑"计算机有病毒"而提出咨询约占售后服务工作量的 60%以上。经检测确实存在病毒的约占 70%，另有 30%的情况只是用户怀疑，而实际上计算机并没有病毒。大多数用户对病毒采取宁可信其有的态度，这对于保护计算机安全无疑是十分必要的，然而往往要付出时间、金钱等方面的代价。仅仅怀疑病毒而贸然重装系统或格式化硬盘所带来的损失更是难以弥补。不仅是个人用户，在一些大型网络系统中也难免为甄别病毒而停机。总之，计算机病毒像"幽灵"一样笼罩在广大计算机用户心头，给人们造成巨大的心理压力，极大地影响了现代计算机的使用效率，由此带来的无形损失是难以估量的。

8.2 计算机病毒的工作原理和分类

8.2.1 计算机病毒的工作原理

了解计算机病毒的结构及其作用机制，才能从原理上剖析计算机病毒，为计算机病毒的防范技术提供理论依据和技术支撑。

1. 计算机病毒的结构

计算机病毒与生物病毒一样，不能独立存活，而是通过寄生在其他合法程序上进行传播的。而感染有病毒的程序即称为病毒的寄生体，或宿主程序。

（1）病毒的逻辑结构

尽管病毒的种类繁多、形式各异，但是它们作为一类特殊的计算机程序，从宏观上来划分，都具有相同的逻辑结构，分别列举如下。

● 病毒的引导模块。

● 病毒的传染模块。

● 病毒的发作（表现和破坏）模块。

1）引导模块。计算机病毒要对系统进行破坏，争夺系统控制权是至关重要的，一般的病毒都是由引导模块从系统获取控制权，引导病毒的其他部分工作。

当用户使用带毒的 U 盘、光盘或硬盘启动系统，或加载执行带毒程序时，操作系统将控制权交给该程序并被病毒载入模块截取，病毒由静态变为动态。引导模块把整个病毒程序读入内存安装好，并使其后面的两个模块处于激活状态，再按照不同病毒的设计思想完成其他工作。

2）传染模块。计算机病毒的传染是病毒由一个系统扩散到另一个系统，由一个存储介质传入另一个存储介质，由一个系统传入到存储介质，由一个网络传播至另一个网络的过程。计算机病毒的传染模块担负着计算机病毒的扩散传染任务，它是判断一个程序是否为病毒的首要条件，是各种病毒必不可少的模块。各种病毒传染模块大同小异，区别主要在于传染条件。

3）发作模块。计算机病毒潜伏在系统中处于发作就绪状态，一旦病毒发作，就执行病毒设计者的目的操作。病毒发作时一般都有一定的表现。表现是病毒的主要目的之一，有时在屏幕上显示出来，有时则表现为破坏系统数据。发作模块主要完成病毒的表现和破坏，所以该模块也称之为表现或破坏模块。

图 8-1 所示是计算机病毒的模块结构。从图中可以看出，计算机病毒的各模块是相辅相成的。传染模块是发作模块的携带者，发作模块依赖于传染模块侵入系统。如果没有传染模块，则发作模块只能称为一种破坏程序。但如果没有发作模块，传染模块侵入系统后也不能对系统起到一定的破坏作用。而如果没有引导模块完成病毒的驻留内存，获得控制权的操作，传染模块和发作模块也就根本没有执行的机会。

当然，并不是所有的病毒都是由这三大模块组成的，有的病毒可能没有引导模块，如"维也纳"病毒，有的则可能没有破坏模块，如"巴基斯坦"病毒，而有的可能在这三大模块之间没有一个明显的界限。

| 引导模块 |
| 传染条件判断模块 |
| 实施传染模块 |
| 触发条件判断模块 |
| 实施表现或破坏模块 |

图 8-1　计算机病毒的模块结构

（2）病毒的磁盘存储结构

计算机病毒感染磁盘后，它在磁盘上是如何存放的呢？不同类型的病毒在磁盘上的存储结构是不同的。

1）磁盘空间结构。经过格式化后的磁盘应包括主引导记录区（硬盘）、引导记录区、文件分配表（FAT）、目录区和数据区。

● 主引导记录区和引导记录区存放 DOS 系统启动时所用的信息。

● FAT 是反映当前磁盘扇区使用状况的表。每张 DOS 盘含有两个完全相同的 FAT 表，即 FAT1 和 FAT2，FAT2 是一张备份表。FAT 与目录一起对磁盘数据区进行管理。

● 目录区存放磁盘上现有的文件目录及其大小、存放时间等信息。

● 数据区存储与文件名对应的文件内容数据。

2）系统型病毒的磁盘存储结构。系统型（引导型）病毒是指专门传染操作系统的启动扇区的病毒，它一般传染硬盘主引导扇区和磁盘 DOS 引导扇区。它的存储结构是：病毒的一部分存放在磁盘的引导扇区中，而另一部分则存放在磁盘的其他扇区中。

病毒程序在感染一个磁盘时，首先根据 FAT 表在磁盘上找到一个空白簇（如果病毒程序的第二部分要占用多个簇，则需要找到一个连续的空白簇），然后将病毒程序的第二部分及磁盘原引导扇区的内容写入该空白簇，接着将病毒程序的第一部分写入磁盘引导扇区。

当系统型病毒占用这些簇后，随即将在 FAT 表中登记项的内容标记为坏簇（FF7H），这避免磁盘在建立文件时将病毒覆盖，因为引导型病毒没有对应的文件名称。

3）文件型病毒的磁盘存储结构。文件型病毒是指专门感染系统中可执行文件，即扩展名为.com 和.exe 的文件。对于文件型的病毒，其程序依附在被感染文件的首部、尾部、中部或空闲部位，病毒程序并没有独立占用磁盘上的空白簇。即病毒程序所占用的磁盘空间依赖于其宿主程序所占用的磁盘空间，但是，病毒入侵后一定会使宿主程序占用的磁盘空间增加。绝大多数文件型病毒都属于外壳型病毒。

（3）病毒的内存驻留结构

目前，计算机病毒一般都驻留在常规内存中，相对来讲，人们检测计算机病毒也比较方便，但随着病毒技术的发展，病毒同样也可以驻留在高端内存区，甚至是扩展或扩充内存区，因此，这给计算机病毒的防范技术提出了更高的要求。

1）系统型病毒的内存驻留结构。系统型病毒是在系统启动时被装入的，此时，系统中断 INT 21H 还未设定，病毒程序要使自身驻留内存，不能采用系统功能调用的方法。为此，病毒程序将自身移动到适当的内存高端，采用修改内存向量描述字的方法，将 0000:0413 处的内存容量描述字减少适当的长度（该长度一般等于病毒程序的长度），使得存放在内存高端的病毒程序不会被其他程序所覆盖。

但高端基本内存并不是唯一的选择，内存中有些小块内存系统没有使用，计算机病毒无孔不入，把小块空闲内存作为自己的栖身之地，BASIC 病毒就是一例。

2）文件型病毒的内存驻留结构。对于文件型病毒来说，病毒程序是在运行其宿主程序时被装入内存的，此时系统中断调用功能已设定，所以病毒程序一般将自身指令代码与宿主程序进行分离，并将病毒程序移动到内存高端或当前用户程序区最低的内存地址，然后调用系统功能，将病毒程序常驻于内存。以后即使宿主程序运行结束，病毒程序也驻留在内存而不被任何应用程序所覆盖。

文件型病毒按其驻留内存方式可分为以下几种。

- **高端驻留型**：病毒是通过申请一个与病毒体大小相同的内存块来获得内存控制块链最后一个区域头，并通过减少一个区域头的分配块数来减少内存容量，而使病毒驻留高端可用区。典型的病毒有 Yankee。

- **常规驻留型**：病毒是采用 DOS 功能调用中的常驻退出的调用方式，将病毒驻留在需要分配给宿主程序的空间中。为了避免与宿主程序的合法驻留冲突，这一类病毒通常采用二次创建进程的方式，把宿主程序分离开，并将病毒体放在宿主程序的物理位置的前面，从而使得病毒只驻留病毒体本身。典型的病毒有"黑色星期五"。

- **内存控制链驻留型**：将病毒驻留在系统分配给宿主程序的位置，并为宿主程序重建一个内存块，通过修改内存控制块链，使得宿主程序结束后只收回宿主程序的内存空间，从而达到病毒驻留内存的目的。典型的病毒有 1701。

- **设备程序补丁驻留型**：将病毒作为补丁驻留到设备驱动程序区，并获得优先执行权。这类病毒一般跟 DOS 版本有关系。典型的病毒有 DIR2。
- **不驻留内存型**：它是一种立即传染的病毒，每执行一次带毒程序，就主动在当前路径中搜索，查到满足要求的可执行文件即进行传染。该类病毒不修改中断向量，不改动系统的任何状态，因而很难区分当前运行的程序是一个病毒还是一个正常的程序。典型的病毒有 Vienna/648。

不驻留内存型病毒与驻留内存型病毒的区别在于前者是带毒宿主程序执行时立即传染其他程序，而后者在带毒宿主程序驻留内存的过程中，一般是不进行传染的，它驻留在系统内，监视和传染其他程序。

2．计算机病毒的作用机制

计算机病毒从结构上可以分为三大模块，每一模块各有其自己的工作原理，称之为作用机制。计算机病毒的作用机制分别称为引导机制、传染机制和破坏机制。

（1）中断与计算机病毒

中断是 CPU 处理外部突发事件的一个重要技术。它能使 CPU 在运行过程中对外部事件发出的中断请求及时地进行处理，处理完成后又立即返回断点，继续进行 CPU 原来的工作。中断类型的划分如下所示。

```
                        ┌ 外部中断：由外设发出的中断
              ┌ 硬件中断 ┤
              │         └ 内部中断：因硬件出错或运算出错所引起
      中断 ┤
              │
              └ 软件中断：并不是真正的中断，系统功能调用
```

CPU 处理中断，规定了中断的优先权，由高到低分别如下。

- 除法错。
- 不可屏蔽中断。
- 可屏蔽中断。
- 单步中断。

由于操作系统的开放性，用户可以修改、扩充操作系统，使计算机实现新的功能。修改操作系统的主要方式之一就是扩充中断功能。计算机提供很多中断，合理合法地修改中断会给计算机增加非常有用的新功能。如 INT 10H 是屏幕显示中断，原来只能显示英文，而在各种汉字系统中都可以通过修改该中断使其能显示汉字。而在另一方面，计算机病毒则篡改中断为其达到传染、激发等目的服务。与病毒有关的重要中断有以下几个。

- INT 08H 和 INT 1CH 的定时中断，每秒调用 18.2 次，有些病毒就是利用它们的计时判断激发条件。
- INT 09H 键盘输入中断，病毒用于监视用户击键情况。
- INT 10H 屏幕输入/输出中断，一些病毒用于在屏幕上显示信息来表现自己。
- INT 13H 磁盘输入/输出中断，引导型病毒用于传染病毒和格式化磁盘。
- INT 21H DOS 功能调用，包含了 DOS 的大部分功能，已发现的绝大多数文件型病毒修改该中断，因此也成为防病毒的重点监视部位。

- INT 24H DOS 的严重错误处理中断，文件型病毒经常进行修改，以防止传染写保护磁盘时被发现。

中断程序的入口地址存放在计算机内存的最低端，病毒窃取和修改中断的入口地址获得中断的控制权，在中断服务过程中插入病毒体，如图 8-2 所示。

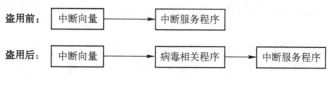

图 8-2　病毒盗用中断示意图

总之，中断可以被用户程序所修改，从而使得中断服务程序被用户指定的程序所替代。这样虽然大大地方便了用户，但也给计算机病毒制造者以可乘之机。病毒正是通过修改中断以使该中断指向病毒自身来进行发作和传染的。

（2）计算机病毒的传染机制

计算机病毒是不能独立存在的，它必须寄生于一个特定的寄生宿主（或称载体）之上。所谓传染，是指计算机病毒由一个载体传播到另一载体，由一个系统进入另一个系统的过程。传染性是计算机病毒的主要特性。

计算机病毒的传染均需要中间媒介。对于计算机网络系统来说，计算机病毒的传染是指从一个染有病毒的计算机系统或工作站系统进入网络后，传染给网络中的另一个计算机系统。对于单机运行的计算机系统，指的是计算机病毒从一个存储介质扩散到另一个存储介质之中，这些存储介质如软磁盘、硬磁盘、磁带和光盘等；或者指计算机病毒从一个文件扩散到另一个文件中。计算机病毒的传染方式主要如下。

- 病毒程序利用操作系统的引导机制或加载机制进入内存。当计算机系统用一个已感染病毒的磁盘启动或者运行一个感染了病毒的文件时，病毒就进入内存。
- 从内存的病毒传染新的存储介质或程序文件是利用操作系统的读写磁盘的中断或加载机制来实现的。位于内存中的病毒时刻监视着系统的每一个操作，只要当前的操作满足病毒所要求的传染条件，如读写一个没有感染过该种病毒的磁盘，或者执行一个没有感染过的程序文件，病毒程序就立即把自身复制或变异加到被攻击的目标上去，完成病毒的传染过程。

（3）计算机病毒的破坏机制

破坏机制在设计原则和工作原理上与传染机制基本相同。它也是通过修改某一中断向量入口地址，使该中断向量指向病毒程序的破坏模块。这样当系统或被加载的程序访问该中断向量时，病毒破坏模块被激活，在判断设定条件满足的情况下，对系统或磁盘上的文件进行破坏活动。计算机病毒的破坏行为体现了病毒的杀伤力。病毒破坏行为的激烈程度取决于病毒作者的主观愿望和他所具有的技术能量。其主要破坏部位有系统数据区、文件、内存、系统运行、运行速度、磁盘、屏幕显示、键盘、打印机、CMOS 和主板等。

8.2.2　计算机病毒的分类

按照计算机病毒的特点及特性，计算机病毒的分类方法有许多种。因此，同一种病毒可能有多种不同的分法。

1．按照病毒攻击的系统分类

1）攻击 DOS 系统的病毒。这类病毒出现最早、最多，变种也最多，20 世纪出现的计算机病毒基本上都是这类病毒。

2）攻击 Windows 系统的病毒。由于 Windows 的图形用户界面（GUI）和多任务操作系统深受用户的欢迎，Windows 已成为病毒攻击的主要对象。1998 年，出现的 CIH 病毒就是一个 Windows 95/98 病毒。

3）攻击 UNIX 系统的病毒。当前，UNIX 系统应用非常广泛，并且许多大型计算机系统均采用 UNIX 作为其主要的操作系统，所以 UNIX 病毒的出现对人类的信息处理也是一个严重的威胁。

4）攻击移动终端系统的病毒。常见的移动终端系统有 iOS、Android 和 Symbian 等，针对每种系统现在都有多种病毒，隐私窃取和远程控制是其主要攻击目的。

5）攻击工业控制系统的病毒。SCADA、PLC 等都是工业控制系统中常见的可攻击对象，这些担负着数据采集、设备控制等功能的系统一旦被攻击，可能会对工业设备造成严重损伤。

2．按照病毒的攻击机型分类

1）攻击微型计算机的病毒。这是世界上传染最为广泛的一种病毒。

2）攻击小型机的计算机病毒。小型机的应用范围是极为广泛的，它既可以作为网络的一个结点机，也可以作为小的计算机网络的主机。起初，人们认为计算机病毒只有在微型计算机上才能发生而小型机则不会受到病毒的侵扰，但自 1988 年 11 月份 Internet 网络受到蠕虫（Worm）程序的攻击后，使得人们认识到小型机也同样不能免遭计算机病毒的攻击。

3）攻击工作站的计算机病毒。近几年，计算机工作站有了较大的进展，并且应用范围也有了较大的拓展，所以不难想象，攻击计算机工作站的病毒的出现也是对信息系统的一大威胁。

4）攻击移动终端设备的病毒。随着移动终端设备的普及，目前其数量已经达到数十亿，如此庞大的数量一旦被攻击将会造成巨大的损失。

5）攻击工业设备的病毒。"震网"病毒的出现，使通过计算机病毒攻击工业设备成为现实，而工业设备对安全性考虑不足这一普遍现象给此类病毒提供了较大生存空间。

3．按照病毒的链结方式分类

由于计算机病毒本身必须有一个攻击对象以实现对计算机系统的攻击，计算机病毒所攻击的对象是计算机系统可执行的部分。

（1）源码型病毒

该病毒攻击高级语言编写的程序，该病毒在高级语言所编写的程序编译前插入到源程序中，经编译成为合法程序的一部分。

（2）嵌入型病毒

这种病毒是将自身嵌入到现有程序中，把计算机病毒的主体程序与其攻击的对象以插入的方式链接。这种计算机病毒是难以编写的，一旦侵入程序体后也较难消除。如果同时采用多态性病毒技术、超级病毒技术和隐蔽性病毒技术，将给当前的反病毒技术带来严峻的挑战。

（3）外壳型病毒

外壳型病毒将其自身包围在主程序的四周，对原来的程序不做修改。这种病毒最为常见，既易于编写，也易于发现，一般测试文件的大小即可得知。

（4）操作系统型病毒

这种病毒试图把它自己的程序加入或取代部分操作系统进行工作，具有很强的破坏力，可以导致整个系统的瘫痪。圆点病毒和大麻病毒就是典型的操作系统型病毒。

这种病毒在运行时用自己的逻辑部分取代操作系统的合法程序模块，根据病毒自身的特点和被替代的操作系统中合法程序模块在操作系统中运行的地位与作用，以及病毒取代操作系统的取代方式等，对操作系统进行破坏。

4．按照病毒的破坏情况分类

按照计算机病毒的破坏情况可分为良性和恶性两类。

（1）良性计算机病毒

良性计算机病毒是指其不包含立即对计算机系统产生直接破坏作用的代码。这类病毒为了表现其存在，只是不停地进行扩散，从一台计算机传染到另一台，并不破坏计算机内的数据。这种病毒多数是恶作剧者的产物，他们的目的不是为了破坏系统和数据，而是为了让使用染有病毒的计算机用户通过显示器或扬声器看到或听到病毒设计者的编程技术。这类病毒有小球病毒、1575/1591 病毒、救护车病毒、扬基病毒和 Dabi 病毒等。还有一些人利用病毒的这些特点宣传自己的政治观点和主张。也有一些病毒设计者在其编制的病毒发作时进行人身攻击。

有些人对这类计算机病毒的传染不以为然，认为这只是恶作剧，没什么关系。其实良性和恶性都是相对而言的。良性病毒取得系统控制权后，会导致整个系统和应用程序争抢 CPU 的控制权，可能会导致整个系统死锁，给正常操作带来麻烦。有时系统内还会出现几种病毒交叉感染的现象，一个文件不停地反复被几种病毒所感染。因此也不能轻视良性病毒对计算机系统造成的损害。

（2）恶性计算机病毒

恶性计算机病毒是指在其代码中包含损伤和破坏计算机系统的操作，在其传染或发作时会对系统产生直接的破坏作用。这类病毒有很多，如黑色星期五病毒、火炬病毒和米开朗基罗病毒等。当米氏病毒发作时，硬盘的前 17 个扇区将被彻底破坏，使整个硬盘上的数据无法被恢复，造成的损失是无法挽回的。有的病毒还会对硬盘做格式化等破坏性操作。因此这类恶性病毒是很危险的，应当注意防范。防病毒系统可以通过监控系统内的这类异常动作识别出计算机病毒的存在与否，或至少发出警报提醒用户注意。

5．按照病毒的寄生方式分类

传染性是计算机病毒的本质属性，根据寄生部位或传染对象分类，即根据计算机病毒的寄生方式进行分类，有以下几种。

（1）引导型病毒

引导型病毒是指寄生在磁盘引导区或主引导区的计算机病毒。这种病毒主要是用病毒的全部或部分逻辑取代正常的引导记录，而将正常的引导记录隐藏在磁盘的其他地方。这种病毒利用系统引导时不对主引导区的内容正确与否进行判别的缺点，在引导型系统的过程中侵入系统，驻留内存，监视系统运行，伺机传染和破坏。按照引导型病毒在硬盘上的寄生位置又可细分为主引导记录病毒和分区引导记录病毒。主引导记录病毒感染硬盘的主引导区，如大麻病毒、2708 病毒和火炬病毒等；分区引导记录病毒感染硬盘的活动分区引导记录，如小球病毒、Girl 病毒等。

（2）文件型病毒

文件型病毒是指能够寄生在文件中的计算机病毒。这类病毒程序感染可执行文件或数据文件。寄生在可执行程序中的病毒，一旦程序被执行，病毒也就被激活，病毒程序首先被执行，并将自身驻留内存，然后设置触发条件进行传染。如果这些可执行程序是操作系统的一部分，只要计算机开始工作，病毒就处在随时被触发的状态。文件型病毒感染.com 和.exe 等可执行文件，如 1575/1591 病毒、848 病毒等，以及 Macro/Concept、Macro/Atoms 等宏病毒感染DOC 文件。

（3）复合型病毒

复合型病毒是指具有引导型病毒和文件型病毒寄生方式的计算机病毒。这种病毒扩大了病毒程序的传染途径，它既感染磁盘的引导记录，又感染可执行文件。当染有此种病毒的磁盘用于引导系统或调用执行染毒文件时，病毒都会被激活。因此在检测和清除复合型病毒时，必须全面、彻底地根治，如果只发现该病毒的一个特性，把它只当作引导型或文件型病毒进行清除。虽然好像是清除了，但还留有隐患，这种经过消毒后的"洁净"系统更具有攻击性。这种病毒有 Flip 病毒、新世纪病毒和 One-half 病毒等。

6. 按照病毒的传播媒介分类

按照计算机病毒的传播媒介来分类，可分为单机病毒和网络病毒。

（1）单机病毒

单机病毒的载体是磁盘，常见的是病毒从 U 盘或光盘传入硬盘，感染系统，然后再传染其他 U 盘，U 盘又传染其他系统。

（2）网络病毒

网络病毒的传播媒介不再是移动式载体，而是网络通道，这种病毒的传染能力更强，破坏力更大。

8.2.3 病毒实例分析

1. CIH 病毒

1999 年 4 月 26 日，CIH 病毒大爆发，全球超过 6000 万台计算机被破坏，2000 年 CIH 再度爆发，全球损失超过 10 亿美元，2001 年仅北京就有超过 6000 台计算机遭破坏，2002 年CIH 病毒使数千台计算机遭破坏，瑞星公司修复硬盘数量一天接近 200 块。据有关报道，全球有 6000 万台计算机受到破坏，大量重要资料无法复原，灾情严重者，连计算机主板也不得不更换。仅一天，由于 CIH 病毒发作，我国受损的计算机总数约有 36 万台，所造成的直接、间接经济损失超过 10 亿元人民币。

（1）CIH 病毒的表现形式

CIH 病毒是一种文件型病毒，又称 Win95.CIH、Win32.CIH 或 PE_CIH，是第一例感染Windows95/98 环境下 PE 格式（Portable Executable Format）exe 文件的病毒，就其表现形式及症状而言，具有以下特点。

● 受感染的.exe 文件的文件长度没有改变。

● DOS 及 WIN 3.1 格式（NE 格式）的可执行文件不受感染，并且在 Windows NT 中无效。

● 用资源管理器中"工具"→"查找"→"文件或文件夹"的"高级→包含文字"查找.exe特征字符串——CIH v，在查找过程中，显示出一大堆符合查找特征的可执行文件。

● 若4月26日开机，显示器突然黑屏，硬盘指示灯闪烁不停，重新开机后，计算机无法启动。

（2）CIH病毒的行为机制

同传统的 DOS 型病毒相比，无论是在内存的驻留方式还是传染的方式，以及病毒攻击的对象，CIH 病毒都与众不同。病毒的代码不长，CIHv1.2 只有 1003B，其他版本也大小差不多。它绕过了微软提供的应用程序界面，绕过了 ActiveX、C++甚至 C 语言，使用汇编语言，利用 VxD（虚拟设备驱动程序）接口编程，直接进入 Windows 内核。它没有改变宿主文件的大小，而是采用了一种新的文件感染机制，即碎洞攻击（fragmented cavity attack），将病毒化整为零，拆分成若干块，插入宿主文件中去；最引人注目的是它利用目前许多 BIOS 芯片开放了可重写的特性，向计算机主板的 BIOS 端口写入乱码，开创了病毒直接进攻计算机主板芯片的先例。可以说 CIH 病毒提供了一种全新的病毒程序方式和病毒发展方向。

该病毒是通过文件进行传播的。计算机开机以后，如果运行了带病毒的文件，其病毒就驻留在 Windows 的系统内存里了。此后，只要运行了 PE 格式的.exe 文件，这些文件就会感染上该病毒。

（3）CIH病毒的危害

CIH 病毒有多个版本，典型的有：CIHv1.2：4 月 26 日发作，长度为 1003B，包含字符：CIHv1.2TTIT；CIHv1.3：6 月 26 日发作，长度为 1010B，包含字符：CIHv1.3TTIT；CIHv1.4：每月 26 日发作，长度为 1019B，包含字符：CIHv1.4TATUNG。其中，最流行的是 CIHv1.2 版本。

病毒的危害主要表现在病毒发作后，硬盘数据全部丢失，甚至主板上 BIOS 中的原内容会被彻底破坏，主机无法启动。只有更换 BIOS，或向 BIOS 中重新写入原来版本的程序，才能解决问题。

2．宏病毒

所谓宏，就是软件设计者为了在使用软件工作时避免一再地重复相同动作而设计出来的一种工具。它利用简单的语法，把常用的动作编写成宏，当再工作时，就可以直接利用事先写好的宏自动运行，完成某项特定的任务，而不必再重复相同的动作。在 Microsoft Word 中，对宏的定义为"宏就是能组织到一起作为一个独立的命令使用的一系列 Word 命令，它能使日常工作变得更容易。"宏是使用 Word Basic 语言来编写的。

所谓宏病毒，是利用软件所支持的宏命令编写成的具有复制和传染能力的宏。宏病毒是一种新形态的计算机病毒，也是一种跨平台的计算机病毒，可以在 Windows 9X、Windows NT/2000、OS/2 和 Macintosh System 7 等操作系统上执行。

（1）宏病毒的行为机制

Word 模式定义了一种文件格式，将文档资料及该文档所需要的宏混在一起放在扩展名为.doc 的文件之中，这种做法已经不同于以往的软件将资料和宏分开存储的方法。正因为这种宏也是文档资料，便产生了宏感染的可能性。因为文档资料的携带性极高，如果宏随着文档而被分派到不同的工作平台，只要能被执行，它也就类似于计算机病毒的传染过程，不过这种形式的传染有源代码被公开的特点。

Word 的工作模式是当载入文件时，就先执行起始的宏，接着载入文件内容。因此，Word 便为大众事先定义一个共用的模板文档（Normal.dot），里面包含了基本的宏。只要一启动

Word，就会自动运行 Normal.dot 文件。类似的电子表格软件 Excel 也支持宏，但它的模板文件是 Personal.xls。这样做等于是为宏病毒大开方便之门，只要编写了有问题的宏，再去感染这个共用模板（Normal.dot 或 Personal.xls），那么只要执行 Word 和 Excel，这个受感染的共用模板即被载入，计算机病毒便随之传播到之后所编辑的文档中去。当然这只是宏病毒传播的一个基本途径，一些更厉害的宏病毒还有其他的传播途径。

Word 宏病毒通过.doc 文件和 .dot 模板进行自我复制及传播。Word 文件是交流最广的文件类型。这就为 Word 宏病毒传播带来了很多便利，特别是 Internet 网络的普及和 E-mail 的大量应用更为 Word 宏病毒的传播"拓展"了道路。

鉴于宏病毒用 Word Basic 语言编写，Word Basic 语言提供了许多系统低层调用，如直接使用 DOS 系统命令，调用 Windows API 函数、DLL 等。这些操作均可能对系统造成直接威胁，而 Word 在指令安全性和完整性上的检测能力很弱，破坏系统的指令很容易被执行，因此破坏可能极大。宏病毒 Nuclear 就是破坏操作系统的典型实例。

（2）Word 宏病毒特征

1）Word 宏病毒会感染.doc 文件和.dot 模板文件。被它感染的.doc 文件会被改为模板文件而不是文档文件，而用户在另存文件时，就无法将该文件转换为其他形式，而只能用模板方式存盘。

2）Word 宏病毒的传染通常是 Word 在打开一个带宏病毒的文件或模板时，激活宏病毒。病毒宏将自身复制到 Word 通用（Normal）模板中，以后在打开或关闭文件时，宏病毒就会把病毒复制到该文件中。

3）多数 Word 宏病毒包含 AutoOpen、AutoClose、AutoNew 和 AutoExit 等自动宏，通过这些自动宏病毒取得文件（模板）操作权。有些宏病毒通过这些自动宏控制文件操作。

4）Word 宏病毒中总是含有对文件读写操作的宏命令。

5）Word 宏病毒在.doc 文件和.dot 模板中以 BFF（Binary File Format）格式存放，这是一种加密压缩格式，不同 Word 版本格式可能不兼容。

3．网络病毒

网络病毒实际上是一个笼统的概念。一种情况是，网络病毒专指在网络传播、并对网络进行破坏的病毒；另一种情况是，网络病毒指的是 HTML 病毒、E-mail 病毒及 Java 病毒等与因特网有关的病毒。

（1）网络病毒的特点

计算机网络的主要特点是资源共享。一旦共享资源感染病毒，网络各节点间信息的频繁传输会把病毒传染到所共享的计算机上，从而形成多种共享资源的交叉感染。病毒的迅速传播、再生和发作将造成比单机病毒更大的危害。对于金融等系统的敏感数据，一旦遭到破坏后果就不堪设想。因此，网络环境下病毒的防范就显得更加重要了。

因特网的飞速发展给反病毒工作带来了新的挑战。因特网上有众多的软件供下载，有大量的数据交换，这给病毒的大范围传播提供了可能。因特网衍生出一些新一代病毒，即 Java 及 ActiveX 病毒。它们不需要宿主程序，因为因特网就是带着它们到处肆虐的宿主。它们不需要停留在硬盘中，且可以与传统病毒混杂在一起，不被人们察觉。更厉害的是它们可以跨越操作系统平台，一旦遭受感染，便毁坏所有操作系统。网络病毒一旦突破网络安全系统，传播到网络服务器，进而在整个网络上感染、再生，就会使网络系统资源遭到严重破坏。

在网络环境中，计算机病毒具有如下一些新的特点。

1）传染方式多。病毒入侵网络的主要途径是通过工作站传播到服务器硬盘，再由服务器的共享目录传播到其他工作站，病毒传染方式多且复杂。

2）传播速度比较快。在单机上，病毒只可能通过 U 盘或光盘从一台计算机传染到另一台计算机，而在网络中病毒则可以通过网络通信机制，借助通信链路进行迅速扩散。由于病毒在网络中的传染速度非常快，故其传染范围很大，不但能迅速传染局域网内的计算机，还能通过远程工作站瞬间传播到千里之外。

3）清除难度大。在单机上，再顽固的病毒也可通过删除带毒文件、低级格式化硬盘等措施将病毒清除，而在网络中只要有一台工作站未消毒干净就可使整个网络全部被病毒感染，甚至刚刚完成消毒的一台工作站也有可能被网络上另一台工作站的带病毒程序所传染。因此，仅对工作站进行杀毒处理并不能彻底解决问题。

4）破坏性强。网络上的病毒将直接影响网络的正常工作，轻则降低速度、影响工作效率，重则造成网络系统的瘫痪、破坏服务器系统资源，使多年工作毁于一旦。

5）潜在性深。网络一旦感染了病毒，即使病毒已被消除，其潜在危险仍然巨大。根据研究发现，病毒在网络上被消除后，约85%的网络在30天内会再次被感染。

（2）病毒在网络上的传播与表现

大多数公司使用局域网文件服务器，用户直接从文件服务器复制已感染的文件。用户在工作站上执行一个带毒操作系统文件，这种病毒就会感染网络上的其他可执行文件。

因为文件和目录级保护只在文件服务器中出现，而不在工作站中出现，所以可执行文件病毒无法破坏基于网络的文件保护。然而，一般文件服务器中的许多文件并未得到保护，而且非常容易成为感染的有效目标。文件服务器作为可执行文件病毒的载体，病毒感染的程序可能驻留在网络中，但是除非这些病毒经过特别设计与网络软件集成在一起，否则它们只能从客户的计算机上被激活。

使用网络的另一种方式是对等网络，在端到端网络上，用户可以读出和写入每个连接的工作站上本地硬盘中的文件。因此，每个工作站都可以有效地成为另一个工作站的客户和服务器。而且，端到端网络的安全性很可能比专门维护的文件服务器的安全性更差。这些特点使得端到端网络对基于文件的病毒的攻击尤其敏感。如果一台已感染病毒的计算机可以执行另一台计算机中的文件，那么这台感染病毒计算机中的活动的内存驻留病毒能够立即感染另一台计算机硬盘上的可执行文件。

4. 电子邮件病毒

电子邮件病毒其实和普通的计算机病毒一样，只不过它们的传播途径主要是通过电子邮件，所以才被称为"电子邮件病毒"。如今电子邮件已被广泛使用，也成为病毒传播的主要途径之一。由于可同时向一群用户或整个计算机系统发送电子邮件，一旦一个信息点被感染，整个系统在很短时间内就可能被感染。

电子邮件系统的一个特点是不同的邮件系统使用不同的格式存储文件和文档，传统的杀毒软件对检测此类格式的文件无能为力。另外，通常用户并不能访问邮件数据库，因为它们往往在远程服务器上。

传播速度快、传播范围广和破坏力大是电子邮件系统病毒的又一特点。绝大多数通过 E-mail 传播的病毒都有自我复制的能力，这正是电子邮件病毒的危险之处。电子邮件病毒能够主动选择用户邮箱地址簿中的地址发送邮件，或者在用户发送邮件时，将被病毒感染的文件附到邮件上一起发送。这种呈指数增长的传播速度可以使病毒在很短的时间内遍布整个

Internet。2000 年 5 月 4 日，"爱虫"病毒爆发的第一天便有 6 万台以上机器被感染，在短短不到一个月内就已造成超过 67 亿美元的损失。当电子邮件病毒发作时，往往会导致整个网络的瘫痪，而网络瘫痪造成的损失往往是难以估计的。

8.3 计算机病毒的检测与防范

由于计算机病毒具有相当的复杂性和行为不确定性，计算机病毒的检测与防范需要多种技术综合应用。

8.3.1 计算机病毒的检测

计算机病毒对系统的破坏离不开当前计算机的资源和技术水平。对病毒的检测主要从检查系统资源的异常情况入手，逐步深入。

1．异常情况判断

计算机工作时，如出现下列异常现象，则有可能感染了病毒。

1）屏幕出现异常图形或画面，这些画面可能是一些鬼怪，也可能是一些下落的雨点、字符或树叶等，并且系统很难退出或恢复。

2）扬声器发出与正常操作无关的声音，如演奏乐曲或是随意组合的、杂乱的声音。

3）磁盘可用空间减少，出现大量坏簇，且坏簇数目不断增多，直到无法继续工作。

4）硬盘不能引导系统。

5）磁盘上的文件或程序丢失。

6）磁盘读/写文件明显变慢，访问的时间加长。

7）系统引导变慢或出现问题，有的出现"写保护错"提示。

8）系统经常死机或出现异常的重启动现象。

9）原来运行的程序突然不能运行，总是出现出错提示。

10）连接的打印机不能正常启动。

观察到上述异常情况后，可初步判断系统的哪部分资源受到了病毒侵袭，为进一步诊断和清除做好准备。

2．检测的主要依据

（1）检查磁盘主引导扇区

硬盘的主引导扇区、分区表，以及文件分配表、文件目录区是病毒攻击的主要目标。

引导病毒主要攻击磁盘上的引导扇区。硬盘存放主引导记录的主引导扇区一般位于 0 柱面 0 磁道 1 扇区。该扇区的前 3 个字节是跳转指令（DOS 下），接下来的 8 个字节是厂商、版本信息，再向下的 18 个字节均是 BIOS 参数，记录有磁盘空间、FAT 表和文件目录的相对位置等，其余字节是引导程序代码。病毒侵犯引导扇区的重点是前面的几十个字节。

当发现系统有异常现象时，特别是当发现与系统引导信息有关的异常现象时，可通过检查主引导扇区的内容来诊断故障。方法是采用工具软件，将当前主引导扇区的内容与干净的备份相比较，如发现有异常，则很可能是感染了病毒。

（2）检查 FAT 表

病毒隐藏在磁盘上，一般要对存放的位置做出"坏簇"信息标志反映在 FAT 表中。因此，可通过检查 FAT 表，看有无意外坏簇，来判断是否感染了病毒。

（3）检查中断向量

计算机病毒平时隐藏在磁盘上，在系统启动后，随系统或随调用的可执行文件进入内存并驻留下来，一旦时机成熟，它就开始发起攻击。病毒隐藏和激活一般是采用中断的方法，即修改中断向量，使系统在适当时转向执行病毒代码。病毒代码执行完后，再转回到原中断处理程序执行。因此，可通过检查中断向量有无变化来确定是否感染了病毒。

检查中断向量的变化主要是查看系统的中断向量表，其备份文件一般为 INT.DAT。病毒最常攻击的中断有：磁盘输入/输出中断（13H），绝对读、写中断（25H、26H），以及时钟中断（08H）等。

（4）检查可执行文件

检查.com 或.exe 可执行文件的内容、长度和属性等，可判断是否感染了病毒。检查可执行文件的重点是在这些程序的头部即前面的 20 个字节左右。因为病毒主要改变文件的起始部分。对于前附式.com 文件型病毒，主要感染文件的起始部分，一开始就是病毒代码。对于后附式.com 文件型病毒，虽然病毒代码在文件后部，但文件开始必有一条跳转指令，以使程序跳转到后部的病毒代码。对于.exe 文件型病毒，文件头部的程序入口指针一定会被改变。因此，对可执行文件的检查主要查看这些可疑文件的头部。

（5）检查内存空间

计算机病毒在传染或执行时，必然要占据一定的内存空间，并驻留在内存中，等待时机再进行传染或攻击。病毒占用的内存空间一般是用户不能覆盖的。因此，可通过检查内存的大小和内存中的数据来判断是否有病毒。

通常采用一些简单的工具软件，如 PCTOOLS、DEBUG 等进行检查。病毒驻留到内存后，为防止 DOS 系统将其覆盖，一般都要修改系统数据区记录的系统内存数或内存控制块中的数据。如检查出来的内存可用空间为 635KB，而计算机真正配置的内存空间为 640KB，则说明有 5KB 内存空间被病毒侵占。

虽然内存空间很大，但有些重要数据存放在固定的地点，可首先检查这些地方，如 DOS 系统启动后，BIOS、变量和设备驱动程序等是放在内存中的固定区域内（0:4000H～0:4FF0H）。根据出现的故障，可检查对应的内存区以发现病毒的踪迹。如打印、通信和绘图等出的故障，很可能在检查相应的驱动程序时能发现问题。

（6）检查特征串

一些经常出现的病毒都具有明显的特征，即有特殊的字符串。根据它们的特征，可通过工具软件检查和搜索，以确定病毒的存在和种类。例如，磁盘杀手病毒程序中就有 ASCII 码 disk killer，这就是该病毒的特征字符串。杀病毒软件一般都收集了各种已知病毒的特征字符串，并构造出病毒特征数据库，这样，在检查和搜索可疑文件时，就可用特征数据库中的病毒特征字符串逐一比较，确定被检测文件感染了何种病毒。

这种方法不仅可检查文件是否感染了病毒，并且可确定感染病毒的种类，从而能有效地清除病毒。但缺点是只能检查和发现已知的病毒，不能检查新出现的病毒，而且由于病毒不断变形与更新，老病毒也会以新面孔出现。因此，病毒特征数据库和检查软件也要不断更新版本，才能满足使用需要。

3．计算机病毒的检测手段

（1）特征代码法

特征代码法被早期应用于 SCAN、CPAV 等著名病毒检测工具中。国外专家认为特征代码法是检测已知病毒的最简单、开销最小的方法。

特征代码法的实现步骤如下。

1）采集已知病毒样本，病毒如果既感染.com 文件，又感染.exe 文件，对这种病毒要同时采集.com 型病毒样本和.exe 型病毒样本。

2）在病毒样本中，抽取特征代码。依据如下原则：抽取的代码比较特殊，不大可能与普通正常程序代码吻合。抽取的代码要有适当长度，一方面维持特征代码的唯一性，另一方面又不要有太大的空间与时间的开销。如果一种病毒的特征代码增长 1B，要检测 3000 种病毒，增加的空间就是 3000B。在保持唯一性的前提下，尽量使特征代码长度短些，以减少空间与时间开销。在既感染.com 文件又感染.exe 文件的病毒样本中，要抽取两种样本共有的代码。将特征代码纳入病毒数据库。

3）打开被检测文件，在文件中搜索和检查文件中是否含有病毒数据库中的病毒特征代码。如果发现病毒特征代码，由于特征代码与病毒一一对应，便可以断定，被查文件中患有何种病毒。

检测准确、可识别病毒的名称和误报警率低是特征代码法的优点，可依据检测结果，进行解毒处理。但是，采用病毒特征代码法的检测工具，面对不断出现的新病毒，必须不断更新版本，否则检测工具便会老化，逐渐失去实用价值。病毒特征代码法对从未见过的新病毒，自然无法知道其特征代码，因而无法检测这些新病毒。另外，搜集已知病毒的特征代码，费用开销大，在网络上效率低（在网络服务器上，因长时间检索会使整个网络性能变坏）。

因此，特征代码法有以下的特点。

- 速度慢。随着病毒种类的增多，检索时间变长。如果检索 5000 种病毒，必须逐一检查 5000 个病毒特征代码。如果病毒种数再增加，检测病毒的时间开销就变得十分可观。此类工具检测的高速性，将变得日益困难。
- 误报警率低。
- 不能检查多态性病毒。特征代码法是不可能检测多态性病毒的。国外专家认为多态性病毒是病毒特征代码法的终结者。
- 不能对付隐蔽性病毒。隐蔽性病毒如果先进驻内存，后运行病毒检测工具，隐蔽性病毒能先于检测工具，将被查文件中的病毒代码剥去，检测工具其实是在检查一个虚假的"好文件"，而不能报警，被隐蔽性病毒蒙骗。

（2）校验和法

将正常文件的内容，计算其校验和，将该校验和写入文件中或写入别的文件中保存。在文件使用过程中，定期地或每次使用文件前，检查文件现在内容算出的校验和与原来保存的校验和是否一致，因而可以发现文件是否感染，这种方法称为校验和法，它既可发现已知病毒又可发现未知病毒。在 SCAN 和 CPAV 工具的后期版本中除了病毒特征代码法之外，也纳入校验和法，以提高其检测能力。

运用校验和法查病毒采用以下 3 种方式。

1）在检测病毒工具中纳入校验和法，对被查的对象文件计算其正常状态的校验和，将校验和值写入被查文件中或检测工具中，之后进行比较。

2）在应用程序中，放入校验和法自我检查功能，将文件正常状态的校验和写入文件本身中，每当应用程序启动时，比较现行校验和与原校验和值，实现应用程序的自检测。

3）用校验和检查程序常驻内存，每当应用程序开始运行时，自动比较检查应用程序内部或别的文件中预先保存的校验和。

但是，这种方法不能识别病毒类，不能报出病毒名称。由于病毒感染并非文件内容改变的唯一原因，文件内容的改变有可能是正常程序引起的，所以校验和法常常误报警。而且此方法也会影响文件的运行速度。

病毒感染的确会引起文件内容变化，但是校验和法对文件内容的变化太敏感，又不能区分正常程序引起的变动，而频繁报警。用监视文件的校验和来检测病毒，不是最好的方法。

这种方法遇到已有软件版本更新、变更口令和修改运行参数等，都会发生误报警。

校验和法对隐蔽性病毒无效。隐蔽性病毒进驻内存后，会自动剥去染毒程序中的病毒代码，使校验和法受骗，对一个有毒文件算出正常校验和。

因此，校验和法的优点是：方法简单能发现未知病毒，被查文件的细微变化也能发现。其缺点是：会误报警，不能识别病毒名称，不能对付隐蔽型病毒。

（3）行为监测法

利用病毒的特有行为特征来监测病毒的方法，称为行为监测法。通过对病毒多年的观察与研究，有一些行为是病毒的共同行为，而且比较特殊。在正常程序中，这些行为比较罕见。当程序运行时，监视其行为，如果发现了病毒行为，立即报警。

这些能够作为监测病毒的行为特征如下。

- 占有 INT 13H。所有的引导型病毒，都攻击 BOOT 扇区或主引导扇区。系统启动时，当 BOOT 扇区或主引导扇区获得执行权时，系统刚刚开始工作。一般引导型病毒都会占用 INT 13H 功能，因为其他系统功能未设置好，无法利用。引导型病毒占据 INT 13H 功能，在其中放置病毒所需的代码。
- 修改 DOS 系统内存总量。病毒常驻内存后，为了防止 DOS 系统将其覆盖，必须修改系统内存总量。
- 对.com、.exe 文件做写入动作。病毒要感染.com、.exe 文件，必须对它们进行写操作。
- 病毒程序与宿主程序的切换。染毒程序运行中，先运行病毒，而后执行宿主程序。在两者切换时，有许多特征行为。

行为监测法的优点：可发现未知病毒，可相当准确地预报未知的多数病毒。行为监测法的缺点：可能误报警，不能识别病毒名称，实现时有一定难度。

（4）软件模拟法

多态性病毒每次感染都改变其病毒密码，对付这种病毒，特征代码法失效。因为多态性病毒代码实施密码化，而且每次所用密钥不同，把染毒的病毒代码相互比较，也无法找出相同的可能作为特征的稳定代码。虽然行为检测法可以检测多态性病毒，但是在检测出病毒后，因为不知病毒的种类，难以做消毒处理。

为了检测多态性病毒，可应用新的检测方法——软件模拟法。它使用一种软件分析器，用软件方法来模拟和分析程序的运行。该类工具开始运行时，使用特征代码法检测病毒，如果发现隐蔽病毒或多态性病毒嫌疑时，启动软件模拟模块，监视病毒的运行，待病毒自身的密码译码以后，再运用特征代码法来识别病毒的种类。

8.3.2 计算机病毒的防范

俗话说"防患于未然"，杀毒不如防毒。由于在计算机病毒的处理过程中，只能是发现一种病毒以后，才可以找到相应的治疗方法，因此具有很大的被动性。而防范计算机病毒，则可掌握工作的主动权，重点应放在计算机病毒的预防上。防范计算机病毒主要从管理和技术两方面着手。

1．严格的管理

制定相应的管理制度，避免蓄意制造、传播病毒的事件发生。例如，对接触重要计算机系统的人员进行选择和审查；对系统的工作人员和资源进行访问权限划分；对外来人员上机或外来磁盘的使用严格限制，特别是不准用外来系统盘启动系统；不准随意玩游戏；规定下载的文件要经过严格检查，有时还规定下载文件、接收 E-mail 等需要使用专门的终端和账号，接收到的程序要严格限制执行等。及早发现、及早清除、建立安全管理制度，提高包括系统管理员和用户在内的技术素质和职业道德素质。

2．有效的技术

除管理方面的措施外，采取有效的技术措施防止计算机病毒的感染和蔓延也是十分重要的。针对病毒的特点，利用现有的技术，开发出新的技术，使防御病毒软件在与计算机病毒的对抗中不断得到完善，更好地发挥保护计算机的作用。

计算机病毒预防是指在病毒尚未入侵或刚刚入侵时，就拦截和阻击病毒的入侵或立即报警。目前在预防病毒工具中采用的技术主要有以下几个。

1）将大量的消毒/杀毒软件汇集一体，检查是否存在已知病毒，如在开机时或在执行每一个可执行文件前执行扫描程序。这种工具的缺点是：对变种或未知病毒无效；系统开销大，常驻内存，每次扫描都要花费一定的时间，已知病毒越多，扫描时间越长。

2）检测一些病毒经常要改变的系统信息，如引导区、中断向量表和可用内存空间等，以确定是否存在病毒行为。其缺点是：无法准确识别正常程序与病毒程序的行为，常常报警，而频频误报警的结果是使用户失去对病毒的戒心。

3）监测写盘操作，对引导区或主引导区的写操作报警。若有一个程序对可执行文件进行写操作，就认为该程序可能是病毒，阻击其写操作并报警。其缺点是：一些正常程序同样有写操作，因而被误报警。

4）对计算机系统中的文件形成一个密码检验码和实现对程序完整性的验证，在程序执行前或定期对程序进行密码校验，如有不匹配现象即报警。其优点是：易于早发现病毒，对已知和未知病毒都有防止和抑制能力。

5）智能判断型：设计病毒行为过程判定知识库，应用人工智能技术，有效区分正常程序与病毒程序行为，是否误报警取决于知识库选取的合理性。其缺点是：单一的知识库无法覆盖所有的病毒行为，如对不驻留内存的新病毒，就会漏报。

6）智能监察型：设计病毒特征库（静态）、病毒行为知识库（动态）和受保护程序存取行为知识库（动态）等多个知识库及相应的可变推理机。通过调整推理机，能够对付新类型病毒，误报和漏报较少。这是未来预防病毒技术发展的方向。

3．宏病毒的防范

通过 Word 来防止宏病毒的感染和传播，但是对大多数人来说，反宏病毒主要还是依赖各种反宏病毒软件。当前，处理宏病毒的反病毒软件主要分为两类：常规反病毒扫描器和基于 Word 或者 Excel 宏的专门处理宏病毒的反病毒软件。两类软件各有优势，一般来说，前者的适应能力强于后者。因为基于 Word 或者 Excel 的反病毒软件只能适应于特定版本的 Office 应用系统，换为另一种语言的版本可能就无能为力了，而且，在应用系统频频升级的今天，升级后的版本对现有软件是否兼容是难以预料的。

4．电子邮件病毒的防范

对电子邮件系统进行病毒防护可从以下几个方面着手。

1）思想上高度重视，不要轻易打开来信中的附件，尤其对于一些.exe 之类的可执行程序文件，就更要谨慎。

2）不断完善"网关"软件及病毒防火墙软件，加强对整个网络入口点的防范。

3）使用优秀的防毒软件，同时保护客户机和服务器。

使用优秀的防毒软件定期扫描客户机和服务器上所有的文件夹，无论病毒是隐藏在邮件文本内，还是躲在附件或 OLE 文档内，防毒软件都有能力发现。防毒软件还应有能力扫描压缩文件。只有客户机上的防毒软件才能访问个人目录，防止病毒从客户机外部入侵。服务器上的防毒软件可进行全局监测和查杀病毒，防止病毒在整个系统中扩散，阻止病毒入侵本地邮件系统；同时，也可以防止病毒通过邮件系统中扩散。

4）使用特定的 SMTP 杀毒软件

SMTP 杀毒软件具有独特的功能，它能在那些从因特网上下载的受感染邮件到达本地邮件服务器之前拦截它们，从而保持本地网络处于无毒状态。

8.3.3　计算机病毒的发展方向和趋势

1．计算机病毒的新特性

自"快乐时光"（Happytime）病毒开始，世界上流行的病毒就开始体现出与以往病毒截然不同的特征和发展方向，它们无一例外地与网络结合，并都同时具有多种攻击手段。尤其是 SirCam 之后的病毒，往往同时具有两个以上的传播方法和攻击手段，一旦爆发即在网络上快速传播，难以遏制，加之与黑客技术的融合，潜在的威胁和损失更加巨大。通过分析对照，这些病毒有如下一些新特性。

（1）利用微软漏洞主动传播

CodeRed、Nimda、WantJob 和 BinLaden 都是通过微软漏洞进行主动传播的。特别是 2007 年以来，利用微软系统 AUTORUN 自动播放功能的病毒一直居高不下，几乎所有新的木马病毒都具备了这一传播特征。U 盘已经成为最大的计算机病毒载体。

（2）局域网内快速传播

虽然 2001 年初的 FunLove 病毒就初具局域网传播的特性，但是 Nimda 和 WantJob 才算让人们真正见识到局域网的方便快捷被用在病毒传播上会更"有效"。Nimda 不仅能通过局域网向其他计算机写入大量具有迷惑性的带毒文件，还会让已中毒的计算机完全共享所有资源，造成交叉感染。一旦在局域网中有一台计算机染上了 Nimda 病毒，那么这种攻击会无穷无尽。

（3）以多种方式传播

过去的病毒想方设法地隐藏自己，生怕被发现后无处可逃。而现在计算机与外面的联系四通八达，一般都有两种以上的传播方式，如 Nimda，可以通过文件传输，也可以通过邮件传播，还可以通过局域网传播，甚至可以利用 IIS 的 Unicode 后门进行传播。

（4）大量消耗系统与网络资源

计算机感染了 Nimda、WantJob 和 BinLaden 等病毒后，病毒会不断遍历磁盘，分配内存，导致系统资源很快被消耗殆尽。最明显的特点是计算机速度变慢，硬盘有高速转动的震动声，硬盘空间减少。而且，像 CodeRed、Nimda 和 WantJob 等病毒还会疯狂地利用网络散播自己，往往会造成网络阻塞。

（5）双程序结构

如 WantJob 和 BinLaden 都是双程序结构，运行后分成两部分，一个负责远程传播（包括 E-mail 和局域网传播），另一个负责本地传播，各司其职，大大增强了病毒的传染性。

（6）用即时工具传播病毒

Goner 能利用 ICQ 传文件的功能向别的计算机散播病毒体，这也许会是继邮件病毒之后的又一个大量散播病毒的途径。现在即时通信工具用户群很广，而且人们在聊天时往往戒心更低，一不小心就会中了病毒的圈套。

（7）病毒与黑客技术的融合

包括 RedCode II、Nimda 等都与黑客技术相结合，从而能远程调用染毒计算机上的数据，使病毒的危害剧增。

（8）脚本攻击日益盛行

随着采用脚本编写的应用逐渐增多，脚本攻击日益增多，包括 Samy 蠕虫、百度空间蠕虫等，感染主机的速度快、数量大，危害很大。

（9）应用软件漏洞成为网页挂马的新宠

2007 年下半年以来，最新的监测结果显示，越来越多的病毒开始绕开微软系统漏洞，转而利用国产应用软件的漏洞传播。

2. 计算机病毒发展的趋势及对策

现在流行的病毒在很多地方改变了人们对病毒的看法，而且，它还改变了人们对病毒预防的看法。过去总是说，只要不用盗版软件，不随便使用别人的 U 盘，不乱运行程序，就不会染毒。而现在由于有了互联网和操作系统的漏洞，就算坐着不动，病毒也会找上门来，真可谓防不胜防。因此，互联网上的信息安全成为了整个业界关注的重点。

从由 Happytime 到“熊猫烧香”的发展趋势来看，现在的病毒已经由从前的单一传播、单种行为，变成依赖互联网传播，集电子邮件、文件传染等多种传播方式，融黑客、木马等多种攻击手段为一身的广义的“新病毒”——恶意代码。通过分析这些病毒的“进化”之路，大致可以预见今后病毒的一些特点。

1）变形病毒成为下一代病毒首要的特点。病毒传染到目标后，病毒自身代码和结构在空间和时间上具有不同的变化，以此对抗反病毒手段。

2）与 Internet 和 Intranet 更加紧密地结合，利用一切可以利用的方式（如邮件、局域网、远程管理、即时通信工具、社交网络和移动终端应用等）进行传播。

3）病毒往往具有混合型特征，集文件传染、蠕虫、木马和黑客程序的特点于一身，破坏性大大增强，病毒编写者不再单纯炫耀技术，获取经济利益开始成为编写病毒的主要目的。

4）因为其扩散极快，不再追求隐藏性，而更加注重欺骗性。

5）利用系统和应用程序漏洞将成为病毒有力的传播方式。

6）结合社会工程学知识，组合利用多个漏洞（包含 0day 漏洞），使病毒的攻击成本大大提高。

由于病毒的快速发展，势必要求反病毒技术跟上时代的步伐，以保证互联网时代的信息系统安全。所以，新一代反病毒软件必须做到以下几点。

1）全面地与互联网结合，不仅有传统的手动查杀与文件监控，还必须对网络层和邮件客户端进行实时监控，防止病毒入侵。

2）快速反应的病毒检测网，在病毒爆发的第一时间即能提供解决方案。

3）完善的在线升级服务，使用户随时拥有最新的防病毒能力。

4）对病毒经常攻击的应用程序提供重点保护（如 MS Office、Outlook、IE 和 QQ 等），如 Norton 的 Script Blocking 和金山毒霸的"嵌入式"技术。

5）对系统日志和网络访问日志采用机器学习等算法进行分析，发现异常操作和异常网络访问，及时分析原因。

6）提供完整、即时的反病毒咨询，提高用户的反病毒意识与警觉性，尽快让用户了解新病毒的特点和解决方案。

8.4 恶意代码

8.4.1 恶意代码概述

恶意代码是一种程序，通常在人们没有察觉的情况下把代码寄宿到另一段程序中，从而达到破坏被感染计算机的数据、运行具有入侵性或破坏性的程序、破坏被感染系统数据的安全性和完整性的目的。

8.4.2 恶意代码的特征与分类

1．恶意代码的特征

恶意代码的特征主要体现在以下 3 个方面。

1）恶意的目的。

2）本身是程序。

3）通过执行发生作用。

2．恶意代码的分类

按照工作原理和传输方式划分，恶意代码可以分为普通病毒、木马、网络蠕虫、移动代码和复合型病毒等类型。本章前面所介绍的病毒即属于普通病毒的范畴，下面主要介绍其他类型的恶意代码。

（1）木马

木马（全称特洛伊木马）是根据古希腊神话中的木马来命名的。黑客程序以此命名有"一经潜入，后患无穷"之意。木马程序表面上没有任何异常，但实际上却隐含着恶意企图。一些木马程序会通过覆盖系统文件的方式潜伏于系统中，还有一些木马以正常软件的形式出现。木马类的恶意代码不容易被发现，这主要是因为它们通常以正常应用程序的身份在系统中运行。

（2）网络蠕虫

网络蠕虫是一种可以自我复制的完全独立的程序，其传播过程不需要借助于被感染主机中的其他程序。网络蠕虫的自我复制不像其他病毒，它可以自动创建与其功能完全相同的副本，并在不需要人工干涉的情况下自动运行。网络蠕虫通常利用系统中的安全漏洞和设置缺陷进行自动传播，因此可以以非常快的速度传播。

（3）移动代码

移动代码是能够从主机传输到客户端计算机上并执行的代码，它通常是作为病毒、蠕虫或木马等的一部分被传送到目标计算机。此外，移动代码可以利用系统的安全漏洞进行入侵，如窃取系统账户密码或非法访问系统资源等。移动代码通常利用 Java Applets、ActiveX、Java Script 和 VB Script 等技术来实现。

（4）复合型病毒

恶意代码通过多种方式传播就形成了复合型病毒，著名的网络蠕虫 Nimda 实际上就是复合型病毒的一个实例，它可以同时通过 E-mail、网络共享、Web 服务器和 Web 终端 4 种方式进行传播。除上述方式外，复合型病毒还可以通过点对点文件共享、直接信息传送等方式进行传播。

8.4.3　恶意代码的关键技术

恶意代码的关键技术有生存技术、攻击技术和隐藏技术。

1．生存技术

生存技术主要包括 4 个方面：反跟踪技术、加密技术、模糊变换技术和自动生产技术。反跟踪技术可以减小被发现的可能性，加密技术是恶意代码自身保护的重要机制。

（1）反跟踪技术

反跟踪技术可以使恶意代码提高自身的伪装能力和防破译能力，增加其被检测与清除的难度。目前常用的反跟踪技术有两类：反动态跟踪技术和反静态跟踪技术。

反动态跟踪技术主要包括四大类。

1）禁止跟踪中断。

2）封锁键盘输入和屏幕显示，破坏各类跟踪调试软件的运行环境。

3）检测跟踪。

4）其他反跟踪技术。如指令流队列和逆指令流等。

反静态跟踪技术主要包括两大类。

1）对程序代码分块加密执行。

2）伪指令法。

（2）加密技术

加密技术是恶意代码自我保护的一种有效手段，通过与反跟踪技术配合，可以使分析者无法正常调试和阅读恶意代码，不能掌握恶意代码的工作原理，也无法抽取恶意代码的特征串。按加密内容划分，加密手段分为信息加密、数据加密和程序代码加密 3 种。

（3）模糊变换技术

利用模糊变换技术，恶意代码程序每次感染一个对象时，恶意代码体均不相同。同一种恶意代码具有多个不同的样本，几乎没有稳定的代码，从而使得基于特征的检测工具难以识别它们。目前模糊变换技术主要包括以下几个。

1）指令替换法。

2）指令压缩法。

3）指令扩展法。

4）伪指令技术。

5）重编译技术。

（4）自动生产技术

恶意代码的自动生产技术主要包括计算机病毒生成器技术和多态性发生器技术。多态性发生器可以使恶意程序代码本身发生变化，并保持原有功能。

2. 攻击技术

常见的恶意代码攻击技术包括：进程注入技术、三线程技术、端口复用技术、对抗检测技术、端口反向连接技术和缓冲区溢出攻击技术等。

（1）进程注入技术

当前操作系统中都提供系统服务和网络服务，它们都在系统启动时自动加载。进程注入技术就是以上述服务程序的可执行代码作为载体，将恶意代码程序自身嵌入到其中，实现自身隐藏和启动的目的。

采用该技术的恶意代码只需要安装一次，以后就会随载体程序的启动而自动加载到其进程中。通常要选择系统正常运行所必需的程序作为载体，从而可以使恶意代码在系统运行时始终保持激活状态。

（2）三线程技术

Windows 系统引入了线程的概念，一个进程可以同时拥有多个并发线程。所谓三线程技术，就是指一个恶意代码进程同时开启 3 个线程，其中一个是主线程，负责具体的恶意功能，另外两个线程分别是监视线程和守护线程。监视线程负责检查恶意代码的状态。守护线程注入其他可执行文件内，与恶意代码进程同步，一旦恶意代码线程停止，守护线程会重新启动该线程，从而保证恶意代码执行的持续性。

（3）端口复用技术

端口复用技术是指重复利用系统已打开的服务端口传送数据，从而可以躲避防火墙对端口的过滤。端口复用一般情况下不影响原有服务的正常工作，因此具有很强的隐蔽性。

（4）对抗检测技术

有些恶意代码具有攻击反恶意代码软件的能力。采用的技术手段主要有：终止反恶意代码软件的运行、绕过反恶意代码软件的检测等。

（5）端口反向连接技术

通常情况下，防火墙对进入内部网络的网络数据包具有严格的过滤策略，但对从内部发起的网络数据包却疏于管理。端口反向连接技术就是利用防火墙的这种特性从被控制端主动发起向控制端的连接。

（6）缓冲区溢出攻击技术

缓冲区溢出攻击主要是向存在溢出漏洞的服务程序发出精心构造的攻击代码，是获取远程目标主机管理权限的主要手段，是恶意代码进行主动传播的主要途径。

3. 隐藏技术

恶意代码的隐藏通常包括本地隐藏和通信隐藏。本地隐藏主要有文件隐藏、进程隐藏、网络连接隐藏和内核模块隐藏等；通信隐藏主要包括通信内容隐藏和传输通道隐藏。

（1）本地隐藏技术

本地隐藏是指为了防止本地系统管理人员察觉而采取的隐蔽手段。本地系统管理人员通常使用"查看进程列表""查看文件系统""查看内核模块"和"查看系统网络连接状态"等命令来检测系统是否被植入恶意代码。本地隐藏主要就是针对上述安全管理命令进行相应的隐藏。

本地隐藏的技术手段可以分为 3 类。第一类是将恶意代码隐藏于合法程序中。该类方法可以躲过简单管理命令的检查。第二类是修改或替换某些系统管理命令或其依赖的系统调用。该类方法能够使管理命令的输出信息经过处理以后再显示给用户，可以方便地欺骗系统管理人员。第三类方法是分析管理命令的执行机制和弱点，然后利用发现的弱点避过管理命令的检查，可以达到不修改管理命令而实现隐藏的目的。

（2）通信隐藏

随着网络安全意识逐步深入人心，防火墙、入侵检测等网络安全防护设备在网络中广泛使用，使得使用传统通信模式的恶意代码难以正常运行。因此，恶意代码发展出了更加隐蔽的网络通信模式。

使用加密算法对所传输的内容进行加密能够隐蔽通信内容。隐蔽通信内容虽然可以保护通信内容，但无法隐蔽通信状态，因此传输信道的隐蔽同样具有重要的意义。对传输信道的隐蔽主要采用隐蔽通道技术。美国国防部可信操作系统评测标准对隐蔽通道进行了如下定义：隐蔽通道是允许进程违反系统安全策略传输信息的通道。

在 TCP/IP 协议中，有许多冗余信息可以用来建立隐蔽信道。攻击者可以利用这些隐蔽信道绕过网络安全机制秘密地传输数据。TCP/IP 数据包格式在实现时为了能够适应复杂多变的网络环境，有些信息可以使用多种方式来表示，恶意代码可以利用这些冗余信息来实现通信的隐蔽。

常见的网络通信隐蔽技术有 http tunnel 和 icmp tunnel 等。http tunnel 是一种将网络通信内容用 HTTP 协议进行二次封装的通信技术，可以有效穿透防火墙，躲避入侵检测系统检测。icmp tunnel 则是一种将网络通信内容用 icmp 协议进行封装，模拟成常规的网络管理报文，也可以躲避入侵检测系统的检测。

8.4.4　网络蠕虫

随着 Internet 网络应用的普及，网络蠕虫对计算机网络系统安全的威胁日益增加。在开放互通的网络环境下，多样化的传播途径和复杂的应用环境使网络蠕虫的发生频率增高，潜伏性变强，覆盖面更广，造成的损失也更大。1988 年，著名的 Morris 蠕虫事件成为网络蠕虫攻击的先例，从此网络蠕虫成为研究人员关注的一个重要课题。2001 年 7 月，CodeRed 爆发后，蠕虫研究再度引起人们的广泛关注。

1．网络蠕虫的定义

网络蠕虫是一种智能化、自动化，综合网络攻击、密码学和计算机病毒技术，不需要计算机使用者干预即可运行的攻击程序或代码。它能够扫描和攻击网络上存在系统漏洞的结点主机，通过局域网或者国际互联网从一个结点传播到另外一个结点。

网络蠕虫具有主动攻击、行踪隐蔽、利用漏洞、造成网络拥塞、降低系统性能、产生安全隐患、反复性和破坏性等特征，网络蠕虫无须计算机用户干预即可自主运行，通过不断地获得网络中存在特定漏洞的计算机的控制权限来进行传播。

2．网络蠕虫的功能模型

网络蠕虫的功能模块可以分为主体功能模块和辅助功能模块。实现了主体功能模块的蠕虫能够完成复制传播流程，而包含辅助功能模块的蠕虫程序则具有更强的生存能力和破坏能力。网络蠕虫功能结构如图 8-3 所示。

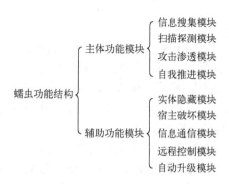

图 8-3　网络蠕虫的功能结构

（1）主体功能模块

主体功能模块由 4 个模块构成：①信息搜集模块决定采用何种搜索算法对本地或者目标网络进行信息搜集，包括本机系统信息、用户信息、邮件列表、对本机的信任或授权的主机、本机所处网络的拓扑结构，以及边界路由信息等，所有这些信息可以单独使用或被其他个体共享；②扫描探测模块完成对特定主机的脆弱性检测，决定采用何种攻击渗透方式。③攻击渗透模块利用扫描探测模块获得的安全漏洞，建立传播途径；④自我推进模块可以采用各种形式生成各种形态的蠕虫副本，并在不同主机间完成蠕虫副本传递。

（2）辅助功能模块

辅助功能模块是对除主体功能模块以外的其他模块的总称，主要由 5 个功能模块构成：①实体隐藏模块包括对蠕虫各个实体组成部分的隐藏、变形、加密，以及进程的隐藏，其主要目的是提高蠕虫的生存能力；②宿主破坏模块用于摧毁或破坏被感染主机，破坏网络正常运行，在被感染主机上留下后门等；③信息通信模块能使蠕虫间、蠕虫同攻击者之间进行交流，这是当前蠕虫发展的重点；④远程控制模块的功能是调整蠕虫行为，控制被感染主机，执行蠕虫控制者下达的指令；⑤自动升级模块可以使蠕虫控制者随时更新其他模块的功能，从而实现不同的攻击目的。

3．网络蠕虫的扫描策略

良好的扫描策略能够加速蠕虫传播，并可以提高自身的安全性和隐蔽性，因此网络蠕虫扫描策略是网络蠕虫研究的一项重要内容。按照蠕虫对目标地址空间的选择方式来分类，扫描策略可以分为选择性随机扫描、顺序扫描、基于目标列表的扫描、分治扫描、基于路由的扫描和基于 DNS 扫描等。

8.4.5　Rootkit 技术

1．Rootkit 技术简介

Rootkit 作为一个名词最早出现于 20 世纪 90 年代初。1994 年 2 月，CERT-CC 在其编号为 CA-1994-01 的一篇安全咨询报告（题目为 Ongoing Network Monitoring Attacks）中首先使用了 Rootkit 这个名词。从出现至今，Rootkit 的技术发展非常迅速，应用越来越广泛，检测难度也越来越大。早期针对 UNIX 和 Linux 两种操作系统的 Rootkit 居多，当前针对 Windows 类操作系统的 Rootkit 也开始大量涌现。

Rootkit 是攻击者用来隐藏自己的踪迹和维持远程管理员访问权限的工具，而不是用来获得系统管理员访问权限的工具。早期的 Rootkit 基本上都是由几个独立的程序组成的，一个典型 Rootkit 通常包括以下几个方面。

1）以太网嗅探器程序，用于获得网络上传输的用户名和密码等信息。

2）木马程序，例如 inetd 或者 login，为攻击者提供后门。

3）隐藏攻击者的目录和进程的程序，例如 ps、netstat、rshd 和 ls 等。

4）日志清理工具，如 zap、zap2 或者 z2 等，攻击者使用这些清理工具删除 wtmp、utmp 和 lastlog 等日志文件中有关自己行踪的记录。

攻击者使用 Rootkit 中的相关程序替代系统原来的 ps、ls、netstat 和 df 等程序，使系统管理员无法通过这些工具发现自己的踪迹。接着使用日志清理工具清理系统日志，消除自己的踪迹。然后，攻击者可以通过安装的后门进入系统查看嗅探器的日志，以发起其他的攻击。

相较于早期的 Rootkit，当前 Rootkit 技术有了长足发展，逐渐向短小精悍、深入内核、功能完善的方向发展。

2．Windows 系统下的 Rootkit 关键技术

Windows 系统下的 Rootkit 关键技术有进程隐藏技术和文件隐藏技术两种。

（1）进程隐藏技术

Windows 系统下的进程隐藏技术主要有五大类：①远程线程注入技术；②基于 SPI 的进程隐藏技术；③基于 svchost 服务的进程隐藏技术；④基于修改活动进程链表的进程隐藏技术；⑤基于 Hook SSDT 的进程隐藏技术。前 3 种隐藏技术有许多共同点：①都属于不直接使用进程的隐藏，其基础是 DLL；②欺骗性强，能够利用社会工程学方法；③在进程查看工具中根本不存在，但在目标进程的加载模块中能够找到其 DLL 文件。3 种技术也有不同之处：①远程线程注入在系统重启时不能自动运行，而后两种则能做到；②远程线程中同一个 DLL 可以注入到多个进程中，而后两种的依附进程已限定为 svchost。后两种技术都是对内核进行操作的，前一种是通过在用户态操作内核的方法来实现的，不需要编写和安装驱动程序，因此带来的副作用较少。Hook SSDT 是通过编写驱动来实现的，必须安装驱动，隐藏驱动程序文件和驱动在注册表中建立的项和内核模块，但是这种方法相对稳定。

这 5 种进程隐藏技术各有特点，都有适合自己的应用场合。5 种技术被检测的难易度不同，前 3 种相对较容易，Hook SSDT 次之，修改活动进程链表最难。

（2）文件隐藏技术

文件隐藏技术主要包括用户态文件隐藏技术和内核态文件隐藏技术。用户态隐藏技术主要通过 API Hook 方法来实现，基本思想是把要 hook 的函数封装在一个 DLL 文件中，然后将该 DLL 文件以远程线程的方式插入到需要进行 API Hook 的进程中。由于 API Hook 是针对进程而言的，而系统中的进程在各个时刻又是在变化的，因此，为了实现彻底隐藏，必须对系统中的进程进行监视。当监视到新的进程时，需要将 DLL 文件插入到新进程中，完成隐藏功能。

内核态文件隐藏技术则是通过驱动程序拦截枚举一个目录里面所有的文件和它的子目录下所有文件的函数 NtQueryDirectoryFile()。如果想要隐藏一个文件，在驱动程序中的步骤如下。

1）关闭内核写保护。

2）通过 SSDT 找到 NtQueryDirectoryFile 函数的入口地址，并保存。

3）把 SSDT 中 NtQueryDirectoryFile 函数的入口地址换成自定义的 hook 函数地址。

4）打开内核写保护。

5）在自定义的 hook 函数中实现文件的隐藏。

3．Linux 系统下的 Rootkit 关键技术

Linux 系统下的 Rootkit 关键技术是 LKMs 技术。LKMs 即可卸载的内核模块（Loadable Kernel Modules）。LKMs 技术本来是 Linux 系统用于扩展自身功能的，但是同样可以应用于 Rootkit 技术。使用 LKMs 的优点是 LKMs 模块可以被动态地加载，而且不需要重新编译内核。

在 Rootkit 中通常要用到的 LKMs 技术主要包括以下几个。

（1）隐藏文件

ls、du 等命令都是通过 sys_getdents()来获得目录信息的。所以 LKM 程序必须过滤该函数的输出来达到隐藏文件的目的。

（2）隐藏进程

在 Linux 的实现中，进程的信息被映射到/proc 文件系统中。因此需要捕获 sys_getdents() 调用在进程链表中标记为不可见。通常的方法是设置任务的信号标志位为一些未用的信号量。

（3）隐藏网络连接

和隐藏进程相似，隐藏/proc/net/tcp 和/proc/net/udp 文件。无论何时读包含匹配字符串的这两个文件，系统调用都不会声明在使用它。

（4）重定向可执行文件

某些情况下，攻击者可能会需要替换系统的二进制文件，例如 login，但不想改变原文件。此时攻击者可以截获 sys_execve()，使得系统无论何时尝试执行 login 程序，它都会被重定向到攻击者给定的其他程序。

（5）隐藏 sniffer

隐藏 sniffer 主要是指隐藏网络接口的混杂模式，可以通过替换 sys_ioctl()实现。

（6）隐藏 LKMs 本身

一个优秀的 LKMs 程序必须很好地隐藏自己。系统里的 LKMs 是用单向链表连接起来的，为了隐藏 LKMs 本身必须把它从链表中移除。

8.4.6 恶意代码的防范

恶意代码与传统型的计算机病毒有许多相似的特征，因此在恶意代码防范方面，传统的反病毒技术依然可以发挥重要作用，事实上，许多杀毒软件都直接将恶意代码当作普通病毒来对待。此外，恶意代码又有其自身的一些特点，针对恶意代码的自身特点又发展出了一些新的防范方法。

1．及时更新系统，修补安全漏洞

许多恶意代码的入侵和传播都是利用系统（包括操作系统和应用系统）的特定安全漏洞进行的。通常情况下，在恶意代码大规模泛滥之前，其入侵和传播所依赖的安全漏洞的修补程序就已经发布，只是有许多用户没有及时安装这些修补程序而成为恶意代码的攻击对象。

如果能够在恶意代码入侵之前发现并修补系统的安全漏洞，就可以避免攻击。因此，及时更新系统，修补安全漏洞，对于防范恶意代码具有重要意义。

2．设置安全策略，限制脚本程序的运行

通过网页浏览器传播的恶意代码，即利用 Java Applets、ActiveX、Java Script 和 VB

Script 等技术来实现的移动代码已经成为恶意代码传播的一个主要途径，是普通上网用户的主要安全隐患。但是该类恶意代码必须在浏览器允许执行脚本程序的条件下才可运行。因此，只要设置适当的安全策略，限制相应脚本程序的运行，就可以在很大程度上避免移动代码的危害。

对于常用的 Microsoft Internet Explorer（IE）浏览器，可以按照如图 8-4 所示的方法进行安全设置。

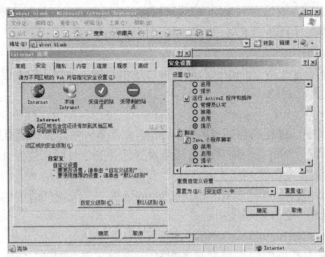

图 8-4　自定义浏览器的安全级别

3．启用防火墙，过滤不必要的服务和系统信息

众所周知，计算机系统暴露到互联网上的信息越多，就越容易受到攻击。因此通过防火墙过滤不必要的服务和系统信息可以降低系统遭受恶意代码攻击的风险。

4．养成良好的上网习惯

以目前的技术水平，单靠技术手段还难以从根本上杜绝恶意代码的危害，因此良好的上网习惯就显得非常重要。良好的上网习惯主要包括以下几个。

1）不随意打开来历不明的电子邮件。

2）不随意下载来历不明的软件。

3）不随意浏览来历不明的网站。

4）不随意使用移动终端设备连接不可信的无线热点。

5．警惕恶意代码的新传播方式

互联网技术的发展催生了许多新的技术，尤其是移动终端的软硬件技术发展更为迅速，但这些技术在给用户带来方便的同时也给恶意代码传播提供了新的隐蔽途径，例如通过制造商预装、刷机助手、第三方市场、Wap Push、二维码和微博等方式可以更加隐蔽地传播恶意代码。因此在使用新技术时也要注意提高安全意识，不可以麻痹大意。

8.5　小结

计算机病毒是指编制或者在计算机程序中插入的破坏计算机功能或者毁坏数据，影响计算机使用，并能自我复制的一组计算机指令或者程序代码。计算机病毒的特征主要有：非授权可执行性、隐蔽性、传染性、潜伏性、破坏性及可触发性。

计算机病毒的主要危害包括：病毒激发对计算机数据信息的直接破坏作用、占用磁盘空间和对信息的破坏、抢占系统资源、影响计算机运行速度、计算机病毒错误与不可预见的危害、计算机病毒的兼容性对系统运行的影响，以及计算机病毒给用户造成严重的心理压力。

计算机病毒一般包括三大功能模块，即引导模块、传染模块和破坏/表现模块。从不同的角度，计算机病毒有不同的分类方法。

计算机病毒的检测要从检查系统资源的异常情况入手。防范感染病毒的途径可概括为两类：一是用户遵守和加强安全操作控制措施，二是使用防病毒工具。

计算机病毒的发展趋势将是更加智能化的，其破坏力和影响力将不断增强，计算机病毒防范工作将成为信息系统安全的重要因素。

恶意代码是普通计算机病毒概念的扩展和延伸，主要包括普通病毒、木马、网络蠕虫、移动代码和复合型病毒等类型，其主要技术有生存技术、攻击技术和隐藏技术。

8.6　习题

1. 简述计算机病毒的定义和特征。
2. 结合自己的经历说明病毒的危害。
3. 简述计算机病毒的分类。
4. 试述计算机病毒的一般构成，各个功能模块的作用和作用机制。
5. 目前计算机病毒预防采用的技术有哪些？
6. 对于计算机病毒有哪些检测技术？
7. CIH 病毒一般破坏哪些部位？它发作时有哪些现象？
8. 简要回答宏病毒的特征。
9. 简述计算机病毒的发展趋势。
10. 什么是恶意代码，防范恶意代码的措施有哪些？
11. 简述恶意代码所使用的关键技术。

第9章 数据备份技术

在以信息为基础的商业时代，对大多数计算机的使用者来说，保持关键数据和应用系统始终处于正常运行状态，是最起码的要求。例如人们对于电信、金融和社会公共事业等领域信息的需求就是每天 24 小时不间断的。但是，无论对硬件和软件采取什么样的监控和改善措施，一场灾难的降临还是可能使数据中心毁于一旦。供电故障、地震、火灾、洪水、雷电、飓风、飞机坠毁、列车出轨、火山爆发和网络攻击等，都可能导致信息系统的瘫痪。实际上根据统计，在致使信息系统瘫痪的各种原因之中，上述自然灾害只占 3%左右，而硬件故障占44%，人为原因占 32%，软件故障占 14%，病毒侵入占 7%。所以说，信息系统所面临的灾难是多方面的，而且在这些灾难面前信息系统也是非常脆弱的。因此，信息系统必须制定适当的备份和灾难恢复策略。

随着信息化建设的深入，网络上的信息将越来越丰富，数据对领导决策及企事业发展将起到越来越重要的作用，一旦由于意外而丢失数据，将会造成巨大的经济损失。

9.1 数据备份概述

数据的灾难恢复是保证系统安全可靠不可或缺的基础。网络的高可靠性和高可用性是最基本的要求，重要业务数据都存储在网络中，一旦丢失，后果不堪设想，因此，建立一套行之有效的灾难恢复方案就显得尤为重要。在实际网络环境中，由于数据量大，且常常需要跨平台操作，数据出错或丢失是难免的，如果没有事先对数据进行备份，要想恢复数据不仅难度大而且很不可靠，有时甚至根本不可能进行恢复。如果定期对重要数据进行备份，那么在系统出现故障时，仍然能保证重要数据准确无误。

随着存储介质成本的下降，传统的磁带备份技术正面临巨大的挑战，光纤信道技术将逐步取代 SCSI 接口技术。此外，随着 Internet/Intranet 的大量使用，网络也日趋复杂，许多内部网络都不是单一平台，而是包括了多种操作系统平台的异构环境。存储备份解决方案就必须具有平台独立特性，能适应异构的分布式网络环境，同时还要易于实施和掌握，产生了能够适应异构网络环境存储备份需求的 SAN（存储区域网）技术。使用光纤信道的 SAN 技术已成为最具发展潜力的一种存储备份技术。

9.1.1 数据失效的主要原因

造成数据失效的原因大致可以分为 4 类。

1. 计算机软硬件故障

发生概率：发生可能性最大，也最频繁，是经常发生的一类故障。

预防方法：本地双机热备份，实现系统冗余，增强业务系统的可用性。

2. 人为操作故障

发生概率：如果管理较严、人员素质较高，则偶尔发生；如果管理较松、人员培训不足，则会经常发生。

预防方法：提高系统自动化运行管理水平，做好本地数据冷备份，减少人员的操作与干预，或制定严格的管理规范，避免误操作。

3. 资源不足引起的计划性停机

发生概率：随着业务的快速增长，一般每年均会发生如软、硬件升级、系统资源扩充等事件，业务增长越快的网络，发生越频繁。

预防方法：本地双机热备份，系统冗余。

4. 生产地点的灾难

发生概率：对于局部地区，发生概率较小；对于全国范围，有偶然发生的必然性。

预防方法：建立灾难恢复中心。

数据失效的因果关系如表 9-1 所示。

表 9-1　数据失效的因果关系

结果　　原因	自然灾害	硬件故障	软件故障	人为原因
破坏性	很大	中等	无法估计	无法估计
影响范围	整个网络	单台计算机	无法估计	无法估计
发生可能性	很小	小	中等	较大
失效种类	物理损坏	物理损坏	逻辑损坏	逻辑损坏
平均破坏性	中等	中等	较大	大

可见，数据失效的概率还是相当高的，随时随地可能发生，其后果是灾难性的，应及早建立科学、有效的数据备份措施和观念，防患于未然。否则，重建失效数据的代价和数据失效的影响及损失是不可估量的。根据统计，全球每年因数据毁损造成的损失超过 30 亿美元。

例如，40MB 的磁盘数据可能包括电子图表、账目、客户记录和商务文件等不能失效的重要信息，数据失效后，必须花费大量的金钱和时间才能恢复，这将严重影响业务进程。20MB 磁盘的数据容量相当于 10000 页纸（A4 幅面）的文字数据。20GB 磁盘的数据容量相当于 1000 万页纸（A4 幅面）的文字数据。

数据失效可分为两种，一种是失效后的数据彻底无法使用，这种失效称为物理损坏（Physical Damage）；另一种是失效的数据仍可以部分使用，但从整体上看，数据之间的关系是错误的，这种失效称为逻辑损坏（Logical Damage）。逻辑损坏其实比物理损坏更为严重，因为逻辑损坏不易被发现，潜伏期长，当发现数据有错误时可能已经无法挽回。

常见的几种物理损坏包括以下几种。

● 电源故障：由于电源故障造成设备无法使用。
● 存储设备故障：安装时的无意磕碰、掉电、电流突然波动和机械自然老化等原因都有可能造成存储设备故障。
● 网络设备故障：传输距离过长、设备添加与移动、传输介质的质量问题和老化都有可能造成故障。
● 自然灾害：由水灾、火灾和地震等造成设备损坏，无法使用。
● 操作系统故障：非法指令造成的系统崩溃，系统文件被破坏导致无法启动操作系统等。
● 数据丢失：缺少文件或程序本身的不完善导致程序无法运行。

物理损坏造成的后果比较明显，容易发现，相对来说容易排除。但是如果不能及时排除，也会造成极大的损失。

常见的逻辑损坏包括以下几种。

- 数据不完整：系统缺少完成业务所必需的数据。
- 数据不一致：系统数据是完全的，但不符合逻辑关系。
- 数据错误：系统数据是完全的，也符合逻辑关系，但数据是错误的，与实际不符。

逻辑损坏隐蔽性强，往往带有巨大的破坏性，是造成损失的主要原因。如果发生逻辑损坏，损失将无法估算，因为输入计算机中的都是很重要的数据。根据统计，恢复 10MB（约5000 页纸）的数据最少也要花费将近 20 天时间，成本在万元以上。

9.1.2 备份及其相关概念

要防止数据失效的发生，有多种途径。例如：加强建筑物安全措施、提高员工操作水平和购买品质优良的设备等。但最根本的方法还是建立完善的备份制度。

数据备份是指将计算机磁盘上的原始数据复制到可移动存储介质上，如磁带、光盘等。在出现数据丢失或系统灾难时将复制在可移动存储介质上的数据恢复到磁盘上，从而保护计算机的系统数据和应用数据。备份的概念大家都不会陌生。在日常生活中，人们都在不自觉地使用备份。例如，银行卡密码记在脑子里怕遗忘，就会写下来记在纸上；门钥匙和抽屉钥匙总要去配一份。其实备份的概念说起来很简单，就是保留一套后备系统。这套后备系统或者与现有系统一模一样，或者能够替代现有系统的功能。

与备份对应的概念是恢复，恢复是备份的逆过程。在发生数据失效时，计算机系统无法使用，但由于保存了一套备份数据，利用恢复措施就能够很快将损坏的数据重新建立起来。

为了便于理解，下面介绍一些与备份相关的概念。

1）数据恢复是数据备份的逆过程，就是利用保存的备份数据还原出原始数据的过程。

2）热备份其实是计算机容错技术的一个概念，是实现计算机系统高可用性的主要方式，避免因系统单点故障（如磁盘损伤）导致整个计算机系统无法运行，从而实现计算机系统的高可用性。最典型的实现方式是双机热备份，即双机容错。该项技术的最新发展是采用多机热备份，即 cluster 的概念，多机相互镜像，负载均衡，并能自动诊断系统故障，失效切换，使一些对实时性要求很高的业务得以保障。然而，热备份方式并不能解决像操作人员误删除造成数据丢失这样的问题，因为热备份系统为保证数据的一致性，会同时将这个文件的镜像文件删除。

3）在线备份：对正在运行的数据库或应用进行备份，通常对打开的数据库和应用是禁止备份的，因此要求数据存储管理软件能够对在线的数据库和应用进行备份。

4）离线备份：指在数据库或应用关闭后对其数据进行备份，离线备份通常只采用全备份。

5）备份工具：指为操作系统或数据库提供的简单备份软件模块，如 UNIX 系统的TAR.Dump、NetWare 的 Sbackup，以及 Oracle 的 Export/Import 等，在传统的备份方式下配合单个磁带机能够完成基本的备份工作，但对于企业级分布式网络的数据存储管理来讲，备份工具不能实现网络的、跨平台的、自动的、高效率的和高可靠性的存储管理，这部分工作最好是交给专门的数据存储管理软件完成。

6）数据存储管理：指对与计算机系统数据存储相关的一系列操作（如备份、归档和恢复）进行的统一管理，是计算机系统管理的一个重要组成部分。对于一个完备的计算机系统而言，数据存储管理是必不可少的。

7）数据归档：是将磁盘数据复制到可移动存储介质上。与数据备份不同的是，数据归档在完成复制工作后将原始数据从磁盘上删除，释放磁盘空间。数据归档一般是对与年度或某一项目相关的数据进行操作，在一年结束或某一项目完成时将其相关数据迁移至可移动存储介质上，以备日后查询和统计，同时释放宝贵的磁盘空间。

9.1.3 备份的误区

对计算机系统进行全面的备份，并不只是复制文件那么简单。一个完整的系统备份方案应包括硬件备份、软件备份、日常备份制度（Backup Routines）和灾难恢复制度（DRP：Disaster Recovery Plan）4 部分。人们对备份存在着很多误区，具体体现在以下几个方面。

1）用人工操作进行简单的数据备份代替专业备份工具的完整解决方案。采用人工操作的方法操作数据备份，带来了许多管理和数据安全方面的问题，如人工操作将人的疏忽引入，备份管理人员的更换交接不清可能造成备份数据的混乱，造成恢复时的错误，人工操作恢复使恢复可能不完全且恢复的时间无法保证，也可能造成重要的数据备份遗漏，无法保证数据恢复的准确和高效率。

2）忽视数据备份介质管理的统一通用性。忽视数据备份介质的统一通用性会造成恢复时由于介质不统一的问题，包括磁带或光盘的标识命名混乱，也给恢复工作带来不必要的麻烦。

3）用硬件冗余容错设备代替对系统的全面数据备份。这种做法完全与数据备份的宗旨相悖，在管理上有巨大的漏洞且很不完善。用户应该认识到任何程度的硬件冗余也无法百分之百地保证单点的数据安全性，磁盘阵列（RAID）技术不能，镜像技术也不能，甚至双机备份也无法替代数据备份。

4）忽视数据异地备份的重要性。数据异地备份在客户计算机应用系统遭遇单点突发事件或自然灾难时非常有效和重要。

5）用用户应用数据备份替代系统全备份。这种错误会极大地影响恢复时的时间和效率，而且很可能由于系统无法恢复到原程度而造成应用无法恢复，数据无法再次使用。而且还会因为客户不能真正了解应用数据存放的位置而使用户应用数据备份不完整，造成恢复时的问题。

6）忽视制定完整的备份和恢复计划、以及维护计划并测试的重要性。忽视制定测试、维护数据备份和恢复计划会造成实施上的无章可循和混乱。

7）忽视对系统备份恢复人员的理论培训。

9.1.4 选择理想的备份介质

作为经典的电子信息存储技术，磁带已经使用了几十年。近几年来，随着信息存储技术的飞速发展，各种曾经是高不可攀的存储设备，如高容量磁盘、可擦写 CD 等，价格都在大幅度下降。现在是不是也可以用磁盘、CD 来代替传统的磁带备份呢？

总体来讲，备份有 3 个主要的特点。

1）备份最忌讳在备份过程中因介质容量不足而更换介质。因此，存储介质的容量有很高的重要性。

2）由于各种意外并不会经常发生，使用备份数据的频率不会很高，因此对备份的速度并无太高要求，没有必要为了追求高速度而增加对存储介质的投资。

3）所选择的备份技术必须有好的可管理性。

在众多可选的外部存储设备中，磁带是最可靠的数据备份介质，它的主要优点如下。

1）存储容量大。由于磁带库中有多盘磁带，所以磁带库的在线容量为 n 倍的单盘磁带容量。这对一个或多个备份作业数据量大于单盘磁带容量的情况来说，可以实现自动换带，不需要系统管理员来人工更换磁带；同时磁带库的大容量加上磁带的轮换使用，使用户在几个月甚至一年内不需要打开磁带库的门来更换磁带。

2）速度快。由于磁带库中有多台磁带机，所以数据备份、恢复和查询速度相应提高了数倍。同时多台磁带机可互为冗余，提高磁带库的可用性。

3）全自动操作。结合专业备份软件，根据系统管理员的设置，可以完成定时、定文件、定目录和定数据库的自动备份任务，做到无人值守。通常把备份作业时间设定在系统网络负荷最轻的深夜或凌晨来进行。全自动操作还包括磁带库的自动诊断、感应、识别、恢复或报警，以及磁带库自动日常维护和磁带机自动清洗等。

4）备份数据更安全。由于磁带库有机械锁和软件锁双重保护，使不相关的人员根本无法接触到磁带，从而确保备份磁带的安全性。同时由于减少了人工磁带的管理工作，避免了磁带搞混、丢失或错误处置。

而其他备份介质明显存在不足，具体情况如下。

1）磁盘备份：每 GB 数据存储成本昂贵，磁盘无法从系统中脱离，而且当遇到火灾或其他灾害发生时，数据会失效。

2）双机"热"备份系统：双机备份方式主要提供"在线"数据的保护，存储成本高昂。无法避免人为错误、硬件损坏和病毒的破坏。一旦操作系统崩溃，数据将难以得到有效保护。

3）可写一次光盘（CD-Recordable）：容量和可靠性有限，改错方法不够可靠，传输速率低，而且不允许无人值守和定时备份。

9.1.5 备份技术和备份方法

当灾难发生时，留给恢复的时间往往相当短。但以往的备份措施没有任何一种能够使系统从大的灾难中迅速恢复过来。一般需要下列步骤进行恢复。

1）恢复硬件。

2）重新装入操作系统。

3）设置操作系统（驱动程序设置、系统和用户设置等）。

4）重新装入应用程序，进行系统设置。

5）用最新的备份恢复系统数据。

即使一切顺利，这一过程也至少需要 2～3 天时间，这么漫长的恢复时间几乎是不可忍受的，同时也会严重损害企业信誉。

如果采用系统备份措施，灾难恢复将变得相当简单和迅速。

系统备份与普通数据备份的不同在于，它不仅备份系统中的数据，还备份系统中安装的应用程序、数据库系统、用户设置和系统参数等信息，以便迅速恢复整个系统。

与系统备份对应的概念是灾难恢复。灾难恢复同普通数据恢复的最大区别在于，在整个系统都失效时，用灾难恢复措施能够迅速恢复系统。而普通数据恢复则不行，如果系统也发生了失效，在开始数据恢复之前，必须重新装入系统。也就是说，数据恢复只能处理狭义的数据失效，而灾难恢复则可以处理广义的数据失效。对系统数据进行安全有效的备份，具有非常重要的意义。

1. 复制≠系统备份

备份不等于单纯的复制，因为系统的重要信息无法用复制的方式备份下来，而且管理也是备份的重要组成部分。管理包括自动备份计划、历史记录保存、日志管理和报表生成等，没有管理功能的备份，不能算是真正意义上的备份，因为单纯的复制并不能减轻繁重的备份任务。

2. 硬件备份≠系统备份

硬件备份属于系统备份的一个层次，可以有效地防止物理故障。但对于那些由于人为错误或故意破坏而引起的数据丢失，硬件备份则无能为力。因此，硬件备份不能完全保证系统数据的安全，只有系统备份才能提供真正的数据保护。

3. 数据文件备份≠系统备份

有很多人认为备份只是对数据文件的备份，系统文件与应用程序无须进行备份，因为它们可以通过安装盘重新进行安装。实际上这是对备份的误解。在网络环境中，系统和应用程序安装起来并不是那么简单：人们必须找出所有的安装盘和原来的安装记录进行安装，然后重新设置各种参数、用户信息和权限等，这个过程可能要持续好几天。因此，最有效的方法是对整个网络系统进行备份。这样，无论系统遇到多大的灾难，都能够应付自如。

9.2 数据备份方案

为保证关键数据和应用系统的正常运行，根据数据和应用系统的特点，制定数据备份方案是至关重要的。目前的数据备份方案主要有磁盘备份、双机备份和网络备份。

9.2.1 磁盘备份

磁盘备份，顾名思义就是用磁盘备份数据，就是把重要的数据备份到磁盘上，它的主要方式是磁盘阵列和磁盘镜像。

1. 磁盘阵列

1987 年，加州大学伯克利分校的一位人员发表了名为"磁盘阵列研究"的论文，正式提到了 RAID，也就是磁盘阵列，论文提出廉价的 5.25 英寸（in）及 3.5 英寸的磁盘也能如 8 英寸盘那样提供大容量、高性能和数据的一致性，并详述了 RAID1～RAID5 的技术。

磁盘阵列针对不同应用使用的不同技术，称为 RAID level，RAID 是 Redundant Array of Inexpensive Disks 的缩写，而每一个 level 代表一种技术，目前业界公认的标准是 RAID0～RAID5。这个 level 并不代表技术的高低，level5 并不高于 level3，level1 也不低于 level4，至于要选择哪一种 RAID level 的产品，完全视用户的操作环境（Operating Environment）及应用（Application）而定，与 level 的高低没有必然的关系。RAID0 没有安全的保障，但其快速，所以适合高速 I/O 的系统；RAID1 适用于需要安全性又要兼顾速度的系统，RAID2 及 RAID3 适用于大型计算机及影像、CAD/CAM 等处理；RAID5 多用于联机交易处理（OLTP），因有金融机构及大型数据处理中心的迫切需要，故使用较多而较有名气，但也因此形成很多人对磁盘阵列的误解，以为磁盘阵列非要 RAID5 不可；RAID4 较少使用，和 RAID5 有共同之处，但RAID4 适合大量数据的存取。

在介绍各个 RAID level 之前，先看看形成磁盘阵列的两个基本技术：磁盘延伸、磁盘或数据分段。

（1）磁盘延伸

磁盘延伸（Disk Spanning）能确切地表示 Disk Spanning 这种技术的含义。图 9-1 所示是磁盘阵列控制器连接了 4 个磁盘。

这 4 个磁盘形成一个阵列（Array），而磁盘阵列的控制器（RAID Controller）是将此 4 个磁盘视为单一的磁盘，如 DOS 环境下的 C：盘。这是 Disk Spanning 的意义，因为把小容量的磁盘延伸为大容量的单一磁盘，用户不必规划数据在各磁盘的分布，而且提高了磁盘空间的使用率。

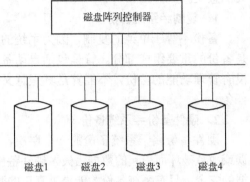

图 9-1　磁盘延伸结构图

SCSI 磁盘阵列更可连接几十个磁盘，形成数百 GB 到数 TB 的阵列，使磁盘容量几乎可进行无限的延伸；而各个磁盘一起做取存的动作，比单一磁盘更为快捷。很明显的，由此阵列的形成而产生了 RAID 的各种技术。从图 9-1 也可看出价格的优势，因为 4 个 250GBbytes 的磁盘比一个 1TBytes 的磁盘要便宜，尤其以前大磁盘的价格非常昂贵，但在磁盘越来越便宜的今天，价格已非磁盘阵列的重点，虽然对于需要大磁盘容量的系统，价格仍是考虑的要点。

（2）磁盘或数据分段（Disk Striping 或 Data Striping）

因为磁盘阵列是将同一阵列的多个磁盘视为单一的虚拟磁盘（Virtual Disk），所以其数据是以分段（Block 或 Segment）的方式顺序存放在磁盘阵列中的，如表 9-2 所示。

表 9-2　数据分段

磁盘 0	磁盘 1	磁盘 2	磁盘 3
A0-A1	A2-A3	A4-A5	A6-A7
B0-B1	B2-B3	B4-B5	B6-B7
C0-C1	C2-C3	C4-C5	C6-C7
D0-D1	D2-D3	D4-D5	D6-D7

数据按需要分段，从第一个磁盘开始放，放到最后一个磁盘再回到第一个磁盘放起，直到数据分布完毕。至于分段的大小视系统而定，有的系统或以 1KB 最有效率，或以 4KB，或以 6KB，甚至是 4MB 或 8MB 的，但除非数据小于一个扇区（Sector，即 521B），否则其分段应是 512B 的倍数。因为磁盘的读写是以一个扇区为单位，若数据小于 512B，系统读取该扇区后，还要做组合或分组（视读或写而定）的动作，浪费时间。从表 9-2 可以看出，数据以分段分布在不同的磁盘，整个阵列的各个磁盘可同时做读写，故数据分段使数据的存取有最好的效率，理论上本来读一个包含 4 个分段的数据所需要的时间约=（磁盘的 Access Time ＋ 数据的 Transfer Time）×4 次，现在只要一次就可以完成。

若以 N 表示磁盘的数目，R 表示读取，W 表示写入，S 表示可使用空间，则数据分段的性能如下。

R=N（可同时读取所有磁盘）

W=N（可同时写入所有磁盘）

S=N（可利用所有的磁盘，并有最佳的使用率）

介绍完以上两种基本技术，RAID 的几种标准就非常容易理解了。

（3）RAID 0

Disk Striping 也称为 RAID 0，很多人以为 RAID 0 没有什么，其实这是非常错误的观念，因为 RAID 0 使磁盘的输出输入有最高的效率。而磁盘阵列有更好效率的原因除数据分段外，它可以同时执行多个输出输入的要求，因为阵列中的每一个磁盘都能独立动作，分段放在不同的磁盘，不同的磁盘可同时进行读写操作，而且能在 Cache 及磁盘进行并行存取（Parallel Access）的动作，但只有硬件的磁盘阵列才有此性能表现。

从上述两点可以看出，Disk Spanning 定义了 RAID 的基本形式，提供了一个便宜、灵活、高性能的系统结构，而 Disk Striping 解决了数据的存取效率和磁盘的利用率问题，RAID 1 至 RAID 5 是在此基础上提供磁盘安全的方案。

（4）RAID 1

RAID 1 是使用磁盘镜像（Disk Mirroring）的技术。磁盘镜像应用在 RAID 1 之前就在很多系统中使用，它的方式是在工作磁盘（Working Disk）之外再加一个额外的备份磁盘（Backup Disk），两个磁盘所储存的数据完全一样，数据写入工作磁盘的同时亦写入备份磁盘。磁盘镜像不见得就是 RAID 1，如 Novell NetWare 也有提供磁盘镜像的功能，但并不表示 NetWare 有了 RAID 1 的功能。一般磁盘镜像和 RAID 1 有两点最大的不同。

RAID 1 无工作磁盘和备份磁盘之分，多个磁盘可同时动作而有重叠（Overlapping）读取的功能，甚至不同的镜像磁盘可同时做写入的动作，这是一种最佳化的方式，称为负载平衡（Load-Balance）。例如有多个用户在同一时间要读取数据，系统能同时驱动互相镜像的磁盘，同时读取数据，以减轻系统的负载，增加 I/O 的性能。

RAID 1 的磁盘是以磁盘延伸的方式形成阵列，而数据是以数据分段的方式进行储存，因而在读取时，它几乎和 RAID 0 有同样的性能。从 RAID 的结构就可以很清楚地看出 RAID 1 和一般磁盘镜像的不同。

表 9-3 为 RAID 1 数据存储结构，每一条数据都储存两份。

从表 9-3 中可以看出：

R=N（可同时读取所有磁盘）

W=N/2（同时写入磁盘数）

S=N/2（利用率）

读取数据时可用到所有的磁盘，充分发挥数据分段的优点；写入数据时，因为有备份，所以要写入两个磁盘，其效率是 N/2，磁盘空间的使用率也只有全部磁盘的一半。

表 9-3　RAID 1 数据存储结构

磁盘 0	磁盘 0	磁盘 1	磁盘 1
A0	A1	A0	A1
A2	A3	A2	A3
A4	B0	A4	B0
B1	B2	B1	B2

很多人以为 RAID 1 要加一个额外的磁盘，形成浪费，而不看好 RAID 1，事实上磁盘越来越便宜，并不见得造成负担，况且 RAID 1 有最好的容错（Fault Tolerance）能力，其效率也

是除 RAID 0 之外最高的。可以根据应用的不同，在同一磁盘阵列中使用不同的 RAID level，如可在同一磁盘阵列中定义 8 个逻辑磁盘（Logic Disk），分别使用不同的 RAID level，分为 C:、D: 及 E: 共 3 个逻辑磁盘。

RAID 1 完全做到了不停机（Non-stop），当某一磁盘发生故障，可将此磁盘拆下来而不影响其他磁盘的操作；待新的磁盘换上去之后，系统即时做镜像，将数据重新恢复上去，RAID 1 在容错及存取的性能上是所有 RAID level 之冠。

在磁盘阵列的技术上，从 RAID 1～RAID 5，不停机的意思表示在工作时如发生磁盘故障，系统能持续工作而不停顿，仍然可做磁盘的存取及正常读写数据；而容错则表示即使磁盘故障，数据仍能保持完整，可让系统存取到正确的数据，而 SCSI 的磁盘阵列更可在工作中抽换磁盘，并可自动重建故障磁盘的数据。磁盘阵列之所以能做到容错及不停机，是因为它有冗余的磁盘空间可供利用，这也就是冗余（Redundant）的意义。

（5）RAID 2

RAID 2 是把数据分散为位（bit）或块（block），加入海明码（Hamming Code），在磁盘阵列中做间隔写入（Interleaving）到每个磁盘中，而且地址（Address）都一样，也就是在各个磁盘中，其数据都在相同的磁道（Cylinder 或 Track）及扇区中。RAID 2 的设计是使用共轴同步（Spindle Synchronize）的技术，存取数据时，整个磁盘阵列一起动作，在各自磁盘的相同位置进行并行存取，所以有最快的存取时间，其总线是特别的设计，以大带宽并行传输所存取的数据，所以有最快的传输时间（Transfer Time）。在大型档案的存取应用，RAID 2 有最好的性能，但如果文件太小，会将其性能拉下来，因为磁盘的存取是以扇区为单位的，而 RAID 2 的存取是所有磁盘平行动作，而且是做单位的存取，故小于一个扇区的数据量会使其性能大打折扣。RAID 2 是设计给需要连续且大量数据的计算机使用的，如大型计算机、做影像处理或 CAD/CAM 的工作站等，并不适用于一般的多用户环境、网络服务器、小型机或 PC。

RAID 2 的安全采用内存阵列（Memory Array）的技术，使用多个额外的磁盘做单位错误校正（Single-bit Correction）及双位错误检测（Double-bit Detection）；至于需要多少个额外的磁盘，则根据其所采用的方法及结构而定，例如 8 个数据磁盘的阵列可能需要 3 个额外的磁盘，有 32 个数据磁盘的高档阵列可能需要 7 个额外的磁盘。

（6）RAID 3

RAID 3 的数据储存及存取方式都和 RAID 2 一样，但在安全方面以奇偶校验（Parity Check）取代海明码做错误校正及检测，所以只需要一个额外的校验磁盘（Parity Disk）。奇偶校验值的计算是以各个磁盘的对应位做 XOR 的逻辑运算，然后将结果写入奇偶校验磁盘，任何数据的修改都要做奇偶校验计算，如表 9-4 所示。

表 9-4　RAID 3 的数据存储

磁盘 0	磁盘 1	磁盘 2	磁盘 3	磁盘 4
A0	A1	A2	A3	P
A4	B0	B1	B2	P
B3	B4	C0	C1	P
C2	C3	C4	D0	P

如某一磁盘故障，换上新的磁盘后，整个磁盘阵列（包括奇偶校验磁盘）需重新计算一

次，将故障磁盘的数据恢复并写入新磁盘中；如奇偶校验磁盘故障，则重新计算奇偶校验值，以达容错的要求。

与 RAID 1、RAID 2 相比，RAID 3 有 85%的磁盘空间利用率，其性能比 RAID 2 稍差，因为要做奇偶校验计算；共轴同步的并行存取在读文件时有很好的性能，但在写入时较慢，需要重新计算及修改奇偶校验磁盘的内容。RAID 3 和 RAID 2 有同样的应用方式，适用于大文件及大量数据输出/输入的应用，并不适用于 PC 及网络服务器。

（7）RAID 4

RAID 4 也使用一个校验磁盘，但和 RAID 3 不一样，如表 9-5 所示。

表 9-5　RAID 4 的数据存储

磁盘 0	磁盘 1	磁盘 2	磁盘 3	磁盘 4
A0-A1	A2-A3	A4-B0	B1-B2	P
B3-B4	C0-C1	C2-C3	C4-D0	P
D1-D2	D3-D4	E0-E1	E2-E3	P
E4-F0	F1-F2	F3-F4	G0-G1	P

RAID 4 是以扇区进行数据分段的，各磁盘相同位置的分段形成一个校验磁盘分段（Parity Block），放在校验磁盘。这种方式可在不同的磁盘并行执行不同的读取命令，大幅提高磁盘阵列的读取性能；但写入数据时，因受限于校验磁盘，同一时间只能进行一次，启动所有磁盘读取数据形成同一校验分段的所有数据分段，与要写入的数据做好校验计算再写入。即使如此，小型文件的写入仍然比 RAID 3 快，因其校验计算较简单而不是做位（Bit Level）的计算；但校验磁盘形成 RAID 4 的瓶颈，降低了性能，因此有了 RAID 5 而使得 RAID 4 较少使用。

（8）RAID 5

RAID5 避免了 RAID 4 的瓶颈，方法是不用校验磁盘而将校验数据以循环的方式放在每一个磁盘中，如表 9-6 所示。

磁盘阵列的第一个磁盘分段是校验值，第二个磁盘至后一个磁盘再折回第一个磁盘的分段是数据，然后第二个磁盘的分段是校验值，从第三个磁盘再折回第二个磁盘的分段是数据，以此类推，直到放完为止。第一个 Parity Block 是由 A0、A1、…、B1、B2 计算出来，第二个 Parity Block 是由 B3、B4、…、C4、D0 计算出来，也就是校验值是由各磁盘同一位置的分段的数据所计算出来。这种方式能大幅增加小文件的存取性能，不但可同时读取，甚至有可能同时执行多个写入的动作，如可写入数据到磁盘 1，而其 Parity Block 在磁盘 2，同时写入数据到磁盘 4，而其 Parity Block 在磁盘 1，这为联机交易处理（on-line Transaction Processing，OLTP），如银行系统、证券等大型数据库的处理提供了最佳的解决方案，因为这些应用的每一笔数据量小，磁盘输出输入频繁而且必须容错。

表 9-6　RAID 5 的数据存储

磁盘 0	磁盘 1	磁盘 2	磁盘 3	磁盘 4
P	A0-A1	A2-B3	A4-B0	B1-B2
B3-B4	P	C0-C1	C2-C3	C4-D0
D1-D2	D3-D4	P	E0-E1	E2-E3
E4-F0	F1-F2	F3-F4	P	G0-G1

事实上 RAID 5 的性能并不如此理想，因为任何数据的修改，都要把同一奇偶校验块的所有数据读出来修改后，做完校验计算再写回去，也就是 RMW cycle（Read-Modify-Write cycle，这个 cycle 没有包括校验计算）；正因为牵一发而动全身，所以：

R=N（可同时读取所有磁盘）

W=1（可同时写入磁盘数）

S=N−1（利用率）

RAID 5 的控制比较复杂，尤其是利用硬件对磁盘阵列的控制，因为这种方式的应用比其他的 RAID level 要掌握更多的事情，有更多的输出输入需求，既要速度快，又要处理数据、计算校验值和进行错误校正等，所以价格较高；其最好应用是 OLTP，至于用于 PC 等，不见得有最佳的性能。

（9）RAID 的对比

表 9-7 和表 9-8 所示是 RAID 的一些性质。

表 9-7　RAID 磁盘需求和容量

操　作	工作模式	最少磁盘需求量	可用容量
RAID 0	磁盘延伸和数据分布	2	T
RAID 1	数据分布和镜像	2	T/2
RAID 2	共轴同步，并行传输，ECC	3	T×(n−1)/n
RAID 3	共轴同步，并行传输，Parity	3	T×(n−1)/n
RAID 4	数据分布，固定 Parity	3	T×(n−1)/n
RAID 5	数据分布，分布 Parity	3	T×(n−1)/n

表 9-8　RAID 性能与可用性

RAID Level	用户数据利用率	带宽性能	传输性能	数据可用性
RAID 0	1	0.25	1	0.0005
RAID 1	0.5	0.25	0.85	1
RAID 2	0.67	1	0.25	0.9999
RAID 3	0.75	1	0.25	0.9999
RAID 4	0.75	0.25	0.61	0.9999
RAID 5	0.75	0.25	0.61	0.9999

以上数据基于 4 个磁盘，传输块大小为 1KB，75%的读概率，数据可用性的计算基于同样的损坏概率。

2．磁盘镜像

简单地讲，磁盘镜像就是一个原始的设备虚拟技术，它的原理是：系统产生的每个 I/O 操作都在两个磁盘上执行，而这一对磁盘看起来就像一个磁盘一样。

当镜像磁盘对中一个磁盘失败时，就需要替换它。一旦新的磁盘被安装，就要把另一工作磁盘上的数据复制过来，这可以是一个自动的过程，但如果拥有了娴熟的镜像技术，也可以手工操作。假如使用的是一个具有热插拔特性的磁盘子系统，当安装替换组件时，不必关掉系统。假如系统不具有热插拔特性，为了撤走和替换故障磁盘，必须关掉系统，或者关掉磁盘子系统。当系统正在运行时，如果不能保证不影响系统运行，千万不要草率地撤去或插入磁盘，这样很可能导致系统崩溃或者数据损坏。

但是，镜像也可能带来一些问题，如无用数据占据存储空间。由于从属驱动器是主驱动器的镜像，保存了所有主驱动器的内容，假如主磁盘包含引导记录，那么，从属磁盘也包含引导记录；假如主磁盘中包含一组 Windows 回收站文件，则从属磁盘中也包含一组 Windows 回收站文件，这些数据和文件可能都是无用的，浪费了磁盘资源。

有三种方式可以实现磁盘镜像，分别是：运行在主机系统的软件、外部磁盘子系统和主机 I/O 控制器。第一种方式是软件方式，而后两种主要是硬件实现方式。

在这 3 种方法的优劣比较中，很重要的一项衡量指标是，对失败磁盘驱动器进行更换的难易程度。对于磁盘驱动器来说，服务器一般不考虑用做即插即用系统。当服务器负荷很重时，它所产生的结果并不完全是所希望的。但支持热插拔的外部磁盘子系统例外，它能提供安全的磁盘即插即用功能。

（1）软件镜像

大多数主流服务器操作系统和文件系统都提供基本的磁盘镜像功能，为了易于安装，一般都省略了性能、远程管理和配置灵活性等，因此，操作系统的镜像功能提供了一个既廉价又方便的选择。

软件磁盘镜像既可以使用内部驱动器（位于服务器机柜中），也可以使用外部磁盘组（JBOD）机柜中的磁盘。JBOD 是一个简单的磁盘子系统，能为外部机柜中的多个磁盘驱动器提供电源和 I/O 连接。采用 JBOD 不仅可以方便地更换和扩展磁盘，同时，它具有较好的电源、风扇等配套外设来保证磁盘组拥有更好的工作环境。

软件镜像是一个系统的管理应用，它运行在主机系统上，并利用主机的处理器周期和内存资源执行自己的作业。因此，软件镜像将影响服务器的性能。

然而，由于它是运行在主机上的一个应用，因而，比起控制器和子系统镜像，软件镜像更容易集成到各种服务器和网络存储环境中。此外，修改和更新镜像软件也相当容易，相比而言，修改硬件和主机 I/O 控制器或磁盘子系统中固件镜像方案困难得多。

假如使用软件磁盘镜像，那么在更换故障驱动器时，应该关掉服务器。最好不要从正在运行的服务器上撤去磁盘驱动器。

（2）外部磁盘子系统中的镜像

第二种磁盘镜像位于外部 RAID 子系统，RAID 包含着一个智能处理器，能够提供高级的磁盘操作和管理，这也就是通常所说的 RAID1。由于镜像运行在 RAID 机柜中，主机操作系统和主机 I/O 控制器只感觉到一个虚拟磁盘，而不是两个镜像磁盘的存在，这种镜像方法对主机 CPU 影响最小。许多公司能够提供镜像磁盘驱动器的 RAID 子系统，也能提供更为高级的磁盘管理功能，这些公司包括 EMC、IBM、HP、StorageTek 和 MTI 等。

虽然外部磁盘子系统的镜像性能不错，但管理方面却有待进一步完善，难以提供基于服务器的配置和错误报告的管理方案，这类系统很难集成到现存的管理系统中。

置换磁盘驱动器的方便性与性能的优势是外部磁盘子系统真正吸引人之处。在提供统一存储管理方面，其他方法都存在缺陷，唯有外部磁盘子系统具有及时替换故障磁盘的能力。如果用户有 24×7 持续工作的需求，那么，外部磁盘子系统是仅有的选择。

（3）主机 I/O 控制器镜像

最后一种磁盘镜像的实现位于主机 I/O 控制器中，简单地说，就是通过主机中的 RAID 卡来实现磁盘镜像。像软盘镜像一样，主机 I/O 控制器镜像既可以与内部磁盘控制器一起工作，也可以与 JBOD 机柜中的磁盘驱动器一起工作。一般地说，主机 I/O 控制器并不提供镜像功能，但也有一些特别的例外情况，如 Adaptec、DPT 和 CMD 等制造的主机 I/O 控制器，都提供 RAID1 的镜像功能。

主机 I/O 控制器镜像集中了软盘镜像和外部子系统镜像的许多优点，提供了较好的性能。当与外部磁盘子系统一起工作时，镜像功能可以在专门的芯片上实现，不仅提供最好的性能，而且不占用服务器的 CPU 周期，节省的 CPU 周期可用于其他任务。

9.2.2 双机备份

所谓双机热备份（Hot Standby），就是一台主机为工作机（Primary Server），另一台主机为备份机（Standby Server），在系统正常情况下，工作机为信息系统提供支持，备份机监视工作机的运行情况（工作机也同时监视备份机是否正常，有时备份机因某种原因出现异常，工作机应尽早通知系统管理员解决，确保下一次切换的可靠性）。当工作机出现异常，不能支持信息系统运营时，备份机主动接管（Take Over）工作机的工作，继续支持信息的运营，从而保证信息系统能够不间断的运行（Non-Stop）。待工作机经过修复正常后，系统管理员通过管理命令或经由以人工或自动的方式将备份机的工作切换回工作机；也可以激活监视程序，监视备份机的运行情况，此时，原来的备份机就成了工作机，而原来的工作机就成了备份机。

双机热备份目前运用比较广泛，它可以保证信息系统能够不间断地运行，目前普遍的解决方案有 5 种。

1．纯软件方案

该方案不使用任何附加硬件，完全通过软件的方法来实现双机备份，如图 9-2 所示。在此方案中，数据通过镜像专用网络将数据实时备份到备机，使主机系统有了一个完全一样的备份系统。与常规的双机系统相比，纯软件双机热备份系统的两台服务器之间少了公共的存储设备（通常是磁盘阵列）。

在这个方案中，主机系统所需的软硬件配置如下。

- PC 服务器两台（可以是不同配置）。
- 操作系统两套。
- 数据库系统一套。
- 备份软件一套。
- 以太网卡两块（每台服务器应内置一块）。
- RS232 串口线和 CAT5 类直连（NO Hub）网线各一根。

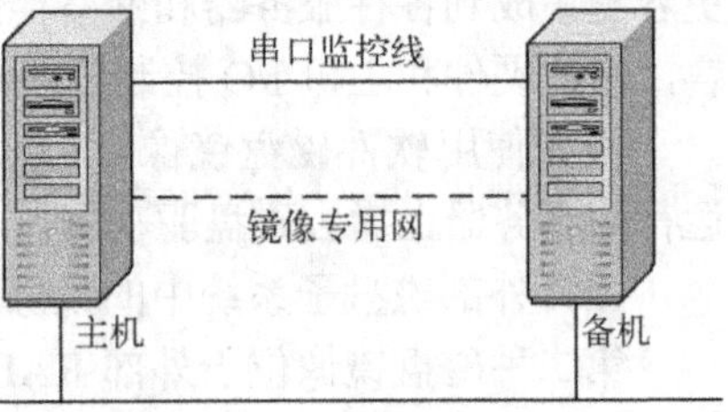

图 9-2　纯软件方案

这个纯软件的方案相对其他方案的优点如下。

- 风险平均分散到主、备两个系统上，真正提高了系统的可靠性。
- 双机通过以太网连接，可以在线撤离修复，并允许远程备份。
- 纯软件实现双机容错，没有挪动、受潮、被盗和折旧等带来的忧虑。
- 产品升级方便，重复投资小。
- 对最终用户来说投资小，可靠性高。

2．灾难备份方案

该方案主要是一种异地容灾方案，如图 9-3 所示。主站点的内容采用异步传输的方式同时镜像到其他镜像站点，再通过自动的定时同步保证各站点间数据变化过程中的一致性。这样客户将在多个站点同时拥有相同的备份数据，确保关键业务数据的安全可靠。当主站点发生不可预测的灾难性事故，如地

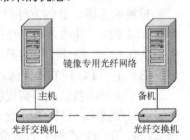

图 9-3　灾难备份方案

震、洪水或失火等后，可以迅速切换任一数据备份站点作为主站点，保证关键业务不间断运

行。同时可以通过高速光纤网络，在最短的时间内利用异地备份数据恢复客户主站点数据系统。

由于这种方案的主备机采用 TCP/IP 协议的网络连接，因此任何能够运行 TCP/IP 协议的网络都可以使用这种方案来备份主机系统。在这个方案中，主机系统所需的软硬件配置如下。

- PC 服务器两台（可以是不同配置）。
- 操作系统两套。
- 数据库系统一套。
- 备份软件一套。
- FDDI 网卡 4 块（如为节省投资考虑，镜像专用光纤可以省去，通过一个光纤网络来实现数据镜像和连接客户端，此时只需两块网卡）。
- 光纤交换机或其他光纤设备两台。

这个方案相对其他方案的优点如下。

- 风险平均分散到主备两个系统上，真正提高系统的可靠性。
- 双机通过光纤网络连接，数据备份到异地，实现了容灾备份。
- 纯软件实现双机容错，没有挪动、受潮、被盗和折旧等带来的忧虑。
- 产品升级方便，重复投资小。

这个方案的缺点是：由于主备机通过光纤网络连接，所以对这个网络连接质量和速度要求较高。

3．共享磁盘阵列方案

由两台服务器和共享磁盘阵列构成高可用系统，如图 9-4 所示，双机通过共享独立的存储子系统来保证故障切换后数据的一致性。在两台服务器中安装所有的服务模块。通过系统的服务监测模块来互相监测对方的状态及服务，服务监测模块通过网络和串口来定时监测对方状态。该系统具有 3 种运行状态。

1）主机运行服务 1，且在工作时使用磁盘阵列，备机运行服务 2。

2）Fail Over。

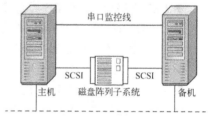

图 9-4　共享磁盘阵列方案

- 当主机出现故障时：备机监测到主机出现故障，接管主机的 IP 地址，然后 Mount 磁盘阵列，最后启动服务 1。
- 当备机出现故障时：主机监测到备机出现故障，监管备机的 IP 地址，然后启动服务 2。

3）Take Over。故障服务器恢复后，两台服务器又开始工作，回到状态 1。

在这个方案中，主机系统所需的软硬件配置如下。

- PC 服务器两台。
- 磁盘阵列柜一套，要注意选择支持 HA 的产品。
- 操作系统两套。
- 数据库系统一套。
- 备份软件一套。
- RS232 串口线一根。

相对第一个方案而言，由于磁盘阵列柜能加快系统 I/O 速度，这个方案对于 I/O 要求较高的系统运行效率高。但是这个方案的缺点也较其他几个方案突出。

双机通过共享数据来达到高可用目的，风险集中到磁盘阵列上面。这种风险一方面是由于磁盘阵列最多只对磁盘、电源、控制器和风扇进行冗余备份，而其他像主板、内存和连线（如 SCSI 线）等大多数设备不进行冗余备份，导致这些部件损坏后双机无法工作。尤其是目前众多厂家的价格竞争使产品的质量控制在较低的水平，当磁盘阵列子系统的可靠性不如主机时，整个系统的可靠性甚至不如单台主机独立运行。另一个风险是数据只有一份，如果软件故障导致数据损坏，那么即使磁盘阵列本身完好数据也会受到严重破坏，如主机工作时主备机若通信全部丢失，备机会自动启动应用工作，备机在主机对数据进行访问的同时对数据进行访问会造成文件系统崩溃、或数据库的系统库不一致等严重故障而数据全部不可恢复。这两类故障在我国已出现很多次，其中不乏金融等关键行业，给集成商和用户带来了很多不必要的损失。因此建议采用此方案时，该用户的应用不能太重要，最好是 MIS 等系统，而且要特别重视数据的日常备份。

相对第一种方案，由于双机和磁盘阵列采用 SCSI 连接，所以连接之间不可带电拔插，否则容易烧坏设备。所以故障系统不能在线地拆离修复。

4. 双机单柜方案

磁盘阵列子系统单独连接到主机，磁盘阵列中的数据只给主机专用，数据通过专用的数据网完整且实时备份到备机上，风险完全分散到双机上。双机单柜方案的连接结构如图 9-5 所示。

在这个方案中，主机系统所需的软硬件配置如下。

- PC 服务器两台。
- 磁盘阵列柜一套。
- 操作系统两套。
- 数据库系统一套。
- 备份软件一套。
- 以太网卡两块（每台服务器应内置一块）。
- RS232 串口线、CAT5 类直连（NO HUB）网线一根。

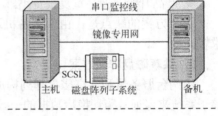

图 9-5　双机单柜方案

这个方案相对第一种和第二种方案的优点如下。

- 在主用机上使用了磁盘阵列子系统，加快了应用系统 I/O 的速度，有独立存储子系统的各种优点。
- 通过备份软件将数据完整且实时地备份到备机上，风险完全分散到双机上。
- 双机通过以太网连接，可以在线撤离修复，并允许远程备份。
- 方案没有磁盘阵列系统损坏后丢失数据的风险，同时又很好地满足了应用系统对高可靠性和高可用性的需求。

5. 双机双柜方案

主备机各连接一台磁盘阵列子系统，其上的数据通过镜像专用网实时镜像到备机，备用机有与主机完全相同的系统和数据环境，主备机运行效率也完全相同。这个方案的系统连接结构如图 9-6 所示。

在这个方案中，主机系统所需的软硬件配置如下。

- PC 服务器两台。
- 磁盘阵列柜两套。
- 操作系统两套。
- 数据库系统一套。
- 备份软件一套。

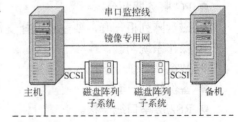

图 9-6　双机双柜方案

- 以太网卡两块（每台服务器应内置一块）。
- RS232 串口线、CAT5 类直连（NO HUB）网线各一根。

这个方案具有第三个方案的全部优点，同时由于在备机上使用了单独的存储子系统，大大加快了整个系统的 I/O 速度。相对地，这个方案的成本也是最高的。

9.2.3 网络备份

1. 网络备份系统的作用

采用主机内置或外置的磁带机对数据进行冷备份，这种备份方式在数据量不大、操作系统种类单一、服务器数量有限的情况下，可以说是一种既经济又简单的备份手段。但随着现代企业计算机规模的扩大，数据量爆炸性的增长，以及分布式网络环境的兴起，企业将越来越多的业务分布在不同的计算机、不同的操作平台甚至不同的地点上，这种单机的人工冷备份方式越来越不适应当今分布式网络环境，存在以下种种弊端。

- 数据管理工作难以形成制度化，数据丢失现象难以避免。
- 数据分散在不同的计算机、不同的应用上，管理分散，安全性得不到保障。
- 难以实现数据库数据的高效在线备份。
- 运行着的系统使得维护人员寸步难离，业务人员工作效率下降。
- 存储介质管理困难，如今，用来存储数据的介质越来越多，不同系统下存储产生的磁盘、磁带和光盘将给管理带来很大的困难。
- 历史数据保留比较困难。
- 来自非计算机系统因素的隐患，如火灾、地震等灾难后的系统重建和业务数据运作。

理想的备份系统应该是全方位、多层次的。首先，要使用硬件备份来防止硬件故障；如果由于软件故障或人为误操作造成了数据的逻辑损坏，则使用网络存储备份系统和硬件容错相结合的方式来恢复。这种结合方式构成了对系统软硬件的多级防护，不仅能够有效地防止物理损坏，还能够比较好地防止逻辑损坏。

在网络系统安全建设中必不可少的一个环节就是数据的常规备份和历史保存。一般生产本地备份的目的主要有两个：一是生产系统的业务数据由于系统或人为误操作造成损坏或丢失后，可及时在生产本地实现数据的恢复；二是在发生地域性灾难（如地震、火灾和机器毁坏等）时，可及时在本地或异地实现数据及整个系统的灾难恢复。

考虑到生产本地环境安全性原因，常规数据备份一般要求一份数据至少应该复制两份，一份放在生产中心以保证数据的正常恢复和数据查询恢复，另一份则要移到异地保存，以保证在生产本地出现灾难后最低限度的数据恢复。此外，更应建立历史归档数据的异地存放制度，从而确保对历史业务数据的可靠恢复与有效审核的实现。

由此可见，比较理想的网络备份系统应该具备以下功能。

- **集中式管理**：网络存储备份管理系统对整个网络的数据进行管理。利用集中式管理工具的帮助，系统管理员可对整个网络的备份策略进行统一管理，备份服务器可以监控所有计算机的备份作业，也可以及时地修改备份策略，而且可即时浏览所有目录。所有的数据可以备份到同备份服务器或应用服务器相连的任意一个磁带库内，这样就有了最大的可管理性。
- **全自动的备份**：对于大多数机房管理人员来说，备份是一项繁重且枯燥的工作，小企业还好，大企业的数据量十分庞大，这就要求相干的人员每天都要小心翼翼，不敢有半点闪失，生怕一个错误就带来不可挽回的损失。所以，一旦网络备份能够实现定时自动备份，就可以大大减轻管理员的压力。备份系统可以根据用户的实际需求，合理地定义需要备份的数据，然后以图形界面的方式根据需要设置备份时间表，备份系统将自动启动备份作业，无须人工干预。这个自动备份作业是可自定的，包括一次备份作业、每周的某几日、每月的第几天等项目。设定好计划后，备份作业就会按计划自动进行。

- **数据库备份和恢复**：在许多人的观念里，数据库和文件还是同一个概念。当然，如果用户的数据库系统是基于文件系统的，确实可以用备份文件的方法备份数据库。但发展至今，数据库系统已经相当复杂和庞大，再用文件的备份方式来备份数据库已不适用。是否能够将需要的数据从庞大的数据库文件中抽取出来进行备份，是网络备份系统是否先进的标志之一。

- **在线式的索引**：备份系统应为每天的备份在服务器中建立在线式的索引，当用户需要恢复时，只需点取在线式索引中需要恢复的文件或数据，该系统就会自动进行文件的恢复。

- **归档管理**：用户可以按项目和时间定期对所有数据进行有效的归档处理。提供统一的数据存储格式，从而保证所有的应用数据由一个统一的数据格式来做永久的保存，保证数据的永久可利用性。

- **有效的存储介质管理**：备份系统对每一个用于作备份的磁带自动加入一个电子标签，同时在软件中提供了识别标签的功能，如果磁带外面的标签脱落，只需执行这一功能，就会迅速知道该磁带的内容。

- **分级存储管理**：对出版业、制造业等易产生大量资料数据的行业而言，资料多属于极占空间的图形影像，且每张设计底稿及文件资料又常需随时保持在线状态。基于管理及成本的考虑，分级存储管理（Hierarchical Storage Management，HSM）系统是一个合适的在线备份解决方案。它利用磁盘、可擦写磁光盘和磁带进行三层式存储管理。所谓分级存储管理系统，是一套自动化的网络存储管理设备，会自动判断磁盘中资料的使用频率，自动将不常用的资料移至速度较慢的光盘，而最不常用的资料则移到磁带中，这些都由系统管理员自行设定。在线的资料经过一段时间的搬移后，即可达到最优化。

- **系统灾难恢复**：网络备份的最终目的是保障网络系统的顺利运行。所以优秀的网络备份方案应能够备份系统的关键数据，在网络出现故障甚至损坏时，能够迅速地恢复网络系统。从发现故障到完全恢复系统，理想的备份方案耗时不应超过半个工作日。

- **满足系统不断增加的需求**：备份软件必须能支持多平台系统，当网络上连接其他的应用服务器时，对于网络存储管理系统来说，只需在其上安装支持这种服务器的客户端软件，即可将数据备份到磁带库或光盘库中。

2. 网络备份系统的工作原理

网络备份系统是指在分布式网络环境下，通过专业的数据存储管理软件，结合相应的硬件和存储设备，来对全网络的数据备份进行集中管理，从而实现自动化的备份、文件归档、数据分级存储及灾难恢复等。

网络备份系统的工作原理是在网络上选择一台应用服务器（当然也可以在网络中另配一台服务器作为专用的备份服务器）作为网络数据存储管理服务器，安装网络数据存储管理服务器端软件，作为整个网络的备份服务器。在备份服务器上连接一台大容量存储设备（如磁带库、光盘库等）。在网络中其他需要进行数据备份管理的服务器上安装备份客户端软件，通过局域网将数据集中备份管理到与备份服务器连接的存储设备上。

网络备份系统的核心是备份管理软件，通过备份软件的计划功能，可为整个企业建立一个完善的备份计划及策略，并可借助备份时的呼叫功能，让所有的服务器备份都能在同一时间进行。备份软件也提供完善的灾难恢复手段，能够将备份硬件的优良特性完全发挥出来，使备份和灾难恢复时间大大缩短，实现网络数据备份的全自动智能化管理。

目前在数据存储领域可以完成网络数据备份管理的软件产品主要有 Legato Networker、IBM ADSM 和 Veritas NetBackup 等。

3. 相关技术介绍

（1）分级存储管理（HSM）技术

在单机运行环境中，由于数据量有限，因而数据的存储备份也相对简单。但随着网络的普及和数据量的剧增，简单的备份已经无法满足需求，分级存储管理（HSM）也就应运而生。HSM 主要是用于对海量数据的存储备份，当系统中有很多数据，以至于不能经济有效地将它们都存放在磁盘上时，就需要使用分级存储备份技术。

通常，HSM 是一个将硬驱、磁带驱动器和光驱组合起来的自动存储系统。其基本原则是把绝大部分最常用到的数据保留在磁盘上，而将很少使用的数据存储到数据库中或磁带和光盘上。系统随时监视文件和数据的使用情况，并且根据卷和目录对其进行实时跟踪。当数据使用率较低时，系统自动将其转移到中间存储媒介，然后存放到专用的存储介质中进行长期保存。一般情况下，直接访问磁盘上的数据文件所需时间不超过几微秒，而从磁盘或磁带库中读取数据大约需要 1min。HSM 系统不仅使数据的存储备份更加容易，而且也将数据检索的时间减少到最低限度。

（2）存储区域网（SAN）技术

SAN 是随着光纤通道技术的出现而产生的新一代磁盘共享系统。实际上，SAN 就是通过交换机把两个或更多的存储系统连接到两个或更多的服务器上。这一定义对使用什么样的互联技术、软件的功能和网络结点间必须使用什么样的协议没有进行规定。一般说来，SAN 拥有 3 种主要部件：接口（包括 SCSI、光纤通道等）、互连设备（如路由器、交换机等）和交换光纤。

SAN 的诱人之处在于它能够对一个存储网络设备中的带宽进行集中、多路复用和分散使用，并且将对这个数据的访问扩展到多个平台。在 SAN 环境中，SAN 将取代服务器实施对整个存储过程的管理和控制，服务器仅负责监督工作。SAN 的前端设备只进行文件传输，从而使用户能获得更高的传输速率。例如，通过光纤通道可获得远高于 100Mbit/s 的速率，而通过传统的 SCSI 连接只能得到 40Mbit/s 的速率。

9.3 数据备份与数据恢复策略

前面介绍的都是全方位、多层次的备份方案，那么是不是所有的情况下都要用这种备份方案呢？答案是否定的，因为有些应用只需要将重要数据进行备份，就算是系统备份也可能把重要数据的备份作为补充。广义上的数据备份包括整个系统的备份和系统中重要数据（特别是数据库）的备份，这里所要介绍的数据备份主要是指系统中重要数据的备份。

通常数据备份的核心是数据库的备份，目前市场流行数据库，如 Oracle、MS-SQL 和MySQL 等均有自己的数据库备份工具，但它们不能实现自动备份，而且只能将数据备份到磁带机或磁盘上，不能驱动磁带库等自动加载设备。显然利用数据库本身的备份工具远远达不到客户的要求，必须采用具有自动加载功能的磁带库硬件产品与数据库在线备份功能的自动备份软件。目前流行的备份软件有多种，如 Legato NetWorker、CA ARCserver、HP OpenView OmnibackII、IBM ADSM 及 Veritas 公司的 NetBackup 等。各家软件在备份管理方式上各有千秋。它们都具有自动定时备份管理、备份介质自动管理和数据库在线备份管理等功能。其中，Legato、Veritas 和 CA 是独立软件开发商，注重对各种操作系统和数据库平台的支持，而惠普和 IBM 等更注重对本公司软/硬件产品的支持。

在惠普小型机或工作站设备占主流的应用环境中，以及在多平台操作系统和拥有不同数据库的用户环境中，HP OmnibackII 拥有绝大部分的用户市场。在微软操作系统平台上 CA 公司的 ARCServer IT 备份软件具有一定的竞争优势，但其只适合于单一平台下的数据在线备份，而无法实现异构平台上的数据库在线备份。Legato 和 Veritas 是美国专业从事企业数据安全管理软件开发的公司，他们均能够提供跨平台网络数据的自动备份管理，可实现备份系统的分布处理、集中管理、备份机器分组管理、备份介质分组管理、备份数据分类、分组管理及备份介质自动重复使用等多项功能，备份的数据可在每个备份客户机上按需恢复。也可在同平台上按用户权限交叉恢复，而备份操作可采用集中自动执行或手动执行。因此，对于跨平台多业务的系统，可以考虑选择 Veritas 或 Legato。

9.3.1 数据备份策略

选择了存储备份软件和存储备份技术（包括存储备份硬件及存储备份介质）后，首先需要确定数据备份的策略。备份策略是指确定需备份的内容、备份时间及备份方式。各个单位要根据自己的实际情况来制定不同的备份策略。目前采用最多的备份策略主要有以下 3 种。

1. 完全备份

完全备份就是每天对自己的系统进行完全备份（Full Backup）。例如，星期一用一盘磁带对整个系统进行备份，星期二再用另一盘磁带对整个系统进行备份，以此类推。这种备份策略的好处是：当发生数据丢失的灾难时，只要用一盘磁带（即灾难发生前一天的备份磁带），就可以恢复丢失的数据。然而它亦有不足之处，首先，由于每天都对整个系统进行完全备份，造成备份的数据大量重复。这些重复的数据占用了大量的磁带空间，这对用户来说就意味着增加成本。其次，由于需要备份的数据量较大，因此备份所需的时间也就较长。对于那些业务繁忙、备份时间有限的单位来说，选择这种备份策略是不明智的。

2. 增量备份

增量备份（Incremental Backup）就是在星期天进行一次完全备份，然后在接下来的 6 天里只对当天新的或被修改过的数据进行备份。这种备份策略的优点是节省了磁带空间，缩短了备份时间。但它的缺点在于，当灾难发生时，数据的恢复比较麻烦。例如，系统在星期三的早晨发生了故障，丢失了大量的数据，那么现在就要将系统恢复到星期二晚上时的状态。这时系统管理员就要首先找出星期天的那盘完全备份磁带进行系统恢复，然后再找出星期一的磁带来恢复星期一的数据，然后找出星期二的磁带来恢复星期二的数据。很明显，这种方式很烦琐。另外，这种备份的可靠性也很差。在这种备份方式下，各盘磁带间的关系就像链子一样，一环套一环，其中任何一盘磁带出了问题都会导致整条链子脱节。比如在上例中，若星期二的磁带出了故障，那么管理员最多只能将系统恢复到星期一晚上时的状态。

3. 差分备份

差分备份（Differential Backup）就是管理员先在星期天进行一次系统完全备份，然后在接下来的几天里，管理员再将当天所有与星期天不同的数据（新的或修改过的）备份到磁带上。差分备份策略在避免了以上两种策略的缺陷的同时，又具有了它们的所有优点。首先，它无须每天都对系统做完全备份，因此备份所需时间短，并节省了磁带空间。其次，它的灾难恢复也很方便。系统管理员只需两盘磁带，即星期一的磁带与灾难发生前一天的磁带，就可以将系统恢复。

完全备份所需时间最长，但恢复时间最短，操作最方便，当系统中的数据量不大时，采用完全备份最可靠；但是随着数据量的不断增大，将无法每天做完全备份，而只能在周末进行完全备份，其他时间采用耗时更少的增量备份或介于两者之间的差分备份。各种备份的数据量不同：全备份>差分备份>增量备份。在备份时要根据它们的特点灵活使用。在实际应用中，备份策略通常是以上3种的结合。例如每周一至周六进行一次增量备份或差分备份，每周日进行完全备份，每月底进行一次完全备份，每年底进行一次完全备份。

备份过程中要求保存长期的历史数据，这些数据不可能保存在同一盘磁带上，每天都使用新磁带备份显然也不可取。如何灵活使用备份方法，有效分配磁带，用较少的磁带有效地备份长期数据，是备份制度要解决的问题。

磁带轮换策略就可以解决以上问题。它为每天的备份分配备份介质，制定备份方法，可以最有效地利用备份介质。

常见的磁带轮换策略有以下几种。

（1）三带轮换策略

三带轮换策略只需要 3 盘磁带。用户每星期都用一盘磁带对整个网络系统进行增量备份。备份过程如表9-9所示。

表 9-9 三带轮换策略

	周一	周二	周三	周四	周五	周六	周日
第一周					磁带1，增量		
第二周					磁带2，增量		
第三周					磁带3，增量		

这种策略可以保存系统 3 个星期内的数据，适用于数据量小、变化速度较慢的网络环境。但这种策略有一个明显的缺点，就是周一到周四更新的数据没有得到有效的保护。如果周四的时候系统发生故障，就只能用上周五的备份恢复数据，那么周一到周四所做的工作就丢失了。

（2）六带轮换策略

六带轮换策略需要 6 盘磁带。用户从星期一到星期四的每天都分别使用一盘磁带进行增量备份，然后星期五使用第五盘磁带进行完全备份。第二个星期的星期一到星期四重复使用第一个星期的4盘磁带，到了第二个星期五使用第六盘磁带进行完全备份。备份过程如表9-10所示。

表 9-10 六带轮换策略

	周一	周二	周三	周四	周五	周六	周日
第一周	磁带1增量	磁带2增量	磁带3增量	磁带4 增量	磁带5完全		
第二周	磁带1增量	磁带2增量	磁带3增量	磁带4增量	磁带6完全		

这种轮换策略能够备份两周的数据。如果本周三系统出现故障，只需上周五的完全备份加上周一和上周二的增量备份就可以恢复系统。但这种策略无法保存长期的历史数据，两周前的数据就无法保存了。

（3）祖-父-子轮换策略

祖-父-子（Grandfather-Father-Son，GFS）轮换策略将六带轮换策略扩展到一个月以上。

这种策略由三级备份组成：日备份、周备份和月备份。日备份为增量备份，周备份和月备份为完全备份。日带共 4 盘，用于周一至周四的增量备份，每周轮换使用；周带一般不少于 4 盘，顺序轮换使用；月带数量视情况而定，用于每月最后一次完全备份，备份后将数据留档保存。备份过程如表 9-11 所示。

表 9-11　祖-父-子轮换策略

	周一	周二	周三	周四	周五	周六	周日
第一周	日带 1 增量	日带 2 增量	日带 3 增量	日带 4 增量	周带 1 完全		
第二周	日带 1 增量	日带 2 增量	日带 3 增量	日带 4 增量	周带 2 完全		
第三周	日带 1 增量	日带 2 增量	日带 3 增量	日带 4 增量	周带 3 完全		
第四周	日带 1 增量	日带 2 增量	日带 3 增量	日带 4 增量	月带 x 完全[①]		

根据周带和月带的数量不同，常见的祖-父-子轮换策略有 21 盘制、20 盘制和 15 盘制等。下面以 20 盘制为例进行介绍。

每日增量备份（4 盘）：周一至周四，每周轮换使用。

每周完全备份（4 盘）：每周五使用一盘，每月轮换一次。

每月完全备份（12 盘）：每个月的最后一个周五，每年结束后可存档或重新使用。

9.3.2　灾难恢复策略

数据备份的最终目的是灾难恢复，灾难恢复措施在整个备份制度中占有相当重要的地位。因为它关系到系统在经历灾难后能否迅速恢复。灾难恢复操作通常可以分为两类。第一类是全盘恢复，第二类是个别文件恢复，还有一种值得一提的是重定向恢复。

1．全盘恢复

全盘恢复一般应用在服务器发生意外灾难导致数据全部丢失、系统崩溃或是有计划的系统升级、系统重组时，也称为系统恢复。

2．个别文件恢复

由于操作人员的水平不高，个别文件恢复可能要比全盘恢复常见得多，利用网络备份系统的恢复功能，很容易恢复受损的个别文件。只需浏览备份数据库或目录，找到该文件，启动恢复功能，软件将自动驱动存储设备，加载相应的存储介质，然后恢复指定文件。

3．重定向恢复

重定向恢复是将备份的文件恢复到另一个不同的位置或系统上去，而不是进行备份操作时它们当时所在的位置。重定向恢复可以是整个系统恢复，也可以是个别文件恢复。重定向恢复时需要慎重考虑，要确保系统或文件恢复后的可用性。

9.4　备份软件简介

前面介绍的备份技术与方法在关键领域应用非常广泛，但是对于小型的应用或者个人用户来说，这些技术和方法的应用成本比较高。对于非关键领域或个人用户，目前也有非常适用的备份软件，Ghost 就是其中最为常见的一种，下面对它的使用方法进行简单介绍。

---

① x 为月份号，若当月有五个星期，则需使用周带 4。

9.4.1 Ghost 软件基本信息

Ghost 软件是美国赛门铁克公司推出的一款出色的硬盘备份还原工具，俗称克隆软件，可以实现 FAT16、FAT32、NTFS 和 OS2 等多种硬盘分区格式的分区及硬盘的备份还原。

Ghost 的备份还原是以硬盘的分区为单位进行的，也就是说可以将一个硬盘上的物理信息完整复制，而不仅仅是数据的简单复制；Ghost 支持将分区或硬盘直接备份到一个扩展名为 .gho 的文件里（赛门铁克把这种文件称为镜像文件），也支持直接备份到另一个分区或硬盘里。

由于 Ghost 的备份还原是按分区来进行复制的，所以在操作时一定要小心，不要把目标盘（分区）弄错了，如果不慎将目标盘（分区）的数据全部抹掉就基本没有恢复机会了。

Ghost 只支持 DOS 的运行环境。通常把 Ghost 软件文件复制到启动 U 盘里，也可将其刻录进启动光盘，用启动盘进入 DOS 环境后，在提示符下输入 Ghost，按【Enter】键即可运行 Ghost，首先出现的是关于界面，如图 9-7 所示。

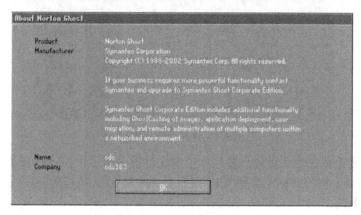

图 9-7　Ghost 的主界面

按任意键进入 Ghost 操作界面，出现 Ghost 菜单，主菜单共有 4 项，从下至上分别为 Quit（退出）、Options（选项）、Peer to Peer（点对点，主要用于网络中）和 Local（本地）。一般情况下只用到 Local 菜单项，其下有 3 个子项：Disk（硬盘备份与还原）、Partition（磁盘分区备份与还原）和 Check（硬盘检测）。前两项功能是用得最多的，下面的操作介绍就是围绕这两项展开的。

9.4.2 分区备份

1. Partition 菜单简介

选择 Ghost 操作主界面 Local 选项中的 Partition 选项，其中有 3 个子菜单。

1）To Partion：将一个分区（称源分区）直接复制到另一个分区（目标分区），注意操作时，目标分区空间不能小于源分区。

2）To Image：将一个分区备份为一个镜像文件，注意存放镜像文件的分区不能比源分区小，最好是比源分区大。

3）From Image：从镜像文件中恢复分区（将备份的分区还原）。

2. 分区镜像文件的制作

1）运行 Ghost 后，用光标方向键选择 Local→Partition→To Image 命令，如图 9-8 所示，

然后按【Enter】键。

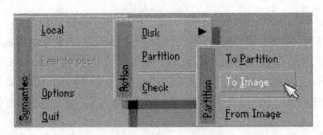

图 9-8　选择 To Image 命令

2）出现选择本地硬盘窗口，若只有一个硬盘直接按【Enter】键；若有多个硬盘，选择相应的硬盘后，再按【Enter】键。

3）出现选择源分区窗口（源分区就是要把它制作成镜像文件的那个分区），如图 9-9 所示。

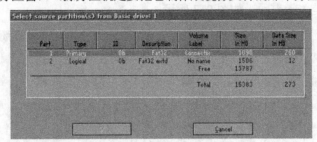

图 9-9　选择源分区窗口

用上下光标键将蓝色光条定位到要制作镜像文件的分区上，按【Enter】键确认要选择的源分区，再按【Tab】键将光标定位到 OK 按钮上（此时 OK 按钮变为白色），如图 9-10 所示，再按【Enter】键。

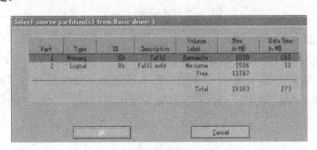

图 9-10　确认要选择的源分区

4）进入镜像文件存储目录，默认存储目录是 Ghost 文件所在的目录，在 File name 文本框中输入镜像文件的文件名，也可带路径输入文件名（此时要保证输入的路径是存在的，否则会提示非法路径），如输入 D:\sysbak\cwin98，表示将镜像文件 cwin98.gho 保存到 D:\sysbak 目录下，如图 9-11 所示，输好文件名后，再按【Enter】键。

5）接着出现"是否要压缩镜像文件"窗口，有 No（不压缩）、Fast（快速压缩）和 High（高压缩比压缩）共 3 个选项，压缩比越低，保存速度越快。一般选择 Fast 即可，用向右光标方向键移动到 Fast 选项上，按【Enter】键确定。

6）接着又出现一个提示窗口，用光标方向键移动到 Yes 按钮上，按【Enter】键确定。

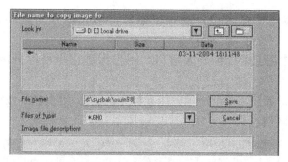

图 9-11　为镜像文件命名

7）Ghost 开始制作镜像文件，如图 9-12 所示。

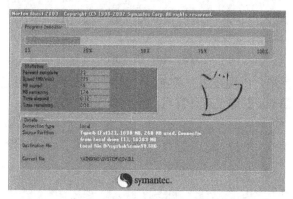

图 9-12　开始制作镜像文件

8）建立镜像文件成功后，会出现提示创建成功窗口，按【Enter】键即可回到 Ghost 界面。至此，分区镜像文件制作完毕。

9.4.3　从镜像文件还原分区

制作好镜像文件后，就可以在系统崩溃后还原，这样便又能恢复到制作镜像文件时的系统状态。下面介绍镜像文件的还原。

1）运行 Ghost 出现主菜单后，用光标方向键选择 Local→Partition→From Image 命令，如图 9-8 所示，然后按【Enter】键。

2）出现镜像文件还原位置窗口，如图 9-13 所示，在 File name 文本框中输入镜像文件的完整路径及文件名，如 d:\sysbak\cwin98.gho，再按【Enter】键。

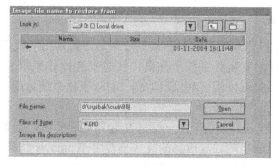

图 9-13　设置镜像文件属性

3）又出现选择本地硬盘窗口，选择硬盘后，用光标方向键移动到 OK 按钮上，按【Enter】键即可。

4）出现选择从硬盘选择目标分区窗口，用光标键选择目标分区（即要还原到哪个分区），按【Enter】键。

5）出现提问窗口，如图 9-14 所示，用光标方向键移动到 Yes 按钮上，按【Enter】键确定，Ghost 开始还原分区信息。

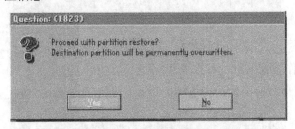

图 9-14　确认窗口

6）很快即可还原完毕，出现还原完成窗口，如图 9-15 所示，用光标方向键移动到 Reset Computer 按钮上，按【Enter】键重启计算机，至此分区恢复完成。

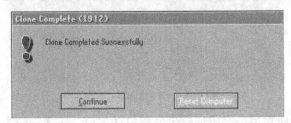

图 9-15　选择 Reset Computer 并按【Enter】键重启计算机

9.4.4　硬盘的备份及还原

Ghost 的 Disk 菜单下的子菜单项可以实现硬盘到硬盘的直接对拷（Disk To Disk）、硬盘到镜像文件（Disk To Image），以及从镜像文件还原硬盘内容（Disk From Image）。

在多台计算机的配置完全相同的情况下，可以先在一台计算机上安装好操作系统及软件，然后用 Ghost 的硬盘对拷功能将系统完整地"复制"一份到其他计算机，这样安装操作系统可比传统方法快很多。

Ghost 的 Disk 菜单各项的使用与 Partition 大同小异，在此就不赘述了。

9.4.5　Ghost 使用方案

1）最佳方案：完成操作系统及各种驱动的安装后，将常用的软件（如杀毒、媒体播放软件和 Office 办公软件等）安装到系统所在盘，接着安装操作系统和常用软件的各种升级补丁，然后优化系统，最后就可以用启动盘启动到 DOS 下做系统盘的克隆备份了，注意备份盘的大小不能小于系统盘。

2）如果因疏忽，在安装好系统一段间后才想起要克隆备份，则备份前应先将系统盘里的垃圾文件清除，并将注册表里的垃圾信息清除（推荐用 Windows 优化大师），然后整理系统盘磁盘碎片，整理完成后到 DOS 下进行克隆备份。

3）什么情况下该恢复克隆备份？当感觉系统运行缓慢时（此时多半是由于经常安装卸载软件，残留或误删了一些文件，导致系统紊乱）、系统崩溃时，以及系统中了比较难杀除的病毒时，就可以进行克隆还原了。有时如果长时间没整理磁盘碎片，又不想花上半个小时甚至更长的时间整理时，也可以直接恢复克隆备份，这样比单纯整理磁盘碎片效果要好得多。需要注意的是，在备份还原时一定要注意选对目标硬盘或分区。

9.5 小结

保证数据的有效性具有非常重要的作用；目前造成数据失效的原因大致可以分为 4 类：计算机软硬件故障，人为操作故障，资源不足引起的计划性停机，以及生产地点的灾难；备份是提高系统可靠性的重要手段，其目的是防止数据失效的发生；一个完整的系统备份方案应包括：硬件备份、备份软件、日常备份制度和灾难恢复制度 4 个部分；目前最常用的备份介质是磁带。

备份技术包括磁盘备份、双机备份、网络备份技术和数据备份。磁盘备份包括磁盘阵列和磁盘镜像。双机备份有多种解决方案，主要包括纯软件方案、灾难备份方案、共享磁盘阵列方案、双机单柜方案和双机双柜方案。数据备份的策略包括完全备份、增量备份和差分备份。常见的磁带轮换策略包括三带轮换策略、六带轮换策略和祖-父-子轮换策略；灾难恢复策略包括全盘恢复、个别文件恢复及重定向恢复。

对于非关键的应用领域和个人用户，可以采用 Ghost 等软件工具进行系统和数据备份。

9.6 习题

1. 产生数据失效的原因有哪些？
2. 结合自己的经历说明备份的重要性。
3. 什么是热备份？
4. 磁带作为数据备份介质，优点有哪些？
5. 简述磁盘延伸技术和数据分段技术。
6. 简述 RAID 1～RAID 5 各自的技术特点。
7. 简述磁盘镜像的工作原理。
8. 分别叙述实现磁盘镜像的 3 种方式。
9. 双机备份有哪 5 种方案？各有哪些优缺点？
10. 简述网络备份系统的意义及其工作原理。
11. 什么是 HSM 技术？什么是 SAN 技术？
12. 数据备份主要有哪几种策略？各在何种情况下应用？
13. 尝试在自己的个人计算机上应用 Ghost 备份软件。

第10章　无线网络安全

计算机和无线通信的结合，使得移动通信无所不在。移动设备可以通过无线链路接入 Internet，能够随时随地访问 Internet 资源。无线局域网作为无线网络的一种接入方式，以其频带免费、组网灵活及易于移动等特点，得到了广泛应用。但与此同时，无线网络的信息安全问题已经成为目前最重要的，也是最富有挑战性的问题之一。本章主要介绍无线网络安全的特点，分析 Wi-Fi 和无线局域网所面临的安全问题，讨论针对基于 iOS 与 Android 系统的移动终端安全，并探讨无线网络安全的主要技术。

10.1　无线网络安全的特点

10.1.1　无线网络概述

简单地说，无线通信技术就是在没有物理连接的情况下使多个设备之间能够互相通信的技术。无线通信采用无线电传送数据，而有线通信采用的是线缆。无线通信技术的应用范围很广，从复杂的系统（如无线局域网和蜂窝电话）到简单的设备（如无线耳机、送话器）都能看到无线通信技术的应用。无线通信技术的目标是给用户提供在移动中随处可以访问信息的功能。主要的无线技术包括无线网络、无线设备、无线标准和无线网络安全。

无线网络是无线设备之间，以及无线设备与有线网络之间的一种网络结构。无线网络的发展可谓日新月异，新的标准和技术不断涌现。总的来说，根据覆盖范围、传输速率和用途的不同，无线网络可以分为 4 类：无线广域网、无线城域网、无线局域网和无线个人网。

1．无线广域网

无线广域网（Wireless Wide Area Network，WWAN）主要是通过移动通信卫星进行数据通信的网络，其覆盖范围最大。代表技术有 3G 和 4G 等，数据传输速率在 2Mbit/s 以上。

2．无线城域网

无线城域网（Wireless Metropolitan Area Network，WMAN）主要是通过移动电话或车载装置进行的移动数据通信，可以覆盖城市中大部分的地区。代表技术是 IEEE 802.20。

3．无线局域网

无线局域网（Wireless Local Area Network，WLAN）一般用于区域间的无线通信，其覆盖范围较小。代表技术是 IEEE 802.11 系列。数据传输速率为 11～56Mbit/s，甚至更高。

4．无线个人网

无线个人网（Wireless Personal Area Network，WPAN）的无线传输距离在 10m 左右，典型的技术是 IEEE 802.15 和 BlueTooth，数据传输速率在 10Mbit/s 以上。

10.1.2　无线网络的特点

虽然无线网络的普及应用扩展了网络用户的活动空间，具有安装时间短，增加用户或更改网络结构方便、灵活和经济的特点，还可以提供无线覆盖范围内的全功能漫游服务。但是，这种自由也同时带来了新的挑战，其中最重要的问题就是安全。

无线网络通过无线电波在空中传输数据，在无线电波覆盖范围内的任何一个无线网络用户都能接收到这些电波信号，进而有可能从中解析出传输的数据。由于无线设备在存储能力、计算能力和电源供电时间方面的局限性，使得原来在有线环境下的许多安全方案和安全技术不能直接应用于无线环境。例如，防火墙对无线网络通信不起作用，任何人在区域范围内都可以截获和插入数据。

与有线网络相比，无线网络有其自身的特点，这些特点往往也是威胁无线网络安全的重要因素。综合而言，无线网络主要具有以下 3 个方面的特点。

1）使用无线介质。无线网络的传输方式主要有微波和红外等，它们均使用无线传输信道，而无线信道是开放的公共资源，所以任何人都可以利用它来发送和接收信息，这本身即对无线网络的安全构成重大威胁。

2）有限的带宽。由于可用来通信的无线频谱资源是有限的，因此，如何合理利用现有的频谱资源就显得异常突出。通常，对某项无线应用要占用的频谱都限定在一定的带宽之内，这在一定程度上降低了攻击者对网络攻击的难度。

3）电源管理。作为移动的无线网络中的设备，其能源均来自轻型的电池。由于这类电池的供电时间是有限的，一旦供电不足，则往往导致系统的崩溃。所以在进行系统设计时，必须考虑到网络的能耗问题，这对网络安全机制的设计无疑是一个限制。

除上述安全缺陷外，无线网络也同样面临许多与有线网络类似的安全威胁，特别是对那些采用了 TCP/IP 协议的无线网络而言，由于协议在设计之初本身存在的安全漏洞，所以很容易被攻击者引用。

10.1.3　无线网络面临的安全威胁

无线网络面临的威胁主要来自 5 方面：一是无线电信号干扰；二是非法接入；三是网络欺骗和会话拦截；四是网络监听；五是网络阻塞攻击。

1．无线电信号干扰

由于无线网络通信链路的开放暴露特性，其所使用的无线电波信号很容易受到相同频率无线电磁信号的干扰。当干扰信号足够强时，将严重影响无线网络的通信质量。

2．非法接入

对于无线网络来说，不需要与目标网络建立物理的连接就可以建立起逻辑链路，这为非法接入目标网络创造了良好的条件。

3．网络欺骗和会话拦截

在无线网络通信体系中，通信结点的身份容易被伪装，恶意结点可以冒充合法网络结点甚至关键网络设施，并参与网络通信，从而可以实现网络欺骗和会话拦截。

4．网络监听

由于无线信号传播的遍布性，在其传播范围内的任何位置都可以接收到无线信号，从而为实现无线网络监听创造了良好条件。

5．网络阻塞攻击

网络通信链路的带宽相对于有线网络通常较低，因此更容易受到拒绝服务攻击的影响，导致网络服务异常。

10.2 Wi-Fi 和无线局域网安全

10.2.1 Wi-Fi 和无线局域网概述

无线局域网（WLAN）是指在一个局部区域内计算机之间通过无线链路进行通信的网络，是计算机网络与无线通信技术相结合的产物。无线局域网解决方案为无线通信网络结点提供了与有线局域网资源对接的方法。随着笔记本电脑和 PAD、手机等移动终端设备的广泛使用，以及无线通信技术的快速发展，无线局域网在社会生活中的作用越来越重要。

与有线局域网相比，WLAN 具有一定的移动性和灵活性高、建网迅速、管理方便、网络造价低，以及扩展能力强等特点。这些特点使得 WLAN 迅速应用于需要在移动中联网和在网间漫游的场合。

WLAN 由无线网卡、无线接入点（Access Point，AP）、计算机和有关设备组成，如图 10-1 所示。WLAN 中的工作站是指能够发送和接收无线网络数据的终端设备，如内置无线网卡的 PC、笔记本电脑和手机等。AP 类似于 LAN 中的集线器，是一种特殊的无线工作站，其作用是接收无线信号发送到有线网络。通常，一个 AP 能够在几十米至上百米的范围内连接多个用户。在同时具有有线和无线网络的情况下，AP 可以通过标准的以太网电缆与传统的有线网络相连，作为无线网络和有线网络的连接点。

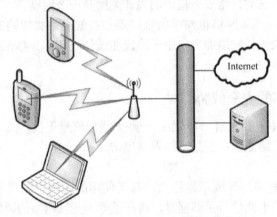

图 10-1　WLAN 的基本构成

在 WLAN 标准中，应用最广泛的是 IEEE 802.11 系列标准。常用的标准主要有 IEEE 802.11b、IEEE 802.11a、IEEE 802.11g 和 IEEE 802.11n 等。

其中，802.11b 是 IEEE 于 1999 年批准的标准，也称为 Wi-Fi，其最高通信速率为 11Mbit/s，室内传送距离为 15~45m，室外可达 300m。802.11b 在 802.11 的基础上增加了两种更高的通信速率 5.5Mbit/s 和 11Mbit/s。当射频情况变差时，可将数据传输速率降低为 5.5Mbit/s、2Mbit/s 和 1Mbit/s。

Wi-Fi 是 Wireless Fidelity 的缩写，即无线保真。Wi-Fi 是由 Wi-Fi 联盟持有的无线局域网实现方式的标识，即遵循 IEEE802.11 系列协议的无线局域网实现方式。Wi-Fi 联盟是一个非营利性的国际组织。该组织成立于 1999 年，其使命是对不同厂商根据 IEEE 802.11 规范生产的 WLAN 产品进行兼容性测试与认证，确保通过其认证的产品可以实现互连互通。与 Wi-Fi 对应的国内无线局域网标准是我国提出的 WAPI 标准。

10.2.2　无线局域网安全机制

IEEE 802.11 工作组（Working Group）最初安排 802.11e 任务组（Task Group）承担制定在 WLAN 上支持 QoS 需求和加强安全等方面的标准。由于人们对 WLAN 安全问题的关注不断升级，2001 年 5 月，802.11 工作组成立了 802.11i 任务组，专门负责制定 WLAN 的安全标准。

与 WLAN 有关的安全机制主要包括 WEP、WPA 和 WPA2 等协议标准。

1．WEP

WEP（Wired Equivalent Privacy）即有线等价保密。WEP 协议的设计目标是保护传输数据的机密性和完整性，并提供对 WLAN 的访问控制，但是由于协议设计者对于 RC4 加密算法的不正确使用，使得 WEP 实际上无法达到其期望目标。

WEP 对于接入网络的控制有两种形式：开放式接入和共享密钥接入。所谓开放式接入，顾名思义，即无须任何认证就可以接入网络。共享密钥接入只需要提供预留的验证密码就可以接入网络。

WEP 对于传输加密采取用一个初始向量（Initial Vector，IV）和密钥（KEY）生成一个中间密钥，然后采用 RC4 加密算法，用该中间密钥加密信息。RC4 是一种流式加密算法，对于包的顺序没有要求，不同顺序的包加密后不能辨识出包的原顺序，因此不能防止重播攻击。WEP 加密采用的密钥长度为 40bit，IV 的长度为 24bit。

美国 UC Berkley 大学的研究人员揭示了一系列针对 WEP 协议可行的攻击方式，密码学家从理论上指出在 WEP 协议中的 RC4 算法会产生弱密钥，密钥的脆弱性将导致生成具有易识别格式化前缀的密钥流。经统计分析，由这些具有格式化前缀的密钥流就可以反推出 WEP 加密密钥。AT&T 实验室的工作人员利用该原理编制的软件在 PC 上成功地破译了 WEP 加密数据。目前已经有多种公开的工具软件能够破解 WEP 密钥，著名的有 AirSnort、WEPCrack 等。

2．WPA

WEP 协议在设计上的缺陷引起了 IEEE 的重视，它委托 802.11i 任务组制定新的标准来加强 WLAN 的安全性。IEEE 标准委员会于 2004 年 6 月批准了 802.11i 标准。802.11i 采用高级加密标准（Advanced Encryption Standard，AES）算法替代 RC4 算法，使用 802.1x 协议进行用户认证。

Wi-Fi 联盟从 2004 年 9 月开始对产品进行 802.11i 认证。在 802.11i 批准之前，为使安全问题不至于成为制约 WLAN 市场发展的瓶颈，给广大 WLAN 用户提供一个临时性的解决方案，Wi-Fi 联盟提出了 Wi-Fi 网络安全存取（Wi-Fi Protected Access，WPA）标准。

WPA 标准是 Wi-Fi 联盟联合 IEEE 802.11i 任务组的专家共同提出的，在该标准中数据加密使用临时密钥完整性协议（Temporary Key Integrity Protocol，TKIP），认证有两种可选模式：一种是使用 802.1x 协议进行认证，适用于企业用户；另一种称为预先共享密钥（Pre-Shared Key，PSK）模式，采取用户在 WLAN 的所有设备中手工输入共享密钥的办法来进行认证，适用于家庭用户。WPA 标准专门对 WEP 协议的不足之处进行了有针对性的改进，对于 802.11i 标准和 WEP 都具有兼容性。该标准允许用户通过软件升级的方法，使早期的 Wi-Fi 认证产品支持 WPA，这就为用户节省了投资。Wi-Fi 组织宣布从 2003 年 2 月开始对支持 WPA 标准的 WLAN 产品进行兼容性认证，WPA 标准是 802.11i 标准正式实施以前 WLAN 安全采用的过渡方案。

WPA 依然采用 RC4 算法对数据进行加密，为了增强数据安全性，将密钥长度增加到 128bit，且 IV 长度增加到 48bit。此外，为了增加密钥的安全性，通过 TKIP 协议随着会话的不同产生动态密钥。为了增加数据完整性保护，WPA 还在每一个报文末尾增加一个消息完整性检查（Message Integration Check，MIC）字段，对报文进行检查。

3．WPA2

WPA2 是对 WPA 的增强，实际上是 802.11i 的完整实现。802.11i 标准包括一组健壮性很强的安全标准集，包括 802.1x 身份验证和基于端口的访问控制，以及 AES 加密模块和 CCMP，用来保持关联性的跟踪，并提供保密、完整性和源身份验证。

WPA2 与 WPA 的对比如表 10-1 所示。

表 10-1　WPA2 与 WPA 的对比

应用模式	WPA	WPA2
企业应用模式	身份认证：IEEE 802.1x/EAP	身份认证：IEEE 802.1x/EAP
	加密：TKIP/MIC	加密：AES-CCMP
个人应用模式	身份认证：PSK	身份认证：PSK
	加密：TKIP/MIC	加密：AES-CCMP

在 WPA2 中，采用了加密性能更好、安全性更高的加密技术 AES-CCMP（Advanced Encryption Standard – Counter mode with Cipher-block chaining Message authentication code Protocol，高级加密标准－计数器模式密码区块链接消息身份验证代码协议），取代了原 WPA 中的 TKIP/MIC 加密协议。虽然 WPA 中的 TKIP 针对 WEP 的弱点做了重大改进，但保留了 RC4 算法和基本架构，也就是说，TKIP 也存在着 RC4 本身所隐含的一些弱点。CCMP 采用的是 AES 加密模块，AES 既可以实现数据的机密性，又可以实现数据的完整性。AES-CCMP 提供了比 TKIP 更强的加密保障，是目前面向大众的最高级无线安全协议。总体来说，CCMP 提供了加密、认证、完整性检查和重放保护四重功能。CCMP 使用 128 位 AES 加密算法实现机密性。

10.3　移动终端安全

10.3.1　iOS 安全

1．iOS 简介

iOS 是苹果公司为移动设备开发的操作系统，主要用于 iPhone、iPod Touch、iPad 和 Apple TV。iOS 是从 Mac OS X 衍生而来的类 UNIX 操作系统，而 Mac OS X 主要用于苹果推出的台式机（iMac、Mac Pro）及笔记本（MacBook）。iOS 最吸引用户的就是其电子市场（App Store），集中管理应用程序以供用户下载。

2．iOS 安全机制

为了保证用户的安全，苹果为 iOS 设计了一套安全机制。主要由下面几部分构成。

1）可信引导。系统的启动从引导程序开始，载入固件，由固件再启动系统。固件通过 RSA 签名，只有验证通过才能进行下一步，系统又经过固件验证。这样，系统以引导程序为根建立起了一条信任链。

2）程序签名。iOS 中的应用程序都是 Mach-O 格式的文件，这种文件格式支持加密和签名，而目录结构通过 SHA-1 散列存储在内存之中，目录及 App Store 中的软件都经过数字签名。

3）沙盒和权限管理。用沙盒的方法来限制文件系统的访问和隔离应用程序，同时让用户程序执行在普通用户的权限上。

4）密钥链和数据保护。用户密码、证书及密钥通过 SQLite 存储，数据再通过这些密钥加密存储，数据库有严格的访问控制。

3. iOS 安全隐患

在 iOS 系统安全体制之下，仍然存在很多安全隐患和问题，主要包括以下几个。

1）利用引导过程的缺陷对设备进行"越狱"。用户使用这种技术及软件可以获得 iOS 的最高访问权限，甚至可以解开运营商对手机网络的限制。2010 年 7 月 26 日，美国国会修改千禧年数字版权法案中的豁免条款，正式认可 iOS 越狱的合法性。目前为止可以对 iPad、iPod Touch 和 iPhone 全部设备越狱。目前广泛使用的越狱工具有红雪（redsnow）、黑雨（blackrain）、绿雨（limerain）和 JailbreakMe 等。普通用户利用这些工具就可以对其设备进行越狱，获得管理员权限，然后就能访问文件系统，执行非官方签名的应用程序。

用户对 iOS 设备进行越狱，主动破坏 iOS 系统的安全保护机制，实际上是对 iOS 系统数据安全最大的威胁。相比使用 App Store，用户更加容易受到恶意软件的影响，同时恶意软件也可以获得最高权限，从而对系统进行全面的控制，窃取用户的隐私和数据。

表 10-2 列出了在越狱前后，iOS 应用程序所能实现的一些功能对比，可以看出，一个在越狱 iOS 设备上运行的软件可以不受拘束地访问各种个人秘密资料，甚至可以对用户进行跟踪和窃听。

表 10-2　越狱前后 iOS 应用程序能力对比

功　能	未　越　狱	越　狱
自启动运行	无法实现	可以实现
获取联系人	可以实现	可以实现
获取短信和通话记录	无法实现	可以实现
破解邮件和网络密码	无法实现	可以实现
GPS 后台追踪	需要用户授权	不需要用户授权
通话和短信拦截	无法实现	可以实现
后台录音	无法实现	可以实现

2）手机隐私泄露问题。不同于其他平台，手机操作系统需要保护手机中存储的手机号码、通讯录、短信和地址之类的隐私信息。Android 主要通过公开系统源代码，让系统对用户透明，这样研究者通过直接检查代码就能发现其中的问题。苹果公司则主要依靠自己的软件审查机制来保证 iOS 平台上软件的安全性，只有经过审查的应用程序才能发布到 App Store 上，严格的检查将恶意程序阻止在系统之外。但是，由于这个审查过程和方法的细节并未公开，用户无法完全信任苹果的这套机制能够确保用户数据的安全。2009 年在 App Store 上就出现过泄露用户信息的游戏。

3）安全漏洞和恶意程序。在 Black Hat USA 2009 上研究者演示了如何用短信来得到 iPhone 的控制权。而 iPhone 中的 Safari 漏洞也是黑客一直用来攻击的对象。Ikee 是第一个 iPhone 病毒，它在未经过用户允许的情况下修改 iPhone 墙纸。iPhone/Privacy.A 是一个偷取用户数据的病毒。

越狱工具 JailbreakMe 利用 iOS 处理 Adobe Type 1 字体存在的一个缓冲区溢出漏洞，使得用户只需通过浏览器访问一个加载利用该漏洞的 PDF 文件网页就可完成越狱。虽然单纯利用该漏洞进行越狱对用户不会造成很大影响，但是由于该漏洞利用了已公布的源代码，已经有攻击者用其构造出了一个恶意网页，如果 iOS 用户访问了恶意网页，系统就会被植入恶意程序。

4. iOS 安全加固

由于在未越狱 iOS 系统中的应用不能对系统进行深层次的操作，因此正常的应用软件不能实现一般安全软件系统的扫描、拦截和监控等功能。目前在 App Store 上销售的安全软件多是以通信录备份、电池管理等功能为主的手机管理软件。而在越狱过的 iOS 系统中，虽然 iOS 系统本身的安全机制受到破坏，但应用程序却有能力实现对 iOS 系统更深入的安全防护。

360 安全卫士（iPhone 版）是专门针对 iOS 系统的管理软件，但是需要先对 iOS 进行越狱才能全面地发挥作用。其主要功能包括流量监控、安全备份、系统信息查询、号码归属地查询、照片保险箱和密码保险箱等。

5. iPhone 及 iPad 安全使用指南

美国家安全局 2012 年发布了《iPhone 及 iPad 安全使用指南》，该指南提供了在 iOS 下运行的 iPhone 及 iPad 的安全管理基本知识，提出了保持物理安全、及时升级 iOS 系统、不要越狱、开启自动锁屏及密码功能、不要加入到不熟悉的无线网络、在不需要时关闭蓝牙，以及关闭地点设置等 10 项安全建议。

（1）保持物理安全

应该时刻保持苹果设备不离开自己的身边。所有的信息设备都有被攻击的可能，但是由于 iPhone 及 iPad 具有很强的可移动性，其被攻击的可能性更是大大提高。目前，市场上已有大量的窃密工具能够使窃密者通过物理接触移动设备的方式获取信息。最好的保护方式是确保移动设备不被别人接触到，并谨慎存储敏感信息。

（2）及时升级 iOS 系统

每次的 iOS 系统升级都可能包含很多安全系统的升级，因此应及时升级 iOS 系统，以确保移动设备安全。

（3）不要越狱

越狱行为将大大降低 iOS 系统抵御攻击的能力，因为它降低了系统对软件签名的保护功能，而这一功能是 iPhone 上最主要的安全保护功能。越狱后的设备能够使黑客攻击更加容易，目前市场上对 iOS 系统的大部分攻击软件都要求手机已经处于越狱状态。

（4）开启自动锁屏及密码功能

自动锁屏功能是指屏幕自动上锁，但其并不能独自保护信息安全，需要与密码相结合来对一般攻击起到防护作用。

简单加密模式需要使用 4 位数字密码解锁 iOS 系统。如果关闭该模式，就可以设置比 4 位密码更加复杂的密码。需要注意的是，当密码设置成功后，只有自带加密功能的 APP 才能对数据进行保护。

（5）不要加入到不熟悉的无线网络

尽量不要使用无线网络，不使用时应关闭无线网络，不要使用免费的 Wi-Fi 网络接入设备，因为这些网络大多不进行安全加密，任何人都有可能在该范围内截获信息。如必须使用，应尽量使用熟悉的网络并确保该网络已加密，推荐使用 WPA 网络。建议关闭"邀请加入网络（Ask to Join Networks）"选项，该操作不能避免移动设备连接到曾经访问过的网络。

另一个需要注意的是，每次连接到无线网络后，使用完建议开启"忘记该网络（Forget this Network）"选项，这将避免移动设备自动接入到有相同用户名的无线网络。另外，只有在该网络的覆盖范围内，该操作才有效，离开该网络的覆盖范围，则无法从 Wi-Fi 网络中将其去除。

（6）在不需要时关闭蓝牙

当不使用蓝牙时，建议关闭蓝牙设备，以免其他移动设备接入自己的手机。

（7）关闭地点设置

iOS 系统中包含了地点设置功能，除非有必要，否则建议关闭该选项，以防止其他人可以随时跟踪自己的位置信息。

（8）上网浏览器的设置

建议在上网浏览器中关闭自动填写功能，这将防止上网浏览器储存用户名及密码等敏感信息。应该关闭 JavaScript 选项，但关闭后，很多网页将无法浏览。

Cookie 可以泄露个人信息及上网习惯，建议在 iOS 系统中设置为"只接受浏览过的网站的 Cookie"。

（9）电子邮件的设置

确保所有电子邮件往来的连接都是加密的，这要求邮件的服务器具有加密功能，否则邮件将有可能被截获并直接阅读。当用浏览器接入到网络邮件时，应确保登录网页是加密的。

关闭邮件的图片下载功能，这可以确保不通过图片传输恶意程序，并确保网络地址安全。

（10）使用 iPhone 的设置软件

iPhone 设置软件具有关闭照相机、网络浏览器等功能。而对于其他重要的设置（如加密备份文件、设置更高级密码和开启无线清除系统等功能）可以通过 iPhone 网站实现。

10.3.2 Android 安全

1．Android 简介

2007 年 11 月 5 日，Google 公司正式发布了基于 Linux 内核的开源操作系统 Android。自发布以来，Android 系统以其开放、自由的特性赢得了各大厂商、开发人员及用户的青睐。已成为全球市场占有份额最高的智能手机操作系统。Android 的流行使其已成为众多恶意软件的攻击目标，针对 Android 的木马、Rootkit 和应用层特权提升攻击等安全威胁不断出现。

2．Android 组件模型

Android 是一个移动设备软件栈，其系统架构包含多个层次，主要有应用层、应用框架层、Android 运行时系统库，以及 Linux 内核。Android 中的应用都是用 Java 语言编写的，然后生成 Dalvik 虚拟机可执行的.apk 文件。

通常情况下，Android 应用由一个或多个不同的组件构成，这些组件主要包括 4 种类型：Activity、Service、Broadcast Receiver 和 Content Provider。Activity 是用户接口的容器，表现为可视化的用户接口。Service 在后台运行，它没有可视化的用户接口，通常完成一些无须用户干预的操作。Broadcast Receiver 用于接收和响应应用关心的广播消息。Content Provider 提供了一种应用间共享数据的方法，这些数据可以存放在文件中，也可以存放在 SQLite 数据库中。

3．Android 安全机制

（1）权限机制

Android 应用框架层提供了限制组件间访问的强制访问控制机制，系统中定义了一系列安全操作相关的权限标签，应用需要在配置文件（Manifest.xml）中利用这些标签声明自己所需的权限，当用户同意授权后，该应用下属的所有组件将会继承应用声明的所有权限。同时，组件也可以利用权限标签限制能够与其交互的组件范围。如图 10-2 所示，组件 CC1 要求 P1 权限，而应用程序 B 被用户授予了权限 P1，因此 CB1 继承 P1 权限并因而具有访问 CC1 的能力。组件 CA1 则因为不具备 P1 权限而无法访问 CC1。

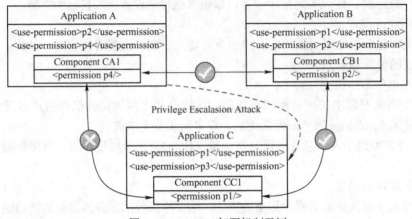

图 10-2　Android 权限机制示例

Android 支持普通（normal）、危险（dangerous）、签名（signature），以及签名或系统（Signature Or System）4 种权限保护级别。危险级别的权限在应用程序安装时会在屏幕上列出，而普通级别的权限是隐藏在折叠目录或屏幕上的。签名级别的权限只有在请求权限的应用程序与声明权限的程序是用相同的证书签名时才被授权。

（2）沙盒机制

为了保障每个应用运行过程中不被其他应用影响，Android 系统为每个应用在运行过程中提供了一个沙盒。其具体实现是，Android 系统为每个应用提供一个 Dalvik 虚拟机实例，使其独立地运行于一个进程，并且为每一个应用创建一个对应于 Linux 底层的用户名，并设置用户 ID。利用这个用户 ID 可以保护应用的文件、数据和内存。如果希望两个应用共享权限和数据，可以通过设置 sharedUserID 来声明两个应用使用同一个用户 ID，运行于同一进程，并共享其资源和权限。但是声明使用 sharedUserID 的应用必须有相同的用户签名。这种机制不但可以在应用运行过程中保障其独立性，还可以提高系统的健壮性。当单个应用运行出现问题时，可以消除其虚拟机实例来保障整个系统的安全运行。

（3）签名机制

所有 Android 应用都要被打包成*.apk 文件，这个文件在发布时都必须被签名，与通常在信息安全领域中使用数字证书的用途不同，Android 利用数字签名来标识应用的作者和在应用间建立信任关系，而不是用来判定应用是否应该被安装。而且，这个数字证书并不需要权威的数字证书签名机构认证，而是由开发者来进行控制和使用的，用来进行应用包的自我认证。对 Android 应用签名可以采用调试模式和发布模式：使用 Android 开发工具开发的应用是用一个调试私有密钥自动签名的，这些应用称为调试模式应用，只能用于开发者自行测试，不能够发布到 Google 官方应用市场上。当一个开发者需要将自己的应用程序发布到 Google 上时，必须生成一个发布模式的版本，即用其私有密钥签署应用。应用签名在发布时进行，在应用安装时被验证，用以实现对应用来源的鉴定。

4. Android 安全缺陷

可以说，Android 在诞生之初就拥有良好的安全机制。首先，它通过继承 Linux 内核的安全机制实现系统安全；其次，又通过自身的 permission 机制实现数据安全。但 Android 原生的安全机制仍然存在一些缺陷，主要体现在以下几个方面。

1）Android 通过 Package Installer 在应用安装时检查应用所需的权限，并提示用户，由用户做出抉择。但是，如果用户想使用该应用的功能，就必须同意应用申请的全部权限，否则 Package Installer 将拒绝安装该应用。

2）Android 没有对已授予应用的权限的使用范围进行限制。比如应用申请了读联系人数据的权限，那么它就可以读取全部的联系人数据，而不能根据联系人分组区别对待。

3）由于所有权限都是在安装时进行检查并授予的，所以资源的访问不能根据用户的位置、时间等不同而进行动态限制。

4）用户撤销已授予某个应用权限的唯一方法就是卸载该应用。

以上安全缺陷不仅降低了 Android 平台的可用性，同时导致平台容易遭受应用层权限提升攻击，具体又可分为混淆代理人攻击和共谋攻击。

混淆代理人攻击是指恶意程序利用其他程序的未保护接口来间接获得特权功能，普遍存在于 Android 默认程序（如电话、闹钟、音乐和设置程序）及第三方程序中。如图 10-2 所示，应用程序 A 没有 P1 权限，因此 CA1 无法访问被 P1 权限所保护的组件 CC1。然而，由于组件 CB1 提供了未被 P1 保护的开放接口，因此 CA1 可以利用 CB1 间接地使用 CC1 的功能，这样就形成了混淆代理人攻击。恶意程序可以通过共谋来合并权限，从而执行超出各自特权的动作。

5. Android 安全配置

为了保障运行 Android 系统的移动终端的安全，对其进行安全配置是非常必要的，比较方便的配置方式是使用专业的 Android 系统配置管理软件。常用的配置管理软件有 LBE 安全大师、360 手机卫士等。下面以 LBE 安全大师为例来介绍 Android 系统的安全配置。

（1）LBE 安全大师简介

LBE 安全大师是 Android 平台上首款主动式防御软件，是第一款具备实时监控与拦截能力的手机安全软件。LBE 安全大师基于业界首创的 Android 平台 API 拦截技术，能够实时监控与拦截系统中的敏感操作，动态拦截已知和未知的各种威胁，避免各类吸费软件、广告软件乃至木马病毒窃取移动终端内的隐私信息。LBE 安全大师能够为系统中每一个应用的每一个敏感操作指定权限，包括允许、拒绝和提示。通过此项功能，用户可以关闭某些应用申请的额外权限，阻止应用内嵌广告代码的执行而保留应用功能不受影响。

LBE 安全大师的功能模块主要包括 9 个方面，如图 10-3 所示。下面选择 LBE 安全大师的主要功能模块进行介绍。

图 10-3　LBE 安全大师主要功能模块

（2）权限管理

LBE 安全大师提供了免 root 直接进行权限管理的配置模式，同时提供了专业的权限配置推荐，给用户权威的配置指导，简化了权限配置过程。对于新装软件，可以进行智能配置，免去复杂的配置操作。LBE 安全大师的权限管理配置示例如图 10-4 所示。

图 10-4　权限管理配置过程示例

（3）病毒查杀

安天 AVL SDK 反病毒引擎，免费提供日常病毒库升级服务，确保及时始终受到最全面和最完整的保护。LBE 安全大师的病毒查杀示例如图 10-5 所示。

图 10-5　病毒查杀过程示例

（4）骚扰拦截

LBE 安全大师的骚扰拦截功能内置智能识别算法，可使用黑白名单、关键字和自定义拦截模式等方式自动拦截特定的骚扰来电和短信，可以在绝大多数手机上实现无响铃拦截，陌生来电延迟 3 秒响铃，避免骚扰来电和诈骗电话。骚扰拦截设置如图 10-6 所示。

图 10-6　骚扰拦截过程示例

10.4　无线安全技术及应用

无线网络安全主要包括系统安全、网络安全和应用安全等内容，也遵循安全风险分析、安全结构设计和安全策略确定的基本实施规律。

10.4.1　常用无线网络安全技术

常用无线网络安全技术包括访问控制技术、数据加密技术、端口访问技术和数据校验技术。

1．访问控制技术

利用 MAC 地址访问控制和服务区认证 ID（SSID）技术来防止非法的无线设备入侵。由于每台计算机的网卡都拥有唯一的 MAC 地址，因此可以使用 MAC 地址过滤的策略来防止非法的地址入侵。SSID 使得只有计算机的 SSID 与无线路由器的 SSID 一致时才能访问，因此可以采用隐蔽 SSID 的方法来拒绝非法访问。

2．数据加密技术

数据加密是无线网络安全的基础，对传输的数据进行加密是为了防止其在未授权的情况下数据被泄露、破坏或篡改。近年来，各个组织和国家提出了多种解决方案，从早期的 WEP 协议，经历 WPA 到 802.11i 协议，安全技术不断进步。

3．端口访问技术

IEEE 802.1x 协议是一种基于端口访问的控制协议，能够实现对局域网设备的安全认证和授权。该技术是用于无线网络的一种增强性网络安全解决方案。当无线工作站与无线路由关联后，是否可以使用无线路由器提供的服务取决于 8021.x 的认证结果。如果认证通过，无线路由器则打开这个逻辑端口，否则拒绝。802.1x 除提供端口控制访问能力之外，还提供基于用户的认证系统，使得网络管理者能更容易控制网络接入。

4．数据校验技术

校验是为了确保传输数据的完整性，防止数据在传输的过程中被非法截取并进行恶意修改的行为。

10.4.2　无线网络安全技术应用

1. 修改无线路由器的默认账号和密码

无线路由器出厂时设置的默认账户与密码通常都比较简单，而且众所周知。因此必须及时修改无线路由器的默认账号和密码，并且要定期进行变更，防止非法用户登录无线路由器，修改相关参数，从而可以对无线局域网内的用户进行访问和攻击。

2. 设置服务区标识符（SSID）

SSID 用来区分不同的无线网络，一个 SSID 最多由 32 个字符构成，一般情况下，无线路由器在出厂时都有一个默认的 SSID 标识，如不及时修改这种 SSID 标识信息，就可能发生与其他无线网络的冲突。无线终端接入无线路由器时必须提供有效的 SSID，只有匹配才能接入。AP 和无线路由器默认情况下会向所有的无线客户端广播自己的 SSID 号，从而方便用户接入相应的无线网络。广播 SSID 的功能在方便正常用户的同时也给非法用户接入网络创造了条件，因此应及时取消 AP 和无线路由器的"允许 SSID 广播"功能，使得非法用户不能搜索到 SSID 号，从而降低网络被入侵的概率，增加网络的安全性。

在无线网络中关闭接入点的 SSID 广播，虽然能够在一定程度上隐藏用户所在的网络，但不能过分依赖 SSID 隐藏。这是因为，隐藏 SSID 只是从接入点信标中删除了 SSID，它仍然包含在 802.11 相关的请求之中，在某些情况下还包含在探索请求和回应数据包中。因此，窃听者能够使用合法的无线分析器在繁忙的网络中迅速发现已连接网络用户的 SSID。

3. 启用无线网络的加密设置

无线设备上都具有 WEP 加密、WPA 加密和 WPA2 加密功能，其中 WPA2 使用 256 位的密钥，而且数据包在广播过程中，WPA2 加密密钥不断变化，具有更好的安全性，应优先启用 WPA2 加密功能。

4. 设置 MAC 地址过滤

MAC 地址过滤在无线网络安全措施中是一种常见的安全防范手段，开启无线设备的 MAC 地址过滤功能，可以拒绝非法的 MAC 地址访问该无线网络，有效控制无线客户端的接入权限。无线 MAC 过滤可以让无线网络获得较高的安全性。

启用 MAC 地址过滤，虽然增加了一层安全性，可以控制哪些客户机能够连接到该无线网络。但是，窃听者可以很容易监视网络中授权的 MAC 地址并且随后改变自己的计算机的 MAC 地址。

5. 有效管理 IP 分配方式

取消无线路由器的 DHCP 分配 IP 方式，采用静态地址分配方式。DHCP 的主要功能就是帮助用户动态分配 IP 地址，省去了用户手动设置 IP 地址、子网掩码及其他参数的麻烦，但容易被非法利用，而静态地址分配方式可以对局域网中的计算机的 IP 地址进行控制，有效地防止恶意用户自动获取网络配置参数接入网络。

6. DoS 攻击防范

在无线路由器上开启 DoS 攻击防范功能，在设定的时间里对数据进行统计，如果统计得到的某种类型数据包（例如 ICMP、UDP 和 TCP-SYN 等）超过了预设的阈值，无线路由器将认为 DoS 攻击已经发生，从而停止接收该类型的数据包，达到防范 DoS 攻击的目的。另外，应开启"禁止来自 LAN 口的 Ping 包通过路由器"功能，能有效防范在短时间内向目的主机发送大量 Ping 包，从而造成网络堵塞或主机资源耗尽。

7. 部署无线入侵防御系统

一个无线入侵防御系统（WIPS）可以帮助检测和对抗恶意用户建立的虚假接入点和实施的 DoS 攻击等。

10.5　小结

无线网络技术已经应用到各行各业，无线网络的灵活性和低成本使其得到了广泛应用，智能移动终端的普及使得 Wi-Fi 无线网络更加贴近人们的日常生活。无线网络安全也越来越受到人们的重视，然而现有的无线网络体制还存在一些不安全因素，只有增强安全防范意识，根据不同的无线网络用户特点，选择相对安全的防范措施，才能保障用户安全地使用无线网络。

除无线网络体制安全问题外，智能移动终端的安全问题也不容忽视，针对典型移动终端操作系统 iOS 和 Android，分析了其安全机制与存在的安全问题，介绍了提高其安全性的技术措施。

10.6　习题

1. 无线网络的类型有哪些？
2. 简述无线网络的主要特点。
3. 无线网络面临的安全威胁有哪些？
4. 简述无线局域网的主要构成要素。
5. 简述无线局域网与 Wi-Fi 的关系。
6. 简述无线局域网的主要安全机制。
7. 简述 iOS 的安全机制及存在的安全缺陷。
8. 简述安全使用基于 iOS 移动终端的主要措施。
9. 简述 Android 的安全机制及存在的安全缺陷。
10. 简述安全应用无线网络的主要措施。

第 11 章　云计算安全

随着云计算的进一步推进和发展，云计算面临的安全问题变得越来越突出，特别是在云计算带来的诸多利益下，如何满足用户在云计算环境下对用户数据的机密性、完整性等相关性能的需求，已成为云计算安全的首要难题。

11.1　云计算面临的安全挑战

11.1.1　云计算概述

云计算是继分布式计算、网格计算和对等计算之后的一种新型计算模式，它以资源租用、应用托管和服务外包为核心，迅速成为计算机技术发展的热点。在云计算环境下，IT 领域按需服务的理念得到了真正体现。云计算通过整合分布式资源，构建应对多种服务要求的计算环境，满足用户的定制化要求，并可通过网络访问其相应的服务资源。云计算对资源共享且高效利用的特点，可以实现系统管理维护与服务使用的解耦。

云计算具有广泛的应用前景，Google、IBM、Microsoft、Amazon、腾讯和阿里巴巴等知名 IT 企业都在大力开发和推进云计算。然而，随着云计算用户和服务内容的爆炸式增长，用户需求和提供商服务模式之间的矛盾日趋明显。可见云计算要成为真正为广大用户普遍认同的信息服务基础架构还面临着诸多挑战。

2010 年，Google 两名员工侵入租户的 Google Voice 和 Gtalk 等账户，引起隐私数据泄露。2011 年，由于缺乏数据加密和分散隔离存储机制，导致了 CSDN 网站 600 多万用户的数据库信息被黑客盗取并公开。不断发生的云计算安全事件充分说明云计算系统已成为黑客攻击的目标。

11.1.2　云安全概述

在传统的计算模式下，用户对数据的存储与计算拥有完全的控制权，而在云计算模式下，用户数据与计算机的管理将完全依赖于服务提供商，而用户仅仅保留对虚拟机的控制。因此，从用户的角度来说，如何保证存储数据与计算结果的安全性、私密性和可用性显得尤为重要。目前的云计算技术充满了风险，特别是在整个架构上有着独有的脆弱性，云安全必将成为云计算技术发展中最重要的关注点。

1. 云安全的含义

云安全主要有以下两层含义。

第一，云自身的防护，也称云计算的安全保护，主要包括云计算应用服务的安全及云计算数据信息的安全等，云安全是云计算技术实现可持续发展的前提。

第二，以云的形式交付和提供安全，也就是云计算技术的具体应用，也可以称安全云计算。云计算技术的使用可以进一步提高安全系统的服务功能。

在本章中，云安全主要指的是第一层含义，即云自身的安全防护。

2. 云安全的内容

国际数据公司（IDC）的高级副总裁 Frank Gens 在他的分析报告中指出，云计算服务仍然处在早期发展阶段，对于云计算服务提供商来说，毫无疑问还有很多的问题需要解决。Frank Gens 指出目前用户最关心的是云计算的安全问题，当用户的商业信息和重要的 IT 资源放置在云上时，用户觉得很不安全。

其实，关于云安全，早在云计算刚刚开始浮现时，国外的 IT 研究机构 Gartner 就提出了关于云安全风险的 7 个安全议题。根据云计算所提供服务类别的不同，云计算的服务模式可以分为软件即服务（Software as a service，SaaS）、平台即服务（Platform as a service，PaaS）和基础设施即服务（Infrastructure as a service，IaaS）。此外，为实现计算资源本地化，目前如 Microsoft、IBM 等公司提供的服务器集装箱租赁服务可以被认为是一种新的服务模式，称为硬件即服务（Hardware as a service，HaaS）。对于云安全，主要可以通过 IaaS 安全、PaaS 安全和 SaaS 安全 3 部分来进行分析。

（1）IaaS 安全

对于基础设施即服务（IaaS）的安全性，首先需要考虑的是数据中心的地理位置安全，在地理位置的选取上，要保证基础设施的安全性；其次，数据中心地理位置的选取主要依据该地理位置的网络衔接点与环境，以及电力成本等因素；另外，自治系统在基础设施安全性方面也非常重要，因为自治系统不仅管理数据中心的所有硬件资源，还处理数据中心的大部分可自动化的系统管理工作。IaaS 安全问题如表 11-1 所示。

表 11-1　IaaS 安全问题

安全性	描述
数据中心安全性	在云计算实体数据中心，云服务提供商在关键地点都设置了人员识别系统，并配合了智能卡等设备管制人员的进出，自治系统会记录人员的操作记录，从而确保人员的操作不会影响数据中心与云平台的运作
硬件安全性	硬件设备作为数据中心的灵魂，主要包括服务器和网络设备两大类。云数据中心的所有服务器和网络设备都是预先规划好的，从而使得硬件设备在发生问题时，能够快速地发现问题并解决问题
网络安全性	网络安全性中的拒绝服务器攻击及其派生的分布式拒绝服务攻击都是利用暴增的流量导致服务应用程序超负荷工作而死机的，目前云数据中心应对攻击的解决方案大多都是通过异常流量检测方式来防御拒绝服务攻击，使其不至于影响所有用户

（2）PaaS 安全

IaaS 安全主要是围绕实体层次的安全进行描述，PaaS 安全则是从软件和操作系统本身的安全进行研究，其中 PaaS 安全主要从操作系统、访问控制、数据传输及数据安全 4 个角度进行安全保障。PaaS 安全问题如表 11-2 所示。

表 11-2　PaaS 安全问题

安全性	描述
操作系统	一般来说，操作系统安全是由开发商进行修复的；对于云计算数据中心，自治系统可以自动部署和修复文件，保证操作系统漏洞确实得到修复
访问控制	通常不会开放太大的权限给应用程序，当然，开放的权限一定能够确保应用程序正常运行；同时，不允许应用程序修改操作系统的任何设置，所有对操作系统的设置只能由云服务提供商按照事先要求进行设置和管理
数据传输	对于云计算数据中心的所有数据传输，都使用了 SSL 功能，从而使得无论是跨越数据中心还是由客户端直接访问内部服务，都必须使用 SSL 在传输中加密数据，否则都会在服务的终结点被拦截
数据安全	对云计算安全的安全体系来讲，数据安全将是所有人最为关心的安全点

（3）SaaS 安全

SaaS 安全依赖于 PaaS 所提供的云安全环境，同时还依赖于云应用程序开发人员对云应用程序进行开发时对安全的考虑和防护，所以在 SaaS 安全性方面除了 PaaS 提供的基础安全性以外，云应用程序开发人员在进行云应用软件设计时应该以信息安全为首要考虑。在 SaaS 安全中，除了多租户可能存在的问题外，针对 Web 应用程序，都需要防范 OWASP 所公布的十大 Web 安全性问题，常见的有注入、跨站脚本、失效的身份认证和会话管理、不安全的直接引用，以及伪造跨站点请求等威胁。

11.1.3　云安全威胁

云计算的主要目的在于帮助租户摆脱复杂的硬件管理与维护，实现系统资源的深度整合。通过统一管理模式提高资源利用率，同时满足各类租户的个性化需求。其实现方式决定了租户的数据信息势必存储在公用数据中心，数据的读取完全依赖于网络传输。因此，云计算系统不仅面临着传统信息系统（或软件系统等）的安全问题，还面临着由其运营特点所产生的一些新的安全威胁。

云计算在安全方面必须解决好下列问题：多租户高效、安全地资源共享；租户角色信任关系保证；个性化、多层次的安全保障机制。

1. 多租户高效、安全地资源共享

资源的共享实现了服务成本下降和可扩展性提高，但同时也给安全带来了巨大挑战。一方面，共享系统为安全风险的快速蔓延提供了条件。另一方面，多租户共享的特征给恶意租户攻击其他租户或自私租户恶意抢占资源提供了便利。如常见的安全威胁包括：恶意租户使用侧信道（SideChannel）方法探测运行在同一主机上其他租户的隐私数据；通过抢占大量资源致使其他租户的服务不可用等。

2. 租户角色信任关系保证

一方面，云端管理租户的定制应用降低了租户对数据处理过程的可控性，为了防止提供商利用其特权窃取租户的隐私信息，系统应具有相应机制保证租户和提供商间的可信关系。另一方面，租户间的数据共享和传输依赖于租户设置的访问控制协议，为防止数据的恶意篡改和泄露，需要提供必要的手段保证租户间的可信关系。此外，提供商对第三方软件的安全性难以实现完全认证，为防止恶意代码对系统的影响，建立相应机制保证第三方软件的可信性也是必不可少的。

3. 个性化、多层次的安全保障机制

根据定制的服务模式和服务内容，租户对云计算系统具有相应的安全性需求。为满足个性化和层次化的需求，云计算系统应综合考虑服务特性、复杂度、可扩展性和经济性等因素，设置具有较高灵活度且明确的安全保障机制的定制模块，为租户的选择提供便利。一般地，各层面的保障机制应分别满足下列要求：SaaS 需要提供对企业更加透明的数据存储和安全方案；PaaS 应具有完善的访问控制机制来防止平台被黑客利用；IaaS 应实现数据存储、资源利用的合理性和安全性；HaaS 则应关注硬件的性能和数据的泄露。

11.1.4　云安全需求

1. 具有保密性

为了能够对数据信息的隐私进行有效保护，在云端的数据信息要以密文的方式保存。为

了对用户的一些行为信息进行保护，一定要保证云服务器的使用者匿名对云资源及安全记录数据的起源进行应用。另外，在一些情况下，云服务器要计算用户数据，计算的结果也必须用密文的方式反馈给使用者。

2. 确保数据信息的完整

云存储服务的前提是要确保数据信息的完整。云在对数据信息流进行处理的过程中，最重要的是要考虑到数据信息处理结果的完整。数据信息在储存的过程中，使用者通常会检查自己数据的完整性。数据信息流在处理的过程中，数据信息完整性的检测要求主要是因为使用者对提供商的不信任所致。因此，数据信息的处理保持完整性非常重要。

3. 对访问进行控制

云计算过程中要禁止非法使用者访问其他使用者的数据信息资源，对合法的使用者也要相应设置访问权限。对访问控制的要求主要体现在以下两个方面。

1）网络控制，是指在云的基础设施中对主机之间访问的控制。

2）数据控制，是指对使用者数据信息的访问控制。

4. 对身份进行认证

目前身份认证的技术一般有以下几种：第一，对使用者秘密的认证，如密码、问题等；第二，对使用者硬件的认证，如 U 盘、卡片等；第三，对使用者身体特征的认证，如指纹认证。

11.2 云计算安全架构

11.2.1 基于可信根的安全架构

保证云计算使用主体之间的信任是提供安全云计算环境的重要条件，也是该类安全架构的基本出发点。尽可能地避免安全威胁得逞、及时发现并处理不可信的事件是该架构的设计目的。一方面要求包括云计算提供商在内的各主体在时间和功能上只有有限的权限，超过权限的操作能够被发现并得到妥善处理；另一方面要求主体的使用权限在具有安全保证的前提下可以便捷地变更，针对 HaaS 服务这项功能尤其重要。该架构的典型代表是基于 TPM 可信平台模块的云计算安全架构。

1. TPM 可信平台模块

可信平台模块 TPM（Trusted Platform Module）是按照可信计算组织 TCG（Trusted Computing Group）制定的标准所实现的加密芯片，可以捆绑在通用硬件上。

TPM 安全芯片的实质是一个可独立进行密钥生成、加解密的装置，内部拥有独立的处理器和存储单元。针对云计算环境，TPM 芯片应满足以下基本要求：①完整性度量，保证使用该芯片的计算机从启动开始的每个操作都具有完整的验证机制，防止黑客或者病毒篡改系统信息；②敏感数据加密存储与封装，将敏感数据存储在芯片中的屏蔽区，用户数据通过硬件级加密存储到外部设备，防止数据被窃取；③身份认证功能，硬件级的用户身份标识，用密钥和硬件的绑定来实现身份确认，防止伪装攻击的发生；④内部资源授权访问，通过 TPM 的授权协议能够方便地实现用户对其资源设置访问权限，在保证安全性的情况下实现资源的便捷共享；⑤数据加密传输，能够在与外界进行通信时，加密通信链路上的数据，防止监听、篡改或者窃取。目前，最新发布的 TPM 2.0 标准将支持多种加密算法，提高了芯片使用的灵活性。

2. 云计算 TPM 可信根架构

可信根是能够保证所有应用主体行为可信的基本安全模块，其不仅可以判断行为结果的可信性，还能够杜绝一切非授权行为的实施，被认为是构建可信系统的基础。TPM 作为目前普遍认可的可信计算模块，被广泛应用为可信计算系统的可信根。一种针对云计算环境的基于 TPM 的可信云计算平台架构 TCCP（Trusted Cloud Computing Platform）的协议结构，如图 11-1 所示。

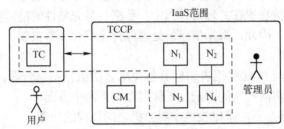

图 11-1　TCCP 协议示意图

在 TCCP 中，云计算用户的使用空间为基于 TPM 的封闭虚拟环境，用户通过设置符合要求的密钥等安全措施保证其运行空间的安全性；云计算管理者仅负责虚拟资源的管理和调度。用户私密信息交由使用 TPM 的可信计算管理平台保管，实现了与云计算管理者的分离。从而利用 TPM 实现了防止管理者非法获取用户数据和篡改软件功能的行为。

TCCP 主要包含两个模块：可信虚拟机监控模块（TVMM）和可信协同模块（TC）。每台主机都需要安装 TVMM 模块，并且嵌入 TPM 芯片。TVMM 可以不断验证自身的完整性，提供了屏蔽恶意管理者的封闭运行环境，而 TPM 芯片则可以通过远程验证功能，使用户确定主机上运行着可信的 TVMM 模块。TC 的主要功能是管理可信结点的信息，保证可信结点嵌入了 TPM 芯片，并将认证信息通知给用户。因此，TCCP 一般由一个类似 VeriSign 的第三方可信机构进行管理。

11.2.2　基于隔离的安全架构

租户的操作、数据等如果都被限制在相对独立的环境中，不仅可以保护用户隐私，还可以避免租户间的相互影响，是建立云计算安全环境的必要方法。目前，基于隔离的云计算安全架构主要包括基于软件协议栈的隔离和基于硬件支持的隔离。

1. 基于软件协议栈的隔离

针对云计算硬件资源的分布性和多自治域的特点，采用虚拟化的方法，实现网络、系统和存储等逻辑层上的隔离是该方案的主要特点。

但是，由于隔离机制涉及的环节较为分散，目前并没有达成统一的协作规范，设备和技术的差异导致无法形成高效的端到端隔离。为确保该类方案的高效运行，不仅需要各个环节实现有效的隔离机制，还要建立隔离机制之间的协作协议。

目前，虚拟化技术的发展支持着该方案的实施，典型的代表为富士通提出的可信服务平台的统一隔离方案。其中，隔离的软件协议栈是指云计算各环节中隔离机制的总和，根据云计算服务过程中涉及的隔离策略，可以把其划分为服务终端、网络、系统和存储等多个环节的隔离。通过采用统一的高级虚拟化技术，实现逻辑层的隔离，并达到与物理隔离一样安全的效果。

2. 基于硬件支持的隔离

相对于通过软件实现逻辑层隔离的架构，硬件支撑的隔离方案具有更好的安全效果，并且随着硬件功能的提升也成为了可能。其中典型的代表为以思科为首的公司提出的安全云架构，如图 11-2 所示。

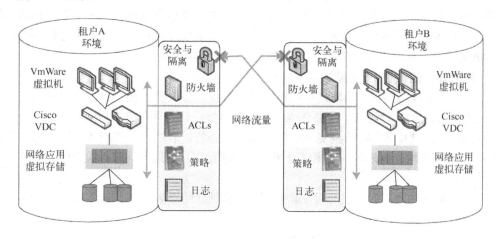

图 11-2　思科安全云架构

该方案由 NetApp、思科和 VMWare 三个公司联合提出，并针对不同的层次给出了各自的解决方案。其中，NetApp 的 Mutistore 在独立的 NetApp 存储系统上快速划分出多个虚拟存储管理域，每个虚拟存储管理域都可以设置不同的性能及安全策略，从而实现租户在牺牲最少私有性的前提下安全地共享同一存储资源。为了实现与隔离网络的高效对接，NetApp 的 VLAN 接口可以创立私有的网络划分，每个接口绑定一个 IP 空间，IP 空间是独立且安全的网络逻辑划分，代表一个私有的路由域。

思科在网络隔离方面也提供了硬件支持，其交换机有能力把一台物理交换机分成最多 4 台虚拟交换机，每台虚拟交换机和独立交换机一样，具有独立的配置文件、必要的物理端口，以及分离的链路层和网络层服务。

在应用层，VMWare 的 vShieldZone 技术提供了对网络活动更强的可视性和管理能力，在虚拟服务层建立了覆盖所有物理资源的逻辑域，实现了租户之间不同粒度的信任、隐私及机密性管理。

与传统架构相比，该架构在硬件支持的基础上，实现了对存储、网络、虚拟机和服务器各个环节的高效隔离及高效连接，保证了多租户环境下数据的安全性及系统的高效性，避免了以大幅度降低效率为代价的多租户隔离。

但是，由于该方案具有较强的硬件依赖性，尽管可以实现高效的链路隔离，较高的成本却使其在已有云计算环境下难以推广。

11.2.3　安全即服务的安全架构

租户业务的差异性使得他们需要的安全措施也不尽相同，单纯地设置统一的安全配置不仅会导致资源的浪费，也难以满足所有租户的要求。目前，借鉴 SOA（Service Oriented Architecture）理念，把安全作为一种服务，支持用户定制化的安全即服务的云计算安全架构得到了广泛的关注，本节将介绍 SOA 理念在云计算安全中的含义，以及基于 SOA 的云计算安全架构。

云计算平台上运行着不同的服务，需要数据库、网络传输、工作流控制及用户交互等多种功能的支持。由于执行环境和执行目的的不同，必然面临不同的安全问题。其中，数据库面临数据存放、加密、恢复及完整性保护等问题，网络传输面临外部通信及云环境内部通信的安全问题，工作流控制面临访问控制等问题。因此，云计算安全架构除了需要上述讨论的可信根与隔离链路保证之外，还需要在此之上构建基于 SOA 的安全服务。

1. IBM 的 SOA 通用安全架构

SOA 旨在通过将结构化的软件功能模块（也称作服务）整合在一起，以提供完整的功能或者复杂软件应用的设计方法，主要体现了服务可以被设计为具有专门功能，并且可以在不同应用之间复用的思想。SOA 希望实现服务与系统之间的松散耦合，将整体功能分为独立的功能模块，并设计模块之间规范的数据交互模式，以满足用户通过不同服务组合的方式实现定制化的服务需求。

借鉴 SOA 的理念，把安全机制（或策略）看做独立的服务模块，IBM 针对云计算给出了通用的安全架构，如图 11-3 所示。

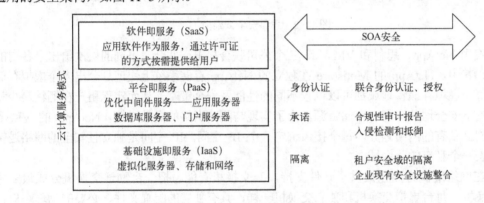

图 11-3　IBM 的 SOA 通用安全架构

上述架构强调云计算的各种服务模式，由于执行环境和执行目的的不同，必然面临不同的安全问题，并需要一系列具有针对性的安全机制来应对。通过把安全机制设计为安全服务模块，可以实现不同管理域或者安全域内租户的通用性。通过租户的选择，可以形成一个独立的云计算安全服务体系，满足租户在安全方面的个性化需求。

该通用架构的主要优势在于可以轻松整合不同云计算提供商的安全服务。IBM 的安全架构不限制用户使用特定的安全协议或者机制，充分给予了用户灵活的选择空间，这也增加了租户对云计算提供商的信任。

2. EasySaaS 的 SOA 安全方案

EasySaaS 是针对 SaaS 服务模式提出的一种发展框架，包括 SaaS 系统构建、部署与更新的全过程，其强调模块化的设计理念，如图 11-4 所示。

针对安全问题，EasySaaS 分为运行态和部署态两种情况分别考虑，并设计了基础安全模块（认证、测试和监控等）和定制化安全模块。在该架构下，租户不仅可以以面向服务的方式开发、发布、发现、组装、部署和执行其个性化应用，而且还可以选择符合其安全需求的 SaaS 体系架构。

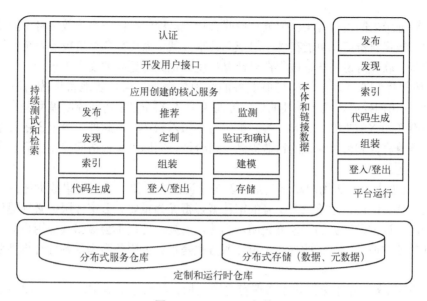

图 11-4 EasySaaS 架构

11.3 云计算安全技术

11.3.1 云计算安全服务体系

云计算安全服务体系由一系列云安全服务构成，是实现云用户安全目标的重要技术手段。根据其所属层次的不同，云安全服务可以进一步分为安全云基础设施服务、云安全基础服务及云安全应用服务 3 类。

1. 安全云基础设施服务

云基础设施服务为上层云应用提供安全的数据存储、计算等 IT 资源服务，是整个云计算体系安全的基石。这里，安全性包含两个层面的含义：其一是抵挡来自外部攻击的能力；其二是证明自己没有破坏用户数据与应用的能力。一方面，云平台应分析传统计算平台面临的安全问题，采取全面严密的安全措施。例如，在物理层考虑厂房安全，在存储层考虑完整性和文件/日志管理、数据加密、备份、灾难恢复等，在网络层应当考虑拒绝服务攻击、DNS 安全、网络可达性和数据传输机密性等，系统层则应涵盖虚拟机安全、补丁管理和系统用户身份管理等安全问题，数据层包括数据库安全、数据的隐私性与访问控制、数据备份等，而应用层应考虑程序完整性检验与漏洞管理等。另一方面，云平台应向用户证明自己具备某种程度的数据隐私保护能力。例如，存储服务中证明用户数据以密态形式保存，计算服务中证明用户代码运行在受保护的内存中等。由于用户安全需求方面存在着差异，云平台应具备提供不同安全等级的云基础设施服务的能力。

2. 云安全基础服务

云安全基础服务属于云基础软件服务层，为各类云应用提供共性信息安全服务，是支撑云应用满足用户安全目标的重要手段。其中比较典型的几类云安全服务包括以下几种。

1）云用户身份管理服务。主要涉及身份的提供、注销及身份认证过程。在云环境下，实现身份联合和单点登录可以支持云中合作企业之间更加方便地共享用户身份信息和认证服务，并减少重复认证带来的运行开销。但云身份联合管理过程应在保证用户数字身份隐私性的前提下进行。由于数字身份信息可能在多个组织间共享，其生命周期各个阶段的安全性管理更具有挑战性，而基于联合身份的认证过程在云计算环境下也具有更高的安全需求。

2）云访问控制服务。云访问控制服务的实现依赖于如何妥善地将传统的访问控制模型（如基于角色的访问控制、基于属性的访问控制模型及强制/自主访问控制模型等）和各种授权策略语言标准（如 XACML、SAML 等）扩展后移植入云环境。此外，鉴于云中各企业组织提供的资源服务兼容性和可组合性的日益提高，组合授权问题也是云访问控制服务安全框架需要考虑的重要问题。

3）云审计服务。由于用户缺乏安全管理与举证能力，要明确安全事故责任就要求服务商提供必要的支持。因此，由第三方实施的审计就显得尤为重要。云审计服务必须提供满足审计事件列表的所有证据及证据的可信度说明。当然，若要该证据不会披露其他用户的信息，则需要特殊设计的数据取证方法。此外，云审计服务也是保证云服务商满足各种合规性要求的重要方式。

4）云密码服务。由于云用户中普遍存在数据加、解密运算需求，云密码服务的出现也是十分自然的。除最典型的加、解密算法服务外，密码运算中密钥管理与分发、证书管理及分发等都能以基础类云安全服务的形式存在。云密码服务不仅为用户简化了密码模块的设计与实施，也使得密码技术的使用更集中、规范，也更易于管理。

3．云安全应用服务

云安全应用服务与用户的需求紧密结合，种类繁多。典型的实例如 DDoS 攻击防护云服务、Botnet 检测与监控云服务、云网页过滤与杀毒应用、内容安全云服务、安全事件监控与预警云服务，以及云垃圾邮件过滤及防治等。传统网络安全技术在防御能力、响应速度和系统规模等方面存在限制，难以满足日益复杂的安全需求，而云计算优势可以极大地弥补上述不足：云计算提供的超大规模计算能力与海量存储能力，能在安全事件采集、关联分析和病毒防范等方面实现性能的大幅提升，可用于构建超大规模安全事件信息处理平台，提升全网安全态势把握能力。此外，还可以通过海量终端的分布式处理能力进行安全事件采集，上传到云安全中心分析，极大地提高了安全事件搜集与及时地进行相应处理的能力。

11.3.2　云计算安全技术的种类

1．云计算安全测试技术

测试与验证是及时发现安全隐患与缺陷的有效手段之一。传统软件的安全测试已被证明是极具挑战性的问题，云计算环境的复杂性更加剧了测试的难度。

（1）基于 Web 的测试技术

云计算作为基于网络的服务系统，Web 应用是其展现服务的重要手段之一，通过借鉴传统软件的 Web 测试方法，目前已形成了多种针对云计算应用的测试方法，主要包括基于模型的 Web 测试方法和基于测试用例的方法。

基于模型的 Web 测试方法往往采用工作流的方式构建测试与分析模型，实现代码的安全性测试，典型代表包括基于 Petri 网的形式建模和分析技术、模型检查技术等。基于测试用例的方法往往采用渗透测试来验证代码的安全性，典型代表包括多层次可信的软件错误定位方法、面向可信性的测试策略和集成方法。

（2）增量测试方法

增量测试方法常被应用于复杂软件系统的测试与分析，通过设计合理的测试流程降低测试的复杂度。云计算的以下特征使得该测试方法在云计算中得到了广泛应用：①云计算系统的复杂性导致对其进行全面的测试是一件费时费力的工作，且难免出现遗漏；②云计算租户规模巨大，不当的测试操作会影响租户的使用体验，也可能引发严重的安全事故。

常采用的增量测试方法包括基于功能模块的增量测试和基于测试范围的增量测试。基于功能模块的增量测试在确定需要测试的功能模块后，在测试期间可以保证云计算服务是不间断的，并以在线的方式不断进行验证和测试，记录用户访问和数据更新情况，并作为测试用例实时地进行安全分析和测试，通过对分析得到的潜在漏洞采用针对性的测试方法，进一步确认其存在性和修补措施。基于测试范围的增量测试主要通过从有限范围内测试逐步扩展到全局测试的思路实现，该方法的典型代表为增量发布方法，即新版本首先在小范围的用户中使用，只有当小范围用户使用成功后才逐步扩大新版本的使用范围。

2. 云计算认证与授权技术

有效的认证与授权方法是避免服务劫持、防止服务滥用等安全威胁的基本手段之一，也是云计算开放环境中最为重要的安全防护手段之一。该类技术从使用主体的角度给出一种安全保障方法，这里从服务和租户两个角度说明该技术的主要实施方法。

（1）以服务为中心的认证授权

把使用服务的权限分为不同的角色，通过设置相应的认证完成对请求身份的验证和授权是该机制的基本思想。该技术在所有的云计算服务中都会被应用，其基本流程如下：云计算提供商接收到服务请求时，询问租户是否有有效的身份信息，如果有则提供完整的认证与授权管理；否则，需要建立身份信息和认证授权信息。租户通过 Internet 访问云计算服务，其认证过程就像使用一套独立的软件系统。整个过程中，云计算提供商可以独立完成认证，也可以委托或利用第三方机构的系统完成认证。

（2）以租户为中心的认证授权

云计算环境中，租户可能定制来自不同管理域的服务，仅采用基于服务的认证和授权，势必导致认证过程的烦琐，影响租户的使用体验。基于租户的认证旨在简化该过程，通过联合认证的方法在保证安全性的同时提高租户的使用体验。具有跨级跨域等特点的云计算服务，需要把用户的身份信息交给可信的第三方维护管理，所有签约服务都采用租户唯一绑定的身份和授权信息实现服务的提供，最大程度地消除租户拥有多个账号和密码可能造成的安全隐患。

3. 云计算安全隔离技术

隔离技术一方面保证租户的信息运行于封闭且安全的范围内，方便提供商的管理；另一方面避免了租户间的相互影响，减少了租户误操作或受到恶意攻击对整个系统带来的安全风险。云计算安全隔离技术主要包括网络隔离技术和存储隔离技术。

（1）网络隔离技术

网络隔离可以提供基本的安全保障、更高的带宽分配，以及针对性的计费规则和网络的层次化支持。网络隔离可以从物理和逻辑两个层面来实现。

（2）存储隔离技术

云计算的多租户特性对存储的隔离带来了新的挑战，云计算环境的底层模块在设计时并没有为多租户、可重配置的平台和软件提供充分的安全保障。首先，在存储设备上，内存和硬盘等资源的再分配过程中，云服务提供商一般不会完全擦除其中的内容，因此后一个租户就有可能恢复出前一个用户的内容，造成租户隐私泄露。在存储逻辑上，数据库隔离需要考虑安全、操作、容错及资源等多方面因素。在多租户模式下，需要重新考虑各种数据库存储模式（SQL 型、NoSQL 型和 XML 型等）的效果。理论上每个租户都有独立的数据库和定制化存储模式是最好的安全方式，但是云计算还需要考虑资源的利用率因素。

4. 云计算安全监控技术

监控是租户及时知晓服务状态及提供商了解系统运行状态的必要手段，可以为系统安全运行提供数据支撑。常见的监控技术包括软件内部监控和虚拟化环境监控。

（1）软件内部监控机制

在云计算的动态环境下，软件的安全问题不应该依赖事后的被动响应，需要从事后维护向事前设计和主动监控转移，形成动态的安全控制方法。与传统软件运行环境不同，云计算分布式、去中心化等特性对软件监测技术带来了挑战。目前已提出的软件监控技术是软件断层技术，将复杂的分布式软件监控任务分解，划分成同一监控目标的多个实例，从而有效减少单一监控目标由于监控所带来的性能损失。

（2）虚拟化环境监控技术

云计算 IaaS 服务中，租户的使用权限较高，提供商难以对租户的行为进行管理，因此需要针对虚拟化的监控与分析机制。基于虚拟化技术的监控分析方法包括静态分析监控方法和动态分析监控方法。前者可以将安全监控工具置于独立的受保护空间中，从而保证监控的良好运行，但是静态检测分析方法不能对操作系统的行为，即事件操作进行监控。动态分析监控方法又分为修改操作系统内核和无须修改系统内核两类方法。前者对事件行为的监控可通过在操作系统中植入钩子实现，当触发钩子时，钩子中断系统并进行相关操作。但是，这种分析监控技术最大的问题是需要修改系统内核，带来了许多不便。无须修改系统内核的动态分析监控方法中，一些方法通过跟踪系统进程间的信息流，进行入侵检测和病毒清除，另一些方法利用跟踪可疑来源数据导致的控制流变化进行检测。

5. 云计算安全恢复技术

恢复机制是保证服务可靠性和可用性的重要手段，是典型的事后反应机制。根据其涉及的范围可以分为整体恢复技术和局部恢复技术。

（1）整体恢复技术

系统恢复是恶意软件防御中的一个重要研究手段。许多恢复方法关注的重点在于恢复持久性数据和删除恶意软件。然而在这些方法中，所有服务的状态在恢复后都会丢失。因此，现有的系统整体恢复技术会影响所有的进程，失去未感染进程实体的状态信息，导致未感染的服务进程失效，并失去用于保持业务连续性的信息，可见整体恢复技术难以适用于基于多租户特性的云计算服务。

（2）局部恢复技术

目前，针对局部恢复方法的研究，主要关注进程级实体的恢复，虽然可以克服对其他进程的影响，但是这类方法往往忽略了恶意软件执行后的次级攻击，导致受到攻击的进程恢复后，其他进程仍面临受损的风险。此外，局部恢复方法专注于进程级实体，不关注系统内核被破坏的情况，这使得系统可能面临更大的风险。

11.4　小结

云计算代表了 IT 领域向集约化、规模化与专业化道路发展的趋势，是 IT 领域正在发生的深刻变革。但云计算在提高使用效率的同时，为实现用户信息资产安全与隐私保护带来极大的冲击与挑战。本章从云安全的概念、范畴，面临的安全威胁和保证云安全的典型架构，以及保证云安全的服务体系等方面介绍了云计算安全问题。

11.5　习题

1. 云计算安全的含义是什么？
2. IaaS 安全主要体现在哪些方面？
3. PaaS 安全主要体现在哪些方面？
4. SaaS 安全主要体现在哪些方面？
5. 云计算在安全方面必须解决好的问题有哪些？
6. 云安全需求包括哪些方面？
7. 简述基于可信根的安全架构。
8. 简述 SOA 通用安全架构。
9. 简述保证云计算安全的云计算安全服务体系。

第 12 章　网络安全解决方案

　　网络安全是一项系统工程，不仅有空间上的跨度，还有时间上的跨度。随着环境的改变和技术的发展，网络系统的安全状况也是动态变化的，因此只有相对的安全而没有绝对的安全。

　　虽然安全不是绝对的，但是可以尽可能地提高网络的相对安全性，把网络风险降到最低限度，这不能仅仅依靠一种安全技术或安全设备来实现，而应综合运用多种计算机网络信息系统安全技术，将诸如安全操作系统技术、防火墙技术、病毒防护技术、入侵检测技术、安全扫描技术、认证和数字签名技术，以及 VPN 技术等综合起来，形成一个完整的、协调一致的网络安全防护体系，设计一套计算机网络安全完整的解决方案，并合理选择相应的安全设备来实施具体的解决方案，才能实现完善的安全功能。

　　单机上网的用户越来越多，因此单机用户的网络安全问题也变得越来越突出，本章也对单机用户的网络安全解决方案进行了简要论述。

12.1　网络安全体系结构

12.1.1　网络信息安全的基本问题

　　关于网络信息安全的基本问题，众所周知的要素有：可用性、保密性、完整性、可控与可审查性等。从心理的角度看，最终要解决的是使用者对基础设施的信心和责任感的问题。网络时代的信息安全有非常独特的特征，研究信息安全的困难在于以下几个方面。

　　1. 边界模糊

　　谈论信息安全问题的困难之处在于，即使从哲学和纯学术理论角度也很难精确地刻画其中的一些问题，很难找到解决问题的明显边界。数据安全与平台安全交叉；存储安全与传输安全互相制约；网络安全、应用安全与系统安全共存；集中的安全模式与分权制约安全模式相互竞争等。带来的结果是，传统的安全切入点已变得不那么清晰，安全对策在由点对策向整体对策演进的过程中困难重重。

　　2. 评估困难

　　安全结构非常复杂，网络层、系统层、应用层的安全设备、安全协议和安全程序构成一个有机的整体，加上安全机制与人的互动性，以及网络的动态运行带来的易变性，使得评价网络安全性成为极其困难的事情。原有的评估方法体系不能适应新的情况，任何一个细小环节发生问题，都可能会危及整个安全体系，木桶原理随处适用。评价不够精确，就使得制定对策、做出反应和研发技术等活动失去了可信的前提条件。

　　3. 安全技术滞后

　　网络与应用技术的发展很快，新的技术不断推动新的应用。另一方面，安全技术是一种在对抗中发展的技术。不断出现的应用安全问题是安全技术发展的促进剂。在这个意义上，安全技术总是滞后的。而且滞后本身就是巨大的安全脆弱性。

4. 管理滞后

现代网络信息环境是一种交互式环境，是动态发展变化的。安全与效率在本质上是矛盾的，要想安全经常会增加各种限制，而人的天性常常是突破这种限制以追求效率。在此过程中，管理就显得特别重要。传统的安全管理是制度管理和法规管理，其在今天高度分散、高度复杂的网络化信息操作环境中已变得力不从心。需要构建一种技术管理与制度法规管理相平衡的新的管理模式。

此外，过去人们往往把信息安全局限于通信保密，着重考虑的是对信息加密功能要求，而实际上网络信息安全牵涉到方方面面的问题，是一项极其复杂的系统工程。从简化的角度来看，要实施一个完整的网络与信息安全体系，至少应包括 3 类措施，并且三者缺一不可。一是社会的法律政策、企业的规章制度及安全教育等外部软环境。在该方面政府有关部门和企业的主要领导应当扮演重要的角色。二是技术方面的措施，如防火墙、网络防毒、信息加密存储与通信、身份认证、授权等。只靠技术措施并不能保证百分之百的安全。三是审计和管理措施，在此方面同时包含技术与社会两个方面的措施。其主要的安全措施有：实时监控企业安全状态、提供实时改变安全策略的能力，以及对现有的安全系统实施漏洞检查等，以防患于未然。

保护、检测、响应和恢复涵盖了对现代网络信息系统保护的各个方面，构成了一个完整的体系，使网络信息安全建筑在更坚实的基础之上。信息运行平台发展到今天已极为复杂，传统的信息安全模式已不再适应现代安全环境。数据安全、平台安全和服务安全要求采用完整的信息保障体系，并不断发展传统的信息安全概念。

- **保护（Protect）**：保护包括传统安全概念的继承，采用加解密技术、访问控制技术和数字签名技术，从信息动态流动、数据静态存储和经授权方可使用，以及可验证的信息交换过程等多方面对数据及其网上操作加以保护。无论从任何角度观察，信息及信息系统的保护都是安全策略的核心内容。

- **检测（Detect）**：检测的含义是指对信息传输的内容的可控性的检测，对信息平台访问过程的检测，对违规与恶意攻击的检测，以及对系统与网络弱点与漏洞的检测等。检测使信息安全环境从单纯的被动防护演进到在对整体安全状态认知基础上的有针对性的对策，并为进行及时、有效的安全响应及更加精确的安全评估奠定了基础。

- **响应（React）**：在复杂的信息环境中，要保证在任何时候信息平台都能高效正常运行，要求安全体系提供有力的响应机制。这包括在遇到攻击和紧急事件时及时采取措施，例如关闭受到攻击的服务器，反击进行攻击的网站，以及按系统的安全性加强和调整安全措施等。

- **恢复（Restore）**：狭义的恢复指灾难恢复，在系统受到攻击时，评估系统受到的危害与损失，按紧急响应预案进行数据与系统恢复，以及启动备份系统恢复工作等。广义的恢复还包括灾难生存等现代新兴学科的研究。保证信息系统在恶劣的条件下，甚至在遭到恶意攻击的情况下，仍能有效地发挥效能。

上述 4 个概念之间存在着一定的因果和依存关系，形成一个整体。如果全面的保护仍然不能确保安全（这在现阶段是必然的），就需要检测来为响应创造条件；有效与充分地响应安全事件，将大大减少对保护和恢复的依赖；恢复能力是在其他措施均失效的情形下的最后保障机制。因此，要构筑有效的现代信息保障体系，必须投入更多的资源，全面加强 4 个方面的技术与管理。

可以看出，计算机网络的安全保护是一个涉及多个层面的系统工程，必须全面、协调地应用多种技术才能达到有效保护的目的，若在整个网络安全的防护体系中存在一个薄弱点，则网络信息系统就可能在该点上首先受到攻击。

12.1.2 网络安全设计的基本原则

现代信息系统都是以网络支撑，相互联接的。要使信息系统免受攻击，关键要建立起安全防御体系，从信息的保密性（保证信息不泄露给未经授权的人），拓展到信息的完整性（防止信息被未经授权的篡改，保证真实的信息从真实的信源无失真地到达真实的信宿）、信息的可用性（保证信息及信息系统确实为授权使用者所用，防止由于计算机病毒或其他人为因素造成的系统拒绝服务，或为敌手可用）、信息的可控性（对信息及信息系统实施安全监控管理）和信息的不可否认性（保证信息行为人不能否认自己的行为）等。

对于具体的个人用户或企业来说，在实施上面提出的安全防御体系之前，首先需要根据网络系统现状，进行安全需求及安全目标分析，并据此制定一个适合的网络安全整体解决方案，然后选择相应的安全设备来具体实施该解决方案。至此，网络安全防御体系才能在具体的网络环境中得到实际的应用。

在进行计算机网络安全设计和规划时，应遵循以下原则。

1. 需求、风险和代价平衡分析的原则

对任意网络来说，绝对安全难以达到，也不一定必要。对一个具体网络要进行实际分析，对网络面临的威胁及可能承担的风险进行定性与定量相结合的分析，然后制定规范和措施，确定本系统的安全策略。保护成本及被保护信息的价值必须平衡，例如，价值仅1万元的信息如果用5万元的技术和设备去保护是一种不适当的保护。

2. 综合性和整体性原则

运用系统工程的观点和方法，分析网络的安全问题，并制定具体措施。一个较好的安全措施往往是多种方法适当综合的应用结果。一个计算机网络包括个人、设备、软件和数据等环节。它们在网络安全中的地位和影响作用，只有从系统综合的整体角度去看待和分析，才可能获得有效、可行的措施。

3. 一致性原则

这主要是指网络安全问题应与整个网络的工作周期（或生命周期）同时存在，制定的安全体系结构必须与网络的安全需求相一致。实际上，在网络建设之初就考虑网络安全对策，比等网络建设好后再考虑，不但容易，而且花费也少得多。

4. 易操作性原则

安全措施要由人来完成，如果措施过于复杂，对人的要求过高，本身就降低了安全性。其次，采用的措施不能影响系统的正常运行。

5. 适应性和灵活性原则

安全措施必须能随着网络性能及安全需求的变化而变化，要容易适应，容易修改。

6. 多重保护原则

任何安全保护措施都不是绝对安全的，都可能被攻破。但是建立一个多重保护系统，各层保护相互补充，当一层保护被攻破时，其他保护层仍可保护信息的安全。为此需要构建全方位的安全体系。全方位的安全体系的主要内容包括以下几个。

- 访问控制：通过对特定网段和服务建立的访问控制体系，将绝大多数攻击阻止在到达攻击目标之前。

- **检查安全漏洞**：通过对安全漏洞的周期检查，即使攻击可到达攻击目标，也可使绝大多数攻击无效。
- **攻击监控**：通过对特定网段和服务建立的攻击监控体系，可实时检测出绝大多数攻击，并采取相应的行动（如断开网络连接、记录攻击过程和跟踪攻击源等）。
- **加密通信**：主动的加密通信，可使攻击者不能了解和修改敏感信息。
- **认证**：良好的认证体系可防止攻击者假冒合法用户。
- **备份和恢复**：良好的备份和恢复机制，可在攻击造成损失时，尽快地恢复数据和系统服务。

12.2 网络安全解决方案概述

12.2.1 网络安全解决方案的基本概念

网络安全解决方案可以看做是一张有关网络系统安全工程的图纸，图纸设计的好坏直接关系到工程质量的优劣。总体来说，网络安全解决方案涉及安全操作系统技术、防火墙技术、病毒防护技术、入侵检测技术、安全扫描技术、认证和数字签名技术，以及 VPN 技术等多方面的安全技术。

一份好的网络安全解决方案，不仅仅要考虑到技术，还要考虑到策略和管理。三者的关系中，技术是关键，策略是核心，管理是保证。在整个网络安全解决方案中，始终要体现出这3个方面的关系。

在设计网络安全解决方案时，一定要了解目标对象的实际网络环境，对当前可能遇到的安全风险和威胁进行量化和评估，只有这样才能制定出客观的网络安全解决方案。

动态性是网络安全的一个非常重要的特性，也是网络安全解决方案与其他项目方案的主要区别。网络安全的动态性就是随着环境的变化和时间的推移，安全性会发生改变，因此在进行网络安全解决方案设计时，不仅要考虑当前的情况，也要考虑未来可能出现的新情况，使网络安全解决方案能够适应未来的发展。

一套完整的网络安全解决方案，应该根据目标网络系统的具体特征和应用特点，有针对性地解决可能面临的安全问题。具体来讲，需要考虑的问题主要包括：

- 关于物理安全的考虑。
- 关于数据安全的考虑。
- 数据备份的考虑。
- 防病毒的考虑。
- 关于操作系统/数据库/应用系统的安全考虑。
- 网络系统安全结构的考虑。
- 通信系统安全的考虑。
- 关于口令安全的考虑。
- 关于软件研发安全的考虑。
- 关于人员安全因素的考虑。
- 网络相关设施的设置和改造。
- 安全设备的选型。
- 安全策略与安全管理保障机制的设计。

- 网络安全行政与法律保障体系的建立。
- 长期安全顾问服务。
- 服务的价格。
- 事件处理机制。
- 安全监控网络和安全监控中心的建立。
- 安全培训等。

12.2.2　网络安全解决方案的层次划分

一个单位要实施一个安全的系统应该三管齐下。其中法律和企业领导层的重视应处于最重要的位置。没有全体员工的参与就不可能实施可靠的安全保障。

网络信息安全包括了建立安全环境的几个重要组成部分，其中安全的基石是社会法律、法规与手段，这部分用于建立一套安全管理标准和方法。

第二部分为增强的用户认证，用户认证在网络和信息的安全中属于技术措施的第一道大门，最后防线为审计和数据备份，不加强这道大门的建设，整个安全体系就会比较脆弱。用户认证的主要目的是提供访问控制和不可抵赖的作用。按层次不同可以根据以下 3 种因素提供用户认证。

1）用户持有的证件，如大门钥匙、门卡等。

2）用户知道的信息，如密码。

3）用户特有的特征，如指纹、声音和视网膜扫描等。

根据在认证中采用因素的多少，可以分为单因素认证、双因素认证和多因素认证等方法。

第三部分是授权，这主要为特许用户提供合适的访问权限，并监控用户的活动，使其不越权使用。该部分与访问控制（常说的隔离功能）是相对立的。隔离不是管理的最终目的，管理的最终目的是要加强信息的有效、安全使用，同时对不同用户实施不同的访问许可。

第四部分是加密。在上述的安全体系结构中，加密主要满足以下几个需求。

1）认证——识别用户身份，提供访问许可。

2）一致性——保证数据不被非法篡改。

3）隐秘性——保护数据不被非法用户查看。

4）不可抵赖——使信息接收者无法否认曾经收到的信息。

加密是信息安全应用中最早开展的有效手段之一，数据通过加密可以保证在存取与传送的过程中不被非法查看、篡改和窃取等。在实际的网络与信息安全建设中，利用加密技术至少应能解决以下问题。

1）密钥的管理，包括数据加密密钥、私人证书等的保证分发措施。

2）建立权威密钥分发机构。

3）保证数据完整性技术。

4）数据加密传输。

5）数据存储加密等。

第五部分为审计和监控，确切地说，还应包括数据备份，这是系统安全的最后一道防线。系统一旦出了问题，这部分可以提供问题的再现、责任追查和重要数据复原等保障。

在网络和信息安全模型中，这 5 个部分是相辅相成、缺一不可的。其中底层是上层保障的基础，如果缺少下面各层次的安全保障，上一层的安全措施则无从说起。如果一个单位没有对授权用户的操作规范、安全政策和教育等方面制定有效的管理标准，那么对用户授权的控制过程及事后的审计等工作就会变得非常困难。

12.2.3　网络安全解决方案的框架

总体上说，一份完整的网络安全解决方案应该包括以下 7 个主要方面，在实际应用中可以根据需要进行适当取舍。

1. 网络安全需求分析

实际上，网络系统的安全性和易用性在很多时候是矛盾的，因此，在做安全需求分析时需要在其中找到一个恰当的平衡点，毕竟服务器是给用户用的，如果安全原则妨碍了系统应用，那么这个安全原则也不是一个好的原则。

在做安全需求分析时需要确立的几种意识如下。

- **风险意识**：百分之百的安全是不可能的；明确"干什么"和"怕什么"，做到什么样的"度"。
- **权衡意识**：综合权衡系统开销、经济承受力等；准确定义业务要求。
- **相对意识**：理想的技术不适用，当前技术有缺点；准确定义安全保密要求；合理设置防火墙的等级。
- **集成意识**：集成是我国信息安全设备和技术发展的捷径。

2. 网络安全风险分析

首先对当前的安全风险进行概要分析，一般应突出对目标对象所在行业、业务特点、网络环境和应用系统等的安全风险分析。然后对网络系统所面临的实际安全风险进行具体分析。

实际安全风险分析一般应从网络、系统和应用等 3 个方面进行分析，同时还应从总体上对整个网络系统的安全风险进行详细分析。

（1）网络的安全风险分析

详细分析目标对象现有网络的结构，找出产生安全问题的关键环节，指出可能造成的危害。对如不消除这些安全问题，会引起的后果给出一个中肯、详细的分析。

（2）系统的安全风险分析

对目标对象的所有系统进行详细的评估，分析存在的安全风险并根据具体的业务应用，指出其中的利害关系，给出一个中肯、客观的分析。

（3）应用的安全风险分析

应用的安全是整个网络系统安全的关键，所有的安全措施都是为保障应用安全服务的。由于应用的复杂性和关联性，应进行综合性分析。

（4）整体安全风险分析

整体安全风险分析的主要目的是找出网络系统中要保护的对象、网络系统中存在的安全问题，以及可以采用的安全技术和安全产品。

3. 网络安全威胁分析

网络系统可能存在的安全威胁主要来自以下几个方面。

1）操作系统的安全性。目前流行的许多操作系统均存在网络安全漏洞，如 UNIX、Linux、Windows 等。

2）防火墙的安全性。防火墙设备自身是否安全，以及是否设置错误，需要经过检验。

3）来自内部网用户的安全威胁。

4）缺乏有效的手段监视，评估网络系统的安全性。

5）采用的 TCP/IP 协议本身缺乏安全性。

6）未能对来自 Internet 的电子邮件夹带的病毒及 Web 浏览可能存在的 Java/ActiveX 控件进行有效控制。

7）应用服务的安全，许多应用服务系统在访问控制及安全通信方面考虑较少，并且，如果系统设置错误，很容易造成损失。

4．网络系统的安全原则

制定网络系统的安全原则是设计网络安全解决方案的一个重要方面，一般情况下应把握安全原则的动态性、唯一性、整体性、专业性和严密性。

（1）动态性

网络、系统和应用会不断地面临新的安全威胁和风险，因此制定的网络安全原则必须保持动态性。

（2）唯一性

安全的动态性决定了安全解决方案的唯一性，针对每个网络系统的解决方案都应是独一无二的。

（3）整体性

对于网络系统所面临的安全风险和威胁，要从整体上把握，进行全面的保护和评估。

（4）专业性

对于网络、系统和应用等方面的安全风险和解决方案要从专业的角度来分析和把握，而不能是一种大概的描述。

（5）严密性

整个解决方案要具有很强的严密性和逻辑性，不能给人一种不可靠的感觉。在设计方案时，要从多个方面进行论证。

5．网络安全产品

常用的网络安全产品主要包括防火墙、反病毒系统、身份认证系统、入侵检测系统和 VPN 设备等。结合目标对象的实际情况，对相关的安全产品和安全技术进行比较和分析，分析要客观，结果要中肯，帮助目标对象选择最适合的安全产品，而不需要一味地求好、求大。

6．风险评估

风险评估是工具与技术的结合，其目的是对网络系统面临的安全风险进行详细的分析和评估。通过风险评估可以使目标对象对网络安全解决方案有更加深入的认识。

7．安全服务

安全服务是通过技术支持向目标对象提供持久服务。虽然安全服务不是产品化的东西，但也是网络安全解决方案的重要组成部分。随着安全风险和安全威胁的快速发展与变化，安全服务的作用变得越来越重要。

12.3　网络安全解决方案设计

在此以一个企业网络系统为例来介绍网络安全解决方案的设计过程。

12.3.1　网络系统状况

目标网络系统的拓扑结构如图 12-1 所示。

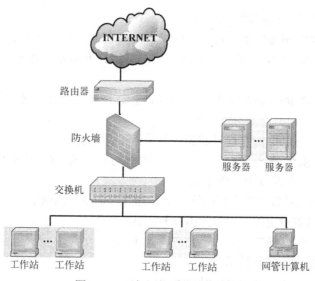

图 12-1　目标网络系统拓扑结构

12.3.2　安全需求分析

网络系统的总体安全需求是建立在对网络安全层次分析基础上的。依据网络安全分层理论，根据 OSI 七层网络协议，在不同层次上，相应的安全需求和安全目标的实现手段各不相同，主要是针对在不同层次上安全技术的实现而定。

对于基于 TCP/IP 协议的该企业网络系统来说，安全层次是与 TCP/IP 协议层次相对应的，针对该企业网络的实际情况，可以将安全需求层次归纳为网络层安全和应用层安全两个技术层次，同时将在各层都涉及的安全管理部分单独作为一部分进行分析。

1. 网络层需求分析

网络层安全需求是保护网络不受攻击，确保网络服务的可用性。首先，作为该企业网络同 Internet 互联的边界安全应作为网络层的主要安全需求。

- 需要保证该企业网络与 Internet 安全互联，能够实现网络的安全隔离。
- 保证必要的信息交互的可信任性。
- 要保证该企业内部网络不能够被 Internet 访问。
- 该企业网络公共资源能够对合法用户提供安全访问能力。
- 对网络安全事件的审计。
- 对于网络安全状态的量化评估。
- 对网络安全状态的实时监控。

能够防范来自 Internet 的对提供服务的非法利用，包括以下几项。

- 利用 HTTP 应用，通过 Java Applet、ActiveX 及 Java Script 形式。
- 利用 FTP 应用，通过文件传输形式。
- 利用 SMTP 应用，通过对邮件分析及利用附件所造成的信息泄露和有害信息对于信息网络的侵害。

能够防范来自 Internet 的网络入侵和攻击行为的发生，并能够做到以下几点。

- 对网络入侵和攻击的实时鉴别。
- 对网络入侵和攻击的预警。

- 对网络入侵和攻击的阻断与记录。

其次，对于该企业网络内部同样存在网络层的安全需求，即该企业网络与下级分支机构网络之间建立连接控制手段，对内部网络提供比网络边界更高的安全保护。

2. 应用层需求分析

企业建设网络系统的目的是实现信息共享和资源共享。因此，必须解决该企业网在应用层的安全。

应用层安全主要与单位的管理机制和业务系统的应用模式相关。管理机制决定了应用模式，应用模式决定了安全需求。因此，在这里主要针对各局域网内应用的安全进行讨论，并就建设全网范围内的应用系统提出一些建议。

应用层的安全需求是针对用户和网络应用资源的，主要包括以下几点。

- 合法用户可以以指定的方式访问指定的信息。
- 合法用户不能以任何方式访问不允许其访问的信息。
- 非法用户不能访问任何信息。
- 用户对任何信息的访问都有记录。

要解决的安全问题主要包括以下几个。

- 非法用户利用应用系统的后门或漏洞，强行进入系统。
- 用户身份假冒：非法用户利用合法用户的用户名，破译用户密码，然后假冒合法用户身份，访问系统资源。
- 非授权访问：非法用户或者合法用户访问在其权限之外的系统资源。
- 数据窃取：攻击者利用网络窃听工具窃取经由网络传输的数据包。
- 数据篡改：攻击者篡改网络上传输的数据包。
- 数据重放攻击：攻击者抓获网络上传输的数据包，再发送到目的地。
- 抵赖：信息发送方或接收方抵赖曾经发送过或接收到了信息。

一般来说，应用软件系统，如 Notes、数据库和 Web Server 等自身也都有一些安全机制，传统的应用系统安全性也主要依靠系统自身的安全机制来保证。其主要优点是与系统结合紧密，但也存在很明显的缺点。

（1）开发量大

据统计，传统的应用系统开发中，安全体系的设计和开发约占开发量的 1/3。当应用系统需要在广域网运行时，随着安全需求的增加，其开发量占的比重会更大。

（2）安全强度参差不齐

有些应用系统的安全机制很弱，如数据库系统，只提供根据用户名/口令的认证，而且用户名/口令是在网络上明文传输的，很容易被窃听。有些应用系统有很强的安全机制，如Notes，但由于设计、开发人员对其安全体系的理解程度及投入的工作量不同，也可能使不同的应用系统的安全强度会相去甚远。

（3）安全没有保障

目前很多应用系统设计和开发人员的第一概念是系统能够运行，而不是系统能够安全运行，因此在系统设计和开发时对安全考虑很少，甚至为了简单或赶进度而有意削弱安全机制。

（4）维护复杂

每个应用系统的安全机制各不相同，导致很多重复性工作（如建立用户账号等）；系统管理员必须熟悉每个应用系统独特的安全机制，工作量成倍增加。

（5）用户使用不方便

用户使用不同的应用系统时，都必须做相应的身份认证，且有些系统需要在访问不同资源时分别做授权（如 IIS Web Server 要求在用户访问不同的页面时输入不同的口令，口令正确才允许访问）。当用户需要访问多个应用系统时，会有很多用户名和口令需要记忆，有可能就取几个相同的简单口令，从而降低了系统的安全性。

综上所述，最好在建设该企业网应用系统时，采用具有以下功能的商品化的应用层安全设备作为安全应用平台。

- 安全应用平台必须能够为各种应用系统提供统一的入口控制，而且只有通过了安全应用平台的身份认证和访问授权以后，才可能访问某个具体的应用系统。
- 安全应用平台自身的安全机制必须是系统的、健壮的，以免因为各种应用系统安全机制参差不齐而导致系统不安全的现象出现。
- 安全应用平台必须可以无缝集成第三方的应用系统，如 Notes、数据库和 Web Server 等的安全机制。
- 安全应用平台可以集中对各种第三方的应用系统进行安全管理，包括用户注册、用户身份认证、资源目录管理、访问授权及审计记录，以减少重复劳动，减轻系统管理人员的工作负担。
- 安全应用平台具有可伸缩性，并且安全可靠。

从以上分析可以看出，一个企业网络应用系统的安全体系应包含以下几个方面。

- 访问控制：通过对特定网段和服务建立的访问控制体系，将绝大多数攻击阻止在到达攻击目标之前。
- 检查安全漏洞：通过对安全漏洞的周期检查，即使攻击可到达攻击目标，也可使绝大多数攻击无效。
- 攻击监控：通过对特定网段和服务建立的攻击监控体系，可实时检测出绝大多数攻击，并采取相应的行动（如断开网络连接、记录攻击过程和跟踪攻击源等）；
- 加密通信：主动的加密通信，可使攻击者不能了解和修改敏感信息。
- 认证：良好的认证体系可防止攻击者假冒合法用户。
- 备份和恢复：良好的备份和恢复机制，可在攻击造成损失时，尽快地恢复数据和系统服务。
- 多层防御，攻击者在突破第一道防线后，延缓或阻断其到达攻击目标。
- 隐藏内部信息，使攻击者不能了解系统内的基本情况。
- 设立安全监控中心，为信息系统提供安全体系管理、监控及紧急情况处理服务。

3. 安全管理需求分析

如前所述，能否制定一个统一的安全策略，在全网范围内实现统一的安全管理，对于企业网来说至关重要。安全管理主要包括 3 个方面。

- **内部安全管理**：主要是建立内部安全管理制度，如机房管理制度、设备管理制度、安全系统管理制度、病毒防范制度、操作安全管理制度和安全事件应急制度等，并采取切实有效的措施保证制度的执行。内部安全管理主要采取行政手段和技术手段相结合的方法。
- **网络安全管理**：在网络层设置路由器、防火墙和安全检测系统后，必须保证路由器和防火墙的 ACL 设置正确，其配置不允许被随便修改。网络层的安全管理可以通过网管、软件防火墙及安全检测等一些网络层的管理工具来实现。
- **应用安全管理**：应用系统的安全管理是一件很复杂的事情。由于各个应用系统的安全机制不一样，因此需要通过建立统一的应用安全平台来管理，包括建立统一的用户库、统一维护资源目录和统一授权等。

12.3.3　网络安全解决方案设计实例

1．网络安全解决方案

根据上述网络安全解决方案的层次分析，可以设计出如图 12-2 所示的网络安全解决方案。

在网关位置配置多接口防火墙，将整个网络划分为外部网络、内部网络和 DMZ 区等多个安全区域，将工作主机放置于内部网络区域，将 Web 服务器、数据库服务器等服务器放置在 DMZ 区域，其他区域对 DMZ 区的访问必须经过防火墙模块的检查。

在中心交换机上配置基于网络的 IDS 系统，监控整个网络内的网络流量。

在 DMZ 区内的数据库服务器等重要服务器上安装基于主机的入侵检测系统，对所有对上述服务器的访问进行监控，并对相应的操作进行记录和审计。

将电子商务网站和进行企业普通 Web 发布的服务器进行独立配置，对电子商务网站的访问将需要身份认证和加密传输，保证电子商务的安全性。

在 DMZ 区的电子商务网站配置基于主机的入侵检测系统，防止来自 Internet 对 HTTP 服务的攻击行为。

在企业总部安装统一身份认证服务器，对所有需要的认证进行统一管理，并根据客户的安全级别设置所需要的认证方式（如静态口令、动态口令和数字证书等）。

2．防火墙配置

本方案中的防火墙安装于网络的出口网关位置，物理连接方式如图 12-2 所示，分别连接外网路由器、内网中心交换机和 DMZ 区交换机。

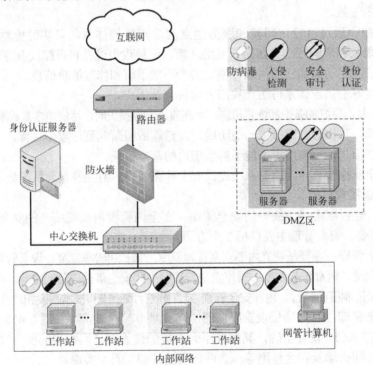

图 12-2　网络安全设备配置结构图

配置防火墙网络安全访问策略如下。

- 配置 Web 服务器、防病毒服务器、FTP 服务器、Mail 服务器及 DNS 服务器，允许进行 IP 地址维护，把所有 Internet 访问用户分别定义为网络安全对象。
- 定义防止 IP 地址欺骗的规则，凡是源地址为 DMZ 区域和内网区域的数据包都不允许通过防火墙进入。
- 定义安全策略，允许外部连接可以到达 DMZ 区指定服务器的服务端口。
- 定义安全策略，对从内部网络通过防火墙向外发送的数据包进行网络地址转换，完全对外隔离内部网络。
- 定义安全规则，允许指定应用的数据包通过防火墙。
- 定义安全规则，强制执行对 URL 的过滤。
- 定义安全规则，强制对 HTTP 应用的 Java Applet、ActiveX 及 JavaScript 进行内容安全检测。
- 定义安全规则，强制对 FTP 应用的数据传输进行内容安全检测。
- 定义安全规则，强制对 SMTP 应用的附件进行内容安全检测。
- 定义安全规则，设定对流量和带宽控制的规则，保证对专有服务和专有人员的流量保证。
- 定义安全规则，其他任何包都不允许通过防火墙。

3. 设备说明

（1）防火墙设备

在本方案中选用的防火墙设备是 CheckPoint FireWall-1 防火墙。该防火墙的主要功能包括以下几个。

- 对应用程序的广泛支持：FireWall-1 支持预定的应用程序，服务和协议有 160 多种，其开放式结构设计为扩充新的应用程序提供了便利。
- 集中管理下的分布式客户机/服务器结构：FireWall-1 采用的是集中控制下的分布式客户机/服务器结构，性能好，配置灵活。
- 远程网络访问的安全保障（FireWall-1 SecuRemote）：远程网络访问的安全保障系统采用透明客户加密技术，通过拨号方式与 Internet 连接。实现世界范围内可靠的加密通信。

（2）防病毒设备

在本方案中防病毒设备选用的是趋势科技的整体防病毒产品和解决方案，包括中央管理控制、服务器防病毒和客户机防病毒 3 部分。

（3）入侵监测设备

在本方案中，入侵监测设备采用的是 NFR 入侵监测设备，包括 NFR NID 和 NFR HID。

1）基于网络的入侵检测设备——NFR NID。

NFR 网络入侵检测（NFR NID）能够实时监控网络，一旦发现有可疑的行为发生立即报警，同时记录相关的信息。可疑的行为包括已知的攻击手段、违规操作、非法存取和策略违反等。

NFR NID 的攻击辨识模块使用 3 种技术来识别攻击标志。

- IP 分片重组。
- TCP 流重组。
- 协议分析。

2）基于主机的入侵检测产品——NFR HID。

NFR HID 是一种专用于保护主机系统、降低主机风险的安全工具，提供了包括 Windows、Solaris、AIX，以及 HP-UX 等平台的攻击签名库，能够识别大部分的针对上述平台的攻击行为。

NFR 把基于网络的入侵检测技术 NID 和基于主机的入侵检测技术 HID 完美地结合起来，为目标网络系统提供全面的安全入侵检测系统，同时 NFR HID 通过搜集主机系统、路由器和防火墙等设备的日志信息，为入侵事件提供可靠的数据。NFR NID 和 NFR HID 构成了一个完整的、一致的实时入侵监控体系。

（4）SAP 身份认证设备

本方案采用的身份认证设备是 Secure Computing 的 SafeWord。SafeWord 具备分散式运作及无限制的可扩充特性。

每个计算机使用者利用一个唯一的加密认证卡及 SafeWord 来进行网络身份认证，认证过程对使用者而言是完全透明的，使用者可以像往常一样进行系统登录，只是密码是通过认证卡所产生的。

12.4 单机用户网络安全解决方案

12.4.1 单机用户面临的安全威胁

单机上网用户面临的安全问题主要有：计算机硬件设备的安全、计算机病毒、网络蠕虫、恶意攻击、木马程序、网站恶意代码、操作系统和应用软件漏洞等。

除此之外，电子邮件（E-mail）在给人们带来方便的同时也会带来一些安全问题，需要给予充分的重视。电子邮件的安全问题主要包括以下几个。

1. 电子邮件容易被截获

电子邮件作为一种网络应用服务，采用的是简单邮件传输协议 SMTP（Simple Mail Transfer Protocol）。采用该协议的电子邮件系统是基于文本格式的，对于非文本格式的二进制数据，如可执行程序等，首先需要通过一些编码程序，如 UNIX 系统命令 uuencode，将这些二进制数据转换为文本格式，然后夹带在电子邮件的正文部分。这些传输的数据如果在传送中途被截获，经重组后可以还原成为用户发送的原始文件。

2. 电子邮件客户端软件设计存在缺陷

有些电子邮件客户端软件的设计存在缺陷，可能由此产生严重的安全后果，如微软的 OutLook 曾被发现存在安全隐患，可以使攻击者编制特定代码让木马或者病毒自动运行。

移动终端是集成了计算机和语音数据通信功能的特殊单机设备。使用移动终端上网时，除上述安全威胁外，还存在一些特殊的安全威胁，主要包括以下几个。

1）设备容易丢失被盗，从而造成信息泄露。

2）与移动通信功能集成，上网时可能危及通信录、通话记录和短信内容等隐私信息的安全。

3）移动终端的短信和彩信等业务功能可能成为恶意程序传播的新途径。

4）由于移动终端主要采用无线通信链路，通信过程容易被窃听或劫持。

12.4.2 单机用户网络安全解决方案

由于当前个人用户使用 Windows 类操作系统的占大多数，因此本书所讨论的单机用户网络安全解决方案主要针对 Windows 系列操作系统。

根据以上对单机用户所面临安全威胁的分析，单机用户网络安全解决方案需要解决防病毒与木马、防网络攻击、防网站恶意代码，以及电子邮件安全等方面的问题。下面分别进行介绍。

1．防病毒与木马

防病毒与木马主要依赖于防病毒软件，目前比较流行的有代表性的防病毒软件有：Norton Anti-Virus、Kaspersky Anti-Virus、Nod32、江民的 KV 系列、金山毒霸和瑞星等。这些防病毒软件产品各有特点，本书将不对其进行详细评述，读者可参阅相关的说明文档资料，根据实际情况进行选用。

如今的防病毒软件通常也具有一定的防木马能力，在一定程度上可以消除木马程序的危害。另外还有一些专业的防木马软件，如木马克星 iparmor、Anti-Trojan 和 Trojan Remover 等可供选用。

需要注意的是，安装防病毒软件绝对不是一劳永逸的，一定要养成定期更新病毒代码库的良好习惯。因此，与其说购买的是产品，不如说购买的是服务，不断更新的病毒库才是防病毒软件的核心。

2．防网络攻击

针对单机上网的个人用户的网络攻击行为主要包括：端口扫描、拒绝服务（DoS）、窃取文件和安装后门等。防网络攻击的有效手段是安装个人防火墙。典型的个人防火墙产品及其特点在本书的第 4 章已有介绍，用户可以根据需要进行选择。

应用防火墙系统最主要的是要设置好防火墙的规则，只有这样，防火墙软件才能正常发挥抵御网络攻击的作用。

3．防网站恶意代码

对于单机上网用户来说，网站恶意代码是威胁用户安全的主要因素，大部分蠕虫、木马和病毒等有害程序都是通过该途径进入用户系统中的。网站恶意代码主要有两种存在形式，一种是直接嵌入到网页的源代码中，另一种是嵌入到特意构造的 E-mail 中。恶意代码通常以 VBScript 或 JavaScript 编写，并且利用 IE 浏览器的设计缺陷在用户计算机上执行。网站恶意代码既可以直接对用户主机进行破坏操作，也可以从互联网上下载并执行其他恶意程序。

网站恶意代码危害的最常见形式是修改浏览器的默认主页或修改浏览器的标题栏，有些还会锁定对注册表的访问。最简便的处理方法是使用超级兔子（Supper Rabbit）等注册表优化工具进行修复。

要防止网站恶意代码的危害，禁止其执行是关键。一种有效的解决方法是在 IE 浏览器的安全设置中禁止 VBScript 和 JavaScript 的执行。此外，如今的防病毒软件大多数也具有检测并清除网站恶意代码的能力。

4．电子邮件安全

从技术上看，没有任何方法能够阻止攻击者截取电子邮件数据包。用户无法确定自己的邮件将会经过哪些路由器，也不能确定经过这些路由器会发生什么，更无从知道电子邮件发送出去后在传输过程中会发生什么。

保护电子邮件安全的唯一方法就是让攻击者无法理解截获的数据包，即对电子邮件的内容进行某种形式的加密处理。目前已经出现了一些解决电子邮件安全问题的加密系统解决方案，其中最具代表性的是 PGP 加密系统。有关 PGP 的详细介绍可以参考本书第 3 章的内容。

在做好上述安全措施的基础上，对单机用户的操作系统进行安全配置也是单机用户网络安全解决方案的一个重要方面。操作系统的安全配置主要包括账户管理、服务管理和策略管理等方面，具体的配置内容和方法可以参考本书第 6 章的相关内容。

12.4.3　移动终端上网安全解决方案

随着智能手机等移动终端和移动互联网的发展，移动终端的安全问题越来越引起人们的关注。很多移动终端用户被恶意软件、垃圾信息、隐私泄露、恶意扣费等问题困扰。为了提高移动终端用户的上网安全性，应从以下几个方面提高安全防范意识，并采取适当的安全措施。

1. 安装安全防护软件

在移动互联发展迅速的背景下，智能手机等移动终端面临隐私窃取和恶意吸费等攻击，某些恶意软件会在用户不知情的情况下为用户定制收费套餐，窃取用户联系人和记录等隐私信息。因此在移动终端安装安全防护软件是非常必要的。常用的手机安全软件一般具有流量监控、通信安全、手机防盗、病毒查杀和系统清理等功能。典型的安全防护软件有 360 手机卫士、QQ 安全助手和 LBE 安全大师等。

2. 勿频繁升级操作系统和应用程序

移动终端软、硬件系统发展迅速，软件与硬件之间需要相互配合才能达到最佳性能，高版本的操作系统一般对硬件平台的性能要求较高，如果盲目地提高操作系统版本，将不能得到最优的性能组合。

手机等移动终端出厂后，所携带的操作系统是厂家定制过的，其安全性一般能够得到保证。而用户自行刷机所用到的移动终端刷机包，可能是从第三方获得，其安全性难以保证，如果攻击者在刷机包中嵌入恶意代码，一旦该刷机包启动，攻击代码将对手机所有的资源拥有完全的控制权限。所有隐私操作就会被恶意代码监视和攻击。

3. 移动终端的网上交易安全

移动设备以其随时随地接入互联网的灵活性与方便性，推动着移动电子商务的快速发展。但关于在移动终端进行网上交易过程中的安全需注意以下事项。

1）安装安全软件，及时更新系统补丁，防止攻击者利用操作系统或者软件程序漏洞进行攻击。

2）在进行网络交易过程中执行严格的认证过程，应该采用支付密码与短信、预留信息等多种验证方式。

3）选择安全的交易平台。在移动网络交易过程中，选择有安全保障且经过安全检验的支付平台进行交易。

4. 不要长期保持 Wi-Fi 网络在打开状态

虽然 Wi-Fi 支持 WEP、WPA 和 WPA2 等加密机制，但即便是最安全的 WPA2，也不是绝对安全的，目前的黑客技术通过数据字典和 PIN 码破解，可以轻易破解 WPA2 加密。

因此，在使用 Wi-Fi 时要提高安全意识，不要长期保持在打开状态，在不使用时应将其及时关闭。

12.5　内部网络安全管理制度

系统安全可以采用多种技术来增强和执行。但是，很多安全威胁来源于管理上的松懈及对安全威胁的认识。

安全威胁主要利用以下途径。

- 系统实现存在的漏洞。
- 系统安全体系的缺陷。
- 使用人员的安全意识薄弱。
- 管理制度的薄弱。

良好的系统管理有助于增强系统的安全性，表现在以下几个方面。

- 及时发现系统安全的漏洞。
- 审查系统安全体系。
- 加强对使用人员的安全知识教育。
- 建立完善的系统管理制度。

面对网络安全的脆弱性，除在网络设计上增加安全服务功能、完善系统的安全保密措施外，还必须花大力气加强网络的安全管理。因为诸多不安全因素恰恰反映在组织管理和人员录用等方面，而这又是计算机网络安全所必须考虑的基本问题，所以应引起各级部门领导的重视。下面提出有关信息系统安全管理的若干原则和实施措施以供参考。

1. 安全管理原则

计算机信息系统的安全管理主要基于 3 个原则。

（1）多人负责原则

每项与安全有关的活动都必须有两人或多人在场。这些人应是系统主管领导指派的，应忠诚可靠，能胜任此项工作。

（2）任期有限原则

一般地讲，任何人最好不要长期担任与安全有关的职务，以免被误认为这个职务是专有的或永久性的。

（3）职责分离原则

除非系统主管领导批准，在信息处理系统工作的人员不要打听、了解或参与职责以外、与安全有关的任何事情。

2. 安全管理的实现

信息系统的安全管理部门应根据管理原则和该系统处理数据的保密性，制定相应的管理制度或采用相应规范，其具体工作如下。

- 确定该系统的安全等级。
- 根据确定的安全等级，确定安全管理的范围。
- 制定相应的机房出入管理制度。对安全等级要求较高的系统，要实行分区控制，限制工作人员出入与自己无关的区域。
- 制定严格的操作规程。操作规程要根据职责分离和多人负责的原则，各负其责，不能超越自己的管辖范围。
- 制定完备的系统维护制度。维护时，要首先经主管部门批准，并有安全管理人员在场，故障原因、维护内容和维护前后的情况要详细记录。
- 制定应急措施。要制定在紧急情况下，系统如何尽快恢复的应急措施，使损失减至最小。
- 建立人员雇用和解聘制度，对工作调动和离职人员要及时调整相应的授权。

3. 网络安全管理制度

（1）网络安全管理的基本原则

1）分离与制约原则。

- 内部人员与外部人员分离。
- 用户与开发人员分离。
- 用户机与开发机分离。
- 权限分级管理。

2）有限授权原则。

3）预防为主原则。

4）可审计原则。

（2）安全管理制度的主要内容

- 机构与人员安全管理。
- 系统运行环境安全管理。
- 硬件设施安全管理。
- 软件设施安全管理。
- 网络安全管理。
- 数据安全管理。
- 技术文档安全管理。
- 应用系统运营安全管理。
- 操作安全管理。
- 应用系统开发安全管理。

12.6　小结

网络安全是一项复杂的系统工程，涉及技术、设备、管理和制度等多方面的因素，安全解决方案的制定需要从总体上进行把握。网络安全解决方案的内涵是综合运用各种计算机网络信息系统安全技术，将安全操作系统技术、防火墙技术、病毒防护技术、入侵检测技术、安全扫描技术、认证和数字签名技术，以及 VPN 技术等综合起来，形成一个完整的、协调一致的网络安全防护体系。网络安全解决方案的主要内容包括网络安全体系结构、网络安全解决方案和内部网络安全管理制度等。

12.7　习题

1. 全方位的网络安全解决方案需要包含哪些方面的内容？
2. 研究网络信息安全比较困难的原因主要体现在哪些方面？
3. 进行计算机网络安全设计与规划时，应遵循的原则是什么？
4. 要实施一个完整的网络与信息安全体系，需要采取哪些方面的措施？
5. 简述网络安全解决方案的基本框架。
6. 简述制定网络安全解决方案的一般过程。
7. 单机上网用户面临的威胁主要来自哪些方面，有哪些应对措施？
8. 移动终端用户面临哪些特有的安全威胁？移动终端用户上网应采取哪些安全措施？
9. 简述进行网络安全需求分析的必要性，并分析企业网络安全威胁的主要来源。
10. 简述网络内部安全管理制度的主要内容，以及其在保障网络安全中的主要意义。

附　录

附录 A　彩虹系列

TCSEC 发布以后，美国国防部又陆续制定了一系列有关信息系统安全及安全测评方面的规范。由于这些规范的封皮颜色各有不同，因此形象地称这些规范为"彩虹系列"。

其中，美国国家计算机安全中心（NCSC）在 1987 年为 TCSEC 橘皮书提出可信网络解释（TNI），通常被称为红皮书；1991 年，NCSC 又为 TCSEC 橘皮书提出可信数据库管理系统解释（TDI）。这两本解释与 TCSEC 共同构成了彩虹系列的主体框架。

全面的彩虹系列库如下。

1．5200.28-STD，《DoD 可信计算机评估准则》橘皮书

2．CSC-STD-002-85，《DoD 口令管理指南》绿皮书

3．CSC-STD-003-85，《计算机安全需求特定环境中 DoD TCSEC 的使用指南》浅黄皮书

4．CSC-STD-004-85，《CSC-S7D-003-85 的技术理论基础，计算机安全需求——特定环境中 DoD TCSEC 的使用指南》黄皮书

5．NTISSAM COMPUSEC/1-87，《办公自动化安全指南的咨询备忘录》

6．NCSC-TG-001 Ver.2，《可信系统审计的理解指南》棕黄皮书

7．NCSC-TG-002，《可信产品评估厂商指南》亮蓝皮书

8．NCSC-TG-003，《可信系统自主访问控制理解指南》氖桔皮书

9．NCSC-TG-004，《计算机安全术语词汇表》暗绿皮书

10．NCSC-TG-005，《TCSEC 的可信网络解释（TNI）》红皮书

11．NCSC-TG-006，《可信系统的配置管理理解指南》琥珀色皮书

12．NCSC-TG-007，《可信系统设计文档理解指南》紫红皮书

13．NCSC-TG-008，《可信系统的可信分布理解指南》深紫皮书

14．NCSC-TG-009，《TCSEC 的计算机安全子系统解释》威尼斯蓝皮书

15．NCSC-TG-010，《可信系统中建立安全模型理解指南》水蓝皮书

16．NCSC-TG-011，《可信网络解释环境指南（TNI）使用指南》红皮书

17．NCSC-TG-013 Ver.2，《RAMP 程序文档》粉皮书

18．NCSC-TG-014，《形式化验证系统指南》紫皮书

19．NCSC-TG-015，《可信设施管理理解指南》棕皮书

20．NCSC-TG-016，《撰写可信设施手册指南》黄绿皮书

21．NCSC-TG-017，《可信系统中的标示和鉴别理解指南》淡青皮书

22．NCSC-TG-018，《可信系统中的客体重用理解指南》淡青皮书

23．NCSC-TG-019 Ver.2，《可信产品评估调查表》蓝皮书

24．NCSC-TG-020-A，《可信 UNIX 工作组（TRUSIX）为 UNIX 系统选择访问控制表特性的理由》银皮书

25. NCSC-TG-021，《TCSEC 的可信数据库系统解释（TDI）》紫皮书

26. NCSC-TG-022，《可信系统中的可信恢复理解指南》黄皮书

27. NCSC-TG-023，《可信系统的安全测试和测试文档理解指南》亮桔皮书

28. NCSC-TG-024 Vol.1/4，《可信系统采购指南：计算机安全需求导购介绍》紫皮书

29. NCSC-TG-024 Vol.2/4，《可信系统采购指南：RFP 规范和陈述语言——导购辅助》紫皮书

30. NCSC-TG-024 Vol.3/4，《可信系统采购指南：计算机安全契约数据需求列表及数据项描述指南》紫皮书

31. NCSC-TG-024 Vol.4/4，《可信系统采购指南：如何评价一个投标建议书——导购和签约者辅助》紫皮书

32. NCSC-TG-025 Ver.2，《自动化信息系统中数据残迹的理解指南》森林绿皮书

33. NCSC-TG-026，《撰写可信系统的安全特性用户指南的指导手册》桃红皮书

34. NCSC-TG-027，《自动化信息系统的信息系统安全员的职责指南》青绿皮书

35. NCSC-TG-028，《受控访问保护的评估》紫皮书

36. NCSC-TG-029，《认证和许可概念介绍》蓝皮书

37. NCSC-TG-030，《可信系统隐蔽通道分析理解指南》亮粉红色皮书

附录 B　安全风险分析一览表

组　件	构　件	元　素	风险点
物理环境及保障	物理环境	场地	场地选址不当
			场地安全措施不当
			自然灾害
		机房	机房布局不当
			安全措施不当
	物理保障	电力供应	电气干扰
		灾难应急	灾难应急措施不当
硬件设施	计算机	大/中/小型计算机	老化
			处理器缺陷/兼容性
			人为破坏
			辐射
			滥用
		个人计算机	老化
			处理器缺陷/兼容性
			人为破坏
			辐射
			滥用
	网络设备	交换机	物理威胁
			欺诈

组 件	构 件	元 素	风险点
		交换机	拒绝服务
			访问滥用
			不安全的状态转换
			后门
			设计缺陷
		集线器	人为破坏
			后门
			设计缺陷
		网关设备或路由器	人为破坏
			后门
			设计缺陷
			修改配置
		中继器	老化
			人为破坏
			电磁辐射
		桥接设备	老化
			人为破坏
			电磁辐射
		调制解调器	自然老化
			人为破坏
			电磁辐射
			后门
			设计缺陷
	传输介质及转换器	同轴电缆	电磁辐射
			电磁干扰
			搭线窃听
			人为破坏
		双绞线	电磁辐射
			电磁干扰
			搭线窃听
			人为破坏
		光缆/光端机	人为破坏
		卫星信道	信号窃听
			信道干扰
			破坏收发转换装置
		微波信道	信号窃听
			信道干扰
			破坏收发转换装置
硬件设施	输入输出设备	键盘	电磁辐射

组　件	构　件	元　素			风险点
		键盘			滥用
		磁盘驱动器			电磁辐射
					滥用
		磁带机			电磁辐射
					滥用
		打孔机			滥用
		电话机			滥用
		传真机			滥用
		麦克风			人为破坏
		识别器			老化
					人为破坏
					后门
					设计缺陷
		扫描仪			辐射
					后门
					滥用
		电子笔			人为破坏
		打印机			辐射
					后门
					滥用
		显示器			辐射
					偷看
		终端			辐射
					设计缺陷
					后门
					自然老化
硬件设施	存储介质	纸介质			保管不当
		磁盘	磁盘	硬盘	损坏或出错
					保管不当
					废弃处理不当
			软盘		保管不当
					随便使用
					废弃处理不当
		磁光盘			保管不当
					废弃处理不当
					损坏变形
		光盘	只读		损坏
			一次写入		保管不当
					随便使用

组　件	构　件	元　素		风险点
		光盘	一次写入	废弃处理不当
			多次擦写	损坏
				随便使用
				废弃处理不当
		磁带		保管不当
				废弃处理不当
		录音/录像带		保管不当
				废弃处理不当
		其他存储介质		保管不当
				损坏
				设计缺陷
	监控设备	摄像机		断电
				损坏
				干扰
		监视器		断电
				损坏
				干扰
		电视机		断电
				损坏
				干扰
		报警装置		断电
				损坏
				干扰
软件设施		计算机操作系统		缺陷
				后门
				崩溃
				口令获取
				特洛伊木马
				病毒
				升级缺陷
软件设施		网络操作系统		缺陷
				后门
				口令获取
				特洛伊木马
				病毒
		网络通信协议		包监视
				内部网络暴露
				地址欺骗
				序列号攻击

组　件	构　件	元　素	风险点
		网络通信协议	路由攻击
			拒绝服务
			版本升级缺陷
			鉴别攻击
			地址诊断
			其他缺陷
		通用应用软件平台	后门
			逻辑炸弹
			恶意代码
			病毒
			蠕虫
			版本升级缺陷
			缺陷
		网络管理软件	后门
			恶意代码
			缺乏会话鉴别机制
管理者		系统安全员	失职
			蓄意破坏
		系统管理员	失职
			蓄意破坏
		信息安全管理员	失职
			蓄意破坏
		网络管理员	操作失误
			蓄意破坏
		信息存储介质保管员	失职
			蓄意破坏
		操作员	操作失误
			蓄意破坏
		软硬件维修人员	失职
			蓄意破坏

参 考 文 献

[1] 美国国家安全局. 信息保障技术框架[M]. 沈昌祥，等译. 北京：中软电子出版社，2003.

[2] 冯登国. 网络安全原理与技术[M]. 北京：科学出版社，2003.

[3] 方勇，等. 信息系统安全导论[M]. 北京：电子工业出版社，2003.

[4] 蔡立军. 计算机网络安全技术[M]. 北京：中国水利水电出版社，2002.

[5] 袁津生，等. 计算机网络安全基础[M]. 北京：人民邮电出版社，2002.

[6] 中国信息安全产品测评认证中心. 信息安全理论与技术[M]. 北京：人民邮电出版社，2003.

[7] 郭志峰. 阻击黑客攻击防卫技术[M]. 北京：机械工业出版社，2003.

[8] 谢东青，等. 计算机网络安全技术教程[M]. 北京：机械工业出版社，2007.

[9] 石志国，等. 计算机网络安全教程（修订本）[M]. 北京：清华大学出版社，2007.

[10] 刘远生. 计算机网络安全[M]. 北京：清华大学出版社，2006.

[11] 中国信息安全产品测评中心. 信息安全理论与技术[M]. 北京：人民邮电出版社，2003.

[12] 王育民，等. 通信网的安全——理论与技术[M]. 西安：西安电子科技大学出版社，1999.

[13] 卢开澄. 计算机密码学——计算机网络中的数据保密与安全[M]. 北京：清华大学出版社，1998.

[14] 关振胜，等. 公钥基础设施 PKI 与认证机构 CA[M]. 北京：电子工业出版社，2002.

[15] 葛淑杰，等. 计算机网络通信安全的数据加密算法分析[J]. 黑龙江科技学院学报，2001，11（2）.

[16] 王宇洁，等. 密码技术综述[J]. 沈阳工业大学学报，2000，22（5）.

[17] 彭雪峰，等. 数据加密技术[J]. 佳木斯大学学报（自然科学版），2000，19（1）.

[18] 郭宁，等. 对称式密码体制数据加密算法的分析[J]. 山东工业大学学报，2001，31（4）.

[19] 刘明洁，等. 全同态加密研究动态及其应用概述[J]. 计算机研究与发展，2014，51（12）.

[20] 夏超. 同态加密技术及其应用研究[D]. 合肥：安徽大学，2013.

[21] 李珂. VPN 技术浅谈[J]. 河南科技，2014（18）.

[22] Chris Hare，等. 防火墙与网络安全[M]. 刘成勇，等译. 北京：机械工业出版社，1998.

[23] 叶丹. 网络安全实用技术[M]. 北京：清华大学出版社，2002.

[24] Stuart McClure，Joel Scambray，George Kurtz. Hacking Exposed：Network Security Secrets & Solutions[M]. 4th ed. McGraw-Hill Companies，2003.

[25] 杨义先，等. 网络信息安全与保密[M]. 北京：北京邮电大学出版社，1999.

[26] Rebecca Gurley Bace. 入侵检测[M]. 陈明奇，等译. 北京：人民邮电出版社，2001.

[27] Stephen Northcutt. 网络入侵检测分析员手册[M]. 余青霓，等译. 北京：人民邮电出版社，2000.

[28] 汪生. 突破网络入侵检测系统的对抗技术研究[D]. 合肥：解放军电子工程学院，2002.

[29] 连一峰. 分布式入侵检测系统研究[D]. 合肥：中国科技大学研究生院，2002.

[30] 胡征兵，等. 入侵防护技术综述[J]. 信息安全与通信保密，2005（9）.

[31] 孙进，等. 认识和使用 snort[J]. 微计算机信息，2003，19（7）.

[32] 张悦连，等. Snort 规则及规则处理模块分析[J]. 河北科技大学学报，2003，24（4）.

[33] 訾小强，等. 访问控制技术的研究和进展[J]. 计算机科学，2001，28（7）.

[34] 王永，等. 访问控制模型分析[J]. 晋中师范高等专科学校学报，2002，19（2）.

[35] 洪帆，等. 基于角色的访问控制[J]. 小型微型计算机系统，2000，21（2）.

[36] 李伟琴，等. 基于角色的访问控制系统[J]. 计算机应用，2002，2.

[37] 赵庆松，等. 安全操作系统和安全模型[J]. 网络安全技术与应用，2003，10.

[38] 桑艳艳. 操作系统安全准则[J]. 上海微型计算机，2000（250）.

[39] 王志祥. 操作系统安全[J]. 军事通信技术，2002，23（4）.

[40] 卢开澄，等. 计算机系统安全[M]. 重庆：重庆出版社，1999.

[41] 潘瑜. Linux 系统的安全策略与措施[J]. 河海大学常州分校学报，2003，17（2）.

[42] 韩卓. 基于逆向分析的 Windows 7 安全机制突破方法研究[D]. 郑州：解放军信息工程大学. 2011.

[43] 刘志达. Windows 7 的安全配置管理[J]. 金融科技时代，2011（10）.

[44] 可以保障 Win 7 安全的七个方法[J]. 计算机与网络，2012，38（5）.

[45] 帷幄. Windows 7 系统启动向设置要安全[J]. 个人电脑，2012.

[46] 陆晔，等. 数据库系统安全技术综述[J]. 电子计算机，2001（151）.

[47] 刘达顷，等. Oracle 数据库安全机制及数据安全的开发[J]. 石油仪器，1998，12（6）.

[48] 郭宁，等. 非对称式密码体制数据加密算法的分析[J]. 山东工业大学学报，2001，31（2）.

[49] 秦超，等. 访问控制原理与实现[J]. 网络安全技术与应用，2001.

[50] 蔡谊，等. 安全操作系统中制定安全策略的研究[J]. 计算机应用与软件，2002.

[51] 中国信息安全产品评测认证中心. 信息安全标准与法律法规[M]. 北京：人民邮电出版社，2003.

[52] 聂元铭，等. 网络信息安全技术[M]. 北京：科学出版社，2001.

[53] 周学广，等. 信息安全学[M]. 北京：机械工业出版社，2003.

[54] 李守鹏. 信息安全及其模型与评估的几点新思路[D]. 成都：四川大学数学学院，2002.

[55] 黄元飞. 信息技术安全性评估准则研究[D]. 成都：四川大学数学学院，2002.

[56] 左晓栋. 信息安全产品与系统的测评与标准研究[D]. 北京：中国科学院研究生院，2002.

[57] 蒋绍林，等. Android 安全研究综述[J]. 计算机应用与软件，2012.29（10）.

[58] 吴倩，等. Android 安全机制解析与应用实践[M]. 北京：机械工业出版社，2013.

[59] 林闯，等. 云计算安全：架构、机制与模型评价[J]. 计算机学报，2013.36（9）.

[60] 冯登国，等. 云计算安全研究[J]. 软件学报，2011.22（1）.

[61] 张玉清，等. Android 安全综述[J]. 计算机研究与发展，2014.51（7）.

[62] 李柏岚. iOS 平台的软件安全性分析[D]. 上海：上海交通大学，2011.

[63] 美国国家安全局. iPhone 及 iPad 安全使用指南[OL]. 柳琰，译. 保密科学技术，2013.

[64] Nessus. http://www.tenable.com. 2015.6.

[65] AppScan. http://www-03.ibm.com/software/products/en/appscan-standard. 2015.6.